PHRÉNOLOGIE

DES

GENS DU MONDE.

LEÇONS PUBLIQUES DONNÉES A MULHOUSE,

PAR

LE DOCTEUR A. PENOT,

DE PLUSIEURS SOCIÉTÉS SAVANTES.

> La Phrénologie contribuera puissamment aux progrès de la civilisation, en donnant à l'homme les moyens de faire prédominer son intelligence sur ses passions; en lui apprenant à se connaître, à se servir de son intelligence pour gouverner son moral.
>
> BROUSSAIS

A MULHOUSE, chez P. BARET, Imp.-Libraire, Editeur.
A STRASBOURG, chez TREUTTEL et WÜRTZ, Libraires.
A PARIS, chez RENARD, Libraire, rue Ste-Anne, 71.

1838.

PHRÉNOLOGIE

DES

GENS DU MONDE.

MULHOUSE. — IMP. DE P. BARET.

PHRÊNOLOGIE

DES

GENS DU MONDE.

LEÇONS PUBLIQUES DONNÉES A MULHOUSE,

PAR

LE DOCTEUR A. PENOT,

DE PLUSIEURS SOCIÉTÉS SAVANTES.

La Phrénologie contribuera puissamment aux progrès de la civilisation, en donnant à l'homme les moyens de faire prédominer son intelligence sur ses passions ; en lui apprenant à se connaître, à se servir de son intelligence pour gouverner son moral.

BROUSSAIS

A MULHOUSE, chez P. BARET, Imp.-Libraire, Editeur.
A STRASBOURG, chez TREUTTEL et WÜRTZ, Libraires.
A PARIS, chez RENARD, Libraire, rue Ste-Anne, 71.

1838.

PRÉFACE.

Plusieurs personnes, parmi celles qui me font l'honneur d'assister à mes leçons, m'ont fortement engagé à faire imprimer celles de cette année. Le principal motif qu'elles ont fait valoir auprès de moi, c'est que, s'il existe déjà d'excellens ouvrages sur la Phrénologie, il n'en a point été publié encore à l'usage des gens du monde, qui désireraient se former une idée juste d'une science dont on commence à parler beaucoup aujourd'hui.

Après avoir résisté quelque temps à leurs sollicitations, j'ai cru devoir me rendre enfin aux vœux de mes bienveillans auditeurs. Je prie en

conséquence le lecteur d'accueillir avec indulgence ce livre écrit sans aucune espèce. de prétention littéraire ou scientifique, et qui n'est
que la reproduction à-peu-près fidèle de mes
leçons.

Mulhouse, le 10 Janvier 1838.

Pl. III.

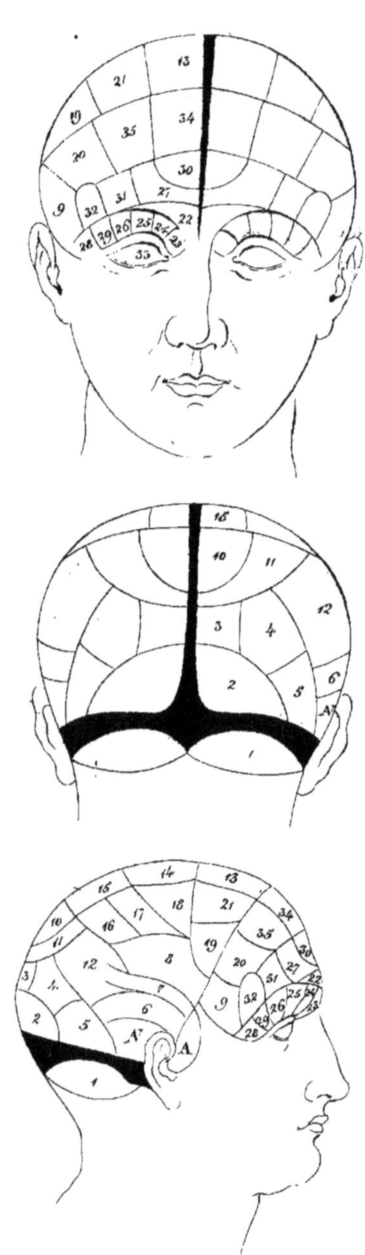

Lith. de Engelmann père & fils à Mulhouse.

EXPLICATION

DES ORGANES INDIQUÉS SUR LA PLANCHE III.

PENCHANS.

A. Alimentivité.

A. V. Amour de la vie.

1. Amativité.
2. Philogéniture.
3. Habitativité.
4. Affectionivité.
5. Combativité.
6. Destructivité.
7. Secrétivité.
8. Acquisivité.
9. Constructivité.

SENTIMENS.

10. Estime de soi.
11. Approbativité.
12. Circonspection.
13. Bienveillance.
14. Vénération.
15. Fermeté.
16. Conscienciosité.
17. Espérance.
18. Merveillosité.
19. Idéalité.
20. Gaité.
21. Imitation.

FACULTÉS INTELLECTUELLES.

1° Facultés perceptives.

22. Individualité.
23. Configuration.
24. Étendue.
25. Pésanteur.
26. Coloris.
27. Localité.
28. Calcul.
29. Ordre.
30. Eventualité.
31. Temps.
32. Tons.
33. Langage.

2° Facultés réflectives.

34. Comparaison.
35. Causalité.

PHRÉNOLOGIE

DES

GENS DU MONDE.

PREMIERE LEÇON.

CONSIDÉRATIONS GÉNÉRALES.

Messieurs,

Voici la quatrième année que je suis appelé à l'honneur de professer dans cette enceinte, et l'assiduité flatteuse que vous avez mise chaque fois à venir m'entendre, est pour moi une douce récompense des travaux que ces leçons ajoutent à mes occupations ordinaires, et un motif puissant de redoubler d'efforts, pour justifier toujours davantage votre empressement. Durant deux des hivers précédents, j'ai développé devant vous les lois physiques qui régissent la matière;

2

puis, m'occupant de Géologie, j'ai indiqué les diverses révolutions que notre globe a subies à différentes époques, et j'ai passé successivement en revue les nombreuses races d'animaux qui ont précédé l'homme sur la terre que nous habitons. Cette année, je me propose d'étudier l'homme lui-même; de rechercher le siége de ses instincts, de ses sentimens, de son intelligence; et de voir s'il est possible de modifier ses inclinations natives par des influences extérieures et sagement ménagées. Ces hautes questions ont déjà été traitées dès l'antiquité la plus reculée; mais les philosophes qui s'en étaient emparés, étudiant la vie indépendamment de l'organisme, ne pouvaient arriver à aucune conclusion satisfaisante. Aussi leur prétendue science, après plusieurs milliers d'années d'existence, en est-elle toujours à-peu-près au point de départ; et vous me pardonnerez facilement, je l'espère, de ne pas employer à vous faire connaître leurs différens systèmes, une partie du temps déjà bien court, que nous pouvons destiner à nos leçons.

Pour nous, au contraire, ce sera dans l'organisation même de l'homme que nous rechercherons les causes de ses facultés et de ses penchans. Dès lors, l'observation seule devra nous servir de guide, et ce ne sera qu'en multipliant les faits, en les comparant, en les discutant, que nous parviendrons à découvrir une relation nécessaire entre l'organisme physique de l'homme, et ses inclinations de tout genre. La science qui s'occupe de la solution de ce problème important, et que je me propose de développer cette année, a reçu le nom de PHRÉNOLOGIE.

Peut-être serez-vous surpris, messieurs, de voir que j'ose me charger d'une aussi grande tâche, bien au-dessus de mes forces. Jusqu'ici je m'étais sévèrement interdit de parler dans ce local d'objets ne rentrant pas directement dans mes études ordinaires; aujourd'hui je vais m'écarter de cette prudente réserve, que je m'étais imposée, et vous êtes en droit de me demander compte du motif assez puissant qui m'a fait franchir cette sage limite. Le voici : je souhaite qu'il vous satisfasse. Née de nos jours, la Phrénologie, après une enfance très-pénible, a pris tout-à-coup un essor extraordinaire, et semble appelée à jouer plus tard un rôle important dans les sociétés humaines. En attendant, elle est devenue le sujet d'observations délicates et multipliées, d'études longues et consciencieuses; elle est à-présent, dans les diverses parties du monde, le but constant des savantes recherches d'un grand nombre d'hommes du plus haut mérite, et le

gouvernement français vient de l'admettre offi-
ciellement au rang des sciences, en adjoignant
M. le docteur Dumoutier en qualité de phrénologiste à l'expédition du capitaine Dumont-d'Urville. D'ailleurs, la Phrénologie fait des progrès
si rapides dans l'opinion publique, elle s'occupe
de faits si curieux et si intéressans, qu'il semble
qu'aujourd'hui aucune personne cultivée ne veut
y demeurer étrangère, soit pour admettre, soit
pour rejeter ses conséquences. Car le nombre
des adversaires de la Phrénologie égale celui de
ses partisans ; et, je dois le dire, on compte dans
les deux camps des hommes également recom-
mandables par la profondeur de leur savoir et
la rigidité de leur conscience. Cette lutte a leur
début, se retrouve dans l'histoire de toutes les
sciences.

Il m'a semblé que vous pouviez désirer d'être
mis vous-mêmes au courant de cette intéressante
discussion, et j'ai voulu tenter de vous éviter
de longues études, en vous présentant un résumé de ce qui a été publié à ce sujet. Mon intention ne peut pas être de vous imposer une
croyance quelconque : votre esprit d'ailleurs se
révolterait justement contre cette prétention ridicule. La Phrénologie n'est point une religion
nouvelle qui exige la foi sans examen. Comme

toutes les sciences, elle veut d'abord convaincre, et ce n'est que par l'accumulation de faits bien observés, qu'elle veut arriver à se faire des prosélytes. Elle ne reconnaîtrait pas plus comme siens ceux qui admettraient ses doctrines sans preuves, que ceux qui les rejetteraient. Vous demeurerez donc maîtres de croire ou de nier, selon l'impression que feront sur votre esprit les divers faits que je porterai à votre connaissance ; toutefois, je crains que vous n'attribuiez souvent à l'insuffisance de la science ce qui ne sera dû qu'à la faiblesse du professeur. Certainement, messieurs, il eût été plus prudent pour mon amour-propre, et plus séduisant pour ma commodité de choisir un sujet que j'aurais été plus sûr de posséder, et qui eût exigé de ma part moins de fatigues et de travaux ; mais j'ai dû m'effacer devant l'intention de vous être agréable, vous priant d'ailleurs de m'accorder, en échange de cette abnégation personnelle, toute l'indulgence dont je vais avoir besoin.

J'ai dit que c'est dans l'organisme même de l'homme qu'il faut rechercher le siége de ses penchans, et que ce n'est qu'en multipliant les faits observés, que la relation qui existe entre ces deux ordres de choses, pourra devenir évidente. Le phrénologiste ne prétend pas faire connaître le pourquoi de ces faits ; il se propose seulement de les constater. Il convient volontiers qu'il ignore par quel enchaînement mystérieux, un homme doué de telle organisation possède tel instinct, tel sentiment, tel degré d'intelligence. Mais est-ce là un motif pour ne point admettre ses observations ? Ne serait-ce pas rejeter l'emploi de tout remède, parce que les médecins ignorent pourquoi et comment chacun d'eux agit sur telle partie de notre corps, dans une circonstance donnée ? Car en médecine, comme en Phrénologie, comme dans toutes les sciences naturelles, tout repose sur l'observation de faits dont la cause première sera probablement à jamais ignorée.

Une foule de recherches dont je vous ferai connaître successivement les plus importantes, ont conduit les phrénologistes à admettre que c'est dans le *cerveau*, autrement appelé *encéphale*, que se trouve le siége de tous nos penchans. Cette relation n'a rien qui doive surprendre. De tous les viscères du corps humain, le cerveau est le plus important par sa masse, par l'artifice de sa structure, et par cette agglomération d'organes qui le protègent ou dépendent de lui. Haller et Sœmmering ont prouvé par des expériences sans réplique que, dans l'homme et dans la classe des animaux les plus parfaits, la conscience de toute sensation a lieu dans le cerveau, et que là existe également le principe des mouvemens volontaires. Voici sur quelles raisons ils se fondaient :

1° Tous les nerfs viennent aboutir au cerveau.

2° Un nerf étant coupé ou fortement serré par une ligature, on ne ressent pas les blessures dont il est l'objet, au-dessous de la section ou de la ligature.

3° Dans certaines maladies on sent remonter la douleur le long des nerfs jusqu'au cerveau.

4° On peut quelquefois suspendre ou arrêter la douleur par la compression ou par une ligature dirigée principalement sur le trajet du nerf affecté.

5° Des personnes qui ont perdu un membre, croient long temps après la guérison, sentir encore la douleur dans l'endroit où le membre qui n'existe plus, était affecté.

6° La compression de l'encéphale (cerveau) par une exotose, par un épanchement de pus, de sang ou de sérosité, entraîne le plus souvent la perte de l'usage de quelque sens, quoique les nerfs soient dans un état d'intégrité parfaite ; ce sens reprend ses fonctions aussitôt que la compression sur le cerveau cesse.

7° Lorsque l'action de l'encéphale est empê-
chée par une compression ou par toute autre
cause, certains organes, certains membres sont
frappés de paralysie. L'obstacle levé, le jeu des
organes, le mouvement des membres reprennent
leur activité.

8° La présence d'une esquille ou d'un corps
étranger dans l'encéphale détermine des mouvemens convulsifs qui cessent en enlevant le
corps qui excitait cet organe.

9° Tous les mouvemens volontaires sont abo-
lis après la destruction totale du cerveau.

Il résulte de ces faits, admis par tous les physiologistes, que la perception est dans l'encéphale et que, sans cet organe, aucune impression, de quelque part qu'elle arrive, ne peut
produire de sensation. Si donc c'est dans l'organisme même de l'homme qu'il faut rechercher
le siége de ses penchans et de son intelligence,
n'est-il pas naturel de s'adresser d'abord au cerveau? Or, ce viscère ne peut être parfaitement
connu qu'après l'autopsie, c'est-à-dire après la
mort de l'individu. Cependant, comme je le ferai voir dans une autre leçon, la boîte osseuse
du crâne chez l'homme, se moule sur le cerveau, de manière à nous donner généralement
à l'extérieur la forme de celui-ci; ce qui permet

d'apprécier l'un par l'autre. Pour que ceci fût exactement rigoureux, il faudrait que les os du crâne fussent partout et toujours de la même épaisseur, ce qui n'est pas; car des observations nombreuses ont donné, pour cette épaisseur, des chiffres qui la portent de une à deux lignes environ, dans l'état ordinaire de santé. Toutefois, on voit que la différence entre ces deux limites est peu sensible, tandis que telle partie de la tête d'un homme peut avoir jusqu'à un pouce d'étendue de plus que la même partie sur la tête d'un autre homme. Comparez par exemple ce crâne d'un Caraïbe, homme d'une férocité révoltante, avec celui de cet Indou, qui ne se permettrait pas de tuer même un animal nuisible, et qui, en conséquence, ne se nourrit que de végétaux. Quelle énorme différence dans la largeur de ces deux crânes, au-dessus des oreilles, là où les phrénologistes placent l'organe de la destruction ! N'êtes-vous pas frappés d'une différence semblable dans les dimensions du front, siége de l'intelligence? Vous pouvez faire des observations analogues, et pour les mêmes régions sur cette tête du célèbre improvisateur italien Sestini et sur celle-ci, qui fut celle de l'assassin Choffron, dit l'Infernal.

Des antagonistes de notre science, voyant

qu'on recherchait les dispositions d'un individu à l'inspection seule de son crâne, ont feint de croire que les phrénologistes attribuaient aux os même de la tête la cause de ces dispositions. Vous voyez qu'il n'en est rien, et que le crâne n'est regardé que comme l'expression du développement du cerveau, seul véritable siége de nos organes. Le nom de *Crânologie*, dont on fit d'abord usage, doit donc être proscrit, comme pouvant induire en erreur. Il en est de même de l'expression de *bosses*, aujourd'hui très-vulgairement employée. Le développement parfait d'une partie du cerveau n'occassionne pas toujours une protubérance, car les parties adjacentes pourraient être tout aussi développées; et sur une tête où toutes les dispositions seraient au même degré d'énergie, on n'apercevrait aucune différence de niveau. Nous substituerons à ce mot celui d'*organe*, qui rend bien mieux notre pensée; car il indique la cause d'un penchant, sans supposer une élévation isolée du crâne sur un point donné, c'est-à-dire sans s'occuper de l'état relatif des facultés qui lui sont adjacentes.

Notre siècle, a dit, dans un mémoire fort remarquable, M. le docteur Bailly, de Blois, dont nous avons à regretter la mort récente, notre siècle est celui des chiffres; on veut les appliquer à tout et partout. La science de l'intelligence ne devait pas échapper à cette manie du jour; elle devait subir la loi commune, et emprunter, comme les autres, aux poids et mesures, ses procédés de recherche et d'investigation, sur la force et le développement de nos facultés et de nos penchans. De là l'abus qu'on a fait de la *Crânioscopie*, ou de l'étude du crâne, lorsqu'on a voulu nous donner en chiffres, la valeur morale d'un homme, et l'exprimer en millimètres. Cette partie de la science, qui, dans les mains d'un grand homme, a rendu des services si éminens à la philosophie, est sortie, en devenant populaire, des limites où elle a une importance réelle, et qu'on n'aurait pas dû lui faire franchir.

Sans la Crânioscopie, la Phrénologie n'existerait pas encore. Si le docteur Gall n'eût pas été conduit par l'observation, à reconnaître que certains penchans, certaines facultés de l'homme et des animaux coïncident avec certaine conformation du cerveau et du crâne, qui les représentent au-dehors, il n'aurait jamais été en état de fonder la doctrine philosophique qu'on doit à ses travaux. Si le siége des facultés, au lieu d'être placé dans les circonvolutions cérébrales, eût été plus intérieur; ou si les circonvolutions du cerveau, au lieu d'être disposées à la surface, comme elles le sont, eussent été masquées ou déguisées par une autre disposition des systèmes osseux et nerveux, la Crânioscopie eût été sans valeur, et les admirables découvertes auxquelles elle a donné lieu, n'eussent pas été possibles.

La seule circonstance de la part du crâne de représenter assez fidèlement, au moins chez l'homme, le développement de la plus grande partie des circonvolutions cérébrales, a donc été la condition la plus indispensable à la naissance de la Phrénologie. Sans elle, on aurait continué à marcher dans les anciens sentiers de la routine, on aurait continué à faire de la métaphysique et de l'idéologie vague, sans application pratique. La Crânioscopie n'a été que l'échafaudage qui a servi à élever l'édifice de la véritable philosophie des facultés instinctives et morales. Quelques personnes qui s'occupent de Phrénologie croient que la mesure et l'examen du crâne constituent toute la doctrine du docteur Gall, ou au moins en sont la partie la plus importante. C'est même là l'opinion assez généralement admise dans le monde, et celle peut-être que vous avez apportée, en venant à ces leçons. Ce serait une erreur grave : par là vous réduiriez la Phrénologie à une espèce de divination, et vous la priveriez de ce qu'elle a de plus philosophique et de plus essentiel.

Le développement isolé de l'organe d'une seule faculté, au milieu d'autres dont le niveau est sensiblement moindre, est la condition indispensable à l'exactitude des jugemens qu'on peut porter sur une tête dont on veut étudier la valeur morale. Dans cette circonstance, la Crânioscopie est d'une grande utilité. C'est à ce développement isolé d'un organe, que le docteur Gall doit d'avoir pu déterminer la forme et la position des différentes facultés. Sans cette inégalité de développement, la Phrénologie serait encore dans l'enfance, car si le crâne eût présenté toujours et partout le même niveau, quel moyen d'observation extérieure aurait-on eu?

Mais il pourrait arriver quelquefois que les inductions qu'on tirerait de la Crânioscopie seule, fussent très-erronées. Tout organe cérébral très-développé refoule autour de lui les circonvolutions auxquelles il touche, et il finit souvent par envahir des portions du crâne qui sont ordinairement occupées par d'autres organes. La même portion du crâne ne répondant pas toujours aux mêmes circonvolutions du cerveau, on conçoit que les mesures qu'on peut obtenir des différentes portions de la tête n'ont pas toujours toute l'importance que bien des personnes leur accordent, lorsqu'il s'agit de donner une idée exacte du développement des différentes facultés. On ne doit donc admettre ces rapports métriques qu'avec la plus grande circonspection ; et ceci vous fait voir quelle habileté et quelle habitude il faut avoir acquises, pour se prononcer dans ce genre d'investigation.

Il existe une seconde cause d'insuffisance dans les appréciations crânioscopiques. On sent en effet que la valeur de la Crânioscopie, pour indiquer d'une manière plus ou moins précise le développement des circonvolutions cérébrales, ne peut exister qu'à la condition que ces circonvolutions seront immédiatement recouvertes par le crâne, auquel elles imprimeront la forme qui lui est propre. Car, si nous supposons l'existence de circonvolutions internes éloignées de la surface, il ne sera plus possible d'obtenir aucun renseignement de l'inspection du crâne. Or, cette supposition est bien fondée, car le fait est réel. Certaines circonvolutions, au lieu d'être épanouies à la surface du cerveau, sont situées à l'intérieur, et ne sont point susceptibles d'être indiquées d'une manière précise par la forme du crâne. Je citerai comme exemple celles qui se trouvent sous la ligne médiane, là où le cerveau se sépare en deux parties égales (voir la planche I), et où ces circonvolutions pénètrent plus ou moins dans la cavité longitudinale qui partage l'encéphale. Vous comprenez que les organes qui sont situés dans cette région, pourraient s'épanouir et se dilater dans des directions telles, que la forme de la tête en fût affectée dans le sens vertical ou dans le sens horizontal. Ainsi, à un développement constant en volume, mais différent en direction de certaine faculté, ne correspondrait plus une forme constante du crâne. Si donc la Crânioscopie présente d'aussi grandes difficultés dans les appréciations phrénologiques, surtout quand on ne s'y est point façonné par un grand exercice, on sent que ces difficultés augmentent encore, quand il s'agit d'étudier une tête vivante.

Les personnes peu versées dans l'étude de la science qui nous occupe, celles surtout, s'il y en a parmi vous, qui seraient décidées d'avance à ne pas admettre ses conséquences, ne manqueront pas de se saisir des difficultés que je viens de signaler avec franchise, pour en tirer des argumens contre l'exactitude des jugemens crânioscopiques. Que ces personnes me permettent de leur faire observer qu'ici la question est double. Si on vous présente la tête d'un profond

scélérat, d'un homme dont les actions crimi-
nelles annoncent une impulsion continuelle et
violente par laquelle il a toujours été entraîné,
vous remarquerez, sur cette tête, un grand développement au-dessus des oreilles. C'est donc
vers cette région que se trouve l'organe de la
destructivité, comme Gall nous l'a appris. Si on
place devant vous le crâne d'un homme, qui s'est
fait distinguer par ce qu'on appelle du caractère
dans le monde, vous serez frappés de la forme
élevée de ce crâne, car c'est là l'indice de la fermeté ; et tout individu qui ne présentera aucun
de ces indices, n'aura aucun de ces penchans.
Il me serait facile de multiplier ces exemples autant de fois qu'il existe de facultés distinctes,
découvertes par les phrénologistes. Toutes les
fois, par conséquent, qu'un homme s'est fait
distinguer par une disposition quelconque bien
prononcée, la partie du crâne qui recouvre l'organe encéphalique qui répond à cette disposition, sera très-développée

C'est dans la question réciproque que se trouve la véritable difficulté. C'est-à-dire que toutes
les fois qu'une large portion de crâne, recou-
vrant plusieurs organes adjacens, se trouve bombée, on hésite à savoir auquel de ces organes
cette forme est due ; car il arrive souvent qu'une

partie du cerveau correspondante à une certaine faculté, prend des dimensions telles qu'elle s'étend aux dépens des organes voisins : alors elle les refoule en partie, et se loge sous une des portions du crâne que ceux-ci devaient occuper. Cette difficulté disparaît lorsque l'organe qu'on examine, se trouve développé isolément. Voilà surtout ce qui rend les appréciations crânioscopiques si difficiles, et ce qui exige une si longue pratique, avant qu'on puisse être sûr d'un jugement. « Ne portez jamais de jugement sur les « crânes qu'on vous fera tâter dans le monde, « disait souvent le docteur Gall à ses élèves; « d'abord parce que vous ferez des mécontens « de ceux à qui vous ne trouverez pas de génie; « ensuite parce que le monde n'est pas en état de « comprendre la justesse des jugemens que vous « pouvez porter, et la nature des difficultés qui « s'opposent à ce qu'on se prononce de manière « à satisfaire les curieux. Ceux-ci, ne se doutant « pas de l'importance de la Phrénologie, con- « cevront une opinion défavorable d'une doc- « trine qu'ils ne connaissent que par un de ses « moyens d'investigation, si ce moyen ne répond « pas à la fausse idée qu'ils s'en sont faite. »

Ainsi, vous vous tromperiez, si vous pensiez que les faits sur lesquels la Phrénologie repose, sont de ceux qui ne demandent que des yeux pour être vus. Il faut en outre, comme je l'ai déjà dit, beaucoup d'habitude et d'exercice. Lors même qu'on a découvert un organe saillant chez un individu, le problème si compliqué de la disposition qui en résulte, et de sa manière de la rendre évidente, n'est point résolu, Il faut encore tenir compte de l'état des autres organes, dont quelques-uns se fortifient mutuellement, lorsque d'autres se contre-balancent. Il faut avoir égard au tempérament de la personne soumise à l'expérience, aux circonstances qui l'entourent, à son éducation, à son état de santé, au degré d'excitation ordinaire ou momentané de telle de ses facultés, et quelquefois même, ainsi que je le ferai voir plus tard, à la composition chimique de son cerveau. D'ailleurs, chaque organe a plusieurs manières de se manifester : quelque nombreuses que ces manifestations puissent être, elles se rapportent toutes à une faculté fondamentale; seule chose que le phrénologiste puisse connaître par l'examen du crâne. Or, ce qu'on a souvent le tort de demander dans le monde, c'est la manifestation précise d'un organe. Si vous dites d'un individu qu'il est rusé, on vous répondra que non; mais qu'il est menteur, sans se douter que le mensonge et la ruse tirent leur origine de la même faculté. Si vous dites que c'est un homme vain, on croira vous confondre en vous disant qu'il n'a aucune prétention dans ses habits, comme si une toilette recherchée était le seul moyen de s'attirer l'approbation d'autrui. D'un autre côté, celui qui sert à vos observations, le connaissez-vous toujours bien ? Croyez-vous qu'il suffise pour cela de l'avoir vu pendant quelques heures dans une société ? Détrompez-vous : il faut l'étudier longtemps, le suivre dans sa vie privée. Souvent alors vous serez étonnés d'apprendre que tel qui affiche les dehors de la modestie et de la charité, n'est parfois qu'un méchant et un orgueilleux ; et que tel autre qui passe dans le monde pour un ange de douceur, est un vrai démon dans sa famille. Penseriez-vous que celui dont vous cherchez à connaître le caractère ou les talens, pourra prononcer sur la justesse ou la fausseté du jugement que vous porterez sur lui ? Pas davantage : il ne se connaît pas lui-même ; si vous lui trouvez un organe qui flatte son amour-propre, il sera de votre avis ; mais jamais il ne conviendra qu'il a celui auquel il attache quelque idée de défaveur.

Les appréciations phrénologiques sont donc toujours fort difficiles, et on doit être très-circonspect avant d'avancer un jugement quelconque.

Au dire de Gall il a fallu plusieurs années à Spurzheim, son élève et son ami, avant qu'il ait pu se
prononcer franchement sur les différens organes.
Cependant je vais citer quelques faits qui prou-
veront à quel degré de certitude ces appréciations peuvent atteindre, lorsqu'elles sont faites
par des hommes exercés.

Une vieille femme qui habitait dans la maison
N° 81 de la rue de Vaugirard à Paris, en disparut tout-à-coup. Le désordre qu'on aperçut
dans son appartement, fit soupçonner qu'elle avait
été assassinée, et que son cadavre avait été en-
levé. Deux hommes furent véhémentement soup-
çonnés de ce crime ; mais les preuves n'étaient
pas suffisantes pour les mettre en jugement. Toutefois, pendant plusieurs années, la police ne
cessa d'avoir les yeux sur eux. Un jour, on sur-
prit une lettre de l'un d'eux adressée à l'autre.
Dans cette lettre on demandait de l'argent, et on
menaçait, en cas de refus, de faire connaître l'objet mystérieux que recouvrait la terre dans telle
partie d'un jardin qu'on désignait. Des fouilles
furent faites sur cette indication et conduisirent
à la découverte d'un cadavre. Les deux hommes
furent arrêtés et les perquisitions ultérieures de
la justice donnèrent lieu à une scène fort curieuse
dont les journaux de l'époque rendirent compte

le lendemain. Voici la narration de l'un d'eux :
Extrait du *National*, du 3 mai 1834.

« Samedi dernier, la mystérieuse maison de
« la rue de Vaugirard, N° 81, a été le théâtre
« d'une scène singulière. M. Dumoutier, anato-
« miste distingué, avait été mandé par M. Or-
« fila, doyen de la faculté de médecine, sans
« qu'on lui eût fait connaître les motifs qui obli-
« geaient de recourir à son ministère. Introduit
« dans une salle où se trouvaient le procureur
« du roi, les deux prévenus, des médecins, des
« voisins, des gardes municipaux et des agens
« de police, le professeur d'anatomie paraissait
« ne savoir que penser de la compagnie où il se
« trouvait, et de ce qu'on attendait de lui. On
« lui demanda de déterminer si des os qu'on lui
« présentait appartenaient tous à un même in-
« dividu de l'espèce humaine, et quels pouvaient
« être le sexe, l'âge de cet individu, ainsi que
« l'espace de temps qu'il était resté en terre.
« M. Dumoutier ayant examiné les débris du
« squelette qui lui était présenté, mit de côté
« quelques ossemens d'animaux qui s'y trou-
« vaient mêlés, et après avoir examiné la tête
« avec attention, jugea, par sa forme allongée
« d'avant en arrière, qu'elle avait appartenue à
« une femme. L'état des sutures lui fit penser

« que cette femme devait être déjà avancée en
« âge. Il ajouta qu'il devait y avoir plusieurs an-
« nées qu'elle était inhumée. On peut imaginer
« facilement l'intérêt que présentait cet examen
« à ceux qui étaient informés de ce qui le moti-
« vait. La physionomie des prévenus témoignait
« qu'ils n'y étaient pas indifférens ; d'autant plus,
« que les observations du savant anatomiste ten-
« daient à établir une accablante identité. Mais,
« leur surprise et celle des spectateurs fut au
« comble, quand M. Dumoutier, continuant ses
« remarques, commença à parler de la personne
« dont il tenait la tête, et assura qu'elle devait
« être avare, disposée aux emportemens ; ajou-
« tant d'autres détails, qui tous se trouvaient
« parfaitement d'accord avec ce que l'on con-
« naissait de l'humeur de la veuve Houet. Deux
« siècles plus tôt, ainsi que le fit observer le pro-
« cureur du roi, une semblable divination eût
« conduit son auteur droit au bûcher. Et cepen-
« dant, M. Dumoutier n'est pas un magicien ;
« mais tout simplement un élève distingué de
« Gall et de Spurzheim. Dans un moment où la
« Phrénologie commence à être généralement
« étudiée, le fait que nous rapportons ne peut
« manquer d'exciter l'intérêt de ceux qui croient
« et la curiosité de ceux qui doutent encore.

Voici un second fait, tout aussi frappant, extrait de la *Gazette des Tribunaux*.

« Tout le monde se rappelle l'assassinat de
« Montmorenci : deux jeunes époux furent égor-
« gés près de leur foyer par deux étrangers qu'ils
« avaient reçus dans leur auberge. Les détails
« de ce crime, commis avec un sang-froid atro-
« ce, sont restés gravés dans toutes les mémoi-
« res : les coupables étaient deux forçats récem-
« ment évadés du bagne de Rochefort, où les
« avait jetés un arrêt de la cour d'assises, qui les
« condamnait aux travaux forcés à perpétuité.
« Ils s'étaient enfuis, malgré la surveillance de
« nombreux soldats, malgré la triple barrière
« que leur opposait le lit profond de la Charente,
« les murs du port et les remparts de la ville,
« malgré la double chaîne qui presse jour et nuit
« le corps du condamné à vie. L'histoire de ces
« hommes était un long tissu de crimes ; enchaî-
« nés ensemble pour les mêmes faits, la commu-
« nauté de leur vie misérable, et peut-être aussi
« l'horrible ressemblance de leur âme, avaient
« fait naître entr'eux une étroite sympathie. Aus-
« si, au bagne, leur avait-on donné le nom che-
« valeresque de frères d'armes ! L'un de ces étran-
« ges amis s'appelait *Daumas-Dupin*.

« Après son crime il s'enfuit en Italie, mais la

« France obtint son extradition ; il fut ramené
« en France, où il fut mis en jugement. Tous
« ceux qui ont assisté aux débats de cette affaire,
« ne pourront oublier la repoussante figure de
« cet homme ; il parlait avec facilité, avec esprit
« même, et cependant sa vue faisait mal. Je crois
« voir encore ces lèvres minces, ce nez pointu
« aux narines écartées, ces yeux gris et vifs, et
« surtout cette tête qui, étroite à sa partie anté-
« rieure allait en s'élargissant vers le sommet du
« crâne et derrière les oreilles, cette tête cou-
« verte par une chevelure noire, épaisse, raide
« et bouclée, qui semblait une crinière de lion
« ombrageant le front d'un tigre. Daumas-Du-
« pin fut condamné à mort et exécuté.

« Son complice était le nommé *Robert Saint-*
« *Clair.* Cet homme doué d'une force prodigieuse
« et d'un courage à toute épreuve, surpassait en-
« core son compagnon en énergie et en férocité.
« Ce fut lui qui conçut et exécuta le projet d'é-
« vasion. Les deux fugitifs s'élancèrent ensemble
« du haut des murailles qui entourent Rochefort,
« murailles hautes de plus de vingt pieds. Saint-
« Clair ne se fit aucun mal, mais Daumas-Dupin
« se cassa la jambe et resta sur la place ; son com-
« pagnon le prit sur ses épaules et, chargé de
« cet énorme fardeau, gêné qu'il était par le poids

« de ses chaînes, il fit, dans les plaines maréca-
« geuses de la Charente, plus de dix lieues sans
« s'arrêter. Ce fut lui qui conseilla l'assassinat de
« Montmorenci, en se chargeant de la plus large
« part du crime.

« Une fois le forfait commis, il disputa à son
« complice le butin qu'ils avaient conquis, le
« contraignit à s'éloigner et disparut. Les pour-
« suites les plus actives furent vainement faites
« pour le reprendre. On apprit qu'il avait traver-
« sé le Piémont, puis la Suisse, puis l'Allemagne,
« puis qu'il s'était arrêté sur les frontières de la
« Turquie. Là, on sut qu'il avait été incorporé
« dans un des régimens destinés à protéger les li-
« mites des deux empires. Au bout de quelque
« temps, des rapports positifs et officiels appri-
« rent que, dans un combat soutenu contre les
« hordes de pillards qui infestent ces contrées,
« il avait succombé après avoir fait des prodiges
« de valeur, et que ce misérable, atteint d'une
« balle au cœur, était mort de la plus belle des
« morts, de la mort d'un soldat !

« En 1830, par une belle journée d'automne,
« une nombreuse société était réunie dans la
« grande salle du principal hôtel de Valence,
« dans le Dauphiné. A Valence, il n'existe pas
« d'autres restaurans que les hôtels garnis, et

« d'autre table que la table d'hôte. Ces riantes
« contrées sont toujours parcourues à cette épo-
« que de l'année par de nombreux voyageurs ;
« aussi, une société nombreuse se pressait, ce jour
« là, autour de la table d'hôte de l'hôtel de l'Eu-
« rope, à Valence.

« C'est un singulier spectacle que celui que
« présente une table d'hôte, auprès de laquelle
« le hasard rassemble une multitude de gens de
» tous les pays, de tous les rangs, de tous les
« âges. C'est une chose singulière et pourtant
« réelle que l'intimité familière qui s'établit bien-
« tôt entre toutes les personnes qui, jusqu'à ce
« jour, ne s'étaient jamais vues, et qui tout-à-
« l'heure, au sortir de table, se quitteront pour
« ne plus se revoir. Il est rare qu'il ne se trouve
« pas à ces sortes de repas quelque orateur à qui
« échoit le sceptre de la conversation. Quand c'est
« un commis-voyageur, ce qu'on peut faire de
« mieux, c'est de fuir au plus vite ; cela n'arrive
« que trop souvent ; quelquefois aussi, on y ren-
« contre de ces hommes qu'on ne se lasse pas
« d'entendre, parce qu'on sent ce qu'ils disent :
« nul ne pourrait le dire comme eux.

« Il en fut ainsi le jour dont nous parlons. Ce-
« lui qui remplissait ce rôle, était un homme de
« moyen âge qui, si on en excepte la facilité de

« son élocution et l'ascendant avec lequel il se
« faisait écouter, n'avait rien qui le distinguât,
« si ce n'est peut-être que, malgré la chaleur de
« la saison, il était vêtu de noir des pieds à la tête,
« comme le sont les médecins, les avocats et les
« savans dans toutes les villes de l'Europe.

« La conversation était tombée sur le système
« de Lavater et sur les nouvelles doctrines phré-
« nologiques. Le *monsieur noir*, c'est ainsi que
« les convives se le désignaient entre eux, disait
« que Lavater, malgré le charlatanisme de sa doc-
« trine, avait fait une multitude d'observations
« pleines de justesse et d'intérêt : il soutenait
« que les principaux faits qui affectent notre vie,
« laissaient des traces profondes sur le visage des
« hommes, cet infaillible miroir de l'âme ; que le
« retour des mêmes pensées, que l'obsession des
« remords ou des passions fortes, contractaient
« d'une manière constamment uniforme les traits
« de la figure ; il ajoutait que ces traces jointes
« aux observations phrénologiques désormais ir-
« révoquablement acquises à la science par les
« travaux de Gall et de Spurzheim, suffisaient
« pour révéler à l'observateur les penchans que
« la nature ou l'habitude avaient donnés à chaque
« homme, et les actions auxquelles il avait dû
« se laisser entraîner.

« Quant à moi, dit-il en terminant, je ne m'y
« suis jamais trompé.

« On comprend qu'à ces mots plus d'une voix
« s'éleva tout-à-coup pour sommer le *monsieur*
« *noir* de donner des preuves de sa science. Il fit
« sur plusieurs personnes l'expérience de son art
« divinatoire. Les graves pièces de procédure où
« je puise tous ces détails, ne disent pas si quel-
« ques-uns eurent à s'en repentir, si plus d'une
« jolie voyageuse ne sentit pas son front rougir
« aux réponses qu'avaient provoquées ses ques-
« tions indiscrètes. Tout ce que j'ai pu savoir, c'est
« que la conviction fut complète, et que la science
« du *monsieur noir* ne trouva pas d'incrédule.

« Je me trompe pourtant : un des convives re-
« fusa nettement de se rendre. C'était un homme
« qui jusqu'à ce moment n'avait pris aucune part
« à la conversation générale, et qui n'avait en-
« core été remarqué de personne. « Je soutiens,
« dit-il, en jetant sur l'auditoire un indéfinis-
« sable regard, que tout est faux dans ce sys-
« tème ; que les pensées de l'homme ne se lisent
« pas plus sur son visage, que ses penchans ne
« se casent dans sa cervelle, en bosselant la boîte
« osseuse de son crâne. Peu d'existences furent
« plus agitées que la mienne, ajouta-t-il avec un
« sourire amer, peu de pensées ont dû laisser des

« traces plus profondes que les miennes, et je
« vous porte le défi de dire qui je suis. »

« Pendant que l'inconnu parlait, le *monsieur*
« *noir* avait constamment les yeux attachés sur
« cet étrange interlocuteur, et il paraissait agité
« d'une émotion pénible ; il gardait le silence.
« Alors, de toutes parts, on l'excite à répondre,
« et l'inconnu surtout répétait avec un accent
« de colère et d'insulte : « Je vous défie de dire
« qui je suis. » — « Eh bien , dit enfin le *monsieur*
« *noir*, toujours plus agité, et comme dominé
« par une pensée impérieuse et puissante qui le
« faisait parler malgré lui : vous avez raison ,
« cette science n'est pas infaillible, et vous êtes
« heureux qu'on puisse le dire ; car si elle l'était,
« vous seriez un des plus grands scélérats que la
« terre ait portés ; vous avez en vous tous les
« signes auxquels on reconnait un assassin. »

« A ces mots prononcés d'une voix altérée, il
« se fit dans la salle une sourde rumeur, puis un
« profond silence.

« L'inconnu se leva avec une impétuosité ter-
« rible ; sa figure était bouleversée par l'indigna-
« tion et la colère ; dans ce moment, il était af-
« freux à voir. Tous les assistans pâlirent. Tout-
« à-coup une grande rumeur se fit entendre au-
« dehors ; le maître de l'hôtel entra tout effaré

« dans la salle, et annonça qu'un vol d'argente-
« rie avait été commis dans un village voisin ;
« que l'homme soupçonné de ce crime était au
« milieu d'eux, et que les agens de la justice ve-
« naient faire perquisition.

« Tous les regards se portèrent vers l'inconnu,
« dont la colère, à cette nouvelle, parut soudain
« se glacer. Les objets furent trouvés dans sa
« malle ; on l'arrêta. Après quelques jours d'un
« obstiné silence, il fit des aveux horribles. Cet
« homme, c'était Robert Saint-Clair, le com-
« plice de Daumas-Dupin, l'assassin de Montmo-
« renci.

« Il n'était pas mort comme on l'avait cru ;
« mais après bien des vicissitudes, poussé par
« une irrésistible fatalité, il était venu apporter
« dans sa patrie sa tête promise à l'échafaud. »

Le troisième fait que je citerai, en l'abrégeant,
est extrait du *Journal de Phrénologie*. Avant d'y
arriver, je dois vous faire connaître quelques
particularités de la vie d'une femme devenue malheureusement célèbre.

Dans la seconde moitié du xvii siècle, vivait
dans la meilleure société de Paris une dame que
ses contemporains représentent comme d'une
taille fort petite et bien prise, dont la figure
douce et naïve respirait l'innocence et la grâce,

plus belle encore que la beauté. Mais sous cette
délicate enveloppe couvaient les passions les
plus fougueuses , le goût le plus effréné des plaisirs et du luxe , le génie de l'intrigue et du mal
porté au dernier point. Mariée de bonne heure
et presque sans fortune à un homme très-riche,
elle ne tarda pas à se livrer à la dissipation et au
désordre le plus scandaleux ; puis trouvant dans
son père et dans son époux des obstacles à ses
débordemens , elle prit l'affreuse résolution de
s'en défaire , espérant s'affranchir ainsi de toute
génante contrainte. Elle s'était étroitement liée
avec un misérable du nom de Sainte-Croix, que
l'empoisonneur Exili avait formé à l'odieuse pratique de son art infernal ; et, aidée de ses exé-
crables conseils, elle fit elle-même les progrès
les plus effrayans dans cette épouvantable étude.
Sous l'astucieux prétexte de porter des secours
aux malades des hôpitaux, elle fait sur eux l'essai de ses poisons, et tous ceux qu'elle soumet
à cette horrible expérience, y succombent. Sa
femme de chambre, son fils même deviennent
tour-à-tour les infortunées victimes des satani-
ques essais de ce monstre , qui ne recule pas
alors devant le plus grand des crimes, le parricide ! Plus tard, elle empoisonne ses deux frères
et attente , par les mêmes moyens, à la vie de

son époux ; mais son hideux complice, que l'idée de s'unir un jour à cette furie , faisait frémir , administrait chaque fois un contre-poison au mari qui , tous les jours empoisonné et désempoisonné , finit par survivre à sa femme. Tant de crimes ne pouvaient pas demeurer impunis. Un accident tout-à-fait imprévu vint en découvrir l'épouvantable mystère. Sainte-Croix expira victime de son art diabolique. Il s'asphyxia lui-même en travaillant à une composition nouvelle. Étant sans famille connue et aucun héritier ne s'étant présenté , le commissaire du quartier se transporta dans son appartement où des perquisitions amenèrent les plus accablantes révélations sur ses forfaits et ceux de sa complice. Celle-ci fut arrêtée , mise en jugement et condamnée à mort. Elle subit son arrêt le 17 juillet 1776. Ce monstre dont j'ai dû vous rappeler l'horrible histoire en peu de mots, s'appelait Marie - Marguerite Dreux d'Aubrai, marquise de Brinvilliers.

Dans la *Biographie universelle* publiée par Michaud , en 1812, on lit, à la fin de l'article sur la Brinvilliers , qu'on montre sa tête au muséum de Versailles. Depuis, en 1831 , dans les leçons sténographiées de Cuvier sur l'*Histoire des sciences naturelles* , M. Magdelaine de Saint-Agy répète la même assertion. M. le docteur Leroy, curieux d'examiner la tête de cette célèbre criminelle, en obtint la permission du conservateur. Après l'avoir étudié avec soin, M. Leroy affirma que ce crâne n'était point celui de la Brinvilliers ; d'abord, parce que l'état des os annonçait une personne de 36 à 40 ans, tandis que la Brinvilliers a été exécutée à plus de 50 ; en second lieu, parce que cette tête eût été trop grosse pour le corps si petit de la Brinvilliers, et que, si cette femme se fût distinguée par cette particularité, ses contemporains, qui sont entrés sur son compte dans les détails les plus minutieux, n'auraient pas manqué de nous l'apprendre ; enfin, l'organe de la philogéniture ou de l'amour des enfans est très-développé sur le crâne du muséum de Versailles, et on sait que la Brinvilliers a empoisonné son fils. Du reste, M. Leroy reconnut que la personne à qui avait appartenu cette tête, était une femme dont les penchans les plus développés avaient dû être la *philogéniture*, *l'amour de l'approbation*, *l'amour-propre*, la *circonspection*, la *ruse*, la *destructivité*, le *désir d'acquérir*, la *fermeté* et la *vénération*. On conçoit quel caractère devait résulter d'une pareille réunion de facultés sur la même tête, et M. Leroy demeura convaincu que ce devait être celle de quelque femme remarquable par de grands vices, si ce n'est par de grands crimes. Quelque temps après, en mettant en ordre divers objets de la bibliothèque de Versailles, le conservateur trouva ces mots écrits sur une liste : *Tête de Mme Tiquet*. On savait donc à présent à qui cette tête avait appartenu ; mais qui était cette Mme Tiquet ? M. Leroy à qui le conservateur fit part de sa découverte, pensa, en partant de son appréciation phrénologique, qu'on pourrait trouver des renseignemens à cet égard dans les *Causes célèbres*, ouvrage où l'on a recueilli, comme on sait, tous les procès fameux. Cette prévision s'accomplit, et voici ce qu'on put apprendre de l'histoire de Mme Tiquet.

Angélique-Nicole Cordier, restée orpheline de bonne heure, était grande, belle et riche, puisqu'elle pouvait disposer d'une fortune de cinq cent mille francs. Elle épousa M. Tiquet, conseiller au parlement. La manière dont s'y prit celui-ci pour se faire choisir comme époux, prouve déjà combien les passions d'Angélique avaient d'empire sur elle. Elle était vaniteuse, aimait le faste ; aussi ce fut en lui envoyant, le jour de sa fête, un bouquet composé de fleurs mêlées de diamans, de la valeur de quinze mille livres, qu'il la fit se décider en sa faveur. (*Amour de l'approbation* ou *Vanité. — Désir d'acquérir.*)

Les trois premières années de leur mariage furent assez tranquilles ; Mme Tiquet pouvant se livrer à tous ses goûts de faste et d'argent. (*Vanité.*)

Mais au bout de ce temps, son mari lui ayant fait connaître l'état réel de sa fortune, qui ne leur permettait plus de continuer ce train de vie, toutes ses illusions se détruisirent, et une haine implacable remplaça bientôt chez elle le peu de sentimens affectueux qu'elle pouvait avoir pour lui. Ce fut de cet instant qu'elle résolut sa perte. (*Destructivité.*)

Une première fois, elle chercha à le faire assassiner. Ce projet ayant échoué, elle profita d'une indisposition de son mari pour lui donner un bouillon qui contenait du poison ; mais le valet-de-chambre s'en étant aperçu, affecta de faire un faux pas, le laissa tomber et demanda son congé sur-le-champ. Enfin, une troisième fois, M. Tiquet fut atteint, en rentrant chez lui le soir, de cinq coups de pistolet, dont aucun cependant ne fut mortel. Ce dernier crime fut reconnu pour avoir été commis, d'après les conseils et les instigations de Mme Tiquet, par un nommé Moura qui était portier de sa maison. L'ordre fut donné de l'arrêter. Au moment où on vint pour la saisir, il y avait chez elle une Mme de

Sénonville. Mme Tiquet la pria de rester. « On va
« venir m'arrêter dans un instant, lui dit-elle, et
« je ne voudrais pas me trouver seule avec cette
canaille. » Le sieur Deffita, lieutenant-criminel,
étant entré escorté d'une troupe d'archers : «Vous
« pouviez, monsieur, lui dit-elle, vous dispenser
« de vous faire accompagner de ce *tas de gens-là,*
« je n'avais pas le dessein de m'enfuir. » (*Amour-
propre.*)

Au moment même où l'on venait de l'arrêter,
et où elle devait être le plus troublée, elle re-
quit que l'on mît le scellé dans son appartement
pour la sûreté de ses effets. (*Circonspection.*)

On peut voir dans son procès, avec quelle adresse elle enleva à M. Tiquet une lettre de cachet,
que celui-ci avait obtenue contre elle ; combien
de moyens elle employa pour donner le change au
public, sur l'auteur de l'assassinat de son mari. Le
lendemain de cet événement, elle alla chez la com-
tesse d'Aunoy. L'assemblée y était, comme à l'ordinaire, fort nombreuse. Mme Tiquet qui s'y attendait bien, s'y rendit exprès pour savoir ce que l'on
pensait dans le monde de l'aventure de la veille.
Sa contenance et ses discours ne donnèrent aucune prise aux soupçons ; l'actrice la plus adroite
et la plus consommée dans son art, n'aurait pas
mieux réussi à faire illusion. (*Ruse.*)

Il fallait que son amour pour son fils fût bien manifeste chez elle, puisqu'on le trouve signalé dans son procès. Elle embrassa, y est-il dit, son fils qui avait huit à neuf ans et qu'elle *aimait beaucoup*; lui donna de l'argent pour se réjouir, l'exhorta à ne point s'alarmer de ce qu'il voyait, etc. *(Philogéniture.)*

Mme Tiquet n'était point étrangère à tout sentiment religieux. Ce sentiment qui, bien dirigé, aurait pu peut-être avoir tant d'influence sur cette vicieuse organisation, se réveilla chez elle aux approches de la mort. Le sieur de la Chétardie, curé de Saint-Sulpice, s'étant présenté à elle, avant son supplice, elle le reçut avec les sentimens les plus chrétiens, et le chargea de demander, pour elle, pardon à son mari. *(Vénération.)*

Mme Tiquet arriva sur la place de Grève à cinq heures du soir. Il pleuvait si fort dans ce moment, qu'il fallut attendre, pour faire l'exécution, que l'orage fût dissipé. Elle resta dans son tombereau, ayant toujours devant les yeux l'appareil de son supplice, et un carosse noir attelé de ses propres chevaux, qui attendait son corps. Tout cela ne l'ébranla pas. Elle vit, avec la même fermeté, le supplice de son portier. Quand il fallut monter à l'échafaud, elle tendit la main au bourreau, afin qu'il lui aidât, et, par signe de politesse, la porta à sa bouche avant de la lui donner. Sur l'échafaud, elle baisa le billot, accommoda sa coiffure avec une adresse et une célérité surprenante, et présenta le cou elle-même. (*Fermeté.*)

Ce n'est pas en France seulement qu'on a recueilli des observations de ce genre. L'étude de la Phrénologie fait de rapides progrès dans toutes les parties du monde, et cette science s'enrichit chaque jour de faits qui tendent à consolider ses doctrines. Voici une courte note qu'on lisait, il y a quelques années, dans la *Revue britannique* : « Deux crânes ont été présentés à la « société phrénologique de Londres ; l'un d'un « homme et l'autre d'une femme. L'un et l'autre « a été soumis à l'examen des membres de la so-« ciété : tous ont reconnu que la place des *sen-« timens moraux* n'y était nullement apparente. « Alors on a appris que le crâne femelle était ce-« lui d'une riche fermière, et l'autre, celui de l'a-« mant de cette femme, assassin de son mari. « C'était par les sollicitations et avec le secours de « cette femme qu'il avait consommé son crime, « qui fut bientôt découvert et conduisit les deux « coupables à l'échafaud. On a obtenu que leurs « crânes seraient déposés dans la collection for-« mée par la société phrénologique. »

Le dernier fait que je rapellerai, est extrait d'un journal écossais. M. Deville, étant allé donner des leçons de Phrénologie à Edimbourg, on lui présenta un crâne, pour qu'il indiquât, à l'inspection, les qualités de l'individu auquel il avait appartenu, tandis que l'on tenait écrite et cachetée une notice sur cet individu. Voici l'opinion de M. Deville et la notice lue après que l'on en eût pris connaissance.

PREMIÈRE PIÈCE.

» Ceci est le crâne d'un individu qui a dû avoir « bien de la peine à se renfermer dans les limites « de la loi. Il a dû être influencé par les senti- « mens bas ; son caractère participant plus de « l'animal, que de ce qui est raisonnable. Peu de « dispositions au sentiment religieux ou moral ; « obstiné, volontaire, vindicatif, avec de fortes « passions ; désespéré dans l'opposition, peu scru- « puleux de s'approprier, pour son usage parti- « culier, la propriété d'autrui ; fort attaché à la « société des femmes. S'il a eu des enfans, il n'a « pas dû être très-bon père ; s'ils n'étaient pas « obéissants, il a dû être cruel envers eux. C'est « un individu qui a dû être chef de parti, comme « député dans une révolte, ou capitaine de con-

« trebandiers, avide de commandement. Il a dû
« probablement plutôt passer son temps dans les
« maisons publiques et dans une mauvaise société,
« que suivre un conduite respectable. Grand par-
« leur, plein de présomption, rusé et intelligent.
« Somme toute, c'est un individu qui a dû avoir
« beaucoup de peine à esquiver la prison ou
« quelque embarras semblable; et, jugeant que
« c'est le crâne d'une personne âgée, je le con-
« sidère comme un vieux pécheur et un crimi-
« nel disposé à entraîner les autres dans de mau-
« vaises affaires avec lui. »

DEUXIÈME PIÈCE.

Caractère de feu Peter Pass, condamné, observé pendant sa vie, par John Porter, Esq. M. D.
et M. Strickland.

« Homme âgé; soixante-dix affaires; convain-
« cu cinq fois; déporté trois fois pour sept ans,
« et enfin pour la vie; insolent au dernier de-
« gré, et incorrigible; extrêmement têtu, voleur
« très-habile; a passé 37 années de sa vie dans les
« prisons, les pontons et autres lieux de déten-
« tion. »

A cette pièce était jointe la lettre suivante,
dont je vais vous donner lecture :

Alonzo, 9 mars, 1832.

« A M. le docteur Porter.

« Monsieur, feu Pierre Pass, condamné, âgé
« de 76 ans, était un des caractères les plus ex-
« centriques que j'aie jamais vus. Il avait été con-
« damné plusieurs fois, déporté quatre fois; trois
« fois pour sept ans, la dernière pour la vie. Il
« était sourd, horriblement passionné, violent et
« vindicatif; ne pouvant pas être corrigé, pas
« même par les officiers, pas même par les me-
« naces de punition. C'était un grand menteur et
« un grand voleur. Il aurait dérobé et caché tout
« ce qui se serait trouvé sous sa main, et aurait
« fortement nié et juré qu'il eût jamais vu l'ob-
« jet. Il était très-sale dans sa personne et ses ha-
« bits. Bien qu'avancé en âge, il était très-passion-
« né pour répéter et enseigner un langage dissolu
« et inconvenant, et pour raconter ses scènes de
« débauches et de dissipation, ainsi que ses ex-
« ploits de voleur. Il ne savait ni lire ni écrire, et
« n'était jamais content de ses vêtemens, ni de sa
« nourriture; mais il voulait toujours happer cel-
« le qu'il pensait être la plus copieuse. Il aurait
« porté loin sa vengeance, menaçant toujours la
« vie de ses compagnons, et portant même atteinte

« à leur existence. J'ai moi-même été souvent me-
« nacé, attaqué avec violence par lui, et plusieurs
« fois forcé à m'interposer, quand il en attaquait
« d'autres. Il est mort de vieillesse et de débilité,
« le 13 février 1827. Il ne paraissait avoir aucune
« idée de la vie future ; et quand je le répriman-
« dais de ce qu'il jurait et employait un langage
« obscène, il s'enfuyait en fureur.

« Je suis, monsieur, votre très-humble ser-
« viteur.

John Strickland. »

Je livre sans commentaire à vos reflexions et à votre sagacité ces faits qu'il me serait facile de multiplier encore. Ils suffiront, je pense, pour vous faire juger si tout est faux et absurde dans la Phrénologie, comme le prétendent certaines personnes. D'ailleurs, il ne se passera pas désormais une seule séance, que je n'aie à vous en signaler d'aussi convaincans. Certes, je ne prétends pas que tout ce qui a été dit sur la doctrine de Gall soit indistinctement vrai. Outre quelques erreurs d'observation, qui se retrouvent aussi dans toutes les sciences naturelles, il s'est rencontré en Phrénologie, comme en tout, plus qu'en tout peut-être, des enthousiastes et des charlatans ; mais ni les supercheries coupables des uns, ni la naïve crédulité des autres, ne peuvent prévaloir contre des faits constatés. Faudra-t-il nier la médecine, parce qu'on rencontre sur les places publiques des empiriques qui vendent du vulnéraire, et des badauds qui en achètent ?

C'est une opinion de tout temps généralement admise que chaque homme apporte en venant au monde certains penchans, un certain caractère, une certaine intelligence. Qui ne connaît ces vers par lesquels débute Boileau dans son *Art poëtique ?*

> C'est en vain qu'au Parnasse un téméraire auteur
> Pense de l'art des vers atteindre la hauteur :
> S'il ne sent point du ciel l'influence secrète,
> Si son astre, en naissant, ne l'a formé poëte,
> Dans son génie étroit il est toujours captif ;
> Pour lui Phébus est sourd et Pégase est rétif.

On naît poëte, a-t-on dit de tout temps. La doctrine de Gall nous permet de dire aujourd'hui : *On naît tout*, et c'est alors à une éducation sagement dirigée d'arrêter ou de favoriser le développement d'un organe qu'il serait utile ou dangereux de voir dominer. Voyez quelles différences entre les jeunes enfans d'une même famille, quoique tous soient élevés de la même manière. N'a-t-on pas souvent des exemples d'enfans présentant des qualités qui semblent bien au-des-

sus de leur âge, ou des vices bien prononcés,
surtout lorsqu'une sage éducation n'est pas venue
corriger un naturel défectueux ? « Aux dernières
« assises de Preston, disait la *Revue britannique*,
« en 1827, les juges ont condamné à la déporta-
« tion perpétuelle un enfant de sept ans, qui
« annonçait pour le crime une effrayante préco-
« cité. Cet individu extraordinaire est né à Black-
« burn ; ce fut dans cette ville qu'il commit son
« premier vol, à l'âge de quatre ans, avec des
« circonstances qui attirèrent l'attention des ma-
« gistrats. Une fois entré dans cette funeste car-
« rière, il ne l'a plus quittée, et ses talens pré-
« coces se sont développés rapidement. Black-
« burn, Manchester et, en dernier lieu, la mai-
« son de détention de Preston, où ce dangereux
« enfant était renfermé, furent les théâtres de ses
« exploits. L'apparition d'un prodige de cette
« espèce mérite l'attention des philosophes. Les
« questions auxquelles ils auront à répondre sont
« d'une haute importance. On demandera s'il
« n'est pas prouvé que l'enfant apporte en nais-
« sant le caractère qu'il doit développer dès son
« entrée dans la vie sociale. Si ce fait peut être
« constaté et mis hors de doute, on en déduira
« d'importantes conséquences pour l'éducation,
« son but, ses moyens, ses effets. »

Nos dispositions, dit M. Broussais, ne sont pas seulement le résultat de notre éducation ; mais elles sont inhérentes à notre organisation, elles sont innées en un mot. Or comment se rendre compte de ces différens penchans naturels, si on n'en recherche pas la cause première dans l'organisme même ; c'est à dire dans l'encéphale ? Si donc nous apercevons que telle forme particulière du cerveau correspond toujours à telle disposition, ne serons-nous pas en droit d'en conclure qu'il existe une liaison nécessaire entre ces deux ordres de choses ? C'est à trouver cette relation que doivent se porter d'abord les efforts des phrénologistes. Mais ce n'est pas à cela que doivent se borner leurs travaux. Parmi les penchans qu'un enfant apporte en venant au monde, il en est qu'il faut tendre à développer et d'autres au contraire, qui doivent être réprimés. Ce problème délicat et difficile ne pouvait échapper aux infatigables travaux de Gall et de ses successeurs ; nous aurons souvent l'occasion de voir par la suite, les solutions qu'ils ont essayé d'en donner. La médecine exercée par le plus grand nombre des personnes qui s'occupent de Phrénologie, devait nécessairement profiter des découvertes de cette science, et j'aurai quelquefois à signaler le parti avantageux que l'art de guérir à su tirer des observations phrénologiques.

L'homme ne fait pas seul l'objet de la science qui nous occupe. Les animaux ne sont pas moins importans à étudier, afin de découvrir en quoi ils se rapprochent et en quoi ils s'éloignent de nous, tant sous le rapport de leur organisation cérébrale, que sous celui de leurs penchans. Chez ceux d'entre eux qui appartiennent à l'échelle la plus élevée, comme chez nous, il n'y a point de perception sans cerveau. C'est donc aussi dans ce viscère, qu'il faudra chercher le siége de toutes leurs dispositions.

Je n'ai pas besoin de vous dire, vous le devinez de reste, que de toutes parts se sont élevées des objections contre la Phrénologie. Cela devait être, et la science n'a pu qu'y gagner. Mon intention étant de vous soumettre toutes les pièces du procès, afin que chacun de vous en devienne juge, et se fasse une conviction après examen, j'aurai soin de vous faire connaître les principales de ces objections et les réponses qu'on leur a opposées. C'est par là que je terminerai mon cours, car il me paraît nécessaire de connaître les principes fondamentaux de la science, pour suivre avec fruit cette discussion. N'imitons pas ceux des adversaires de la Phrénologie qui l'attaquent sans l'avoir jamais étudiée.

DEUXIÈME LEÇON.

HISTORIQUE.

Messieurs,

Considérée comme science, la Phrénologie ne compte que quelques années d'existence, et date seulement des ingénieuses recherches de l'illustre Gall. Toutefois, longtemps avant les travaux de ce savant philosophe, on avait fait sur les hommes et les animaux, un certain nombre d'observations du genre de celles dont nous avons à nous occuper. Il existe quelquefois en effet des rapports si frappans entre les dimensions ou la forme de la tête d'un homme, et son degré d'intelligence par exemple, que ces rapports n'échappent à personne. Si je soumets à votre appréciation les deux têtes que voici, et si je vous demande laquelle a dû avoir le plus d'intelligence, quelqu'un de vous hésitera-t-il à me répondre? Ici, le front est élevé; la partie antérieure

de la tête, c'est-à-dire ce qui se trouve en avant
du trou auditif ou de l'oreille, est parfaitement
développé et l'emporte de beaucoup en volume
sur la partie postérieure. Là, au contraire, vous
voyez que le front est déprimé, et que la plus
grande masse de la matière cérébrale s'est portée à l'arrière de la tête, au détriment de la partie antérieure. Aussi la première de ces têtes a-
t-elle appartenu à un homme remarquable par
sa haute intelligence, Benjamin-Constant, tandis que la seconde est celle d'un habitant de la
Nouvelle-Hollande, race qui occupe le dernier
degré sur l'échelle de l'humanité. On ne saurait
se faire une idée de l'état d'abrutissement dans
lequel vivent certaines peuplades de la Polynésie.
Ce que les voyageurs racontent à cet égard paraît presque fabuleux, et ce n'est que l'accord
qu'on trouve dans leurs récits, qui peut faire
naître notre conviction. Ces êtres, dit le capitaine Dumont d'Urville, tiennent de la bête autant que de l'homme. Depuis plus de quarante
ans qu'ils vivent en face de la civilisation européenne, ils sont restés aussi sauvages, aussi stupides que le premier jour : la seule chose qu'ils
aient comprise, c'est l'eau-de-vie. Vainement
on a tout essayé pour les polir et les humani-
ser. Rien n'y fait, ni les intentions philantropi-

ques des colons, ni les prédications des missionnaires. Tout a été tenté en pure perte; l'instinct
sauvage et vagabond a toujours repris le dessus.
Dans le but de les amener à des dispositions plus
sédentaires, le gouverneur Macquarie fit construire aux portes de Sydney, une maisonnette
assez propre, entourée d'un jardin. Il la mit à
la disposition de la tribu qui habite le terri-
toire de Port-Jackson. Ce fut inutilement. Le
jardin resta en friche, et les Nouveaux-Hollandais se bornèrent à venir de temps à autre s'a-
briter sous le toit de la maison. Le même gouverneur avait fondé à quelque distance de Para-
matta, une école gratuite, pour l'éducation des
jeunes indigènes. L'attrait d'une nourriture facile et succulente y attira d'abord quelques individus; mais bientôt, dégoûtés de l'assiduité
qu'on leur demandait, ils préférèrent à cette vie
sédentaire, l'existence pénible et précaire de leurs
compatriotes.

On cite, dans ces régions, des peuplades qui
ne savent pas même se construire d'habitations, et dont l'idiome, plein de sifflemens et de
battemens de langue, semble appartenir plutôt
à la brute qu'à l'homme. Si on considère avec
soin, dit le célèbre voyageur M. de Rienzi, la
grosseur et la forme de la tête des Australiens,

leur agilité à grimper, leur corps velu, l'os frontal très-étroit et comprimé en arrière, comme chez les animaux, la conformation de leur glotte, on voit que tout les rapproche des orang-outangs. Afin que vous puissiez, Messieurs, juger vous-mêmes de la question, au moins sous le rapport de la forme de la tête, je place un crâne d'orang-outang à côté de celui de cet habitant de la Nouvelle-Hollande. Je mets en même temps sous vos yeux d'autres crânes de race, qui accusent un bien faible degré d'intelligence. Le premier est celui d'un Nègre Macoua, peuple au-delà des Cafres, sur la côte Mozambique. Le second a appartenu à un ancien Péruvien, de la province actuelle de Bolivia.

Personne n'ignore non plus qu'une tête demeurée trop petite dans de certaines limites, par suite d'un défaut de développement convenable, ne peut pas recéler une intelligence même ordinaire. Voici une tête et un crâne qui semblent avoir appartenu à un enfant de quelques mois, et qui proviennent d'une fille morte à l'âge de 23 ans. Victoire naquit de parens pauvres, qui habitaient un misérable hameau près de Senlis. Comme elle leur était devenue à charge, ils obtinrent son placement au dépôt de St-Denis, où elle entra en 1824, à l'âge de 21 ans. Elle était alors bien portante et grasse. Les formes de son corps étaient agréables, à l'exception de sa tête. Sa taille n'était que de 4 pieds 2 pouces; elle avait la peau brune et les cheveux très-noirs. Les seuls mots qu'elle connut alors, étaient *papa*, *maman* et quelques injures. Elle manifestait l'amour des enfans, et ne pouvait se lasser de jouer avec des poupées. Elle en avait souvent 8 ou 10, qu'elle berçait ou embrassait sans cesse. Quand on lui avait promis quelque chose, et qu'on oubliait de le lui donner, elle en faisait souvenir par des cris et des gestes qui exprimaient bien sa volonté. Quoique bonne et douce, elle ne donnait pas volontiers ce qu'elle avait reçu, et paraissait avoir le sentiment de propriété assez actif. Cependant, on ne s'est pas aperçu qu'elle ait jamais rien dérobé. Son humeur était gaie; elle n'a jamais paru rancunière; elle riait facilement, mais jamais sans motif. Pendant son séjour au dépôt de St.-Denis, elle apprit à manger seule, à faire le signe de la croix, à prononcer quelques mots relatifs à ses besoins journaliers, et sans qu'on eût pris pour cela beaucoup de peine. Elle avait appris à fredonner quelques airs et à chanter assez bien une chanson populaire, dont elle répétait le refrain du matin au soir. Elle commençait à savoir quelques mots d'une prière,

lorsqu'elle fut atteinte d'une gastro-entérite aiguë, qui l'emporta. On peut considérer Victoire
comme type de l'idiotie au premier degré d'éducabilité. J'aurai à citer plus tard des cas d'une
idiotie bien inférieure. Vous voyez que chez
Victoire elle était due à un arrêt de développement du cerveau. Avec des conformations moins
défectueuses, on obtient des nuances d'idiotisme
moins prononcées, comme avec des fronts moins
bien développés que celui de Benjamin-Constant,
on reconnaît des intelligences moins élevées que
celle de cet illustre écrivain. Ainsi, voilà deux
limites au moins, que vous êtes obligés d'admettre, dans les rapports de l'intelligence à la
forme et aux dimensions de la tête, et vous n'ê-
tes plus maîtres alors de nier les nuances intermédiaires.

Les artistes anciens, à qui on accorde à juste
titre une grande habitude d'observation, se font
remarquer, en général, par l'exactitude des caractères phrénologiques qu'ils donnent à leurs
têtes. Certainement je ne crois pas qu'ils fussent
phrénologistes, c'est-à-dire qu'ils eussent une
idée bien nette des rapports qui existent entre
la forme du crâne d'un homme, et ses penchans ;
mais l'étude de la nature à laquelle ils se livraient
avec un succès qui a fait toute leur gloire, leur

eut bientôt appris à faire des différences entre tel caractère de tête et tel autre. Ils se seraient bien gardés de penser, comme beaucoup de nos artistes modernes, que le même vieillard à barbe blanche peut servir également de modèle, pour peindre un sénateur ou un mendiant, un sapeur ou un capucin. Lorsqu'ils voulaient représenter un gladiateur ou un philosophe, ils copiaient un philosophe ou un gladiateur. Voyez les belles têtes de l'Apollon du Belvédère, et surtout du Jupiter Olympien. Quel magnifique développement dans le front! Qui ne reconnaît, à l'exagération même de ce développement, le dieu de la poësie et des arts, le créateur et le souverain maître du monde? Mettez à côté une tête d'Hercule; quelle différence dans les dimensions! Quelle petitesse, pour un corps aussi vigoureux et une semblable stature! Mais ainsi étaient faits tous les athlètes, bien plus remarquables par la force de leurs corps, que par l'étendue de leur esprit; et cette particularité dans leurs formes ne pouvait échapper aux judicieuses observations des grands artistes de l'antiquité. Quoique habitant de l'Olympe, Hercule ne fut jamais pour eux qu'un fort-à-bras, et on sait qu'il courait sur le compte de ce dieu, parmi le peuple, une multitude d'anecdotes et de mots ridicules.

A coup sûr, il serait difficile de dire aujourd'hui, si les bustes anciens que nous possédons de Socrate, de César, de Néron et d'autres personnages célèbres de l'antiquité, sont des portraits faits sur nature, ou qui n'ont eu pour modèle que l'imagination de l'artiste, aidée de quelques souvenirs ; mais il est à remarquer que tous sont d'une vérité phrénologique frappante, lorsqu'on les compare à l'histoire des hommes qu'ils représentent. Est-ce là l'effet d'un simple hasard ? C'est ce qu'il est impossible d'admettre ; et de deux choses l'une : si ce sont des portraits, ce sont de nouveaux faits à ajouter à ceux qu'on possède déjà en si grand nombre en faveur de la science ; si ce ne sont que des types, ils prouvent en outre la délicatesse d'observation des artistes. Ainsi, vous le voyez, l'étude de la Phrénologie est indispensable au peintre comme au statuaire, qui veulent demeurer dans la nature et la vérité, et quelques-unes de nos illustrations artistiques contemporaines s'y livrent avec un zèle louable. Je puis signaler entre autres notre célèbre statuaire David, l'habile auteur du magnifique fronton du Panthéon.

Une question d'une aussi grande importance que celle du rapport du cerveau aux penchans, ne devait pas occuper les artistes seuls. Dès la

plus haute antiquité, on la voit débattue entre
les philosophes. Dès 5oo ans avant notre ère,
Pythagore avait dit que l'homme a deux âmes,
l'une végétative et sensitive, présidant aux fonctions de la vie animale, résidait dans le corps,
dans le sang : l'autre, l'âme rationnelle, se trouvait dans la tête, partie la plus sublime de l'homme. Ce fut aussi l'opinion de Démocrite, d'Alc-
méon et du divin Platon. Aristote alla plus loin,
et chercha à localiser certaines facultés dans le
cerveau. Voici un passage d'un de ses ouvrages
intitulé *Problèmes*, qui pourra servir à vous
faire connaître ses idées à cet égard.

« On demande pourquoi la tête n'est pas ron-
« de; mais oblongue? Réponse. C'est afin que
« les trois cellules qui s'y trouvent soient plus
« distinctes, savoir : l'imagination à la région
« frontale; la logique ou l'art de raisonner, à la
« partie moyenne; la mémoire, dans la cellule
« postérieure. »

« On demande pourquoi l'homme lève la tête
« vers le ciel lorsqu'il se livre à la réflexion? Ré-
« ponse. Parce que l'imagination siége à la par-
« tie antérieure de la tête, c'est-à-dire du cer-
« veau : l'homme, dans cette circonstance lève
« la tête, afin que la cellule de l'imagination
« s'ouvre, et que les esprits animaux, affluant

« de toutes parts, puissent faire naître l'imagi-
« nation. »

« On demande pourquoi l'homme incline la
« tête vers la terre, lorsqu'il médite sur le pas-
« sé ? Parce que la cellule postérieure est le
« siége de la mémoire; conséquemment, dans
« une semblable position, cette cellule se trouve
« élevée vers le ciel ; elle s'ouvre alors, afin que
« les esprits animaux puissent y pénétrer, et
« produire ainsi la mémoire. »

Aristote, qu'on peut regarder comme le fondateur de l'anatomie comparée, avait remarqué que le cerveau de l'homme avait un volume relativement et même presque absolument
plus considérable que celui des animaux, et c'est
à cela qu'il attribuait la superiorité de son intelligence. Je ferai voir par la suite tout ce qu'il y
a d'inexact dans ces opinions du plus grand naturaliste de l'antiquité ; j'ai dû les citer pour
montrer à quoi se réduisaient alors les informes
essais qu'on faisait en Phrénologie.

Hippocrate admit à-peu-près les mêmes no-
tions qui, passant de siècle en siècle, furent
adoptées par la célèbre école d'Alexandrie. Galien,
élève de cette école, modifia légèrement la doctrine d'Aristote. Plus tard, des opinions analogues se retrouvent chez des savans et des phi-

losophes du moyen âge. On y reconnaît une tendance continuelle à la localisation des organes. Un évêque, nommé Ceria, parle d'une cellule de la mémoire qui était oblitérée par suite d'une plaie, d'après une observation recueillie par un chirurgien qui avait été son maître. Saint-Augustin, Saint-Grégoire de Tours, Saint-Thomas d'Aquin, Albert-le-Grand, évêque de Ratisbonne, que vous êtes peut-être surpris de voir cités dans un cours de Phrénologie, avaient aussi assigné au cerveau les fonctions de l'intelligence, et avaient cherché à localiser nos facultés.

En 1296, Bernard Gordon, médecin écossais et professeur à la faculté de Montpellier, reproduisit en grande partie les opinions d'Aristote, auxquelles il apporta de notables changemens. Il s'occupa surtout de localiser les organes. Selon lui, les facultés de l'homme peuvent devenir imparfaites, quand les organes sont malades; et comme ceux-ci sont distincts, une faculté peut être affaiblie, tandis que les autres demeurent intactes. « Chez quelques-uns, dit-il, l'ima- « gination est altérée, tandis que les autres fa- « cultés n'ont éprouvé aucun changement, et « réciproquement On en a vu un exemple re- « marquable chez un aliéné qui avait frappé son

« père, et auquel celui-ci demandait s'il était
« bienséant qu'un enfant levât la main sur ses
« parens; il tomba à genoux sur le champ, et
« demanda pardon. L'imagination, en ce cas,
« était altérée au point que le fils avait d'abord
« méconnu son père; mais comme la raison
« était conservée, elle lui fit apercevoir promp-
« tement sa faute. » Je n'adopte pas, tant s'en
faut, cette explication de Bernard Gordon; je
ne la cite que comme preuve de la tendance à
localiser.

Pierre Abano, professeur de médecine à Bo-
logne, et qui vivait en même temps que le savant écossais que je viens de citer, avait fait de
nombreuses observations relatives aux rapports
qui existent entre les dimensions de la tête d'un
homme, et son intelligence. « Une petite tête,
« dit-il, n'est pas à désirer, si sa petitesse tient
» au peu de capacité du crâne; mais elle en vaut
« bien une autre, quand elle ne paraît petite
« qu'à cause du peu d'épaisseur de ses envelop-
« pes. » Cette opinion est fort remarquable, et
coïncide avec des observations récentes que je
ferai connaître plus tard.

L'illustre auteur du livre de la Sagesse, le philosophe Pierre Charron, qui vivait dans le XVIe
siècle, admettait bien que le cerveau est le siége

de l'intelligence humaine; mais il niait la localisation des organes. Il donne ses raisons dans le
15me chapitre du livre 1er de cet ouvrage remar-
marquable. « Le siége de l'âme raisonnable, dit-
« il, c'est le cerveau et non pas le cœur, comme
« avant Platon et Hippocrate, l'on avait pensé
« communément, car *le cœur a sentiment et*
« *n'est pas capable de sapience.* Or le cerveau
« qui est beaucoup plus grand en l'homme qu'en
« tous autres animaux, pour être bien fait et
« disposé afin que l'âme raisonnable agisse bien,
« doit approcher de la forme d'un navire, n'ê-
« tre point rond, ni par trop grand ou par trop
« petit, bien que le plus grand soit le moins
« vicieux, composé de substances et de parties
« subtiles, délicates et déliées, bien jointes et
« unies sans séparation ni entre-deux, ayant
« quatre petits creux, ou ventres, dont les trois
« sont au milieu, rangés de front et collatéraux
« entr'eux et derrière eux, tirant au derrière de
« la tête, le quatrième seul, auquel se fait la
« préparation et conjonction des esprits vitaux,
« pour être puis faits animaux et portés aux
« trois creux de devant, auxquels l'âme raison-
« nable fait et exerce ses facultés qui sont trois:
« entendement, mémoire, imagination, lesquel-
« les ne s'exercent point séparément et distinc-

« tement chacune en chacun creux ou ventre,
« comme aucuns vulgairement ont pensé; mais
« communément et pas ensemble toutes trois en
« tous trois et chacun d'eux, à la façon des sens
« externes qui sont doubles et ont deux creux,
« en chacun desquels le sens s'exerce tout en-
« tier : d'où vient que celui qui est blessé en un
« ou deux de ces trois ventres, comme le para-
« lytique, ne laisse pas d'exercer toutes les trois,
« bien que plus faiblement, ce qu'il ne ferait,
« si chacune faculté n'avait son creux à part. »

L'erreur de Charron, relativement à la localisation vient de ce que l'anatomie ne lui avait
pas appris que le cerveau est double, et qu'il
existe réellement un entre-deux. C'est ce que
vous pouvez voir sur ce cerveau, que je vous
présente (Planche i.). Cette fente longitudinale,
qu'on appelle la *grande scissure interlobaire*,
partage le cerveau en deux parties égales ; de
sorte que tous les organes qui existent d'un coté,
se retrouvent aussi de l'autre, et sont par conséquent doubles. Si Charron avait su cette particularité, il aurait compris comment les para-
lytiques conservent l'intégrité de leurs facultés,
bien qu'un côté de l'ancéphale ne puisse agir,
et pourquoi ces facultés sont alors exercées plus
faiblement.

Huarte, médecin espagnol, contemporain de notre roi Henry IV, publia un livre intitulé : *Examen des esprits dans leur aptitude aux sciences.* Dans cet ouvrage, il émet le principe si souvent invoqué depuis par les phrénologistes, que, dans l'économie animale, chaque action demande un instrument particulier; qu'à l'imitation des sens extérieurs, les sens intérieurs doivent avoir leurs organes; qu'il est impossible que l'âme exécute des actes si distincts, si opposés, si elle n'a pour chacun un organe spécial. Il y a nécessairement dans le cerveau, ajoute-t-il, un instrument pour entendre, un pour imaginer, un pour se ressouvenir; car si le cerveau était composé d'un seul organe, tout consisterait en mémoire, en entendement, ou en imagination; or, nous voyons qu'il y a là des actions fort différentes; partant, il faut avouer qu'il y a diversité d'instrumens. Huarte finit par conclure que chaque homme naît avec son genre d'esprit, que chaque genre d'esprit et d'aptitude correspond à une forme particulière de tête.

En 1596, Jean-Baptiste Porta publia un ouvrage dans lequel on trouve un catalogue curieux des instincts que l'homme partage avec les brutes. On y voit beaucoup de têtes humaines

comparées avec des têtes d'animaux : celle de Vi-
tellius César est en regard de celle d'un hibou ;
celle de Platon, de celle d'un chien épagneul ;
celle d'un idiot est comparée à celle d'une truie,
etc. Il considère une tête d'un volume modéré
et d'une forme arrondie, s'élevant postérieurement et comprimée latéralement, comme étant
la meilleure conformation. Albertus regardait
une tête oblongue, en avant et en arrière, comme l'indice de la prévision et de la circonspection : Périclès avait, dit-il, une semblable tête,
et il fut très-estimé des Athéniens. Suivant lui,
la rotondité de la tête est le signe d'un manque
de mémoire et de sagesse ; le peu de volume de
cette partie comporte peu d'esprit. Si la portion
antérieure est aplatie, la perception et l'imagination sont faibles. Si c'est la portion postérieure, il y a peu de mémoire et d'énergie. Si c'est
la portion moyenne, la raison et la réflexion
sont peu marquées, etc.

En 1770, Charles Bonnet pressentit jusqu'à
un certain point les découvertes nouvelles de la
Phrénologie. « Sans être initié dans les secrets
« de l'anatomie, dit-il, on sait au moins en gros,
« qu'un cerveau est un organe extrêmement
« composé, ou plutôt un assemblage de bien
« des organes différens d'un nombre prodigieux

« de fibres , de nerfs , de vaisseaux , etc. La mul-
« tiplicité et la diversité prodigieuse d'idées qui
« naissent des différentes opérations de notre
« esprit, peuvent nous faire juger de l'art éton-
« nant avec lequel l'organe intellectuel de nos
« pensées a été construit, et du nombre presque
« infini de pièces , et de pièces très-variées , qui
« entrent dans la composition de cette surpre-
« nante machine qui incorpore , pour ainsi dire
« à l'âme d'un savant , l'abrégé de la nature. Il
« suit de là qu'une intelligence qui connaîtrait
« à fond la mécanique du cerveau, qui verrait
« dans le plus grand détail tout ce qui s'y passe,
« y lirait comme dans un livre. Ce nombre pro-
« digieux d'organes infiniment petits , approprié
« au sentiment et à la pensée , serait pour cette
« intelligence ce que sont pour nous les carac-
« tères d'imprimerie. Nous feuilletons les livres ,
« nous les étudions ; cette intelligence se borne-
« rait à contempler les cerveaux. Nos sentimens
« de différens genres tiennent à des fibres de dif-
« férens genres. Le degré de l'ébranlement dé-
« cide de la vivacité des sentimens ; l'espèce de
« fibre de l'espèce de sentiment. Enfin , comment
« remédie-t-on à cette fatigue , à cette douleur
« résultant d'une attention trop soutenue sur la
« même série d'idées? Par le repos , ou par un

« changement d'objet. Pourquoi par le repos ?
« Parce qu'il est une cessation d'action ? Pour-
« quoi par le changement d'objets ? Parce que
« l'âme n'agit plus sur les mêmes fibres. Chaque
« perception a des fibres qui lui sont propres. »

Herder conçut l'espérance qu'on parviendrait
un jour à découvrir la destination de chacune
des parties du cerveau, en les comparant attentivement avec les qualités que chaque individu
avait montrées. Que restait-il donc à faire, après
Bonnet et Herder, pour fonder la Phrénologie,
si ce n'est l'application de leurs idées, la pratique
de leurs conseils ? La multiplicité des organes,
dit Fodéré, a été admise par presque tous les
anatomistes, depuis Galien jusqu'à nos jours,
et même par le grand Haller, qui éprouvait le
besoin d'assigner une fonction distincte aux différentes parties du cerveau. Pinel établit pareil-
lement l'impossibilité de concilier les différentes
facultés avec l'existence d'un seul organe. Dolci
et d'autres écrivains, persuadés de la vérité de
cette opinion, essayèrent de très-bonne heure
d'assigner des fonctions à des régions du cerveau,
selon le but auquel ils les croyaient destinées. On
trouve un dessin de la tête ainsi partagée dans
l'ouvrage de Dolci, imprimé en 1560, et dans
le *Journal de Phrénologie* d'Edimbourg.

On a raconté à la Société phrénologique de Londres une anecdote rappelée par M. Broussais et qui mérite d'être rapportée. Le marquis de Mascardi, chef de la justice criminelle à Naples, depuis 1778 jusqu'en 1782, avait étudié l'ouvrage de Porta et la Physiologie de Cabanis, publiée en 1781. Toutes les fois qu'un criminel déjà condamné à mort, devait subir son supplice, et qu'il n'avait point avoué ses crimes, bien qu'il eût été convaincu par des témoins suffisans, il le faisait comparaître devant lui, examinait attentivement son ensemble et puis sa tête, après quoi il portait un jugement définitif, dont voici deux exemples :

1° Témoins entendus pour et contre, après avoir examiné la figure et la tête de l'accusé, nous le condamnons à mort.

2° Témoins entendus pour et contre, l'accusé niant obstinément, après avoir examiné sa figure et sa tête, nous le condamnons, non à la mort, mais à la prison.

Ainsi, grand nombre d'esprits étaient disposés à reconnaître que dans le cerveau résident les causes matérielles de nos facultés, et plusieurs admettaient une relation nécessaire entre tels penchans, et telle forme de la tête. Charles Bonnet et Herder, allant plus loin, publiaient que

chaque partie de l'encéphale avait son rôle particulier à jouer dans le drame de la vie humaine.
En un mot, le moment de la Phrénologie était
arrivé, lorsque le docteur Gall annonça ses
premières découvertes au monde savant. Avant
de vous faire connaître la vie et les travaux de
cet homme célèbre, je dois parler d'abord d'une
méthode dont on fait assez souvent usage aujourd'hui, pour estimer le degré d'intelligence
de l'homme et des animaux.

C'est une opinion généralement admise de nos
jours que l'intelligence d'un animal dépend du
volume de son cerveau. Camper et les anatomistes modernes ont proposé un moyen fort
simple pour évaluer ce volume. Il consiste dans
l'observation de l'ouverture d'un angle formé par
deux lignes imaginaires tirées, l'une du point
le plus saillant du front, au bord des deux dents
incisives supérieures ; l'autre, de ce dernier
point, et passant par le conduit auriculaire. Cet
angle s'appelle *facial*. Plus l'angle facial est aigu,
plus le cerveau de l'animal est censé petit. Cette
vérité est confirmée par un grand nombre d'observations. L'homme, le plus intelligent des êtres
créés, est aussi celui qui, toutes proportions
gardées, a reçu de la nature le cerveau le plus
volumineux, ou, pour parler autrement, l'hom-

me est, de tous les animaux, celui dont l'angle facial est le plus grand. L'ouverture de cet angle diminue à mesure qu'on s'éloigne de l'homme, et qu'on s'approche des animaux qui occupent les derniers degrés de l'échelle. Chez les reptiles et les poissons, la tête est formée presque en totalité par deux mâchoires horizontales ; aussi la capacité du crâne de ces animaux est-elle fort petite, ainsi que leur intelligence.

Les artistes de la Grèce, qui étaient doués au plus haut degré du sentiment du beau et des convenances, ont donné à leurs têtes de Dieux un angle facial très-ouvert, et qui s'approche en général de l'angle droit. Les anciens avaient même érigé en méthode l'art de mesurer la capacité du crâne, pour se rendre compte de l'intelligence humaine. Au rapport de Pline, qui attribue cette méthode à Cimon Cleonæus, c'est en calquant les profils, et en les comparant, qu'ils agissaient. Les Européens étant, sous beaucoup de rapports, les plus intelligens de l'échelle humanitaire, ont aussi l'angle facial plus ouvert que les autres peuples, comme on le voit par les rapports qui suivent, où j'ai fait entrer aussi deux statues de l'antiquité et quelques animaux : le Jupiter Olympien présente un angle de 100 degrés ; l'Apollon du Belvédère en a un de 90 ; dans les plus belles têtes européennes, on trouve un angle de 80 à 85 degrés ; chez les individus de la race mongole, 75° ; chez les nègres, de 70 à 72° ; chez l'Australien, de 60 à 66° ; l'orang-outang a 66° ; le sapajou 65° ; les jeunes mandrilles, 42° ; les chiens mâtins, 41° ; le cheval, 23°. Ce dernier chiffre indiquerait que le cheval doit être un des animaux les plus stupides, et néanmoins, il est doué de beaucoup d'intelligence ; d'où il faut conclure, ainsi que de plusieurs autres exemples que je ne cite point ici, que l'angle facial est un moyen peu fidèle pour estimer l'intelligence des animaux ; quoiqu'on puisse en faire usage dans la plupart des cas.

Ce qui fait surtout que la méthode de l'angle facial est peu rigoureuse, quand il s'agit de l'homme, c'est que la saillie des dents incisives supérieures varie suivant l'âge, et suivant les races dont on veut mesurer ainsi le degré d'intelligence. Les Nègres, par exemple, qui ont en général les mâchoires plus saillantes que les Européens, perdraient trop par cette mensuration intellectuelle. Cuvier a donné une règle qui n'est guère plus exacte ; elle consiste à comparer l'étendue interne du crâne à celle de la face, en mesurant comparativement les aires de leur cavités, dans deux coupes verticale et longitudinale de la tête. Il résulte de ce procédé que, dans l'Européen, l'aire de la coupe du crâne est quadruple de celle de la face, en n'y comprenant point la mâchoire inférieure. Dans les Nègres, l'aire de la face augmente au moins d'un cinquième; dans les sapajous, elle n'est que la moitié de celle du crâne; enfin dans les animaux comme les solipèdes, les rongeurs, l'aire de la coupe du crâne est plus grande que l'aire de la face. Ce qui rend cette mensuration de Cuvier défectueuse, c'est que ce grand naturaliste regarde toute la masse du cerveau comme contribuant à l'intelligence, et je ferai voir plus tard que cette faculté n'est due qu'à la partie antérieure de l'encéphale.

On voit facilement la liaison qui existe entre la méthode de Camper et la doctrine de Gall. Plus le front, qui est le siége des facultés intellectuelles, sera avancé, plus l'angle facial sera grand. Jetez de nouveau les yeux sur ces diverses têtes de race, que je vous ai déjà montrées, et vous y vérifierez aisément toutes ces vérités.

Je n'ai rien à dire ici de Lavater, qui prétendait juger la valeur morale des hommes à la seule inspection de leur physionomie. A coup sûr, certaines habitudes de colère ou de douceur, de joie ou de chagrin peuvent faire contracter à la figure différentes manières d'être, qui peuvent être saisies par un observateur exercé. Il faut convenir qu'à cet égard, le philosophe suisse a fait quelquefois preuve du tact le plus délicat et de l'esprit le plus judicieux. Mais les méthodes de ce genre n'ont aucun rapport direct avec la Phrénologie, dont la mission bien plus élevée est de rechercher les causes matérielles de nos passions, et non les traces plus ou moins douteuses qu'elles peuvent laisser sur notre extérieur. Il y a loin de cet examen superficiel à la doctrine si philosophique du docteur Gall.

FRANÇOIS-JOSEPH GALL naquit le 9 mars 1758 à Tiefenbrunn, petit village situé à deux lieues de Pforzheim, dans le grand-duché de Baden. Son grand-père, d'origine italienne, était né dans le Milanais, et s'appelait Gallo. Son père, voulant donner à son nom une désinence germanique, supprima la dernière lettre de son nom, et de Gallo fit Gall. C'était un honnête marchand, jouissant de beaucoup de considération dans son pays. François-Joseph, sixième enfant que le ciel accorda à ses parens, ne connut, dans les premières années de sa vie, que la modeste boutique son père, la petite vente en détail de toutes sortes de marchandises, et les champs qu'il

parcourait avec ses camarades. Il ne reçut ni
une éducation soignée, ni une direction particulière pour l'étude des sciences. Sa mère aurait
voulu en faire un ecclésiastique, et son père aurait préféré en faire un marchand. Mais il n'était
né ni pour l'un, ni pour l'autre de ces états; sa
destinée l'appelait à être un des plus grands philosophes de son temps. Gall avait un oncle curé;
ce fut à lui qu'il dut sa première instruction : il
fit des études plus régulières à Baden; puis il
se rendit à Strasbourg, où il se livra à l'étude
de la médecine sous la direction du professeur
Hermann, qui avait reconnu dans son jeune
élève un esprit d'observation peu commun. Ce
fut alors que Gall fut atteint d'une maladie très-
grave, à laquelle il faillit succomber. Une jeune femme attachée à la maison qu'il habitait,
eut dans cette occasion les plus grands soins
pour lui, et aussitôt après son retour à la santé, le jeune étudiant se hâta de l'épouser. Notre philosophe ne fut pas heureux dans cette
union. Sa femme était d'un caractère emporté et
violent; elle manquait d'éducation et d'instruction. Elle est morte à Vienne, en Autriche, en
1825, sans avoir jamais eu d'enfans.

De Strasbourg, Gall passa à Vienne, en 1781;
il y continua ses études médicales et s'y fit rece-

voir docteur en 1785. Il ne tarda pas à se faire connaître, dans la capitale de l'Autriche, comme un médecin d'un grand mérite : on avait une haute opinion de son talent, et bientôt une clientelle nombreuse dans les classes élevées de la société en fut la conséquence. Il vivait dans l'aisance et se livrait paisiblement à ses études favorites, qui lui ont acquis une si grande renommée.

Gall raconte, dans ses ouvrages, de quelle manière lui sont venues les idées premières de rechercher dans l'homme, des signes extérieurs des différentes capacités naturelles. « Dans ma « plus tendre jeunesse, dit-il, je vécus au sein « d'une famille composée de plusieurs frères et « sœurs, et avec un grand nombre de camarades « et de condisciples. Chacun de ces individus « avait quelque chose de particulier, un talent, « un penchant, une faculté qui le distinguait des « autres. Les condisciples que j'avais le plus à « redouter, étaient ceux qui apprenaient par « cœur avec une très-grande facilité, et je re-« marquais que tous avaient de grands yeux sail-« lants. La justesse de cette observation m'ayant « été confirmée ensuite, je dus naturellement « m'attendre à trouver une grande mémoire « chez tous ceux en qui je remarquais de grands « yeux saillants. Je soupçonnai donc qu'il devait

« exister une connexion entre la mémoire et cette
« conformation des yeux. Après avoir longtemps
« réfléchi, j'imaginai que, si la mémoire se re-
« connaissait par des signes extérieurs, il en pou-
« vait bien être de même des autres facultés in-
« tellectuelles. » A Vienne on présenta à Gall une
demoiselle qui, en sortant d'un concert, pouvait
répéter tous les airs qu'elle avait entendus ; elle
n'avait pas les yeux à fleur de tête : il fallut admettre qu'il y avait différentes sortes de mémoire. Je ne suivrai pas ici notre philosophe dans la
découverte successive de tous les organes qu'il
nous a fait connaître. Dans les écoles de médecine, il avait entendu parler des fonctions du
foie, de l'estomac, des reins et de toutes les autres parties du corps ; mais jamais il n'était question des fonctions du cerveau. Avant lui, ce viscère était encore regardé comme une pulpe,
une masse informe, et on n'avait jamais cherché
à étudier les lois de sa formation, et les rapports
existants entre ses diverses parties ; mais, par
suite de ses recherches et de ses découvertes,
il fut définitivement reconnu pour l'organe le
plus important de la vie animale ; sa véritable
structure ne fut plus un secret, et le déplisse-
ment de ses circonvolutions fut annoncé et démontré aux savans de l'Europe étonnée. Le cer-

veau fut proclamé l'organe unique, indispensable à la manifestation des facultés de l'âme ou de l'esprit; il fut prouvé, au moyen de la Physiologie, de l'Anatomie comparée et de la Pathologie, que le cerveau n'est pas un organe simple, homogène; mais une aggrégation d'organes différens, ayant des attributs communs et des qualités propres et spécifiques. Gall a démontré non-seulement toutes ces vérités, mais il a indiqué le siége de ces organes dans l'encéphale, et la possibilité de connaître leurs fonctions respectives par le degré d'énergie de certaines facultés, par le développement plus ou moins considérable de certaines parties cérébrales.

Pour arriver à découvrir et à démontrer les vérités de sa nouvelle doctrine, Gall dépensa beaucoup d'argent et beaucoup de temps : il se fit une collection nombreuse de crânes d'hommes et d'animaux, de têtes moulées en plâtre, de préparations en cire, de portraits de personnages connus par quelque faculté ou par quelque talent très-énergique Il était donc obligé de se livrer à l'exercice de la médecine pour subvenir à ces frais, et de retrancher tant qu'il pouvait du temps destiné à ses visites, pour se livrer à ses études.

On se ferait difficilement une idée de la per-

sévérance qu'il mettait à faire ses observations.
Il visitait les prisons, les écoles, les hôpitaux, les
hospices d'aliénés, etc. Il faisait quelquefois venir chez lui des gens du peuple, il leur donnait
de l'argent, les faisait boire et manger devant
lui, causait avec eux; et quand il avait ainsi gagné leur confiance, il les invitait en plaisantant,
à se dire mutuellement les défauts qu'ils se connaissaient. Il en résultait des scènes fort gaies
par l'esprit avec lequel il réussissait à leur donner cette tournure; et de plus elles étaient pour
lui d'un haut intérêt. Excités par la bonne chère
et par l'humeur joviale de l'amphitryon, ces braves gens s'accusaient ingénuement les uns les
autres de leurs défauts de caractère, et mettaient
la même franchise à signaler les dispositions particulières, ou les talents qui les distinguaient entre eux. On conçoit que Gall trouvait dans ces
aveux un moyen puissant d'observation. Aussi
il acquit bientôt une telle habitude d'apprécier
les plus petites différences qui existent entre les
têtes, qu'il lui arriva plusieurs fois d'exciter le
plus grand étonnement, par la justesse et le
merveilleux de ses jugemens.

Un jour, dit le docteur Bailly, dans un article
inséré dans le *Musée des familles*, un jour qu'il
se trouvait dans une société nombreuse, il vit

entrer un homme qu'il voyait pour la première fois. Il était question de ses découvertes; il trouvait beaucoup de peine à convaincre ses auditeurs de la possibilité de deviner les penchans, par la seule inspection de la tête : « Eh bien ! dit-il, en fixant ses regards sur le nouvel arrivé, monsieur va m'aider à vous persuader. Je ne l'ai jamais vu ; je ne le connais pas plus qu'il ne me connait lui-même, et cependant je puis vous dire qu'elle est sa passion dominante. Monsieur a l'organe des collections, et il en fait une. » L'étranger fut surpris, et répondit que c'était vrai. « Ici je pourrais m'arrêter, continua Gall, mais on peut faire des collections de livres, d'authographes, d'insectes, de minéraux, de plantes, de médailles, etc., et je veux aller plus loin. Je puis vous dire de quoi se compose cette collection : elle n'est formée d'aucuns des objets que je viens de nommer; c'est de tableaux qu'elle est faite. » Tous les regards se portèrent sur le collecteur, qui, par son geste approbatif, redoubla la surprise générale, qu'il partageait lui-même. L'étonnement et l'admiration se peignaient sur toutes les figures; Gall jouissait de son triomphe, l'enthousiasme avait succédé à l'incrédulité. Il demande à ajouter quelques mots : « Que penseriez-vous donc de ma doctrine, si elle me permettait de juger que les tableaux dont monsieur est si grand amateur, ne représentent ni des sujets d'histoire, ni des portraits, ni des costumes, ni des animaux, ni des fleurs, mais qu'ils représentent des paysages? » Et cela aussi se trouva vrai. Chacun peut se faire une idée de l'impression produite par cette succession de jugemens qui annonçaient tant de science et de sagacité.

La *Gazette des Tribunaux* a rapporté dans le temps sous ce titre : *Une séance chez le docteur Gall*, une anecdote du même genre.

« En 1823, le docteur Gall occupait à Paris un vaste appartement, rue de Grenelle-Saint-Germain : c'est là qu'il faisait tous les soirs, devant un auditoire assez nombreux, un cours de Phrénologie. Je crois voir encore la grande table de noyer autour de laquelle nous nous pressions attentifs et avides, et où venait prendre place, au milieu de nous, tous les soirs à huit heures bien précises, notre respectable maître; car il n'ignorait pas que l'exactitude n'est pas seulement la politesse des rois, mais est encore un devoir pour les professeurs.

« Comme le plus grand nombre des auditeurs était composé d'élèves en médecine, presque tous admis dans les divers hôpitaux de Paris, il

arrivait souvent qu'on apportait au docteur Gall
des crânes de toutes les qualités, de toutes les
dimensions. Aussitôt que la mort avait fait tomber une tête qui paraissait remarquable, elle allait enrichir la collection de notre digne docteur:
il avait beau le défendre, presque tous les soirs
sa table était chargée de larcins faits dans l'intérêt de la science, aux nombreux amphithéâtres
de Paris.

« L'année dont nous parlons fut marquée par
plusieurs crimes devenus célèbres. Un homme
surtout avait commis un de ces forfaits qui n'a
pas d'exemples dans les fastes de la justice : il venait d'être condamné à mort par la cour d'assises de Versailles, où il fut exécuté.

« Plusieurs étudians en médecine et moi, tous
natifs de Versailles, nous résolûmes de nous procurer la tête du supplicié. Ce devait être une tête
étrange, car ce criminel avait été conduit au
meurtre par des penchans monstrueux : c'était
donc une véritable conquête à faire pour la
science ; c'était aussi un digne présent à offrir
à notre maître, qui ne pouvait qu'être flatté de
la possession d'une aussi riche curiosité.

« Nous fîmes si bien que, grâces aux bons
soins du médecin en chef de l'hospice de Versailles, on consentit à fermer les yeux sur ce

singulier rapt, et, le lendemain du supplice, nous fûmes mis en possession de la tête si ardemment désirée. Nous voilà donc l'enveloppant avec une sollicitude toute minutieuse, de coton et de charpie; puis plaçant le tout dans un foulard des Indes. Cela ressemblait ainsi à un de ces jolis cadeaux de luxe qu'un jeune homme porte à sa maîtresse, quand il a quelque chose à se faire pardonner!

« Nous montâmes dans les Parisiennes, et l'étourdi qui s'était chargé de notre fardeau, refusant avec un grand sang-froid de le laisser placer sur l'impériale, sous prétexte que le contenu était fragile de sa nature, prit gravement place entre deux jolies personnes qui souriaient à nos joyeux propos, et qui ne se doutaient guère, les pauvres femmes, de l'horrible voisin que leur avait donné notre ardeur phrénologique.

« Arrivés rue de Grenelle, la tête fut mise à nu, et prit place entre plusieurs autres qui figuraient sur la table, précisément en face du siége que devait occuper le docteur. Huit heures sonnèrent, il entre : il jette un rapide coup-d'œil sur les échantillons de cervelles étalés devant lui.

« Encore des folies, dit-il, avec un air de bonhomie, moitié souriante, moitié grondeuse, et son accent allemand qui, bien que fortement prononcé, ne nous a jamais fait sourire.

« Après avoir quelque temps promené ses regards d'une tête à l'autre, il les arrêta sur celle que nous avions apportée : *oh! la vilaine tête*, s'écria-t-il; puis il la prit dans ses deux mains, la palpa avec soin, l'examina en tout sens avec attention, et poursuivit après une pause de quelques minutes : c'est la tête d'un supplicié........... Cet homme a dû être conduit au crime par l'entraînement des plaisirs impétueux des sens; les voluptés physiques, le désir ardent de les satisfaire ont dominé certainement toutes les facultés de ce malheureux......... Il devait avoir d'ailleurs une intelligence des plus médiocres, un caractère sombre et assez enclin à la destruction. Ses désirs exaltés, pervertis par la solitude et la privation, auront été poussés à un tel degré d'irritation frénétique, que tous les moyens, surtout celui du meurtre, lui auront paru bons pour les assouvir......

« Et, disant cela, le docteur Gall nous signalait le front étroit, la dépression totale de la partie antérieure de la tête, le développement des lobes moyens, ou parties latérales, siéges de la ruse et de la disposition à détruire, et surtout il nous faisait remarquer ce col, large à la base

du crâne, où s'agitait et devait bouillonner pendant sa vie un volumineux cervelet, comprimant
de son poids tout le reste de la masse cérébrale.

« Il ajouta, en nous montrant quelques exos-
toses, ou os pointus qui s'avançaient dans la substance intérieure du cerveau, que cette disposition maladive avait pu donner aux actes de férocité du criminel, un caractère de dévergondage
vraiment inexplicable.

« Nous écoutâmes en silence, et nous recueil-
lîmes avidement ces paroles, car le maître nous
racontait sans le savoir, et nous expliquait le crime du misérable dont nos yeux fixaient la tête.
C'était Léger.

« Poussé à vingt-huit ans par la mélancolie
sauvage de sa nature, il s'était retiré sous un
rocher au milieu des bois, vivant du gibier dont
il s'emparait à la course, et qu'il dévorait tout
sanglant. Un jour il s'élança du haut de sa roche
sur une jeune fille de quinze ans, lui passa un
lien autour du cou, la chargea sur ses épaules,
l'emporta au fond des bois, et là assouvit ses
effrénés désirs sur ce corps, qu'il avait mutilé;
puis, il s'en fit un horrible repas.

« Léger, après ce crime, dormit trois nuits
entières, couché sur la paille dans laquelle il
avait placé le cadavre de sa victime; il en fut

enfin chassé par les cris des corbeaux qui lui disputèrent sa proie ; il s'enfuit et tomba entre les mains de la justice, devant laquelle il fit cette réponse, devenue fameuse par sa stupidité à la fois naïve et féroce : *si j'ai bu son sang, c'est que j'en avais soif.*

« Nous étions tous livrés aux réflexions que faisait naître en nous la vue de cette organisation si triste, quand le docteur reprit en ces termes : Et pourtant cette tête si mal faite ne devait pas nécessairement conduire au crime ; il y avait encore dans cette cervelle assez d'intelligence pour résister et combattre ; mais cet homme était sans doute d'une ignorance profonde. Abandonné dès l'enfance à son vicieux penchant, rien n'a pu développer ses facultés, les diriger, ni prévenir le mal. Non, l'éducation n'a pas passé par là...... Le pauvre malheureux ! ajouta-t-il en terminant et en repoussant de la main le plat de porcelaine qui contenait la tête; si on avait su comprendre et mener ce cerveau-là, on n'en eût jamais rien fait de remarquable; mais il serait sans doute, à l'heure qu'il est, à faire paître ses vaches, ou à conduire sa charrue.

« Ainsi parla le docteur Gall, ses paroles ne sortiront jamais de ma pensée ; elles m'ont convaincu, et peuvent apprendre à tous que, dans la doctrine que nous ne jugeons pas ici, il tenait pour principe constant et certain, qu'on ne peut dire à l'inspection de la tête d'un homme ni ce qu'il fait, ni ce qu'il fera ; que l'homme n'est pas assujéti, comme sous une main de fer, au despotisme irrésistible de son organisation, et qu'il y a dans toutes les têtes, si ce n'est dans celle des imbéciles et des fous, chez lesquels le crime n'est pas possible, discernement pour comprendre le vice, et faculté pour le combattre. »

Je reviens à l'ordre chronologique dont ces citations m'ont écarté. Ce fut en 1796 que Gall commença à ouvrir à Vienne des cours particuliers sur sa doctrine. Ces cours furent très-suivis. Peu de temps après, en 1798, dans une lettre au baron de Retzer, il publia pour la première fois un aperçu des principes de sa doctrine. Permettez-moi de vous citer quelques passages de cette lettre : vous y verrez l'idée que Gall s'était faite de la science, dès son premier écrit.

« Je puis enfin avoir le plaisir, mon cher Retzer,
« de vous présenter un aperçu de mon traité sur
« les fonctions du cerveau, et sur la possibilité de
« reconnaître plusieurs dispositions et penchans
« par la configuration de la tête. J'ai remarqué
« jusqu'à-présent avec un vif plaisir que, en gé-
« néral, beaucoup d'hommes d'un grand savoir

« attendaient avec confiance le développement
« de mes travaux, tandis que d'autres ne voyaient
« en moi, tantôt qu'un rêveur, tantôt qu'un dan-
« gereux novateur. »

« Au fait, mon but véritable est de *déterminer*
« *les fonctions du cerveau en général, et celles de*
« *ses parties diverses en particulier ; de prouver*
« *qu'on peut reconnaître differentes dispositions*
« *et inclinations par les protubérances ou les dé-*
« *pressions qui se trouvent sur la téte ou sur le*
« *crâne, et de présenter d'une manière claire les*
« *plus importantes vérités et conséquences qui*
« *en découlent pour l'art médical, pour la mo-*
« *rale, pour l'éducation, pour la législation, etc.,*
« *et généralement pour la connaissance plus ap-*
« *profondie de l'homme.* »

Dans cette lettre, Gall annonce à son ami que
son ouvrage est divisé en deux parties; dans la
première, il énonce les sept propositions suivantes, dont je supprime ici les preuves, comme
devant se reproduire dans la suite de ce cours :

I. Des facultés et des penchans sont innés
dans l'homme et dans les animaux.

II. Les facultés et les penchans de l'homme
ont leur siége dans le cerveau.

III. IV. Les facultés sont non-seulement distinctes et indépendantes des penchans, mais aussi

les facultés entre elles, et les penchans entre eux sont essentiellement distincts et indépendans : ils doivent, par conséquent, avoir leur siége dans des parties du cerveau distinctes et indépendantes entre elles.

V. De la différente distribution des divers organes, et de leurs différents développemens résultent des formes différentes du cerveau.

VI. De l'ensemble et du développement d'organes déterminés résulte une forme déterminée, soit de tout le cerveau, soit de ses parties ou de ses régions partielles.

VII. Depuis la formation des os de la tête jusque dans l'âge le plus avancé, la conformation de la surface interne du crâne est déterminée par la conformation extérieure du cerveau ; on peut donc être assuré de certaines facultés et de certains penchans, tant que la surface extérieure du crâne s'accorde avec sa surface intérieure, ou bien tant que la forme de celui-ci ne s'éloigne pas des déviations connues.

Gall emploie la seconde partie de son ouvrage à l'application des principes généraux qu'il vient de poser. Ainsi, la Phrénologie était fondée dès 1798. Le *Nouveau Mercure allemand* où se trouvait insérée la lettre de Gall, publia la réponse du baron de Retzer. On y remarque ce passage :

« Le danger d'être mal interprété et mal com-
« pris, ne doit pas vous empêcher de suivre votre
« glorieuse carrière. Ce sort fut le partage de tous
« ceux qui, depuis Aristote jusqu'à Bacon, de-
« puis Newton jusqu'à Kant, ont découvert une
« vérité, ou qui ont cherché à en démontrer une
« ancienne, mieux que leurs prédécesseurs. Tout
« véritable ami de la science vous rendra grâce
« de n'avoir point cherché à enrichir, ou plutôt
« à rendre ridicule, par de nouveaux termes
« scientifiques, notre langue si souple et si ma-
« niable, et de n'avoir point donné de nouvelles
« significations aux mots techniques déjà exis-
« tans. Vous avez par là raccourci le chemin
« vers la vérité, quoique, en vous y prenant au-
« trement, vous eussiez produit plus d'effet. Les
« presses de la moitié de l'Allemagne auraient
« gémi sous le poids de commentaires, d'expli-
« cations et de critiques sur votre théorie, et,
« après une dispute de dix ans, peut-être sur
« de simples mots, vous auriez pu, pour der-
« nier refuge, vous justifier en disant qu'on ne
« vous avait pas compris. Cette abnégation de
« vous-même vous rend digne, non seulement
« de chercher la vérité, mais de la trouver.

La réputation de Gall grandissait journellement à Vienne, lorsque ses ennemis obtinrent

de défendre les cours de l'illustre professeur, et la publication des grandes vérités qu'il avait découvertes. On ne trouva pas de plus sûr moyen de le réfuter que de le réduire au silence. Fatigué de la sourde persécution qu'il endurait, et désirant embrasser son vieux père, qu'il n'avait pas vu depuis 25 ans, Gall quitta Vienne au commencement de l'année 1805, et pendant deux ans et demi, accompagné de son élève et ami, le docteur Spurzheim, il parcourut le nord de l'Europe, la Prusse, la Saxe, la Suède, la Hollande, la Bavière, la Suisse, et vint se fixer définitivement en France. Pendant son voyage, les savans les plus distingués de l'Allemagne, des princes, des rois même, l'honorèrent de leur approbation, et assistèrent avec intérêt à ses démonstrations physiologiques et anatomiques. Des médailles furent frappées à Berlin, en son honneur, et il reçut partout des témoignages d'estime et d'admiration. Ce fut en 1807 que, se rendant à Paris, il passa par Mulhouse, où il séjourna quelques jours. Il profita de ce moment de repos pour exposer les points fondamentaux de sa doctrine, dans une réunion de quelques-uns de nos concitoyens.

Dès son arrivée à Paris, il se hâta de donner un cours public à l'*Athénée*. Les savans français

l'écoutèrent avec le même intérêt que leurs con-
frères d'Allemagne. Corvisart, Larrey furent
comptés, entre autres, parmis ses plus grands
admirateurs. Malheureusement, l'homme qui
gouvernait alors la France en maître absolu,
avait en horreur la philosophie et les philosophes
qu'il appelait des idéologues. Dans une soirée
aux Tuileries, il chercha à ridiculiser la doctrine
de Gall, et dès le lendemain, les savans, les généraux, les sénateurs qui, jusque-là s'étaient pres-
sés autour du maître, cessèrent d'assister à ses
cours. La police lâcha contre lui ses journaux,
c'est-à-dire tous ceux de l'époque. Ils eurent
ordre de poursuivre de leurs plats quolibets et la
Phrénologie qui commençait à pousser parmi
nous de profondes racines, et son illustre fondateur. Cet ignoble moyen réussit en partie, et la
science demeura longtemps sans enseignement.
Gall se vengea, comme devait le faire un homme
de génie, il publia ses ouvrages, et les savans de
bonne foi qui les étudièrent, furent surpris de
l'immensité des faits et des observations qu'ils
contenaient, ainsi que de la haute capacité et de
la profondeur d'esprit de l'auteur.

Gall, fixé à Paris depuis plusieurs années, fit de
la France sa patrie adoptive, comme elle est celle
d'un très-grand nombre de savans des diverses

parties de l'Europe. Il obtint des lettres de naturalisation par ordonnance du roi, en date du 29 septembre 1829. On lui avait fait croire qu'une fois naturalisé, il lui serait facile d'obtenir les fonctions honorables auxquelles il aspirait. A la prière d'un de ses amis, il concourut, en 1821, pour une place à l'Académie des sciences. Il n'obtint qu'une seule voix; mais c'était celle du savant et consciencieux M. Geoffroy Saint-Hilaire. Cet echec n'affecta pas trop notre philosophe, à qui ses études favorites avaient appris à connaître les hommes et leurs passions. Peut-être aussi se ressouvint-il que Molière, le plus grand génie littéraire de son siècle, n'avait pas été membre de l'Académie française.

En 1823, Gall fit pour la première fois un voyage à Londres. On lui avait fait espérer que des cours publics appelleraient un grand nombre d'auditeurs, et qu'il gagnerait ainsi des sommes considérables. Cette idée lui sourit, parce que les fortes dépenses de sa maison l'obligeaient à continuer la pratique de la médecine, dont son grand âge lui faisait sentir trop péniblement les fatigues. Mais à lui n'était point reservé l'honneur de porter et de faire fleurir la Phrénologie dans le sein de la Grande-Bretagne. Deux mois après son arrivée à Londres, il en repartit bien

désabusé ; ses dépenses avaient dépassé les produits de ses cours. De retour à Paris , il continua à donner des leçons publiques , et acheva
la publication de son dernier ouvrage.

Resté veuf en 1821 , il épousa en secondes
noces, la femme qui, depuis douze ans , lui
prodiguait des soins qui n'ont céssé qu'à sa mort.
Les fatigues de la pratique médicale et ses nombreux travaux d'esprit avaient miné sa forte constitution. Dès le commencement du printemps
de 1828 , sa santé devint chancelante. Le 3 avril,
rentré chez lui après ses visites, il éprouva un
étourdissement assez fort , qui, dit il, le rendit
comme fou pendant un quart d'heure. La langue
s'embarrassa , la bouche se tordit , les vertiges se
succédèrent, la faiblesse augmenta, les fonctions
digestives se dérangèrent. A la paralysie succéda
l'assoupissement, et finalement, après environ
cinq mois de maladie, l'illustre docteur mourut
le 22 août 1828 , à l'âge de 70 ans , dans sa
maison de campagne, à Montrouge, près de
Paris.

Lorsque Gall présenta à l'Institut son premier
travail, il y fut reçu avec la plus grande faveur,
et le grand naturaliste Cuvier fut nommé rapporteur de la commission chargée de l'examiner.
Le mérite d'une philosophie si large et si posi-

tive ne pouvait échapper aux yeux d'un savant
aussi illustre ; aussi Cuvier se disposa-t-il d'abord
à rendre à Gall toute la justice qui lui était due.
Malheureusement, ce fut dans ce moment que
Napoléon se declara contre la Phrénologie, et
e flexible rapporteur, oubliant ces beaux vers
du grand Camille :

> Pour grands que soient les rois, ils sont ce que nous
>   sommes,
> Et peuvent se tromper comme les autres hommes,

eut la faiblesse de changer son travail, et de
contredire ce que sa conscience et son savoir
l'obligeaient d'approuver. Tant il est vrai que les
plus grands hommes se rapprochent toujours
par quelque point de la faible humanité.

Cependant, deux génies comme Gall et Cuvier, étaient faits pour s'entendre, pour s'estimer, et sur la fin de leur carrière, ils se rendaient
mutuellement justice. Dans un rapport lu à l'Institut en 1822, au nom d'une commission composée de Portal, Berthollet, Pinel, Duméril et lui,
Cuvier reconnaît que l'anatomie comparée ne
laisse aucun doute sur la proportion constante
qui existe entre le volume de la partie cérébrale
antérieure des animaux et leur degré d'intelligence. Plus tard, lorsque Gall avait déjà un pied

dans la tombe, Cuvier lui envoya un crâne qui, disait-il, lui paraissait confirmer la doctrine de la physiologie du cerveau. Mais l'illustre docteur, mourant, répondit à celui qui le lui présentait : « Remportez cette tête, et dites à Cuvier qu'il « n'en manque plus qu'une seule à ma collection : « c'est la mienne; elle y sera bientôt comme preu- « ve complète de ma doctrine. » Gall chargea en effet son ami, M. Fossati, de cette commission délicate qui a été religieusement exécutée, et le crâne de l'illustre fondateur de la Phrénologie fait partie de sa collection acquise depuis par le gouvernement français et déposée au Jardin des plantes.

On doit à Gall la découverte de 27 facultés primitives de l'homme, dont plusieurs appartiennent aussi aux animaux; ce sont :

1. L'amour physique, ou instinct de la propagation ;
2. L'amour de la progéniture ;
3. L'amitié;
4. Le courage ;
5. L'instinct carnassier, ou penchant au meurtre ;
6. La ruse, finesse ou savoir-faire ;
7. La convoitise, ou penchant au vol;
8. L'orgueil, fierté, ou amour de l'autorité;

9. La vanité, ou amour de l'approbation ;
10. La circonspection, ou prévoyance ;
11. La mémoire des choses et des faits ;
12. Le sens des localités ;
13. La mémoire des personnes ;
14. La mémoire des mots ;
15. Le sens du langage ;
16. Les couleurs, la peinture ;
17. Les tons, la musique ;
18. Les nombres ;
19. La mécanique, l'architecture ;
20. La sagacité, la comparaison ;
21. L'esprit, la profondeur ;
22. La causticité, ou esprit de saillie ;
23. Le talent poétique ;
24. La bonté, la bienveillance ;
25. La mimique, ou imitation ;
26. La religion ;
27. La fermeté, la constance.

Le docteur Gall n'a certes pas cru avoir découvert toutes les facultés primitives des êtres vivans ; il ne s'est point imaginé non plus qu'on n'apporterait jamais aucune modification à la nomenclature de ces facultés. Ce grand philosophe connaissait trop bien l'histoire des sciences et la portée de l'esprit humain, pour ne pas savoir que le temps et les travaux de ses successeurs compléteraient un système dont il avait posé les premières bases. Lui-même d'ailleurs, éclairé par de nouvelles expériences, avait plusieurs fois changé sa classification. Depuis sa mort, les phrénologistes ont ajouté dix facultés à celles qu'il avait découvertes, et nous ont appris à mieux connaître celles que leur illustre maître avait étudiées. Quant au nombre même de ces facultés, porté aujourd'hui à 37, il ne peut présenter rien de fixe, et indique seulement l'état actuel de la science. Il en est en ceci comme des corps simples en chimie, et personne cependant ne se fait de cette variation une arme contre la science des combinaisons. Pourquoi donc les antagonistes de la Phrénologie essaient-ils de se prévaloir contre elle de ces changemens nécessaires ? Ne voient-ils pas que les diverses modifications qu'elle subit, sont une preuve des progrès de la science? Pensent-ils qu'il ait pû être donné à un homme de fonder une doctrine tellement complète qu'elle fût à jamais immuable? A Jupiter seul il appartient de faire sortir Minerve toute armée de son cerveau.

Gall était grand et bien fait : sa démarche était ferme, son regard vif et pénétrant, sa figure douce et riante, sans avoir de beaux traits. Il ne fut pas seulement un philosophe profond, un homme de génie ; il possédait en outre des qualités de cœur excellentes. Il aimait à encourager, à aider dans leur carrière les jeunes gens en qui il trouvait des talens et de bonnes dispositions ; il venait constamment au secours de tous les malheureux, et il le faisait sans ostentation, avec abandon et bonhomie. Lorsque ses moyens étaient insuffisans pour faire le bien, il allait implorer les secours de ses riches clients, dont il sollicita rarement en vain la protection pour ceux qui s'adressaient à lui. Généralement bienveillant, très-tolérant envers tous les hommes, il n'accorda son amitié qu'à un petit nombre : il voulait dans ses relations du désintéressement et de la franchise, et sur ce point il se montra toujours excessivement sévère. A ces qualités, Gall joignait beaucoup de courage et une très-grande circonspection ; il était franc et loyal, mais fin et clairvoyant, par fois méfiant. Un des sentimens les plus forts en lui était celui de l'élévation, de la fierté, de l'indépendance. C'est à sa fermeté qu'il doit en grande partie ses admirables succès. Sans sa constance, sans cette opiniâtreté qu'il mettait à poursuivre les mêmes idées, les mêmes observations, les mêmes recherches, il lui eût été impossible de porter sa nouvelle science au point élevé où il l'a laissée.

De tous les successeurs de Gall, le docteur Spurzheim, son élève, son ami et son collaborateur, est celui dont les travaux sont les plus remarquables, ce qui l'a placé immédiatement après son illustre maître. Jean-Gaspard Spurzheim naquit le 31 décembre 1776 à Logwi, village près de Trèves, sur la Moselle. Ses parens cultivaient une ferme de la riche abbaye de St-Maximin-de-Trèves; et c'est dans l'université de cette ville, qu'il reçut son éducation de collége. Comme Gall, il fut d'abord destiné à l'église par ses parens; mais lorsque les Français, en 1799, envahirent cette partie de l'Allemagne, il alla à Vienne étudier la médecine. Ce fut là qu'il fit la connaissance du fondateur de la Phrénologie. Il se livra avec zèle à l'étude de la nouvelle doctrine, et suivit, en 1800, pour la première fois, un des cours particuliers que Gall professait de temps en temps, depuis quatre ans. Le savant professeur l'ayant distingué parmi ses nombreux élèves, se l'attacha et finit par en faire son collaborateur, en 1804. Après avoir fini ses études médicales, Spurzheim quitta Vienne avec Gall, par suite d'un ordre du gouvernement autrichien qui défendit tous les cours particuliers, à moins de permission expresse. Nous avons vu Gall voyageant dans les diverses parties de l'Europe : partout il fut accompagné de Spurzheim, qui se fixa avec lui à Paris.

En 1814, Spurzheim se rendit en Angleterre, où il publia quelques ouvrages qui furent peu favorablement reçus du public. Un journal écossais, la *Revue d'Edimbourg*, les attaqua surtout avec une violence dont l'histoire des sciences fournit malheureusement de nombreux exemples. Il traitait la doctrine de Gall et de Spurzheim, principalement l'anatomie que ces savans avaient donnée du cerveau, de friperie, de misérable fourberie, de charlatanisme achevé, etc. L'article était du docteur J. Gordon.

Depuis longtemps, l'intention de Spurzheim était de visiter l'Athènes écossaise; cet article le confirma dans sa résolution. Il se procura une lettre d'introduction pour cette ville; une seule : elle était adressée au virulent docteur. Il lui fit une visite, et obtint la permission de disséquer un cerveau en sa présence. J. Gordon lui-même était professeur d'anatomie, et la dissection eut lieu dans l'amphithéâtre des leçons. La salle était aussi pleine que possible, et une table intermédiaire fut réservée pour Spurzheim, afin qu'il pût exposer successivement aux spectateurs l'objet de ses recherches. Là, la *Revue d'Edimbourg* d'une main, et un cerveau de l'autre, il opposa des faits à des assertions. L'auteur de l'article continua à nier ; mais le public crut à ce qu'il vit, et cette démonstration convaincante conquit près de cinq cents témoins, à la nouvelle science.

Ainsi soutenu par le succès, Spurzheim ouvrit à Edimbourg, comme il l'avait fait à Londres, un cours d'anatomie et de physiologie du cerveau, dans ses rapports avec l'esprit. Plus tard, il renouvela ses cours à Bath, à Bristol, à Dublin, à Cork, à Liverpool. De retour à Londres en 1817, il y professa de nouveau, et fut nommé associé du Collége royal des médecins de cette ville. Au mois de juillet de la même année, il revint à Paris, où il continua ses travaux jusqu'en 1825 ; faisant d'importantes observations sur l'homme sain et malade, et contribuant largement aux progrès de la science de la nature humaine. A Paris, il fit deux cours par an sur l'anatomie, la physiologie et la pathologie du cerveau et des sens externes. En 1824, le gouvernement français, se montrant aussi sage et aussi libéral que celui d'Autriche l'avait été, défendit les cours sans permission spéciale, et Spurzheim fut obligé de se réduire à des conversations particulières chez lui. Dégoûté de toutes ces tracasseries, il céda, en 1825, aux sollicitations de ses amis de Londres, et visita de nouveau cette capitale. Il y fit des cours, outre plusieurs démonstrations de dissection du cerveau, aux hôpitaux de St.-Thomas, de St.-Barthélemy et dans quelques écoles médicales. La manière dont on parla de ses travaux à cette occasion, dans les journaux périodiques de Londres, particulièrement dans la *Revue médico-chirurgicale* et dans la *Lancette*, montra qu'un grand changement s'était opéré à cet égard dans le public.

Spurzheim ne tarda pas à retourner à Paris. L'impression qu'il avait produite en Angleterre, durant son séjour, ne fit que s'accroître après son départ, et lui valut une nouvelle invitation d'y retourner; il s'y rendit, et au commence- de 1826, il fit un cours, dans l'Institut de Londres, au milieu d'un nombreux auditoire. Il visita Cambridge, dont l'université lui fit un accueil honorable. Le vice-chancelier mit à sa disposition une des salles de cours publics, et il eut pour auditoire les hommes du premier nom et de la plus grande influence dans l'université. Il fut fêté toutes les fois qu'il parut au collége, et fit l'impression la plus favorable sur les professeurs d'anatomie et de médecine. A Hull, il visita l'atelier de la maison de refuge pour les aliénés, l'école de grammaire, la prison de la ville, et dans chacun de ces endroits il donna des preuves de son talent à prédire le caractère d'après l'inspection de la tête. Je ne suivrai point ici le docteur Spurzheim dans toutes les villes qu'il visita dans les trois royaumes unis. Dans un dîner que lui donna la Société phrénologique d'Edimbourg, il exprima sa vive satisfaction des progrès inattendus que la science avait faits. « Le docteur Gall et moi, disait-il, nous avons souvent causé de l'admission future de nos doctrines. Bien que nous eussions pleine confiance dans les lois invariables du créateur, cependant nous n'avons jamais espéré de les voir, durant notre vie, aussi généralement admises qu'elles le sont aujourd'hui. »

En 1832, Spurzheim voulut aller jeter en Amérique les fondemens de la Phrénologie. Ayant été accueilli aux États-Unis de la manière la plus favorable, il travailla avec un zèle extraordinaire à répandre sa doctrine. Le 17 septembre, il commença un cours de Phrénologie à Boston, et peu après, un autre cours à l'Université de Harvard, à Cambridge. Ces cours lui prenaient six soirées dans la semaine. Il fit en outre, pendant le jour, un cours devant la faculté de médecine, sur l'anatomie du cerveau. Il paraît que ces grands travaux joints aux variations du climat, eurent une influence fâcheuse sur sa constitution. Il tomba malade et mourut à Boston, le 10 novembre 1832, à l'âge de 56 ans.

On doit à Spurzheim beaucoup d'importantes observations et la publication de nombreux ouvrages, qui ont puissamment contribué à l'avancement de la science. C'est lui qui a donné la division si philosophique des facultés de l'homme en trois groupes principaux, comme nous le verrons dans une leçon prochaine, savoir : les instincts, les sentimens et les facultés intellectuelles. Il a aussi rendu un très-grand service à la science en corrigeant certains vices de la nomenclature de Gall. Ce savant observateur était parti des faits les plus vulgaires : il avait appelé *mémoire des mots* la faculté d'apprendre facilement par cœur ; *sagacité comparative* la tendance à établir des comparaisons. En observant que les voleurs déterminés, ceux qui présentaient ce penchant à un point très-éminent, au point de ne pouvoir le comprimer, avaient une certaine portion du cerveau très-développée, il avait nommé cette partie *organe du vol;* il en avait fait autant pour l'organe qui paraît souvent saillant chez les assassins, et il l'avait appelé *organe du meurtre.* Cette manière de présenter une manifestation précise et trop énergique de chaque organe était défectueuse, et ne contribua pas peu à éloigner de la doctrine de Gall. Elle avait l'inconvénient de signaler l'abus d'une faculté, comme la faculté elle-même, et de maintenir l'idée qu'il y a dans l'homme des facultés nécessairement mauvaises. Spurzheim fut amené, par une longue suite d'observations, à généraliser davantage les idées de son maître, et il s'attacha plus particulièrement à remonter à la source des facultés primitives, en les distinguant toujours des actions positives et des caractères déterminés qu'elles produisent par leurs combinaisons et leurs abus. Il fit voir que le *vol*, par exemple, n'est qu'une des applications de l'organe qu'il désigna sous le nom plus convenable d'*acquisivité*. On peut en effet avoir de la tendance à acquérir, à posséder, sans être voleur. Il en est de même de l'organe du meurtre de Gall, que Spurzheim appela *destructivité;* car on peut être disposé à combattre dans certaines circonstances, même à verser le sang, sans être criminel. Spurzheim alla plus loin, et il fit voir que les organes qui avaient d'abord été dénommés d'une manière si défavorable, étaient des mobiles nécessaires pour donner de l'activité aux autres organes. Cette remarque s'applique très-bien, par

exemple, au besoin de la propriété, qui est une
des bases de l'état social ; à ceux du courage et
de la destruction, où l'on trouve les élémens de
la valeur militaire, de la défense du pays, de la
résistance à l'oppression.

Le nom de *mémoire des mots* donné à la partie du cerveau qui préside au langage, ne parut
pas non plus convenable à Spurzheim. La mémoire, dit-il, est le résultat de la remise en action
de l'organe qui a perçu ; lorsque cet organe est
puissant, la mémoire est forte ; si au contraire il
jouit de peu d'activité, ou s'il ne se remet pas
facilement en action, sans le secours d'impressions nouvelles, la mémoire ne pourra manquer
d'être faible. Il fallut donc faire disparaître ces
locutions de *mémoire des mots, mémoire des sons,
des physionomies, des lieux*, etc. Le même organe servit à la perception et à la reproduction :
on sentit que les sentimens devaient agir d'a-
près les mêmes lois, et on put comprendre l'assertion de Gall, qui avait dit le premier que la
mémoire n'était point une faculté isolée, et qu'il
devait y avoir autant de mémoires que d'organes.

Après la mort de Gall et de Spurzheim, la
science n'est pas demeurée sans interprète. En
France, MM. Dumoutier, Fossati, Bailly, Voisin, Vimont, lui ont fait faire des progrès nota-

bles. Des sociétés phrénologiques, des cours
publics se sont organisés dans diverses localités.
L'année dernière, M. le professeur Broussais,
un des hommes les plus éminens dans la médecine, a prêté à la science tout l'appui de son savoir, de son éloquence et de sa renommée, dans
des leçons données à Paris devant un immense
auditoire. Des praticiens emploient la Phrénologie dans le traitement de certaines affections,
et notamment de la folie, entr'autres M. Ferrus,
à l'hospice de Bicêtre, et M. Imbert, à l'hospice
de la charité, à Lyon.

Gall et Spurzheim avaient déjà fait quelques
observations relatives aux animaux. Les recherches de M. Vimont ont beaucoup enrichi cette
partie de la science. Ce savant médecin s'est livré avec un dévouement exemplaire à l'étude
de la Phrénologie, et il a réuni une collection
de plus de vingt mille crânes d'animaux. Il y a
consacré quinze années entières de recherches
laborieuses, et des sommes considérables. Riche
d'une masse imposante de faits observés avec
la plus scrupuleuse exactitude, et ne voulant
pas les faire connaître au public, avant de les
avoir vérifiés à plusieurs reprises, M. Vimont
fit élever un grand nombre d'animaux dont il
nota jour par jour les facultés dominantes. Ces

observations comparées avec une foule d'autres, qui lui furent fournies par ses conversations avec des chasseurs ou d'autres personnes qui, par leur position, peuvent étudier les traits les plus saillants des actes intellectuels des animaux, le mirent sur la voie de la véritable physiologie expérimentale. M. Vimont publie dans ce moment, sous le titre de *Traité de Phrénologie humaine et comparée* un ouvrage véritablement monumental, autant sous le rapport du grand nombre et de l'exécution achevée des planches qui l'accompagnent, que sous celui de la multitude des faits nouveaux qu'il contient.

La Phrénologie marche aussi très-rapidement en Angleterre, grâce aux travaux incessans de plusieurs savans distingués, parmi lesquels il faut citer M. Combe et M. Deville (1). La rapidité

------

(1) En 1821, un phrénologiste s'adressa par hasard à un lampiste de Londres, nommé Deville, et lui demanda s'il ne pourrait pas lui faire le moule en plâtre d'une tête qu'il lui apporta. Deville y consentit, et s'acquitta si bien de cette commission, que d'autres personnes vinrent le prier de leur rendre le même service. A force de mouler des têtes pour les autres, Deville eut l'idée d'étudier la doctrine qui expliquait la cause des différentes proportions des crânes qu'il avait ainsi l'occasion d'observer. La lecture des ouvrages de Gall et de Spurzheim lui fit une telle impression, qu'il se décida à se composer une collection, pour vérifier les as-

avec laquelle cette science a été introduite de l'autre côté de la Manche, dans l'enseignement et dans la pratique de quelques institutions relatives à l'éducation des enfans et aux maladies de l'esprit, a prouvé que les Anglais sont toujours prêts à adopter les choses utiles, aussitôt qu'ils les connaissent. Pendant que M. d'Argout était ministre de l'instruction publique en France, il s'adressa à notre consul à Londres, pour connaître l'état de la Phrénologie dans la Grande-Bretagne. Le consul répondit : Il existe en Angleterre vingt-trois sociétés phrénologiques. Outre cela, on s'occupe de Phrénologie dans la plupart des sociétés de médecine ou de philosophie,

---

sertions d'un système dont les résultats piquaient si vivement sa curiosité. Il se mit à mouler les têtes de toutes les personnes qu'il rencontrait dans le monde, et qui lui offraient quelques protubérances remarquables. Un zèle qui ne se démentit jamais, et une inconcevable persévérance le rendirent bientôt possesseur d'une des plus riches et des plus nombreuses collections phrénologiques de l'Europe. M. Deville ne tarda pas à recevoir la visite d'un grand nombre de personnes désireuses d'apprendre les résultats de travaux dont la nouveauté excitait au plus haut degré la curiosité publique. On voulait aussi connaître en détail la personne de cet homme singulier qui, appartenant naguère à la classe des artisans, venait d'entrer tout d'un coup, à son insu et à celui des autres, dans la classe des savans.

Le docteur Bailly. (*Musée des familles.*)

dont les travaux embrassent généralement toutes les questions relatives aux sciences médicales
et philosophiques. La Phrénologie est regardée
comme *science entrée dans la pratique* à l'hôpital de Londres, à l'institution de Londres, dans
le théâtre d'anatomie et de médecine de Gran-
ger et à l'université de Londres, où le professeur de médecine enseigne le traitement des aliénations mentales d'après des connaissances phrénologiques. L'éducation est exclusivement dirigée d'après des connaissances phrénologiques
dans quelques écoles fondées à Aberdeen, par Sir
J. Mackensie; — à Enfield, par M. Rondeau; — à
Ongar, par M. Stoacks. Les fondateurs sont satisfaits des résultats qu'on a déjà obtenus, et le
nombre des élèves augmente chaque jour.

On publie un journal phrénologique mensuel
à Edimbourg, et un autre hebdomadaire à Londres. Un grand nombre d'ouvrages phrénologiques ont paru en Angleterre depuis quelque années.

En Allemagne, les professeurs Loder, Bischoff, Hufeland; en Danemarck, le docteur
Hoppe; en Italie, MM. Bohacossa, Capechi, To-
nin, Gualdi, Feararèse emploient la Phrénologie
avec succès dans leur enseignement et le traitement des maladies mentales. Dans presque tou-

tes les contrées de l'Europe, on trouve adoptées les doctrines de Gall, qu'on cultive aussi
avec ardeur en Amérique, et dans les provinces
Anglaises des Indes-Orientales. De toutes parts
l'impulsion est donnée, les observations se mul-
tiplient, les collections s'enrichissent, et le gouvernement français vient d'envoyer M. Dumoutier dans les îles de la Polynésie, pour y puiser
des connaissances nouvelles. Tel est aujourd'hui
l'état satisfaisant de la science, à laquelle semble reservé un immense avenir.

Ce ne sont pas seulement les naturalistes et
les médecins, qui s'occupent de Phrénologie,
et qui peuvent emprunter à cette science des
données précieuses. Les instituteurs, les moralistes, les législateurs y trouvent un aliment iné-
puisable à leurs continuelles réflexions. Dans un
discours prononcé devant la cour de cassation,
dans son audience solennelle de rentrée en 1833,
M. Dupin aîné, procureur-général près de cette
cour, après avoir indiqué les améliorations in-
troduites dans les lois pénales, continuait en ces
termes. « La philantropie, je le sais, accuse la
timidité de nos réformes; elle appellé de ses vœux
une véritable révolution dans le système de la
pénalité. Aux yeux de quelques philosophes, le
crime n'est pour ainsi dire que la suite d'une af-

fection cérébrale; c'est une sorte de maladie, et
pour eux, tout procès criminel se réduit presque
à une question de Phrénologie; dès lors, au lieu
de peines sévères, il ne faudrait que de bons
soins; les prisons ne devraient être que des hôpitaux où les coupables seraient habilement trai-
tés, des gymnases où ils fortifieraient leurs organes, des écoles où s'éclaireraient leurs esprits!
Je n'accuse pas ces utopies dans ce qu'elles ont
d'humain et de généreux, je résiste seulement
à l'extension *trop rapide* qu'on voudrait donner
à leur application. »

Voilà donc les doctrines phrénologiques ci-
tées sans défaveur dans le sanctuaire des lois, et
ce que le savant jurisconsulte, qui est à la tête
du parquet de France, craint seulement, c'est
qu'on ne veuille faire une application trop rapide à la législation d'une science nouvelle, déjà
riche il est vrai d'observations nombreuses; mais
qui a besoin de devenir beaucoup plus positive,
avant d'avoir entrée dans nos codes. C'est là aussi,
ce me semble, l'opinion des phrénologistes, qui
se gardent bien de désirer qu'on applique étour-
diment leur science aux choses sérieuses de la
vie sociale, avant que ses principes fondamentaux soient incontestablement établis, et reconnus par le plus grand nombre.

TROISIÈME LEÇON.

APPAREIL ENCÉPHALIQUE.

MESSIEURS,

Vous avez vu, dans notre dernière leçon, que cette opinion qui fait résider la cause matérielle de l'intellect dans le cerveau, était généralement admise, et que même beaucoup de naturalistes tendaient à localiser toutes nos facultés dans l'encéphale, lorsque Gall vint démontrer la vérité de cette hypothèse. Cependant, d'autres philosophes avaient cru pouvoir placer ailleurs le siége de l'intelligence humaine, et si je n'en ai rien dit encore, ce n'a été que pour ne pas interrompre l'histoire des idées qui tendaient plus directement vers la Phrénologie : je dois y revenir aujourd'hui ; à cause surtout du célèbre naturaliste qui prêta à une de ces opinions nouvelles tout l'appui de son grand nom.

Buffon avait dit : « l'homme ne doit la supériorité de son intelligence qu'à la perfection de sa main. » Cette hypothèse fut adoptée et soutenue par plusieurs philosophes du dernier siècle; et il ne serait pas impossible peut-être de trouver, de nos jours, des hommes qui l'admettent encore, bien que le contraire soit prouvé de la manière la plus évidente par une multitude de faits péremptoires. Entre une foule d'autres, en voici un fort curieux, que j'extrais d'un mémoire de M. Dumoutier, présenté à la société phrénologique de Paris, en même temps que la tête moulée en plâtre de la personne dont il y est question.

César Ducornet, peintre, âgé de trente ans, est né à Lille, en Flandres. Hormis sa tête, la difformité de son corps est peut-être inouie. Que l'on se figure un homme dont la taille n'excède pas trois pieds deux pouces, sans bras, sans cuisses, dont le torse, raccourci par une triple déviation de la colonne vertébrale et par une gibbosité, n'est supporté que par des membres inférieurs très-courts, dont les pieds mêmes sont incomplets; tel est Ducornet, l'unique ressource et le soutien de sa famille.

Ne pouvant se tenir debout sans être appuyé, Ducornet marche à-peu-près comme les infirmes à jambes de bois; il peut grimper sur une chaise pour s'y asseoir, et il est beaucoup plus agile qu'on ne le penserait. Cependant, aucune personne de sa famille ne se trouve atteinte d'infirmité ; son père et sa mère sont doués d'une bonne et forte constitution, leur stature est ordinaire, et, avant celui-ci, ils eurent un enfant bien constitué ; mais qui n'a vécu que onze mois. Aucune cause ne peut être assignée par Mme Ducornet à l'infirmité si extraordinaire de son fils. Lorsque Ducornet vint au monde, son corps était presque aussi difforme qu'il l'est à présent : sa tête paraissait volumineuse, et l'enfant conservait l'attitude ramassée qu'il avait dans le sein de sa mère.

Il était impatient, criard, dans un état d'agitation telle que, même en dormant, il parvenait à se démailloter. Ducornet, allaité pendant plusieurs années par sa mère, eut une enfance très-difficile, et, pendant sa première dentition, il ne fallut pas moins que le dévouement et la sollicitude extrême d'une mère, pour conserver la vie dans un corps aussi frêle et aussi disgracié de la nature. Mais dans ce petit être souffreteux étaient les germes de toutes les qualités d'une belle âme, et la mère de Ducornet y trouve aujourd'hui une consolation bien douce des longues afflictions que son fils lui a causées.

Ducornet est condamné par son infirmité à

ne pouvoir se passer de presque aucun des soins
de la première enfance. Son existence et celle
de ses vieux parens sont liées l'une à l'autre par
une sorte de fatalité contre nature ; aussi rien de
plus touchant que leurs égards réciproques,
rien de plus édifiant que leurs vertus domestiques. Dès ses premières années, Ducornet montra une grande précocité intellectuelle. L'insatiable besoin de mouvement causé par son activité cérébrale, le rendait ingénieux à trouver les
moyens d'utiliser pour son amusement les diverses parties de son corps, incomplétement soumises à l'influence de l'agent des mouvemens volontaires. Qu'on se représente Ducornet, vers
sa quatrième année, roulant sur son dos comme
un poupard, et au comble de la joie, en agitant
avec ses pieds, des pantins suspendus par des
ficelles ; qu'on se le figure un peu plus tard,
s'exerçant à jouer au bouchon avec un pied,
pendant qu'il se soutenait sur l'autre ; ou bien
étant assis, et cordant une toupie qu'il lançait
ensuite assez bien pour rivaliser d'adresse avec
d'autres enfans ; ou bien encore s'exerçant à imiter un équilibriste et jouant comme lui avec une
plume de paon, qu'il promenait en équilibre tantôt sur sa lèvre, tantôt sur son épaule, d'où il la
faisait sauter, et la recevait à son gré sur son

front, sur son nez, ou sur son menton. Tels furent les premiers efforts intellectuels qui développèrent l'adresse et l'agilité des membres rudimentaires de Ducornet.

En peu de temps, il apprit à lire, et il n'avait pas encore atteint sa septième année, qu'on observait déjà chez lui les ébauches d'une aptitude native qui produirait un jour un grand talent dans l'art du dessin. En effet, à sept ans Ducornet commençait à écrire assez correctement avec ses pieds; et ce qui lui attirait souvent des reproches, c'était l'habitude qu'il avait contractée de couvrir le plancher de la chambre, et le bas de ses pages d'écriture, de bons-hommes et de toutes sortes de figures qui se faisaient remarquer par leurs expressions variées, ou par l'originalité de leurs formes. A-peu-près dans le même temps, il entra au collége de Lille, où il se distingua dans plusieurs concours, et où il ne le cédait en rien aux autres élèves de ses classes. Touché de ses heureuses dispositions, M. Demahis, peintre amateur, le prit sous sa protection, et lui ouvrit la carrière où il devait briller un jour.

En peu d'années, Ducornet devint un des plus forts élèves de l'école de dessin de Lille, et après plusieurs épreuves, d'où il sortit toujours victorieux, il reçut pour récompense le titre de pensionnaire de l'administration municipale, et fut envoyé à Paris aux frais de la ville, qui lui vota pour dix années une pension de six cents francs. A son arrivée à Paris, Ducornet trouva dans le baron Gros un nouveau protecteur. Pour subvenir aux besoins de cette intéressante famille, M. Gros sollicita et obtint du gouvernement d'alors une nouvelle pension de douze cents francs, à ajouter à celle faite par la ville de Lille. En même temps, Ducornet est admis à fréquenter l'atelier de M. Lethiers, et bientôt le talent du maître se réfléchit dans le jeune élève. Chaque année il remporte le prix au concours; en 1829, il est admis aux esquisses pour le concours au grand prix de Rome, et il est reçu *en loges*.

Les événemens de 1830, qui ont modifié tant de fortunes et de positions, eurent une influence fâcheuse sur celle de Ducornet. Il perdit sa pension de douze cents francs et, par surcroît de malheur, le terme approchait où la pension de la ville de Lille allait cesser de lui être payée. Voilà donc la famille de Ducornet abandonnée à ses propres ressources et réduite à la position la plus précaire. Sur ces entrefaites, un saltimbanque lui offre 10,000 francs pour le suivre pendant quatre mois en Angleterre, où il se propose de le montrer en public. Ducornet repousse cette proposition indigne de son caractère et de son talent, auquel il en appelle alors pour se faire une position meilleure.

Les personnes qui ont vécu dans l'intimité de Ducornet vantent sans cesse son espièglerie, sa patience, sa noble ambition, sa persévérance, son amitié, son dévouement et sa charité. Elles se souviennent du don qu'il fit au profit des pauvres de son arrondissement. Elles se rappellent la douleur de Ducornet, lors de la mort de son maître et ami, M. Lethiers, et son profond respect et sa touchante sollicitude pour ses vieux parens.

Que l'on considère les nombreuses productions de cet artiste sans bras : qu'on écoute le langage d'une critique jalouse, pour en faire ressortir un témoignage des immenses difficultés dont sa persévérance et son génie ont su triompher. Elle lui reproche *trop de main* dans son exécution !

Nous venons, ajoute M. Dumoutier, d'exquisser quelques traits de la vie de Ducornet ; nous l'avons suivi depuis son enfance jusqu'à sa virilité. Voyons maintenant, si l'organisation de sa tête est en rapport avec son caractère et son intelligence, et si la Phrénologie peut ajouter un fait nouveau au nombre immense de ceux qu'elle

oppose à ses détracteurs. Chez Ducornet, les organes phrénologiques les plus développés sont,
pour les penchans, ceux qui produisent l'amour
filial, l'amitié, le dévouement, la tendresse et
tous les attachemens de famille; pour les sentimens, ceux de l'imagination, de l'imitation,
de la gaîté, de la persévérance, de l'estime de soi,
de l'émulation, de la bienveillance, de l'équité,
de la vénération : enfin, pour les facultés intellectuelles, on trouve très-largement développés
les organes des aptitudes manuelles ou de la mécanique; de la mémoire des formes, de l'étendue,
des lieux, des faits, des tons, et ceux du jugement et des hautes facultés intellectuelles.

Il résulte de cet examen que l'organisation cérébrale de Ducornet répond parfaitement aux
faits connus de sa vie, et confirme entièrement
les observations de Gall et de Spurzheim, en
réduisant au néant l'opinion de Buffon. Si nous
voulons en déduire d'autres conséquences, il en
ressort une preuve évidente de la suprématie du
cerveau sur tout le reste de l'organisation, et de
la puissance d'une âme humaine, pour suppléer
aux instrumens que lui a refusés la nature, en
convertissant des organes de sustentation et de
progression, en ceux du tact et de l'exécution.

Ainsi, c'est dans l'encéphale qu'il faudra cher-

cher les organes de nos penchans et de notre intelligence; mais avant d'arriver à vous faire connaître la position que chacun d'eux y occupe, il
convient de vous parler d'abord de la conformation générale du cerveau lui-même, et de son
enveloppe ou crâne. Il est nécessaire aussi de
vous montrer l'étroite liaison qui existe entre
leurs formes, et de vous indiquer la marche de
leur développement simultané. Ne croyez pas cependant que je veuille entrer, à cet égard, dans
tous les détails d'une anatomie profonde; il me
suffira de vous faire connaître quelques principes et un petit nombre de termes, qui peuvent
être facilement retenus par la mémoire la moins
exercée.

L'appareil encéphalique se compose de plusieurs pièces principales, qui sont : 1° le *cerveau*
proprement dit (A. Planche 1), qui occupe la
plus grande partie de la masse (1); 2° le *cervelet*,
beaucoup plus petit (B), placé en arrière et au-
dessous du cerveau; 3° le *pont de varole* ou *mésocéphale* (C), situé au-dessous du cerveau et

---

(1) Pendant les leçons, je me sers de modèles en plâtre,
pour ces démonstrations. J'ai dû les remplacer ici par des
planches, ce qui a nécessité quelques changemens dans le
texte.

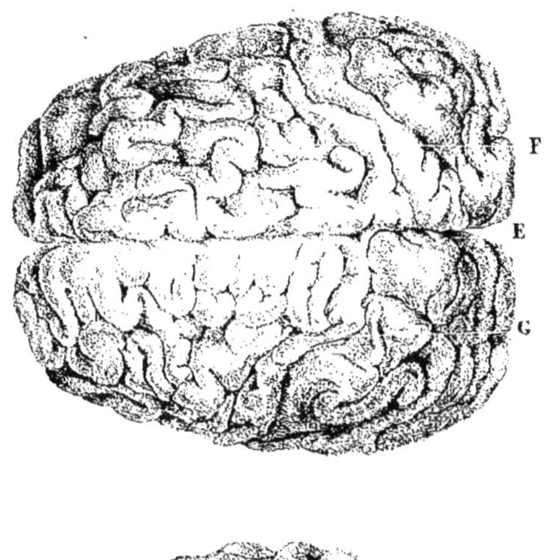

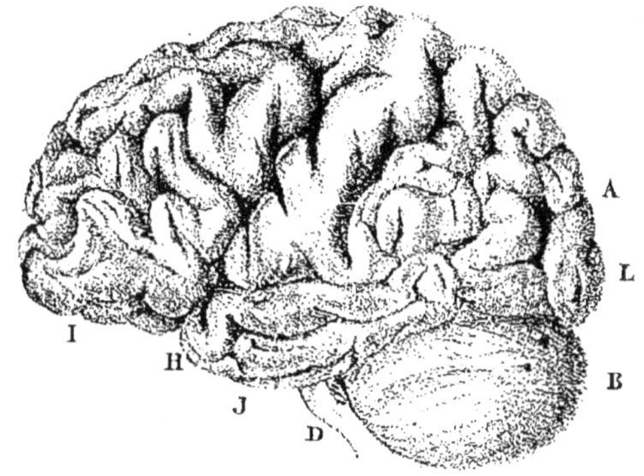

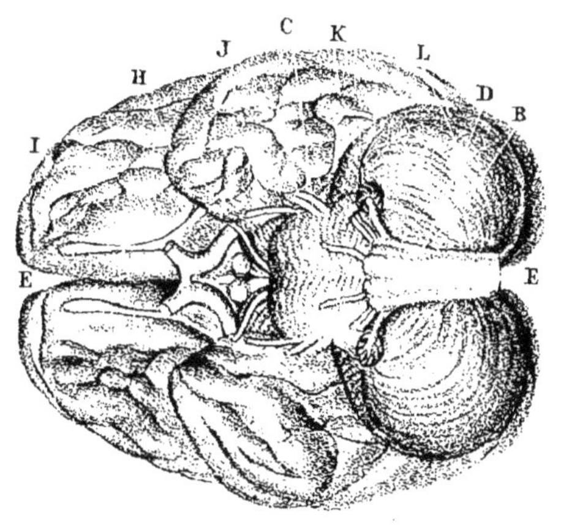

Lith. de Engelmann père & fils à Mulhouse.

touchant au cervelet ; 4° la *moëlle allongée* (D), communiquant avec la partie postérieure du pont de varole.

Dans son état naturel, le cerveau remplit exactement la cavité du crâne, comme vous pouvez le voir sur cette tête modèle, où une moitié du crâne a été enlevée. La forme qu'il présente est assez régulièrement la même des deux côtés : il est plus long que large, et plus retréci sur le devant que postérieurement. Le cerveau est partagé dans toute sa longueur par une fente (E) qui pénètre à-peu-près dans les deux tiers de son épaisseur, qu'on appelle la *grande scissure interlobaire*, et qui le coupe en deux parties égales nommées *hémisphère droite* (F) et *hémisphère gauche* (G). Chaque hémisphère se partage en trois *lobes*. Le *lobe antérieur* (I) est séparé du deuxième par une fente (H), qu'on appelle *scissure de Sylvius ;* le second, ou *lobe moyen* (J) est séparé du *lobe postérieur* par une ligne fictive (K), qui longe le bord antérieur du cervelet. Sur toutes les faces des hémisphères, on voit des *circonvolutions* plus ou moins grosses, plus ou moins saillantes : elles sont séparées par des sillons tortueux, appelés *anfractuosités*. Toutes les parties qui composent le cerveau, sont doubles, les unes à droite, les autres à gauche. Elles ne

sont pas exactement symétriques, et l'un des côtés est ordinairement un peu plus fort que l'autre. Les faisceaux du même genre de chaque côté
sont joints ensemble et mis en action réciproque
par des fibres nerveuses et transversales, nommées *commissures*.

Le cervelet (B) est une masse nerveuse séparée
des hémisphères. Il occupe la longueur du lobe
postérieur du cerveau, sous lequel il est placé.
Sa forme est globuleuse, plus étendue de droite
à gauche, que de devant en arrière. Les sillons
qui sont creusés sur la surface externe du cervelet sont profonds, très-rapprochés et non tortueux, comme ils le sont dans le cerveau. Il en
résulte pour le cervelet des *feuillets*, au lieu de
circonvolutions, lesquelles appartiennent seulement aux hémisphères.

Le pont de varole ou mésocéphale (C), placé
sous le cerveau, à l'union de ses deux tiers antérieurs avec son tiers postérieur, joint ensemble les deux moitiés du cerveau, celles du cervelet et, de plus, ces deux organes entre eux.
Son étendue est d'environ un sixième de la longueur du cerveau.

La moëlle allongée (D) part de la partie postérieure du pont de varole, pour se rendre dans
l'épine dorsale. Elle a primitivement une forme

cannelée, qu'elle perd en arrivant dans le canal vertébral.

Le cerveau est en général mou et pulpeux : sa consistance varie avec l'âge. Presque fluide chez l'enfant, elle devient plus ferme à mesure qu'on avance dans la vie. Ainsi, le développement de nos penchans et de nos facultés intellectuelles et morales coïncide avec la perfection successive de la fibre nerveuse.

Il existe deux sortes de substance encéphalique : l'une appelée *substance grise* ou *corticale ;* l'autre *substance blanche* ou *fibreuse.* La première forme le plus souvent une espèce d'enveloppe superficielle aux diverses parties de l'encéphale; mais se dissémine pourtant aussi dans son intérieur. La seconde, plus ferme que l'autre, prédomine par la quantité ; elle occupe l'intérieur de l'encéphale. Les phrénologistes, et notamment M. le professeur Broussais, admettent qu'il existe deux sortes de nappes nerveuses blanches, l'une affectée au sentiment, l'autre au mouvement; ce qui se fonde sur ce fait aujourd'hui reconnu par les physiologistes, qu'il existe deux sortes distinctes de nerfs, ceux du mouvement et ceux du sentiment. Des fibres nerveuses de la sensibilité, en passant par divers points du cerveau, se convertissent en fibres des différentes affections, des différentes facultés. De là, le rapport de la sensibilité avec ces facultés, dont elle est l'origine commune. Une autre conséquence, c'est que les fibres de chaque faculté sont en rapport avec des fibres du mouvement, de sorte qu'une faculté tend directement à mettre des muscles en mouvement. Aussitôt qu'un instinct ou un sentiment est excité, il tend à produire le mouvement qui est nécessaire pour satisfaire le besoin ; et ce mouvement est effectivement exécuté chez les animaux jeunes ou de bas étage, et chez les enfans. En effet, une impression arrive-t-elle chez ces sortes de sujets, à l'instant même le mouvement qui doit satisfaire le besoin ou le sentiment que réveille cette impression, est exécuté. S'il ne l'est pas toujours chez l'adulte, c'est qu'une volonté plus forte y met obstacle, au moyen d'un autre système nerveux qui doit être celui de l'intelligence, et qui existe chez la plupart des animaux supérieurs, comme le prouvent leurs habitudes naturelles ou celles qu'ils acquièrent par l'éducation.

Quant à la substance grise, son rôle ne semble pas encore bien déterminé. Un grand nombre d'observations nouvelles sont encore nécessaires pour la solution de cette partie de la physiologie cérébrale.

L'encéphale est recouvert de quatre enveloppes distinctes : 1° la *pie-mère*, ou *membrane vasculaire* ; 2° l'*arachnoïde*, ou *membrane séreuse* ; 3° la *dure-mère*, ou *membrane fibreuse* ; 4° le *crâne*, ou *enveloppe osseuse*.

La pie-mère est une membrane extrêmement fine, composée presque entièrement de vaisseaux très-déliés, qui couvre immédiatement le cerveau, et s'enfonce dans toutes ses anfractuosités.

L'arachnoïde, plus épaisse, suit partout la pie-mère, à laquelle elle est parfois intimement unie, excepté dans les anfractuosités du cerveau, au-dessus desquelles elle passe sans s'enfoncer.

La dure-mère est une membrane très-épaisse et difficile à rompre ; elle suit toutes les impressions de la surface interne du crâne auquel elle adhère assez fortement, et se replie deux fois ; la première, pour former la *grande faulx du cerveau*, qui entre dans la scissure interlobaire ; et la seconde fois, pour former la *tente du cervelet*, qui sépare cet organe du cerveau.

Toutes ces membranes pénètrent dans le canal vertébral, et accompagnent la moëlle épinière dans toute sa longueur. Elles portent ensemble le nom de *méninges*.

De toutes les enveloppes du cerveau, la plus

importante pour le phrénologiste, est sans contredit le *crâne*, puisque c'est lui qui reproduit au dehors le plus ou moins grand développement des organes cérébraux.

Le crâne, ou enveloppe osseuse du cerveau, a une forme ovoïde, et se compose de deux parties principales : la première est le crâne proprement dit ; la seconde est la face. Nous n'aurons pas à nous occuper de cette dernière.

De vingt-trois os qui composent la tête, huit seulement appartiennent au crâne, et l'un d'eux, appelé *os criblé*, ne se trouvant pas en contact avec le cerveau, nous n'aurons pas à nous en occuper. Les autres sont : le *frontal*, ou *coronal*, les deux *pariétaux*, l'*occipital*, les deux *temporaux* et le *sphénoïde*, ou *basilaire*. Ces os, joints ensemble par des *sutures* différentes (planche II), constituent la cavité cérébrale, entièrement remplie par l'encéphale et les méninges, qui touchent partout sa surface interne.

La partie supérieure du crâne s'appelle *voûte* ou *vertex* ; l'antérieure, *front* ou *sinciput* ; la postérieure, *occiput* ; les deux parties latérales, *tempes* ; l'inférieure, *base* du crâne.

Le frontal (A) est un os quadrilatère, dont la moitié inférieure appartient à la face : il est situé à la partie antérieure du crâne, et constitue

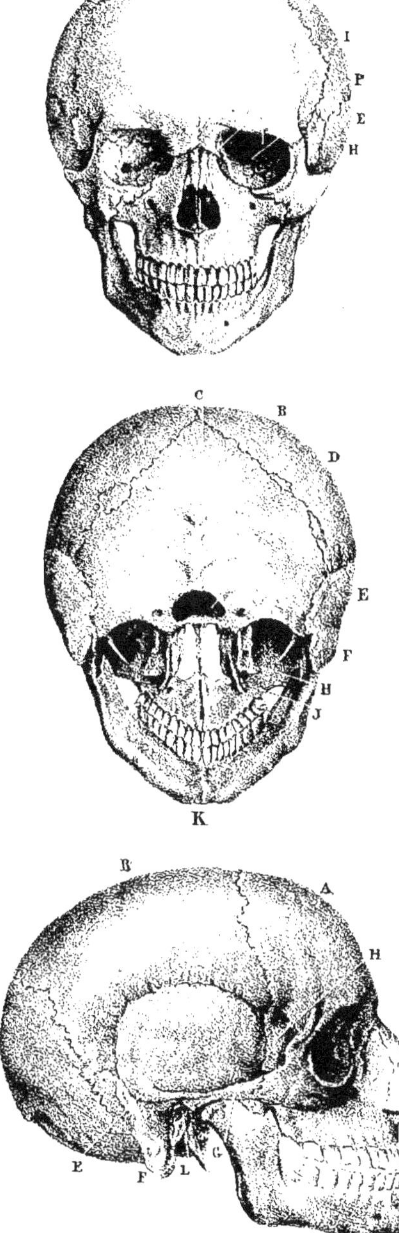
Pl. II.

Lith. de Engelmann père & fils à Mulhouse.

le front. Il est toujours formé de deux pièces latérales chez les enfans, et la suture qui les réunit, qu'on appelle *coronale*, et qui s'efface habituellement avec l'âge, existe encore quelque fois chez les adultes. Cet os s'étend, en remontant, depuis la racine du nez et la partie supérieure des orbites, jusqu'au bord supérieur-antérieur des pariétaux, et latéralement, jusqu'au basilaire. Remarquons aussi qu'à la partie inférieure et antérieure de cet os, se trouvent, dans son épaisseur, des cavités qu'on nomme *sinus frontaux*, et dont la grandeur peut influer sur l'extension de la table externe de cet os, et faire croire ainsi à un développement du lobe antérieur, qui n'existe pás pour cela.

Les pariétaux (B) sont quadrilatères et placés de chaque côté du crâne, dont ils forment les parois latérales et supérieures. Ils s'articulent supérieurement entre eux, au moyen de la *suture sagittale* ou *inter-pariétale*, et antérieurement avec le frontal, par la *suture pariéto-frontale*. Ils s'étendent latéralement, en descendant jusqu'aux temporaux, et en arrière, jusqu'à l'occipital.

L'occipital (C) est un os triangulaire, qui se trouve à la partie postérieure et inférieure du crâne, et s'articule supérieurement et antérieurement avec les deux pariétaux. Il est percé, à sa partie inférieure, d'une ouverture appelée *trou occipital* (D), qui donne passage à la moëlle épinière. Le cervelet repose entièrement sur cet os.

A l'endroit où le cervelet se sépare du cerveau, cet os porte, dans la direction de la ligne médiane, une saillie, ordinairement très-sensible au toucher, et qu'on appelle la *protubérance occipitale externe*.

Les temporaux (E), placés à la partie latérale et inférieure du crâne, très-irréguliers dans leur forme, offrent sur leur surface interne, une élévation appelée le *rocher*, qui marque la séparation du lobe moyen avec le lobe postérieur. Les temporaux s'articulent postérieurement et inférieurement avec l'occipital; et supérieurement au moyen de la *suture pariéto-temporale*, avec les pariétaux, à la partie postérieure et inférieure de ces os.

Derrière le *trou* ou *orifice auditif externe* (L) (ouverture de l'oreille), sont placés les *apophyses mastoïdes* (F), dont la grosseur peut quelquefois faire croire à un développement cérébral qui n'existe pas réellement. Du milieu de ces os partent les parties postérieures des *arcades zygomatiques* (G), pour joindre les parties antérieures qui appartiennent aux os de la face.

Le basilaire ou sphénoïde (H) a reçu ce dernier nom d'un mot grec qui signifie coin, parce qu'il se trouve enclavé dans les os de la tête, comme un coin dans une pièce de bois. Il est situé à la partie inférieure du crâne, et ses deux côtés, en forme d'ailes et appélés, pour cette raison, *ailes du sphénoïde*, remontent jusqu'à la moitié inférieure du crâne. Le basilaire s'articule postérieurement avec l'occipital et les temporaux, supérieurement avec le frontal. La partie inférieure de cet os ne peut point entrer en considération. Il est, à la vérité, en contact avec une portion des lobes moyens; mais on ne peut reconnaître sa forme qu'après la mort.

Après être entré dans ces détails un peu arides, mais nécessaires pour l'intelligence de ce qui suivra, occupons-nous de la formation et du développement du cerveau et du crâne, dans l'homme et les animaux. Chez les infusoires et chez les polypes, qui occupent le dernier degré de l'échelle animale, toutes les facultés se réduisent au tact et au mouvement. Chez les vers à sang rouge, un peu plus haut placés, le tact est plus développé sur une partie que sur une autre; il y a une extrémité qui se présente toujours la première, pour palper les corps du monde extérieur. C'est un perfectionnement d'organisation et de facultés ; mais jusque-là, tout se réduit encore à l'instinct le plus grossier. Dans des animaux appartenant à un degré plus élevé, dans les limaçons, par exemple, nous reconnaissons des facultés plus nombreuses et une organisation plus compliquée. Nous observons une bouche et des appareils sensitifs : nous voyons l'animal examiner les corps extérieurs, préférer les uns aux autres ; éviter ceux-ci, rechercher ceux-là ; rentrer en lui-même à l'approche du danger, se soustraire aux influences météorologiques qui peuvent lui nuire, et s'offrir spontanément à celles d'un effet contraire. Ici l'instinct est supérieur à celui des infusoires, des zoophites et des vers ; il y a un système nerveux central unique, plus perfectionné vers l'extrémité destinée à affronter les corps extérieurs. C'est déjà l'ébauche d'une tête. On y trouve les rudimens du cervelet et d'une partie du cerveau. C'est-à-dire que là existent déjà et seulement les organes dont l'animal a besoin, et dont il manifeste les facultés.

En continuant à nous élever dans la série des êtres animés, nous arrivons aux insectes, chez lesquels nous trouvons un sens très-développé : c'est celui de la vue qui semble prédominer sur tout l'organisme. Aussi, chez eux l'appareil de ce sens est si considérable, qu'il constitue la majorité du système nerveux du cerveau. Les poissons et les reptiles forment des classes d'animaux plus avancés encore que les précédens; leur organisme est plus compliqué, et leurs facultés sont plus étendues. Aussi voyons-nous, chez les reptiles surtout, que la patience, la ruse, l'attaque leur sont nécessaires pour se procurer leur nourriture. L'instinct est plus développé chez eux : recevant à la fois plusieurs impressions, ces animaux ont à délibérer sur celle à laquelle ils doivent obéir. Si un ennemi ne leur inspire pas beaucoup de crainte, ils se dirigent droit vers leur proie ; dans le cas contraire, ils combinent leurs mouvemens d'après le danger dont ils sont menacés. Déjà nous découvrons une esquisse des facultés intellectuelles, et de quelques sentimens, en prenant ce mot dans son sens moral. Des grenouilles vivent en société : quelques poissons s'attroupent par bandes, et voyagent ensemble. L'instinct, les sentimens, l'intelligence ont suivi la progression des organes du cerveau.

Enfin, nous arrivons aux oiseaux et aux mammifères, ou aux animaux qui occupent les premiers degrés de l'échelle zoologique, après l'homme. Chez eux, l'instinct domine; mais les sentimens et l'intelligence apparaissent d'une manière évidente. Ils ont la mémoire des lieux : voyez comme le chien sait retrouver le logis de son maître, et l'adresse qu'il met à le conduire, lorsque celui-ci est privé de la vue. Nos chevaux, nos bœufs, nos ânes, tous les animaux que nous envoyons à la pâture, les oies même, malgré la réputation qu'on leur a faite, retrouvent aisément leur logis. Et sans parler des oiseaux voyageurs, de l'hirondelle ou du pigeon, par exemple, quel oiseau, quel quadrupède ne sait pas retrouver son habitation ordinaire? Ces animaux ont aussi la mémoire des personnes; ils reconnaissent leurs maîtres, ceux qui leur ont fait du bien ou du mal. Chez quelques-uns, chez le chien surtout, les sentimens d'amitié et de vénération sont très-apparens. Mille faits, observés tous les jours, prouvent qu'un chien pense à son maître, ou à son logis, quand il en est éloigné. Alors il s'attriste, et il éprouve un plaisir facile à reconnaître, s'il entrevoit les préparatifs d'un voyage qui doit l'en rapprocher. Il vénère son maître et les amis de son maître, tandis qu'il hait et poursuit ses ennemis. On observe chez lui la reconnaissance, le ressentiment, l'orgueil, le mépris, la bonté, l'imitation, l'émulation, l'envie. Plusieurs animaux jouissent des facultés de l'amitié et de l'association : on les voit se rassembler pour voyager, pour chasser. D'autres ont le sentiment de la propriété : ils se réservent une certaine étendue de terrain pour leur chasse, et s'opposent sévèrement à l'envahissement de leurs domaines. Ils ont une habitation de leur choix, qu'ils défendent contre toute usurpation. Plusieurs animaux, le chien, l'éléphant, le phoque partagent la plupart de nos sentimens, et ont une intelligence assez développée. Sous ce dernier rapport se distingue surtout l'Orang-Outang qui, à part le langage, ne paraît pas beaucoup inférieur à certains habitans de la Polynésie.

L'homme, dont nous nous occuperons principalement, passe successivement par les divers états que nous venons de parcourir, avant d'être le premier anneau de la chaîne zoologique. Dans le sein de sa mère, l'enfant a commencé sous l'empire seul de la chimie organique ; il a d'abord été sans instinct ; puis il a vécu à la manière des animaux infusoires et des zoophytes, en acquérant progressivement les organes des instincts et des sentimens. Ce n'est qu'après la naissance, que l'intelligence se développe sous l'influence des impressions intérieures et extérieures.

Dans l'enfant, le cerveau existe avant qu'il y ait un crâne ; dans les premières semaines après la conception, le cerveau n'est encore enveloppé d'aucune substance osseuse. En dehors des méninges se trouve une membrane cartilagineuse, plus épaisse et plus résistante que les trois autres. Dans la septième, ou la huitième semaine, il survient dans cette membrane autant de points d'ossification, qu'il existe d'os du crâne, après la naissance : ces points s'étendent ensuite en forme de rayons, par la juxta-position de nouvelles molécules osseuses, jusqu'à ce qu'il en resulte des os solides, dont les extrémités s'engrainent entre elles, et forment les *sutures*. Quelquefois on distingue, plusieurs années après la naissance, les traces de cette espèce de cristallisation en rayons. L'endroit où chacun des os du crâne de l'enfant est le plus dur, est le premier point d'ossification qui s'est formé, lorsqu'il se trouvait encore dans le sein de sa mère : ce point occupe à-peu-près le milieu de chaque os. En suivant la formation du crâne nous devons remarquer que la déposition de la substance osseuse, s'effectuant sur la membrane cartilagineuse dont nous avons parlé, et celle-ci étant moulée sur le cerveau, il faut de toute nécessité que le crâne soit moulé sur ce viscère ; c'est donc la masse du cerveau qui occasionne l'étendue du crâne, et c'est le développement de ses différentes parties, qui en détermine la forme.

Cependant, on ne manquera pas de dire que la tête de l'enfant qui vient de naître n'a pas la même forme que celle du jeune homme, ou de l'homme fait. J'en conviens ; aussi s'opère-t-il deux changemens dans sa conformation : l'un physique, l'autre moral. Après la naissance, la tête de l'enfant est presque toujours comprimée, ce qui la rend plus ou moins longue d'avant en arrière, plus ou moins élevée ; le front est alors plus ou moins saillant, etc. Mais cette première déformation ne tarde pas à disparaître, parce que le cerveau reprend sa forme, au moyen de l'élasticité dont jouissent les tissus qui composent la tête de l'enfant. Aussi, après le huitième jour environ, celle-ci est revenue à ce qu'elle doit être. Si le rétablissement des parties comprimées au moment de la naissance n'a pas pu avoir lieu, nous verrons que les fonctions du cerveau seront proportionnellement altérées.

D'autres causes viennent ensuite apporter des changemens dans la forme et les dimensions de la tête. C'est d'abord le développement des instincts, seul genre de facultés qui appartiennent à l'enfant qui vient de naître, et ce développement entraîne celui de certaines régions du cerveau. Dans un autre âge, apparaissent successivement divers sentimens, correspondans à des organes situés dans une autre partie de l'encéphale, de sorte que la tête change encore de forme. Enfin, à un troisième âge, se développent les organes de l'intelligence, qui apportent encore des modifications à la forme du crâne.

Dans tous les cas, c'est l'encéphale qui imprime sa forme au crâne. A dix ans, par exemple, le cerveau est plus grand qu'au moment de la naissance. Or, comment le fait aurait-il pu avoir lieu, si la cavité crânienne n'avait pas cédé en proportion du développement de ce viscère? Il ne faut pas croire cependant que l'extension du crâne a lieu par une sorte de pression, que le cerveau exercerait contre sa surface interne. Il se passe ici la même série de phénomènes que pour toutes les autres parties du corps : usure, sécrétion, nutrition, décomposition et recomposition. Les molécules osseuses sont absorbées et d'autres sont sécrétées et déposées à leur place ; mais avec les modifications déterminées par la croissance du cerveau.

Cependant, il paraît démontré qu'on peut modifier à volonté la tête d'un enfant, pendant qu'elle est encore très-élastique. Voici une tête de Caraïbe, applatie par le haut et un peu en arrière du front , par suite d'une détestable coutume qu'a ce peuple , de maintenir de petites planches sur la tête des enfans qui viennent de naître , et de les laisser pendant les premières années de la vie. Beaucoup succombent à cette absurde opération , et les facultés intellectuelles de ceux qui y survivent , en sont malheureusement affectées. Voici deux crânes de Péruviens, où le front a pris une forme singulière , par l'action d'un bandeau que ces peuples avaient l'habitude de serrer et de maintenir pendant quelques années sur la tête des enfans. On a demandé si , à l'exemple de ces barbares coutumes , mais en se laissant diriger par une connaissance exacte de la position et de l'étendue de chaque organe sur le cerveau , on ne pourrait pas parvenir à corriger , à redresser mécaniquement la tête d'un enfant , par des pressions douces et convenablement graduées. Je m'occuperai de cette question , lorsque je parlerai de l'application de la Phrénologie à l'éducation.

Ce que nous avons dit en général de la totalité du crâne , qui doit ses dimensions et sa forme au développement du cerveau , a lieu aussi pour chacune de ses parties en particulier. Le front d'un enfant nouveau-né est petit ; au bout de trois mois , il commence à se bomber et con-

tinue à garder cette forme jusqu'à l'âge de huit
à dix ans ; époque à laquelle les autres parties
du cerveau commencent à leur tour à se développer davantage, et à faire perdre au front de
sa convexité. Des modifications analogues s'opè-
rent dans les différentes parties du cerveau, et le
crâne y participe. Il paraît même que, dans un
âge déjà avancé, le crâne cède encore à l'action
du cerveau, ce qui peut s'expliquer en admettant, comme je l'ai dit plus haut, que cette action n'est point une pression ; mais que le phénomène résulte d'un renouvellement dans les
molécules osseuses. On a un exemple frappant
d'une semblable modification sur la tête de M.
Broussais le père, âgé de plus de soixante ans.
Toutes les parties de la tête de cet illustre médecin avaient été mesurées avec la plus grande
exactitude par le fameux sculpteur Bra, lorsqu'il
a fait son buste, et, quatre ans après, la même
mesure a montré un accroissement de plus de
trois millimètres pour un certain organe que M.
Broussais a continuellement exercé depuis qu'il
est membre de la classe des sciences morales et
politiques, à l'Institut.

Au déclin de l'âge, les nerfs se rapetissent, le
le cerveau diminue, et les circonvolutions cérébrales s'affaissent. Dans cette circonstance, la

substance osseuse du crâne augmente intérieurement d'étendue, et remplace les parties du cerveau qui disparaissent. Dans la plupart des cas,
le crâne entier devient alors épais, léger et spongieux. Ainsi, dans la décrépitude, la cavité crânienne est beaucoup plus petite que dans l'âge
adulte, ce qui résulte, comme nous l'avons vu,
d'une diminution du cerveau lui-même. Il ne
faut donc plus s'étonner de voir la plupart des
sens s'émousser dans l'extrême vieillesse. On conçoit qu'à cette époque on ne peut plus juger
avec précision de l'état de la masse du cerveau
et de ses différentes parties, par l'examen de la
forme extérieure du crâne : on n'a donc plus d'indice extérieur certain de l'état actuel des facultés morales et intellectuelles.

Si on mesure le crâne à différentes époques
de la vie, on obtient les résultats suivans : la
tête de l'enfant nouveau-né présente treize ou
quatorze pouces de circonférence; celle de l'homme fait, de dix-neuf à vingt-un pouces et quelques lignes. Gall et Spurzheim sont les premiers
qui aient remarqué qu'une tête dont la circonférence est au-dessous de dix-neuf pouces, n'offre
qu'une intelligence incomplète, et que celle qui
est au-dessus de vingt-un pouces et quelques
lignes, doit cette dimension excessive à quelque .

maladie, dont le cerveau est le siége. Dans la vieillesse, le crâne diminue de volume. Les anatomistes ne sont pas tous d'accord sur l'époque de cette diminution; mais la plupart admettent que le volume de la tête reste stationnaire pendant la virilité, pour décroître ensuite dans la décrépitude, en raison de l'âge. D'après de nombreuses observations qui paraissent faites avec la plus grande exactitude, M. Parchappe pense que l'augmentation de volume de la tête continue jusqu'à l'âge de soixante ans : cette augmentation graduelle est plus considérable dans le sexe masculin. Au-delà de cet âge, les faits constatent une diminution assez sensible et tout-à-fait analogue dans les deux sexes. Il est digne de remarque, dit M. Parchappe, que cette augmentation de volume porte exclusivement sur le développement circulaire et horizontal de la tête, et principalement sur le développement de la partie antérieure, siége de l'intelligence.

Quelques phrénologistes admettent, mais les expériences ne sont pas encore assez nombreuses pour avoir constaté ce fait d'une manière irrécusable, que l'augmentation de volume continue chez les vieillards, dans la partie postérieure, et sur les régions latérales de la tête, là où sont situés les organes instinctifs. Ce genre de développement expliquerait alors pourquoi les instincts reprennent tant d'empire dans un grand âge. On sait en effet que, chez les vieillards, la vie instinctive, surtout celle qui veille à la conservation de l'individu, est la seule qui leur fait, sinon oublier, du moins voir à travers un prisme de sécurité, le terme de leur existence.

J'ai déjà dit que l'épaisseur du crâne varie suivant l'âge où on l'examine, suivant l'os et la partie de l'os que l'on considère. Suivant Sœmmering, les os, dans la vieillesse, perdent plus du quart de leur poids : la décrépitude entraînerait donc, d'après ce que nous avons vu, une diminution considérable dans le volume, et surtout dans le poids. Suivant Béclard, il arrive souvent que chez les vieillards les os du crâne s'amincissent, que leurs deux surfaces externe et interne se rapprochent, ce qui doit encore entraîner à la fois une diminution dans le poids et dans le volume. Gall, qui admet aussi cette sorte d'amincissement, regarde pourtant comme un état beaucoup plus général des os du crâne, dans la vieillesse, leur épaississement, par le développement de la partie moyenne de ces os, comprise entre les deux surfaces externe et interne, et qu'on appelle le *diploe* ou *tissu spongieux*. M. Parchappe pense que ce tissu, en se dévelop-

pant, refoule en dedans la lame interne, d'où
résulte le rapetissement de la cavité du crâne.
Voici les résultats auxquels il a été conduit par
ses nombreuses observations. 1° Il existe une diminution de volume du crâne, sous l'influence
de la vieillesse ; 2° c'est surtout sous le rapport
du poids qu'elle se fait sentir ; 3° on ne peut
conclure du poids du crâne à son volume, et
réciproquement.

Le crâne varie d'épaisseur, suivant l'os qu'on
étudie. On conçoit combien cette observation
et celles qui précèdent, sont importantes pour
l'exactitude des appréciations phrénologiques.
Le frontal, c'est-à-dire cet os qui forme supérieurement le front, et inférieurement les régions
sourcillères, le frontal se dédouble à partir de
quelques lignes au-dessus du sourcil, et son
écartement devient d'autant plus grand, qu'on
le mesure de haut en bas, c'est-à-dire, qu'on
arrive à sa terminaison inférieure. En anatomie
on appelle *sinus*, une cavité plus ou moins spa-
cieuse, et de forme variable, creusée dans un os.
Celles dont je parle ici, portent le nom particulier de *sinus frontaux*. Elles varient de dimension
suivant l'âge ; leur développement est surtout
actif de 40 à 60 ans. Il existe encore sur la tête
deux autres sinus principaux, creusés en forme

de gouttières, sur la table intérieure du crâne. Le premier est appelé *longitudinal;* il part du milieu qui se trouve entre les deux sourcils, monte sur l'os frontal, poursuit son chemin entre les deux pariétaux, dont la suture correspond à la ligne moyenne de la partie supérieure de la tête, et, après être descendu tout le long, et sous le milieu de l'os occipital, il vient se terminer dans le second sinus. Cette espèce de gouttière est beaucoup plus large en arrière qu'en avant. Le second sinus est transversal et postérieur seulement : il correspond à l'endroit qui se trouve à un demi-pouce environ au-dessous de la partie la plus saillante de l'occipital (occiput) : il va se terminer derrière chaque oreille, en formant une ligne courbe. Ces deux sinus sont indiqués par des lignes noires dans la deuxième planche.

L'épaisseur varie aussi, suivant la partie de l'os qu'on examine. Le frontal est plus épais aux points que les anatomistes appellent bosses frontales, situées en avant et de chaque côté du front. Il en est de même de l'occipital qui offre une épaisseur d'autant plus grande qu'on descend plus bas. Les pariétaux sont plus forts au milieu que dans le reste de leur étendue. Enfin les temporaux, très-minces à leurs bords supérieurs, sont très-épais au-dessus, en avant et en arrière des oreilles.

Le crâne est recouvert de plusieurs tégumens dont il importe aussi de connaître l'épaisseur. Immédiatement au-dessus des os crâniens, se trouve une membrane excessivement mince, nommée *périoste*; sur elle est un muscle d'une légère épaisseur, s'étendant du front à l'occipital : sur ce muscle se trouve enfin la peau, ou *cuir chevelu*, plus épais que les deux parties précédentes. En résumé, d'après M. Lelut, ces tégumens donnent ensemble deux à trois lignes d'épaisseur, excepté cependant sur les côtés de la tête, où il existe un muscle assez fort, appelé *muscle temporal*.

Les maladies, soit du crâne, soit des méninges ou du cerveau, produisent des changemens plus ou moins sensibles dans la forme extérieure du crâne. Une exostose, une fracture ou une altération accidentelle de l'os crânien, ne seront pas confondues par les praticiens, avec les protubérances produites par un développement partiel des organes cérébraux; parce que les élévations que ceux-ci produisent dans le crâne, se font insensiblement, avec la croissance de l'individu, et on les trouve des deux côtés en même temps, s'ils ne sont pas sur la ligne médiane.

Les élévations dans le crâne, causées par des maladies, se font au contraire plus ou moins rapidement, et sont accompagnées de symptômes propres à la maladie qui les produit. Un cerveau originairement défectueux, laisse le crâne dans un état incomplet de développement, comme on l'observe chez certains idiots. Vous en avez eu un exemple dans la tête de Victoire, que je vous ai présentée à la dernière leçon. Voici le cerveau de cette idiote. Il suffit de le comparer à son crâne que vous avez déjà vu, pour vous convaincre de ce que j'avance.

Chez les hydrocéphales, au contraire, l'enveloppe osseuse cédant peu-à-peu à l'épanchement d'eau qui se fait dans les cavités des hémisphères du cerveau, acquiert quelquefois un volume considérable. Il y a, dans ce genre, des têtes très-volumineuses que l'on prendrait pour celles de personnes douées d'une grande capacité, si l'on ne savait pas que, dans la cavité du crâne, il y a dans ce cas, avec le cerveau, une quantité d'eau plus ou moins considérable.

Un autre genre d'altération a lieu dans les *maladies mentales*. Quand l'aliénation est récente, on ne trouve encore aucun changement dans le crâne ; mais quand elle a été de longue durée, le cerveau s'affaisse d'ordinaire, et l'os crânien, comme dans la viellesse, remplit le vide que la diminution de la masse cérébrale y laisse ; avec cette différence pourtant que, dans ce cas, au lieu d'être léger et spongieux, il devient épais, dur, compact, pesant comme l'ivoire. Dans le suicide, quand il est le résultat d'un penchant intérieur existant depuis longtemps, le crâne présente les mêmes altérations que chez les maniaques ; ce qui prouve que la tendance à se détruire est, en général, une maladie du cerveau.

Le crâne des animaux exige une étude toute particulière de la structure des têtes des différentes espèces ; mais il existe des lois générales de conformation, qui frappent les esprits les plus superficiels, pour peu qu'ils soient disposés à l'observation. Ainsi, on voit constamment des crânes très-larges sur les côtés, chez les animaux carnassiers, soit mammifères, soit oiseaux, tandis qu'au contraire les crânes des animaux non carnassiers sont très-étroits dans les mêmes régions ; c'est ce que vous pouvez voir sur cette tête de cheval. Comparez le crâne d'un loup avec celui d'un mouton, le crâne d'une belette avec celui d'un lièvre, le crâne d'un aigle avec celui d'un cygne, et vous serez convaincus de leurs différences essentielles, quoique les masses des cerveaux comparés soient à-peu-près les mêmes.

Chez beaucoup d'animaux on ne peut pas déterminer la forme du cerveau par la configuration extérieure du crâne. Les sinus frontaux s'étendent chez les uns aux vastes cellules existantes entre les deux lames osseuses du crâne, et se prolongent même dans tout le crâne; chez d'autres, il n'y a pas de sinus frontaux. Chez certaines espèces les muscles couvrent presque tout le crâne, chez d'autres il n'y en a pas plus que chez l'homme. Le cervelet des oiseaux n'occupe que la ligne médiane de l'occipital; chez certains animaux, au contraire, le cervelet est recouvert par les lobes postérieurs du cerveau, et chez d'autres, il est placé à découvert derrière les lobes. On ne peut donc pas établir de règle générale sur la forme du crâne des animaux; mais cependant, si on compare des crânes provenant d'animaux de la même espèce, et appartenant à des sujets qu'on aura étudiés pendant leur vie, sous le rapport de leurs instincts et de leurs penchans déterminés, on reconnaîtra aisément que la grande différence qui a existé entre un individu et un autre, est due à des dispositions organiques cérébrales, et non pas à des causes accidentelles.

De tous les physiologistes, M. Vimont est celui qui a le plus étudié le crâne des animaux. Il a déduit de ses nombreuses observations, certaines règles générales qu'il est important de connaître.

I. La forme du crâne des animaux vertébrés varie prodigieusement, suivant les classes, les ordres, le genre et les espèces ; chaque espèce a un type qui lui est propre, et qui ne permet pas de la confondre avec une autre. On trouve cependant chez elle des différences assez remarquables de volume, différences qui expliquent celles que présente l'étendue d'action du système nerveux chez les individus de la même famille.

II. La forme du crâne étant donnée, il est facile d'apprécier à l'extérieur celle de l'encéphale, sauf cependant quelques exceptions résultant d'un état maladif, et de la présence des sinus chez l'homme et quelques espèces d'animaux.

III. L'homme est de tous les animaux vertébrés celui dont la partie antérieure du crâne se trouve le plus amplement développée; la dinde, la poule et plusieurs espèces d'oiseaux de rivage, sont de tous les oiseaux ceux qui la présentent dans le moins haut degré de développement.

IV. La surface interne du crâne présente, dans un grand nombre de classes, d'ordres et de genres, des dépressions en harmonie avec les reliefs ou plis du cerveau : l'homme, les quadrumanes, tous les ruminans, les pachydermes, les solipèdes, les carnivores (1), sont dans ce cas.

V. La surface interne du crâne de tous les rongeurs et des oiseaux est lisse ; on y remarque cependant quelques dépressions ou enfoncemens en rapport avec les parties les plus saillantes de l'encéphale.

VI. Les oiseaux sont de tous les animaux vertébrés ceux dont la surface externe du crâne se trouve le plus en harmonie avec l'encéphale ; ce qui est dû au peu d'épaisseur des deux lames qui le composent, et à leur parfait parallélisme. (Il existe une exception pour le moyen duc et l'orfraie.) Viennent ensuite les rongeurs, puis les petits carnassiers.

VII. Les oiseaux sont de tous les vertébrés ceux dont le crâne présente le plus de symétrie dans sa forme ; de manière que toute la partie droite de cette cavité diffère très-peu d'étendue d'avec celle du côté opposé. Plus on s'élève dans la classe des vertébrés, et plus cette symétrie disparaît d'une manière sensible, jusqu'à l'homme qui est de tous les animaux celui qui la présente au moins haut degré.

---

(1) M. Vimont établit dans cette famille une exception pour la taupe, chez laquelle il a trouvé un cerveau lisse.

VIII. L'âge amène des changemens remarquables dans la diminution, l'épaisseur et la densité du crâne. Ces changemens sont assez fréquens chez l'homme; mais surtout chez les singes, du moins quant à la diminution. Viennent ensuite quelques pachydermes, le blaireau et les chiens. Les rongeurs et surtout les oiseaux, sont, de tous les animaux ceux dont le crâne éprouve le moins de changement par l'effet de l'âge.

Ce que je viens de dire du crâne, doit vous convaincre de la difficulté qu'on rencontre dans les appréciations crânioscopiques, ainsi que je l'avais annoncé dans ma première leçon. Indépendamment des diverses circonstances dont j'ai fait sentir alors la nécessité de tenir compte, il faudra donc avoir égard aux altérations que le crâne peut éprouver, par suite de vieillesse et de maladie, quoique la différence de volume déterminée par ces causes ne dépasse jamais 1/4 de pouce : il faudra se rappeler aussi la position des différens sinus. Ainsi, nous saurons qu'à partir du milieu des sourcils jusqu'au-dessous de l'endroit le plus saillant situé derrière la tête, il existe un sinus dont la largeur, de trois lignes environ en avant, augmente d'autant plus qu'il se rapproche de l'occiput; de sorte qu'à sa terminaison, cette gouttière intérieure a un doigt de largeur. Nous ne chercherons donc pas d'organes sur toute l'étendue de cette ligne antéro-postérieure, nous les trouverons à ses côtés. Nous tiendrons compte, à la partie postérieure de la tête, du sinus transversal, qui est beaucoup plus court et à-peu-près deux fois aussi large que le précédent. Les organes devront aussi être cherchés au-dessus et au-dessous de ce sinus. Lorsque nous étudierons les organes situés sur toute l'étendue des sourcils, nous aurons soin de ne point oublier la présence des sinus frontaux. On a fait, à leur sujet, une objection à laquelle il est important de répondre. Comment, a-t-on dit, la forme du cerveau peut-elle se traduire à l'extérieur, puisqu'il existe un écartement entre la table interne et la table externe de l'os frontal? Jusqu'à l'âge de douze ans, a-t-on répondu, l'écartement est peu sensible; plus tard, on remarque que, dans certains endroits de cette partie du crâne, le sinus n'est presque pas écarté; c'est ce qui a lieu, par exemple, sur les côtés extérieurs, là où nous verrons plus tard que résident les organes du calcul, de la musique et de l'ordre.

Quant aux organes qui se trouvent correspondre à l'endroit où l'écartement est le plus grand, rien n'est plus difficile que leur appréciation. C'était l'opinion de Gall, c'est celle de tous les phrénologistes.

Cependant M. Dumoutier a indiqué un moyen pour faire déduction des sinus, lorsque la table interne est trop éloignée de la table externe. « Il existe toujours, dit-il, une dépression sur la partie latérale la plus antérieure de la tête (derrière l'angle externe de l'œil), et une autre qui longe le sourcil qu'elle surmonte. Les dépressions sont dues au brisement, en quelque sorte, de la table externe. Elles seraient donc d'autant plus fortes, que l'écartement serait plus considérable. On fait passer un plan fictif par le milieu de ces dépressions ; ce plan doit affecter une direction un peu oblique et être à-peu-près parallèle à la ligne supérieure du nez. Par ce moyen, on peut défalquer toutes la partie de l'os qui se trouve en avant de ce plan ; et la partie postérieure touchant nécessairement à la table interne, on pourra juger de la prédominence, et, par conséquent, de celle des organes. »

Une autre difficulté non moins grande dans une appréciation phrénologique, pour celui qui n'a pas une connaissance exacte des irrégularités du crâne, c'est de ne pas prendre une crête ou une prédominence purement osseuse pour un développement dû à un organe du cerveau. On peut exposer d'une manière générale la différence qui existe entre ces deux genres d'élévation. Une crête osseuse offre toujours une saillie excessivement forte, dont les contours finissent brusquement, et dont la surface est très-irrégulière. Un organe, au contraire, a une légère élévation, une surface douce et uniforme à l'aspect comme au toucher, une certaine direction correspondante à la circonvolution du cerveau qui lui donne naissance.

Nous connaissons à présent les diverses parties dont la tête se compose; occupons-nous de sa mensuration. Nous avons vu qu'Aristote et plusieurs naturalistes après lui, ont regardé l'intelligence comme proportionnelle à la dimension totale de la tête, ou à la grandeur du cerveau, relativement au reste du corps. De nos jours encore on trouve des partisans de ce principe, et on a fait valoir en sa faveur la cervelle de Cuvier qui s'est trouvée du poids de trois livres, dix onces, quatre gros et demi; surpassant ainsi à-peu-près d'un tiers le poids d'un cerveau ordinaire. Mais, au rapport de M. Bérard, un des médecins qui procédèrent à l'autopsie, c'était principalement à la partie supérieure et antérieure des lobes cérébraux, que ce cerveau avait acquis le plus heureux développement. Ceci est conforme à l'opinion des phrénologistes, savoir que l'intelligence n'est pas proportionnelle à la masse entière de l'encéphale, mais seulement à sa partie antérieure. L'opinion contraire en effet n'est pas soutenable. Plusieurs oiseaux, comme le serin, le perroquet, et plusieurs singes ont, relativement à leurs corps, plus de cerveau que que l'homme, et, dans cette hypothèse, l'éléphant serait un animal très-stupide.

D'ailleurs, si la masse entière du cerveau contribuait également à l'intelligence, celle-ci serait une, et on ne verrait pas des hommes se montrer supérieurs dans une des branches des connaissances humaines, et souvent fort médiocres dans une autre. Quelques électeurs, frappés du grand génie de Newton, l'envoyèrent à la chambre des communes, pensant qu'il apporterait dans les affaires de l'état la même sagacité qu'il avait mise à découvrir les lois de la nature. L'histoire rapporte que Newton ne prit la parole qu'une seule fois ; ce fut pour dire à un huissier de fermer une fenêtre, incommodé qu'il était par l'air qu'elle laissait pénétrer dans la salle. Qui ne sait aussi que c'est le même homme qui a trouvé le système du monde et publié sur l'apocalypse un commentaire ridicule, où il cherche à prouver que le pape est l'Antechrist ? Lorsque Bonaparte arriva au pouvoir, il appela au ministère de l'intérieur l'illustre Laplace, dont les travaux jetaient un si grand éclat sur le monde savant. Le célèbre géomètre consacra tout son temps et ses peines aux soins de son administration : au bout de quelques semaines, il fallut le remplacer ; rien ne se faisait comme il faut. Napoléon ne se connaissait ni en musique, ni en peinture, et les économistes l'accusent d'avoir commis les erreurs les plus graves en administration. Si mes souvenirs sont fidèles, l'abbé Barthélemy, le savant auteur du Voyage d'Anacharsis, dit quelque part qu'il n'a jamais pu apprendre les mathématiques. Tout le monde connaît le fameux *qu'est-ce que cela prouve*, d'un mathématicien qui assistait à une représentation du Cid.

Certainement on peut citer quelques rares génies qui se sont montrés supérieurs dans différentes branches des connaissances humaines. Tels furent de nos jours Napoléon et Cuvier ; mais ces hommes privilégiés n'ont fait en cela que mettre en jeu les organes dont la nature les avait généreusement doués ; à quoi il faut ajouter une bonne éducation et les circonstances favorables dans lesquelles ils se sont trouvés. Mais ce serait une erreur de croire que ces

hautes capacités auraient pu réussir indistinctement en tout, comme de supposer que l'éducation ou les circonstances extérieures auraient
pu seules atteindre à un pareil résultat. Penseriez-vous qu'il suffirait de l'éducation, pour produire à volonté un Cicéron ou un Bossuet, un
Aristote ou un Cuvier, un Alexandre ou un Napoléon? L'éducation a besoin d'un certain degré
d'organisation pour agir, et elle agit d'autant
plus efficacement que l'organisation est plus régulière et plus complète. Ainsi, pour nous arrêter aux deux limites extrêmes, l'éducation est
impuissante chez les idiots et les crétins, par défaut de développement de l'encéphale, tandis
qu'elle peut produire, pour ainsi dire, des merveilles chez l'enfant dont le cerveau est largement développé. Il est impossible de se refuser
à l'évidence de ces faits qui suffiraient pour faire
admettre les nuances intermédiaires, si d'ailleurs
d'autres faits nombreux n'étaient pas là pour les
faire établir.

Je suis bien loin, comme on voit, de nier
l'heureuse influence de l'éducation; je dis seulement qu'elle n'a lieu que dans de certaines limites, fixées par la nature physique de l'enfant;
et pour me faire comprendre par un exemple
particulier, je dis que vainement on enseignera

la musique à un enfant privé de l'organe des tons. Il pourra devenir un musicien exécutant passable, surtout s'il est doué de l'organe des aptitudes manuelles; mais jamais il ne sera un compositeur célèbre: pour lui la musique n'est pas une langue qui parle à l'âme, et lui imprime les sensations les plus diverses et les plus profondes. Avec notre système d'éducation uniforme, nous rencontrons souvent des exécutans de ce genre dans le monde. Ce sont par exemple des personnes qui jouent fort bien du piano, dans ce sens que leurs doigts exécutent avec la plus grande facilité et la plus scrupuleuse exactitude toutes les notes d'un morceau; mais en passant par leurs mains, la musique fatigue, comme les continuelles et vides paroles d'un bavard : dans les deux cas toute perception s'arrête à l'oreille. C'est pour ces musiciens que les compositeurs ont besoin de marquer les *forte* et les *piano* : ils ne s'en douteraient pas sans cela.

Les circonstances extérieures entrent pour beaucoup aussi dans le développement des facultés de l'homme, comme dans celui de ses sentimens et de ses instincts. Mais, ainsi que l'éducation, elles ne peuvent que donner un certain degré d'énergie à un organe qui n'existe que faiblement chez l'individu. Sans le concours fortuit de circonstances extraordinaires que notre révolution a amenées, Napoléon n'eût point été ce qu'il est devenu. Je n'entends pas parler seulement ici de sa puissance extraordinaire, qui plaça un moment tout le continent européen à ses pieds ; mais de ses facultés intellectuelles qui ont trouvé à s'exercer sur des objets auxquels elles seraient demeurées étrangères dans l'état ordinaire des choses. Ces circonstances ont alors mis en jeu des organes qui existaient fortement chez ce grand homme, ainsi que vous le verrez, quand je vous montrerai sa tête. Pourquoi donc, s'il n'en est pas ainsi, parmi tous ces milliers d'hommes qui avaient commencé comme lui, qui se sont trouvés dans les mêmes circonstances que lui, lui seul laissera-t-il un nom qui absorbera tous les autres, quelque grands qu'ils soient ? Que ceux-là répondent qui croient que l'éducation et les circonstances font tout.

Ce que nous avons dit de l'intelligence, est vrai également des sentimens et des instincts, c'est-à-dire que la masse entière de l'encéphale n'agit pas pour produire chacun de ces penchans ; mais qu'il faut pour chaque manifestation un organe particulier. Comment s'expliquer, sans cela, les anomalies singulières qu'on remarque souvent dans la conduite d'un homme ? Quelquefois, le même individu, qui est impitoyable sur un champ de bataille, qui semble ne respirer que les combats et la destruction, devient ensuite l'homme le plus doux. Son plus grand plaisir est de soigner des enfans, d'élever de jeunes animaux auxquels il s'attache. Voyez nos soldats dans leurs garnisons. Les sentimens les plus nobles s'allient d'autres fois aux penchans les plus féroces. L'assassin Granié s'est laissé mourir de faim, dans les prisons de Toulouse, au milieu des souffrances les plus atroces, parce qu'il se figurait que s'il était conduit au supplice, ses biens seraient confisqués et perdus pour ses enfans. « Pendant les trois journées de la révolution de juillet, les prisons de Paris furent ouvertes à la voix du peuple. Des hommes menacés du dernier supplice, d'une condamnation perpétuelle ou infâmante, suivirent leurs libérateurs au milieu des dangers, et comme eux, ne quittèrent le combat qu'après la victoire. Pendant les trois journées, aucun crime ne fut commis par ces évadés, et tous ont repris leurs chaînes. Une telle conduite ne pouvait rester sans récompense, et la clémence royale a payé la dette de la patrie, en sauvant la vie aux uns, et l'honneur aux autres. » (M. Appert.) Ce trait rappelle celui des galériens de Toulon, lors de l'incendie de l'arsenal de cette ville, par les anglais, en 1793.

Ainsi, ce n'est point la tête entière d'un homme qu'il faut mesurer, pour apprécier son intelligence, ou ses autres facultés : cependant cette mensuration fournit quelques données intéressantes. Un riche fabricant de Londres, qui fait un commerce immense de chapeaux, a présenté à la société phrénologique de cette ville quelques considérations fort curieuses sur les dimensions de la tête humaine. Voici un extrait de son mémoire.

Une grande diversité de formes de tête existe, non seulement parmi les individus, mais encore entre les différentes classes de la société. Sous le rapport de la grosseur de la tête, un grand nombre de nations barbares ou ignorantes égalent, si même elles ne surpassent, les nations les plus éclairées de l'Europe, tandis que la tête de l'Indou, quoique petite, indique, comme on sait, une capacité intellectuelle d'un ordre beaucoup plus élevé que celle d'un grand nombre de nations, chez lesquelles la grosseur moyenne de la tête est bien plus considérable. Il convient donc de donner la plus grande attention à la *qualité*, aussi bien qu'au *volume*. C'est une remarque que les phrénologistes ont faite depuis longtemps. La grosseur totale de la tête n'est pas toujours une indication d'une puissance mentale supérieure. Un individu peut porter un large chapeau, indiquant une large cervelle, et cependant n'avoir aucune capacité, dans l'acception ordinaire de ce mot. Si le large chapeau n'est nécessaire qu'à cause de l'énorme développement des organes animaux ou de la partie postérieure de la tête, l'individu pourra sans doute être sain et vigoureux; mais il sera certainement un homme inepte. C'est seulement lorsque cette augmentation de dimension s'étend à chacune des trois classes des organes cérébraux, instincts, sentimens et intelligence, que la Phrénologie nous autorise à attendre de l'individu qui les réunit, un esprit étendu ou profond.

L'auteur du mémoire fait observer que, pour se servir du compas de chapelier, on mesure la longueur et la largeur de la tête. La moyenne entre ces deux mesures donne le diamètre : c'est là-dessus qu'on fabrique les formes. Ces formes varient depuis cinq pouces (1), dimension de la tête d'un enfant, jusqu'à sept pouces trois quarts, dimension complète de la tête d'un homme. La mesure prise ainsi comprend les organes de la

---

(1) Mesure anglaise.

réflexion, situées au milieu du front; mais les facultés perceptives, qui se rapprochent davantage des yeux, et la surface coronale, ne sont point en contact avec l'intérieur du chapeau.

La moyenne du diamètre de la tête, en Angleterre, est de sept pouces. A Londres, la classe élevée est au-dessus de cette moyenne; la classe inférieure est au-dessous. La grandeur des chapeaux de livrée est beaucoup moindre que pour les maîtres. Les matelots, les soldats, les charretiers, les rouliers, les laboureurs, les portefaix, les charbonniers, les ouvriers, etc., ont des coiffures à forme étroite. Les tisserands de Spitalfield, ont la tête extrêmement petite; six pouces et demi, six pouces trois quarts sont les dimensions les plus ordinaires. On observe le même fait à Coventry, ville presque exclusivement habitée par des tisserands.

A coup sûr, ces différences de dimension dans les diverses classes de la société ne peuvent être attribuées qu'à une différence dans l'éducation. Que les anti-phrénologistes nous expliquent ce fait, dont la doctrine de Gall rend si bien compte. On a fait en France des observations analogues. A Paris, les forts de la halle, les portefaix du port-au-blé, les charbonniers, etc, ont, malgré les larges proportions de leurs corps, la tête très-petite. Il en est de même de la population ouvrière qui habite les faubourgs. Les ouvriers en soie connus à Lyon sous le nom vulgaire de *canuts*, et les tisserands de Normandie, ont aussi la tête plus petite que celle des autres classes du royaume. On paraît croire qu'en France, la tête des agriculteurs est plus grosse que celle des ouvriers. Cette observation a été faite principalement en Normandie. On sait que depuis l'introduction des machines, le travail de l'ouvrier n'exige presque point d'intelligence, et se réduit à la reproduction continuelle de deux ou trois mouvemens uniformes.

Des différences analogues se remarquent entre les têtes des diverses nations civilisées. Pendant le séjour que l'armée anglaise fit en France, on fut obligé, pour confectionner les schakos destinés aux régimens anglais, de faire usage de formes plus larges que celles employées à la fabrication des schakos français; et, après la paix, les chapeliers de Paris furent assez longtemps sans pouvoir fournir des chapeaux suffisamment larges aux anglais qui voyageaient en France.

Concluons de ce qui précède que, pour mesurer phrénologiquement une tête, il ne suffit pas de prendre sa dimension en masse; mais qu'il est important de procéder à la mensuration de chaque organe en particulier. Avant de nous occuper des divers moyens proposés pour atteindre ce but, examinons d'abord le mérite de ces méthodes en général. Les phrénologistes anglais s'occupent beaucoup de mesures, et ils procèdent ordinairement en estimant l'espace occupé par la matière cérébrale, qui se trouve compris entre deux points diamétralement opposés. Ils se servent pour cela d'un compas dit d'épaisseur. Spurzheim s'est beaucoup élevé, et avec raison, contre cette manière de mesurer, et il affirmait que cela ne pouvait mener à aucun résultat; il prétendait même que toute espèce de mesure ne pouvait que conduire à des erreurs contraires aux progrès de la Phrénologie. Spurzheim a peut-être poussé trop loin une opinion vraie relativement aux méthodes et appareils employés de son temps, mais qu'il n'aurait pas dû généraliser comme il l'a fait. La Phrénologie étant une science basée sur la crânioscopie, il est clair que les saillies qu'on ne peut qu'imparfaitement apprécier en les voyant ou en les touchant, seront bien plus exactement reconnues à l'aide de mesures, qui fourniront un résultat mathématique, au lieu d'une donnée approximative et souvent trompeuse. Il ne s'agit que de trouver un *crânomètre* convenable, et c'est le problème que M. le docteur Sarlandière semble avoir résolu d'une manière satisfaisante.

Avant de décrire l'appareil dont ce phrénologiste fait usage, je donnerai quelques détails sur la méthode anglaise. Il est nécessaire de ne pas perdre de vue que l'étendue du volume d'un organe peut consister en longueur et en largeur, ou dans les deux dimensions à la fois. « La longueur de l'organe, dit Spurzheim, dispose à une action fréquente, tandis que son épaisseur lui donne plus d'intensité. Les phrénologistes font trop peu d'attention à la dernière dimension, et beaucoup trop à l'allongement de l'organe. » La longueur d'un organe est fixée par la distance qui se trouve entre la moëlle allongée et la surface du cerveau. Une ligne passant à travers la tête, d'une oreille à l'autre, toucherait presque la moëlle allongée; aussi l'ouverture extérieure du conduit auditif externe, vulgairement appelée le trou de l'oreille, est-elle prise comme un point convenable pour estimer la longueur. Les organes de l'intelligence, par exemple, sont situés en avant, et leur longueur est en proportion avec celle de la ligne qui part de l'oreille et se termine à la région antérieure.

La largeur d'un organe se juge par son expension périphérique et c'est une loi générale en physiologie, que la largeur d'un organe dans tout son cours est en rapport avec son expansion à la surface. Les nerfs optiques et olfactifs en sont des exemples. Si donc la ligne tirée de l'oreille au front est plus longue que celle de l'oreille à l'occiput, et la largeur à-peu-près la même, on en conclut que les facultés intellectuelles sont dominantes. Si au contraire, le front est très-étroit, et le derrière de la tête très-large, on estime que les organes animaux l'emportent sur les autres, quoique la longueur soit la même dans les deux directions.

Je reviendrai sur cette question dans la leçon prochaine, après que je vous aurai fait connaître la division des organes et la place que chacun de ceux-ci occupe sur la tête. Je me hâte d'arriver à présent à la description du crânomètre de M. Sarlandière.

Cet appareil consiste en une espèce de casque en cuivre battu, ayant une circonférence qui permet de mesurer les têtes les plus larges, les plus longues et les plus élevées. Quelques chevilles à vis servent à serrer ce casque sur la tête, dans une position invariable : d'autres vis implantées dans le métal, correspondant chacune à un des organes, et graduées en millimètres dans toute leur longueur, permettent en s'enfonçant plus ou moins, de mesurer la hauteur de chaque organe, c'est-à-dire sa distance à l'enveloppe du casque. On trouvera dans le tome second, page 104, du *Journal de la Société phrénologique de Paris*, tous les détails nécessaires sur cet ingénieux instrument, dont il me suffit ici d'indiquer en gros l'usage. Toutefois, je dois ajouter que, si, comme l'a avancé Spurzheim et comme tous les phrénologistes l'admettent, l'*intensité* des facultés dépend en même temps de la *hauteur* et de la *largeur* de l'organe, le crânomètre de M. Sarlandière ne peut servir qu'à nous faire connaître le premier de ces élémens (1).

------

(1) A la dernière exposition des produits de l'industrie française, le roi, la reine et la famille royale, ainsi que les ministres s'arrêtèrent devant le crânomètre de M. le docteur Sarlandière. Le roi, considérant cet instrument avec beaucoup d'intérêt, en voulut connaître l'utilité dans toute son étendue, et montra qu'il n'était pas étranger aux études phrénologiques, ni indifférent aux progrès de cette science. Il voulut savoir si des têtes mesurées à différentes époques de l'accroissement, avaient donné des résultats phrénologiques conformes à la différence de développement des diverses parties du crâne entre elles. L'auteur satisfit à la demande du roi par l'affirmative, et il ajouta qu'un bon système d'éducation pourra être basé sur la crânométrie, c'est-à-dire que les parties de la tête les plus développées, indiquant une plus grande activité des dispositions dont elles sont le siége,

Remarquons que la masse cérébrale et la grosseur du crâne ne doivent point être considérées sous le rapport de capacité, au moins entre individus d'une même race, tandis que la comparaison des différentes régions d'une même tête peut conduire à des résultats très-satisfaisants. Voici la tête du général Foy, que je mets en regard de celle du parricide Boutiller. Si nous mesurons au compas d'épaisseur la largeur de la tête, un peu au-dessus des oreilles, là où existe l'organe de la destruction, nous trouvons 175 millimètres sur la tête du général Foy, et 162 seulement sur celle de Boutiller. Vous commettriez cependant une grave erreur, si vous alliez en conclure que l'illustre orateur a dû être plus porté à la destruction que le barbare assassin.

---

si ces dispositions sont celles de talens ou de sentimens utiles à la société, il faudra en favoriser le développement par l'exercice ; si, au contraire, ce sont de mauvais penchans, il faudra les faire taire pour en empêcher le développement. Non seulement, dit l'auteur au roi, on pourra préciser avec cet instrument le système d'éducation propre à chaque sujet, mais on organisera ainsi le système de répression, le système pénitentaire ; et peut-être arrivera-t-on à l'abolition de la peine de mort. Le roi, qui écoutait M. Sarlandière avec beaucoup d'attention, se fit répéter ces dernières paroles, et répondit : « Ce serait une chose bien désirable, et cet instrument aurait rendu un grand service aux hommes. »

Il faut encore, ainsi que je l'ai dit, tenir compte de l'état des autres régions de la même tête. En mesurant du trou auditif externe au front, où siège l'intelligence, nous trouvons pour Foy 155 millimètres et pour Boutiller, 141. Si nous tenons compte ensuite des sentimens moraux, c'est-à-dire si nous mesurons le diamètre qui sépare ce double organe, vers la partie du sommet de la tête où il se trouve, nous obtenons pour Foy 150 millimètres et 120 seulement pour Boutiller. Vous voyez donc que, relativement, la tête de Foy est incomparablement plus belle que celle de Boutiller, et que les divers actes de la vie de ces deux hommes s'expliquent aisément par la Phrénologie. Je pourrais vous faire remarquer des différences aussi saillantes entre les organes de l'estime de soi, du besoin de l'approbation des autres, de la bienveillance, des affections de famille et, en général, de tous les bons sentimens. Aussi ce fut une bien belle tête que celle de l'honorable général, et une bien triste organisation que celle du malheureux parricide.

Gardez-vous de croire cependant qu'une irrésistible fatalité devait nécessairement conduire Boutiller au crime et à l'échafaud. Non, messieurs : quoique il y ait contribué pour beaucoup, le développement déplorable de certains organes chez Boutiller, aux dépens des organes meilleurs qu'on remarque sur la tête de Foy, n'a pas seul agi. Ce qui a aussi beacoup concouru à mettre une distance immense entre les deux hommes que je viens de comparer, c'est l'éducation. Chez le général Foy, elle fut complète et nulle chez Boutiller. Le premier y trouva un moyen puissant d'excitation pour les nobles facultés dont la nature l'avait si généreusement doué ; le second fut privé du frein qu'on aurait apporté à ses mauvais penchans, en exerçant et en développant davantage les organes des sentimens et de l'intelligence si faibles chez lui. Au sujet de cette observation, je crois devoir répondre ici à deux questions qui me sont quelquefois adressées.

Quelques personnes me demandent, si la Phrénologie ne tend pas à détruire la croyance à une âme immortelle, et si elle ne conduit pas directement au matérialisme. Je demande à mon tour à ces personnes, si elles n'admettent pas que le physique de l'homme exerce une influence immense sur son moral ? Si elles ne proclament pas tout haut que tous les hommes n'ont pas indistinctement les mêmes aptitudes ; ce qui, ne pouvant s'attribuer à des différences entre les âmes, doit dépendre nécessairement de la diversité des organisations? Si elles nient que , dans l'état de maladie, notre humeur et nos facultés intellectuelles ne sont plus les mêmes que dans l'état de santé? Si elles ne reconnaissent pas que chez l'idiot ou l'insensé, dans le délire ou dans l'ivresse, les sentimens moraux et les actes de l'intelligence ne sont plus les mêmes que dans l'état normal? Si ce ne sont pas là des vérités avérées dans tous les siècles? Si on n'en a pas toujours conclu avec raison que l'âme n'agit en nous que par l'intermédiaire d'agens matériels, dont la disposition influe sur la manière de manifester ses actions? Or, cette opinion générale, que personne à coup sûr n'essayera de combattre, conduit-elle à la négation de l'âme? Non certainement. Pourquoi donc la Phrénologie amènerait-elle à cette conséquence, parce que, faisant un pas de plus, elle a fait voir lequel, parmi tous ces agens matériels, correspond à telle manifestation morale?

D'autres viennent et me disent : la Phrénologie entraîne le fatalisme, si elle reconnaît que chaque homme arrive au monde avec de certains organes auxquels il lui faudra nécessairement obéir. A ceux-là, je réponds : n'avez-vous pas toujours admis que chacun de nous a certains goûts, certains penchans, certain caractère, qu'il tient de la nature, mais que son intelligence et son éducation peuvent modifier? Ne dites-vous pas tous les jours qu'il est important de répandre l'instruction, précisément pour mettre un frein aux passions mauvaises, dont vous reconnaissez que le germe est inné en nous? En quoi donc différez-vous sous ce rapport des phrénologistes? Vous admettez avec eux que nous venons au monde avec de certains penchans, et ils croient avec vous que l'intelligence et l'éducation peuvent exercer une immense puissance sur ces prédispositions naturelles. S'ils sont fatalistes, vous l'êtes donc aussi; et si vous ne l'êtes pas, le seront-ils?

QUATRIÈME LEÇON.

Messieurs,

C'est dans l'encéphale que réside le siége matériel de nos penchans et de nos facultés, et chacune de ces manifestations correspond à une partie particulière du cerveau. J'aurai à citer, dans la suite de ces leçons, un grand nombre de faits qui établiront cette vérité aux yeux de tous ceux qui ne se refusent pas à l'évidence. J'ai déjà eu l'occasion d'en présenter quelques-uns ; je veux en signaler encore d'autres aujourd'hui, tant il me paraît nécessaire d'accumuler les preuves, lorsqu'il s'agit d'établir une doctrine nouvelle.

Hildanus parle d'un enfant qui avait eu le crâne enfoncé par un accident. Comme il n'en résultait aucun mal, on ne s'occupa pas à relever les os. L'enfant qui avait paru doué d'heureuses dispositions avant cette blessure, guérit ; mais peu à peu, il perdit la mémoire et le jugement; puis il devint complétement imbécile. Cela ne l'empêcha pas de vivre ; il ne mourut.qu'à l'âge de 42 ans.

Le docteur Griswold, de Goodwynsville (Virginie) cite un autre fait très-curieux. Un enfant de deux ans, fort et bien développé, fit une chute du haut d'un escalier, et vint frapper de la tête, avec beaucoup de violence, contre l'extrémité saillante d'un montant de chaise, laquelle avait à-peu-près la forme et le volume d'un doigt d'homme. Cette extrémité pénétra dans le crâne, dans une longueur d'environ un pouce et demi, un peu au-dessus et en arrière de l'oreille. Après avoir rencontré ce corps dur et pointu, l'enfant tomba sur une table placée à côté. Le bois de la chaise était si fortement engagé dans le crâne, que ce meuble y demeura fixé jusqu'à ce que le père de l'enfant l'en dégageât de force. La substance du cerveau avait été fortement déchirée; on en voyait des lambeaux qui étaient restés adhérans au montant de la chaise; d'autres faisaient saillie à travers la plaie. M. Griswold vit le petit malade une heure après l'accident. Il avait perdu beaucoup de sang, et paraissait dominé par des envies de vomir, et une grande propension au sommeil. Traité convenablement, l'enfant guérit. Il est maintenant en parfaite santé, dit M. Griswold, et en aussi bonne condition qu'il ait jamais été; les facultés intellectuelles n'ont subi aucune altération; pendant le traitement même, on ne remarqua pas le moindre dérangement de ce côté.

Toutes les circonstances consignées dans ce fait concourent à démontrer la localisation des organes. La partie lésée se trouvant de côté, vers l'oreille, la blessure n'a point affecté l'intelligence, qui siège en avant de l'encéphale. Il y a eu somnolence, par la légère injection qui a dû survenir dans les vaisseaux circonvoisins, ce qui a comprimé modérément l'appareil entier. Quant à l'envie de vomir énoncée dans cette note, elle provenait de ce que l'*alimentivité*, ou organe de la nourriture, en rapport direct avec l'estomac, se trouve située précisément à proximité de la partie blessée; ce qui a produit dans cette région une inflammation plus grande que dans le restant du cerveau.

Boerhaave dit que les compressions du cerveau produisent des étourdissemens, des vertiges, le défaut de conscience et le délire. Haller, Charles Bonnet, Morgagni font les mêmes remarques.

Voici une observation extraite de l'ouvrage

de M. le professeur Richerand. Il s'agit d'une vieille femme chez qui une carie énorme des os du crâne permettait de constater les mouvemens du cerveau. « J'abstergeai, dit M. Richerand, le pus sanieux qui couvrait le cerveau, et je faisais en même temps à la malade des questions sur son état. Comme elle n'éprouvait pas de douleurs de la compression de cet organe, j'appuyai des tampons de charpie ; je pressai doucement dans une direction perpendiculaire ; et tout-à-coup, la malade qui répondait sainement à toutes mes questions, se tut au milieu d'une phrase. La respiration continuait cependant de s'effectuer, et le pouls battait encore. Je retirai le tampon, la malade ne dit rien. Je lui demandai si elle se ressouvenait de la question que je lui avais adressée ; elle m'affirma la négative. Voyant que cette expérience était sans douleur et sans danger, je la répétai trois fois, et suspendis trois fois tout sentiment et toute intelligence. »

Dans un mémoire sur les effets consécutifs des plaies de tête, lu à l'Académie des sciences le 7 avril 1834, et ajouté au cinquième volume de sa Clinique chirurgicale, M. Larrey annonce que les lésions partielles et plus ou moins circonscrites du cerveau et du cervelet ont spécia-

lément fait l'objet de ses recherches. « Nous fe-
rons, dit le doyen de la chirurgie militaire en
France, quelques observations sur les effets des
blessures à la tête, suivies de lésions partielles à
divers points du cerveau et du cervelet, considérés comme autant d'organes devant remplir
des fonctions distinctes; ce qui avait été l'objet
de recherches particulières que j'avais déjà faites à l'époque de l'arrivée du docteur Gall en
France. Mais à-peine eus-je entendu ce médecin,
aux premières démonstrations qu'il fit chez le
célèbre Cuvier, que je fus immédiatement éclairé
dans le chemin ténébreux ou j'étais entré. Aussi,
après notre première campagne d'Espagne en
1808, indépendamment des faits que j'avais recueillis en Égypte, j'ai fourni à Gall, ce grand
anatomiste, plusieurs observations importantes
qui confirmaient les principales bases de son
système, et qui fixèrent l'attention de plusieurs
médecins. » A la suite de ce passage, M. Larrey
signale les très-grands services que Gall a rendus
à l'anatomie et à la philosophie; il ajoute qu'il
a communiqué au père de la Phrénologie des
faits qui prouvent d'une manière irrécusable les
rapports sympathiques qui existent entre certains développemens du cerveau, et certains
penchans.

Je terminerai ces citations par l'extrait d'un mémoire de M. le docteur Richy, de l'île Bourbon.

« Le 15 novembre 1829, dit ce médecin, je fus appelé par un de mes voisins, pour donner des soins à un noir, nommé Narcisse, qui venait d'être blessé. Il avait reçu, en se battant contre un autre noir, un coup sur la tête, qui avait détaché une partie du cuir chevelu et déterminé une fracture des os du crâne. La plaie s'étendait dans toute la largeur du bord inférieur du pariétal gauche, et des fragmens d'os appartenaient à ce même bord et à celui du temporal, dans sa partie supérieure. Ce dernier os était de plus éclaté longitudinalement.

« En peu de temps, cet esclave, convenablement traité, se trouva assez bien pour qu'il pût se lever et se livrer à quelques travaux intérieurs dans la maison de son maître. Vers le dix-huitième jour de sa maladie, je le trouvai avec un fer placé à l'une de ses jambes, et j'appris que ce noir ayant voulu s'échapper, son maître n'avait pas eu d'autre moyen de le retenir, qu'en le mettant aux fers. Je parlai à M. Lab......., qui me dit en effet que ce noir, *ne respirant que vengeance*, était déterminé à aller tuer celui qui l'avait blessé ; que son maître précédent ne l'avait vendu que parce qu'il était querelleur et quelquefois d'une férocité sans exemple; que lui, M. Lab......, ne l'avait acheté que parce qu'il l'avait obtenu à un prix très-modéré, et que le destinant aux travaux pénibles de sa maison, il avait espéré dompter la violence de son caractère.

« Ce rapport de M. Lab...... m'engagea à observer attentivement la forme extérieure du crâne de l'esclave, autant que me le permettraient les bandages qui alors enveloppaient sa tête; mais me promettant bien de l'examiner avec le plus grand soin, après sa guérison.

« Je retournai donc à la case du noir, et je voulus commencer dès ce moment mes observations. Je m'aperçus que les bandages frontaux avaient glissé, et n'étaient plus maintenus que par le bonnet de laine dont la tête de Narcisse était recouverte. La compression exercée sur la partie blessée était presque nulle, et je m'occupai premièrement de remettre l'appareil en bon état. Son maître m'accompagnait, et lui reprocha avec un ton très-sévère, ses méchantes intentions.

« Quel fut mon étonnement, lorsque, environ deux heures après ce pansement, on vint m'avertir de la part de M. Lab...... que le noir pleurait, *se désolait comme un enfant*, et voulait absolument obtenir le pardon de son maître; jurait qu'il se conduirait bien à l'avenir, et qu'il ne rechercherait jamais son ennemi ! Dans la soirée, M. Lab....... vint me chercher; son noir était, disait-il, dans un état de fureur et presque de rage, *ne parlait que de tuer et de boire du sang.* Je trouvai Narcisse couché, garrotté sur son lit; il avait tous les symptômes d'une fièvre exaspérée. Je crus convenable de le saigner, et cette opération faite, je voulus m'assurer de nouveau de l'état du bandage de sa tête. Il me parut trop serré. Je le relâchai un peu; la nuit fut calme, et le lendemain le malade était mieux et plus tranquille que la veille à pareille heure. »

M. Richy fait observer que la plaie ne commença à se fermer franchement que le vingt-troisième jour, et ce ne fut qu'alors qu'il put examiner complétement le crâne. Il remarqua que le penchant au meurtre était très-prononcé chez Narcisse, ainsi que l'organe du sens des arts ou de la mécanique. Le front n'était pas aussi déprimé qu'il l'est habituellement chez les individus de cette race. Narcisse appartient aux noirs Malgaches, de Madagascar.

« Ce que je savais du caractère de cet esclave, continue le docteur Richy, justifiait bien son penchant au meurtre et sa férocité ; mais il me restait à savoir si on avait des preuves de son intelligence et de son aptitude pour les arts mécaniques. Son maître me dit que, se contentant de l'employer à aller chercher de l'eau et à frotter les chambres, il ne lui connaissait aucun *talent*. Peu éclairé par ces renseignemens, je pris des informations auprès du commandeur, ou esclave chargé de surveiller son atelier. Je découvris alors une partie des faits que je recherchais, et qui étaient ignorés de son maître, à qui je les appris ensuite.

« Ce noir, tous les matins, devait rouler une barrique jusqu'à l'une des fontaines de la ville, où il la remplissait. La rue qu'il avait à parcourir, était sur un plan incliné, et il la descendait lorsque son tonneau était vide ; ce n'était donc qu'au retour qu'il devenait très-pénible de le rouler. Il imagina alors de construire un charriot d'un genre inconnu à ce pays. Il y ajusta d'abord quatre cylindres en forme de rouleaux ; puis il reconnut que deux seraient suffisans et rendraient la progression plus facile, en raison d'un frottement moindre. Il perfectionna ainsi sa machine, bien qu'elle fût grossière encore sous beaucoup de rapports. Dans la maison, c'était lui qui se chargeait toujours de réparer les meubles qui

servaient aux domestiques, ou dans les dépen-
dances. Sa case était garnie de tablettes suspendues sur des cordes, et les quatre pieds de son
lit étaient plongés dans de petits augets creusés
par lui, et qu'il remplissait de temps en temps
d'eau salée, quand il ne pouvait avoir du vinai-
gre. Il prenait, disait-il, ces précautions, pour
empêcher les fourmis et les scolopandres de venir se nicher dans ses effets. Je voulus en savoir
davantage : je consultai son ancien maître qui
l'avait acheté au débarquement d'une traite, dix
ans auparavant. Il était alors dans un état complétement sauvage, et il fut appliqué à la pioche;
mais il se forma assez vite, et apprit, malgré son
maître, à se servir adroitement des outils de
charpentier. Son maître ne s'était refusé à ce qu'il
prît cet état que parce qu'il craignait de le voir
armé d'instrumens tranchans. La férocité de
son esclave lui était connue. Il avait été une
fois chargé de fouetter un de ses semblables,
et il s'était acquitté de cette tâche avec une telle
violence que le malheureux coupable resta pour
mort sur le lieu de l'exécution. C'était lui qui
tuait les cochons, et là se bornait son savoir
de boucher; il laissait à d'autres le soin de les
préparer et de les saler pour provisions; mais
il réclamait toujours avec instance l'emploi d'é-

gorgeur. Quand il pouvait attraper vivante une scolopandre, il ne manquait pas de la glisser dans le vêtement de quelqu'un de ses camarades, et sa joie éclatait, quand il le voyait violemment mordu par cet insecte.

« Plus tard, une circonstance remarquable se présenta d'elle-même. Vers la fin de sa guérison, et dans le but de hâter la cicatrisation de la plaie, ce noir mit, en forme de cataplasme, des compresses imbibées de tafia. Il en résulta sur la peau nouvellement formée une irritation qui gagna les parties plus profondes et détermina une sur-excitation de l'organe sous-jacent. Sa fureur éclata de nouveau au point qu'on fut obligé de l'attacher dans sa case, pour être sûr qu'il n'allât point commettre un crime. Je fus encore appelé cette fois par M. Lab..... Je prescrivis des cataplasmes et des lotions émollientes. L'exaspération cessa bientôt par ce moyen : mais un jour, ayant exercé une compression trop forte, je déterminai encore une fois les phénomènes rapportés ci-dessus, et dont je pus alors mieux comprendre la cause. Je maintins le bandage serré pour en calculer les effets, et il ne fallut pas plus de quatre heures, pour amener le noir à une sorte de stupeur et d'imbécillité. Le bandage desserré ramena l'état habituel. »

Enfin j'apporterai encore en preuve de la localisation des facultés dans l'encéphale, 1° les songes, pendant lesquels une ou deux facultés sont éveillées, tandis que d'autres sont assoupies. Si toutes agissaient par le même organe, elles ne pourraient pas être en même temps dans un état opposé ; 2° l'idiotie ou la folie partielles dans lesquelles quelques facultés sont très-défectueuses ou malades, tandis que d'autres sont saines et puissantes dans leurs opérations ; 3° les maladies partielles du cerveau qui n'affectent pas également toutes les facultés mentales ; ce qui aurait infailliblement lieu, si l'organe de l'intelligence était simple.

Lorsque Gall commença à faire ses observations et à en tirer les inductions si philosophiques, dont je vous ai déjà fait connaître quelques-unes, il rencontra d'immenses difficultés. Jusqu'alors il avait ignoré les opinions des métaphysiciens sur les facultés humaines : il apprit bientôt que, pour eux, les facultés fondamenles de l'homme se réduisaient à un fort petit nombre, comme la mémoire, l'entendement, la volonté, etc. Gall s'exerça d'abord à reconnaître sur la tête des indices de ces facultés. Ses recherches furent vaines, et il se demanda alors si les facultés primitives généralement admises, pouvaient rendre compte de tous les sentimens humains. Comment, par exemple, s'expliquer par l'entendement et la volonté, l'origine et l'activité de l'instinct de la philogéniture, le sens des couleurs, le talent de la musique? Ces réflexions conduisirent notre philosophe à abandonner tout cet étalage de mots dont on continue à faire retentir nos écoles, pour se livrer exclusivement à l'observation des faits, qui l'amenèrent à des conséquences tout-à-fait contraires à cet enseignement. Mais que sont les faits pour des métaphysiciens, eux qui ont donné à ce qu'ils nomment leur science, un nom qui rappelle que toutes leurs idées sont prises en dehors de la nature? Ils prétendent analyser nos facultés *en s'écoutant penser* : c'est comme si les anatomistes avaient voulu fonder la physiologie, non pas en observant la nature, mais en s'écoutant vivre. Avant tout et en tout, il faut partir des faits : sans cela, celui qui refuse de voir, joue à un véritable colin-maillard philosophique, où il commence à se bander volontairement les yeux, avant de courir après la vérité.

J'ai dit dans une autre leçon que le nombre des organes ou penchans découverts jusqu'ici par les phrénologistes, s'élève à trente-sept. Les personnes qui s'occupent de chimie, parmi celles qui me font l'honneur de venir m'entendre, se rappelleront à ce sujet qu'autrefois aussi au lieu d'un nombre assez considérable de corps simples, reconnus aujourd'hui par suite d'observations et d'analyses, on n'admettait que quatre élémens; et cela, en se fondant sur de simples idées métaphysiques. Car, comme toutes les sciences, la chimie a commencé par être métaphysique, et ce n'est que lorsqu'elle est parvenue à remplacer ce fatras ridicule par des expériences précises, qu'elle a commencé à monter au rang élevé où nous la voyons aujourd'hui.

Gall ne paraît avoir adopté aucun principe philosophique dans son classement des organes. Voici ce qu'il écrivait à ce sujet dans la préface du troisième volume de son grand ouvrage. « Relativement, disait-il, à l'ordre successif dans lequel je traite les qualités et facultés, je reste fidèle, autant que possible, à l'ordre que l'auteur de la nature paraît avoir fixé lui-même dans le perfectionnement graduel des animaux. » Le professeur Bischoff, de Berlin, est le premier qui, en rendant compte de la doctrine de Gall, en 1805, ait essayé de réunir les organes en groupes ; mais ses divisions, ne se fondant pas sur l'observation des faits, ne pouvaient être admises. Plus tard, Spurzheim proposa celle qui est suivie aujourd'hui, et qu'il est temps de vous faire connaître.

Parmi nos penchans, quelques-uns sont purement d'instinct; tels sont l'amour de la vie, le besoin de manger, l'affection pour nos enfans, etc. Tous les organes qui s'y rapportent, furent rangés parmi les penchans ou instincts. Ils étaient au nombre de neuf, lors de la division établie par Spurzheim, et chacun d'eux portait un numéro d'ordre. Depuis on en a découvert deux autres, qu'on a représentés par les initiales de leurs noms, afin de ne rien changer à la numération admise. Je vais vous indiquer tour-à-tour le nom et la position relative de chacun d'eux. (Planche III.)

A. ALIMENTIVITÉ, *besoin de la nourriture*. Situé un peu en avant de l'oreille.

A. V. AMOUR DE LA VIE ou *Biophilie*. Immédiatement à la partie supérieure de l'oreille.

1. AMATIVITÉ, ou *amour physique*. Situé dans le cervelet, à la partie postérieure et la plus basse de la tête.

2. Philogéniture, *amour des enfans*, *des petits*, occupant le milieu inférieur de l'occipital, immédiatement au-dessus de la protubérance occipitale externe.

3. HABITATIVITÉ, ou *attachement au domicile*,

au pays. Au-dessus de la philogéniture, mais moins large.

4. AFFECTIONIVITÉ, ou *attachement.* A côté de l'habitativité et au-dessus de la philogéniture.

5. COMBATIVITÉ, *courage.* Au-dessous de l'affectionivité, à côté de la philogéniture.

6. DESTRUCTIVITÉ. A côté de la combativité, au-dessus de l'amour de la vie, touchant à l'alimentivité.

7. Secrétivité, *ruse, savoir-faire.* Au-dessus de la destructivité, touchant à l'alimentivité.

8. ACQUISIVITÉ, *désir d'acquérir et de posséder.* Au-dessus de la secrétivité.

9. CONSTRUCTIVITÉ, *aptitude manuelle.* A côté de l'acquisivité.

MM. Broussais et Vimont pensent que ce dernier organe devrait être rangé parmi les facultés intellectuelles. J'exposerai leurs motifs, lorsque je parlerai des organes en particulier.

Les instincts dont je viens d'indiquer la place sur la tête de l'homme, étant nécessaires à la vie de chaque individu et à la continuation des espèces, se retrouvent plus ou moins développés chez tous les animaux; si j'en excepte les plus inférieurs, où nous avons vu que cette série est incomplète. Au-dessus de ces instincts, nous trouvons chez l'homme, et souvent chez plusieurs animaux, des penchans qu'on ne peut point confondre avec eux, parce qu'ils ne semblent pas aussi nécessaires à la vie animale ; et qui n'appartiennent pas non plus à l'intelligence. Ce sont les sentimens. Telle est, par exemple, la bienveillance. Lorsque nous sommes témoins de l'état de détresse d'un de nos semblables, nous éprouvons le besoin de venir à son secours : ce n'est point alors un instinct conservateur ou d'égoïsme qui nous fait agir, car souvent nous ne pouvons lui conserver la vie qu'en exposant la nôtre. Ce n'est pas non plus l'intelligence, car si la froide raison agissait seule, elle ne servirait qu'à nous faire mesurer l'étendue du danger que nous allons courir, et à nous en faire calculer les chances. Les instincts et l'intelligence pourront bien agir dans ce cas, pour ne point nous permettre de nous exposer inutilement, ou pour nous guider, de manière à nous faire courir le moins de risque possible ; mais l'impulsion première, qui nous poussait à secourir un malheureux, est indépendante de ces deux ordres de facultés.

Les sentimens sont au nombre de douze, dont voici l'énumération.

10. Estime de soi. Des deux côtés de la ligne médiane, au-dessus de l'habitativité.

11. Approbativité, *besoin de l'approbation des autres*. A côté de l'estime de soi, qu'il enveloppe en partie; au-dessus de l'habitativité et de l'affectionivité.

12. Circonspection, *prudence*. Comprise entre l'acquisivité, la secrétivité, la destructivité, la combativité, l'affectionivité et l'approbativité.

13. Bienveillance. Des deux côtés de la ligne médiane, touchant aux organes de l'intelligence.

14. Vénération, *tendance à vénérer, à honorer*. Des deux côtés de la ligne médiane, derrière la bienveillance.

15. Fermeté, *persévérance*. Des deux côtés du sinus longitudinal, entre la vénération et l'estime de soi.

16. Conscienciosité, *sentiment moral, appréciation du juste et de l'injuste*. Entre la fermeté, l'approbativité, la circonspection, l'acquisitivité et l'espérance.

17. Espérance. Touchant à la fermeté, à la conscienciosité et à l'acquisivité.

18. Merveillosité, *penchant à croire aux choses surnaturelles*. Limitée dans deux sens par la vénération et l'espérance.

19. Idéalité, *imagination*. Touchant à la merveillosité et à l'acquisivité.

20. GAITÉ, *esprit de saillie.*En avant de l'idéalité, au-dessus de la constructivité.

21. IMITATION, *mimique.* Entre l'idéalité et la
bienveillance, touchant d'un côté à la merveillosité, et de l'autre aux facultés intellectuelles.

Nous arrivons à-présent aux organes les plus
nobles chez l'homme, je veux dire, aux facultés
intellectuelles qu'on a partagées en deux sous-
divisions. En effet, avant de comparer entre eux
les objets du monde extérieur, avant de juger
en quoi ils se ressemblent et en quoi ils diffèrent,
avant de trouver le rapport de filiation qu'ils
peuvent présenter, il faut d'abord les *percevoir.*
Je n'entends point parler ici de la perception
donnée par les sens, et qui n'a rien d'intellectuel :
deux hommes peuvent avoir l'ouïe aussi fine, et
ne point apprécier également la musique ; deux
autres peuvent avoir la vue également bonne et
ne pas avoir le même tact pour la peinture. On
a vu des musiciens presque sourds, des peintres
presque aveugles. Il doit donc exister parmi les
facultés intellectuelles, des organes pour la perception et d'autres pour la réflexion. Les premiers sont au nombre de douze, les seconds au
nombre de deux seulement.

On voit dans la planche III, qu'il n'occupent
qu'une faible partie de l'encéphale.

Facultés perceptives.

22. INDIVIDUALITÉ, *faculté qui sert à distin-guer un objet d'un autre.* Au-dessus de l'origine du nez ; entre les deux arcades orbitaires supé-rieures.

23. CONFIGURATION, *sens et mémoire des for-mes.* A côté de l'individualité, à l'extrémité in-terne de l'arcade orbitaire supérieure.

24. ÉTENDUE, *sens des dimensions, des distan-ces.* Sur l'arcade orbitaire supérieure, à côté de la configuration.

25. PESANTEUR, *résistance, faculté d'estimer le poids d'un corps et la force à employer pour vaincre une résistance matérielle donnée.* Sur l'arcade orbitaire supérieure, à côté de l'étendue.

26. COLORIS, *sens de la peinture.* Sur l'arcade orbitaire supérieure, à côté de la pesanteur.

27. LOCALITÉ, *mémoire des lieux, facilité à s'orïenter.* Au-dessus de l'individualité et de la pesanteur.

28. CALCUL, à l'extrémité externe de l'arcade orbitaire supérieure.

29. ORDRE. Sur l'arcade orbitaire supérieure, entre le coloris et le calcul.

30. EVENTUALITÉ, *mémoire des faits, sens des événemens.* A la partie moyenne du front, des

deux côtés du sinus longitudinal, enveloppé en partie par la localité.

31. TEMPS, *faculté d'apprécier le temps*. A la partie latérale du front, au-dessus du coloris, à côté de la localité.

32. TONS, *sens de la musique*. Au-dessus de l'ordre, à côté du temps.

33. LANGAGE, *mémoire des mots*. Au fond de l'orbite de l'œil, ce qui pousse celui-ci en avant, ou dans une autre direction, comme je le ferai voir par la suite.

Facultés réflectives.

34. COMPARAISON, *faculté de saisir les relations entre les objets*. Sur le haut du front, au-dessus de l'éventualité.

35. CAUSALITÉ, *faculté de remonter des effets aux causes*. A côté de la comparaison, au-dessus de la localité.

Avec un peu d'attention, on remarquera facilement dans la description topographique que je viens de donner de nos organes, 1° que les instincts occupent le derrière et le bas des parties latérales de la tête ; 2° que les sentimens se trouvent à la partie supérieure ; 3° que les facultés intellectuelles ont leur siége sur le devant. Il ne faudrait pas conclure de la position particulière d'un organe qu'il a une relation plus ou moins directe avec chacun de ceux qui lui sont adjacents. J'indiquerai par la suite les rapports qui existent entre eux, quelle que soit la distance qui les sépare. Enfin j'ajouterai, ce que vous savez déjà, que tous nos organes sont doubles, quoiqu'on ne les ait numérotés que d'un côté de la tête, sur la planche III.

J'ai déjà fait observer dans ma deuxième leçon que le nombre des organes ne peut qu'indiquer l'état actuel de la science. A coup sûr, il y en a plusieurs qui ne sont pas encore découverts, et dont les actions sont évidentes dans la vie : la respiration, le mouvement, etc. Il faut attendre à cet égard les progrès de la Phrénologie. On a demandé si, reduire nos organes à trente-sept, ou à quarante peut-être, en admettant de nouvelles découvertes, ce n'était pas arriver à trente-sept ou quarante types de caractères, ce qui est contraire à l'observation, qui fait reconnaître à cet égard autant de nuances que d'individus. A coup sûr, il en serait ainsi, si chacun devait obéir uniquement à l'organe qui est le plus saillant chez lui, et on n'aurait alors que des différences du plus au moins, d'une personne à une autre. Mais ce n'est pas ainsi que les choses se passent. J'ai déjà fait remarquer que tous les or-

ganes ont une action réciproque les uns sur les
autres ; de sorte que c'est de leur combinaison
que le caractère se forme. Or, si nous combinons
nos trente-sept organes de toutes les manières
possibles, en ayant égard au plus ou moins d'activité de chacun d'eux, et à toutes les autres circonstances qui les modifient, nous trouvons l'infini, pour indiquer le nombre des combinaisons
obtenues. Demandez aux mathématiciens.

Les animaux, ceux surtout qui appartiennent
à une échelle supérieure, ont plusieurs organes
communs avec l'homme ; car, sans parler des
instincts qu'on remarque chez tous, on connaît
la *vénération* du chien pour son maître ; l'*imitation* du singe ; la *circonspection* de l'âne et du
mulet, dans les chemins dangereux ; la *mémoire
des lieux*, si vive chez le plus grand nombre,
etc. Il n'est pas jusqu'aux facultés de l'intelligence, dont quelques-uns sont doués à un assez
haut degré, ainsi que j'en donnerai des preuves,
lorsque je ferai l'histoire particulière de chacun
de ces organes.

J'ai fait voir dans la leçon dernière que les
organes ne se développent pas tous à la fois chez
l'enfant, mais seulement peu-à-peu, et à mesure que l'individu a besoin d'en faire usage. J'ai
montré comment des modifications semblables

ont lieu pendant toute la vie sur le cerveau et sur les penchans de l'homme. Plusieurs fois, j'ai eu occasion d'indiquer les différences qu'on remarque à cet égard d'un individu à un autre. Je dois ajouter à présent que des différences analogues existent entre les deux sexes et entre les différentes races.

Jetez les yeux, je vous prie, sur ces têtes de races que je vous présente, savoir : un Européen, un Indou, un Arabe algérien, un Chinois, un Indien de la race si connue dans les romans de Cooper sous le nom de *Peaux-Rouges*, le cacique des Charruas mort à Paris depuis peu d'années, un nègre Macoua, un Hottentot, un naturel de Java, un Péruvien, un Caraïbe, un Nouveau-Hollandais. Voyez quelles différences dans leurs formes, dans les dimensions de leurs diverses parties. J'aurai à vous présenter plus tard des différences non moins grandes dans les inclinations des peuples qu'elles représentent. Je vous engage à vous arrêter pour le moment à les comparer entre elles sous le rapport des trois ordres de facultés, dont vous connaissez à présent la position relative.

A mesure que les nations se civilisent, les têtes se perfectionnent. Lorsque des hommes mieux organisés que les autres, sont parvenus à jeter quelques idées nouvelles parmi ceux de leurs races, ces idées ont d'abord beaucoup de peine à s'établir; puis il arrive un moment où elles sont si généralement adoptées, que ceux qui les professent, ne se doutent pas de tous les obstacles que leurs ancètres ont dû vaincre pour les faire triompher. Ainsi, les connaissances acquises d'une nation barbare vont en se multipliant, ce qui tend à accroître l'intelligence, par un plus grand exercice de cette faculté. Et comme nous voyons souvent les enfans rappeler quelques-uns des traits de leurs pères, une pareille ressemblance se rencontre aussi dans les organes cérébraux. Comment s'expliquer sans cela l'hérédité de quelques maladies mentales dans certaines familles ? On conçoit dès lors la possibilité d'un perfectionnement progressif, mais fort lent dans l'organisation encéphalique des races, tant que la civilisation n'y demeure pas stationnaire, ou n'y devient pas rétrograde; circonstances qui proviennent toujours de causes extérieures, indépendantes de l'état intellectuel acquis du peuple qu'on examine. Vous voyez en effet que, sur ces diverses têtes de race, l'organisation physique correspond au degré de civilisation où est parvenu chacun des peuples qu'elles représentent. Peut-être à une époque reculée, en dehors du domaine de l'histoire, la race caucasienne, la plus complète de toutes, ne différait-elle en rien de ce que sont aujourd'hui les Nouveaux-Hollandais. Du moins, des têtes très-anciennes, retrouvées dans des fouilles, semblent indiquer un perfectionnement sensible, et vous avez vu dans la dernière leçon, par la comparaison des dimensions de la tête chez les diverses classes de la société, quelle est à cet égard l'heureuse influence de l'éducation.

Tous les auteurs remarquent que, dans les mariages conclus entre Européens et Indiens orientaux ou occidentaux, les enfans ont un développement des facultés mentales plus grand que dans la race indienne, et moindre que dans la race européenne. M. Combe prétend que c'est un fait généralement observé que, quand deux personnes se marient fort jeunes, l'aîné de leurs enfans a, pour l'ordinaire, un développement moins grand des organes moraux et intellectuels, que ceux qui naissent lorsque les parens sont parvenus à un âge plus mûr. Ne serait-ce pas par suite d'une observation analogue que, dans presque tous les contes, ce sont les cadets qui réussissent là où leurs aînés ont échoué?

Une marche progressive analogue se retrouve chez les animaux, chez lesquels on reconnaît

évidemment une intelligence et des habitudes
héréditaires. Pensez-vous que vous éléveriez les
petits d'un chat sauvage avec la même facilité
que ceux d'un chat domestique? Demandez à
un chasseur, pourquoi il préfère toujours un
chien de race, si ce n'est parce qu'il a plus de
facilité à l'instruire? Les moutons anglais, probablement par suite de la grande fécondité des
prairies de ce pays, paissent rassemblés en troupeaux, tandis que les moutons d'Ecosse sont
obligés de s'étendre et de se disperser sur les montagnes pour mieux découvrir leur nourriture.
Quand on transporte des moutons anglais en
Ecosse, ils y conservent leur habitude de paître
en troupeaux, bien qu'elle soit mal adaptée à la
nature de leur nouveau pays ; il en est de même
pour leur lignée, et c'est à la troisième génération seulement que les moutons de race anglaise s'accommodent enfin aux nécessités du
terrain.

Comment s'expliquer, sans cette hérédité, la
constance du caractère dans chaque race d'animaux? Pourquoi, depuis une longue succession
de siècles, le chien est-il fidèle, le faucon intré-
pide, le renard rusé, le paon superbe, le loup
poltron, le lion courageux, l'hyène sanguinaire? Est-ce le hasard qui donne à tous les indi-

vidus de la même espèce des penchans si prononcés, des caractères si ressemblans? D'après
quelles lois se transmettent-ils intacts dans les
familles, si ce n'est par une organisation intérieure, stable et invariable?

Comme je l'ai dit, la différence de sexe en entraîne une autre dans la forme de la tête. Ce n'est
pas seulement par suite de l'éducation que les
femmes ne sont pas propres aux mêmes travaux
intellectuels que les hommes. Vainement quelques utopistes ont-ils voulu de nos jours mettre
pour tout sur le même rang, les deux moitiés du
genre humain. Vainement ont-ils prêché que ce
n'est que par un abus coupable de sa force, que
l'homme s'est arrogé la supériorité dans l'ordre
social, dans les sciences et dans les arts. Les femmes ont le tact trop sûr et le bon sens trop exquis
pour n'avoir pas compris que la nature les avait
appelées à jouer un rôle tout autre, mais non
moins beau dans le juste partage de nos occupations ordinaires. C'est à tort qu'on a nié une différence native entre les deux sexes, et qu'on n'a voulu attribuer celle qui existe de fait, qu'à l'aristo-
cratie du menton. Le créateur qui a donné aux
femmes une santé moins robuste qu'aux hommes, pour leur rappeler qu'elles ne doivent pas se
livrer aux mêmes travaux physiques, a aussi im-

primé à leur tête une autre organisation qu'à la
nôtre, parce qu'il ne les destinait pas aux mêmes fonctions. L'organisation de l'homme lui
donne l'esprit philosophique et l'équité, pour
régler la vie commune; la ferme volonté, l'énergie instinctive pour la protéger et combattre les
obstacles. A la femme, elle donne les sentimens
exquis, elle développe ses instincts affectueux,
elle la destine enfin à des actes pour lesquels sa
vie est invariablement fixée. La femme élève
l'homme, et le rend heureux; c'est elle que la
Providence a surtout chargée du soin précieux
de soulager l'infortune. En lui donnant un front
moins large; en allongeant sa tête en arrière à
l'endroit de la philogéniture; en la retrécissant
sur le côté, vers la région de la destructivité; en
la développant davantage vers la bienveillance
et l'affectionivité, Dieu a fait de la femme un
être tout d'amour et de paix. Et, pour rendre
ma pensée en un mot, si l'homme est la tête de
l'humanité, la femme en est le cœur.

On pourra me citer quelques exceptions, je
le sais. L'histoire nous apprend que Sémiramis,
Elisabeth, Catherine furent de grandes reines.
Mme de Staël a souvent rencontré sous sa plume
les pensées philosophiques les plus profondes.
Mais quelques rares femmes de génie n'infirment

en rien les lois ordinaires de la nature. On pourra me signaler des femmes peintres, poètes, géomètres même ; mais laquelle a laissé une de ces
œuvres, une de ces découvertes qui demeurent
comme des monumens, dans l'histoire de l'humanité ? Ce serait mal me comprendre que de
supposer que je dénie à la femme l'intelligence
nécessaire pour réussir dans toutes les parties
de l'éducation ordinaire : ce que j'avance seulement, c'est qu'elle n'est pas née pour les hautes
conceptions de la philosophie, de la politique et
des arts, et qu'il faut méconnaître toutes les lois
de la nature pour l'appeler à jouer, dans la société, un rôle auquel la Providence ne l'a point
destinée.

N'envions pas aux peuples barbares leur grossière ignorance sur la vocation de la plus intéressante moitié du genre humain. Par le plus
détestable abus de la force physique, ils ont fait
d'un être plus délicat et plus faible une servante
respectueuse et soumise, une esclave sans désir et sans volonté, parfois même une véritable
bête de somme, destinée à porter les plus lourds
fardeaux, dans leurs longs voyages. En Orient,
la femme est, en venant au monde, condamnée
à une prison perpétuelle. Dans quelques îles de
la Polynésie, où la nourriture consiste en coquil-

lages et en poissons, ce sont elles qui sont exclusivement chargées de plonger dans la mer, pour chercher au fond des eaux des alimens qu'elles viennent présenter humblement à leurs stupides maris. Ceux-ci regardent comme au-dessous de leur dignité de s'occuper de ce soin pénible, et lorsqu'ils sont suffisamment repus, ils daignent abandonner à leurs femmes les restes de leurs repas, qu'ils auraient regardé comme une souillure de partager avec elles. Chez une peuplade de l'Amérique (Guyane française), lorsqu'une femme était accouchée, elle retournait immédiatement aux travaux pénibles des champs, tandis que son mari nonchalammant étendu sur des nattes, recevait les nombreux complimens de ses amis et de sa famille.

Il est essentiel d'observer dans un organe son étendue et son activité. Nous nous sommes déjà occupés du premier de ces élémens de nos facultés, il est essentiel d'étudier le second. En mécanique, l'effet produit par un corps en mouvement est proportionnel à sa masse et à sa vitesse. Une balle de fusil pesant une once, produirait le même effet qu'un boulet de vingt-quatre livres, si sa vitesse était égale à 384 fois celle de ce boulet. Il en est de même en Phrénologie; l'intensité d'un penchant dépend de ses dimensions, ou de sa masse, et de son activité. Il n'est pas rare de rencontrer des hommes chez qui un penchant se montre avec un certain degré d'é-nergie, quoique l'organe qui lui correspond ne présente rien de très-saillant; c'est qu'alors un grand exercice aura considérablement augmenté la puissance de cet organe, sans étendre pro-portionnellement son volume. Il en est de ceci comme de notre bras droit, qu'une longue ha-bitude de nous en servir presque exclusivement, rend plus fort et plus habile que le gauche, quoique leur volume reste sensiblement le mê-me. Vous voyez donc combien grande et heu-reuse peut être l'influence de l'éducation chez un enfant, lorsqu'elle est assez sagememt dirigée, pour qu'on ait pris soin d'exciter les organes des penchans utiles à l'individu et à la société, et d'amortir pour ainsi dire ceux qu'il importe de ne pas laisser trop développer, et dont les di-mensions sur la tête de l'enfant annoncent la prédominence future.

Je dois entrer dans quelques détails au sujet des conditions qui modifient le plus générale-ment les effets du volume d'un organe. Ces con-ditions sont de plusieurs sortes : 1° la consti-tution ou la qualité du cerveau; 2° les combi-naisons particulières des organes; 3° l'exercice;

4° le nombre des organes excités simultanément; 5° l'état de santé de l'individu ; 6° les circonstances extérieures.

1° La constitution ou la qualité du cerveau a une grande influence sur l'effet phrénologique total, parce que, avec deux cerveaux de dimensions égales, si l'un a une texture plus fine et une constitution plus vigoureuse, l'énergie ne peut pas être la même. Ainsi, pour apprécier les qualités morales d'une tête, après avoir mesuré les dimensions relatives de chacun de ses organes, il faudra encore avoir égard à la constitution du cerveau. Ici se présente naturellement la question de savoir si nous possédons quelques signes extérieurs des qualités constitutionnelles de l'encéphale : l'examen des tempéramens va nous fournir quelques données à ce sujet.

Nous conserverons l'ancienne division des quatre tempéramens, en faisant observer qu'ils sont accompagnés de différens degrés d'activité dans le cerveau. Le premier, ou le *lymphatique* est caractérisé par des formes arrondies, le peu de force du système musculaire, l'abondance du tissu cellulaire, une peau fine et légèrement pâle, une chair molle, compressible sans élasticité, une figure sans expression ni énergie, des cheveux blonds et lisses, des yeux d'un bleu clair. Ce tempérament est accompagné d'actions vitales languissantes, de faiblesse et de lenteur dans la circulation. Le cerveau, comme partie du système, est aussi lent, mou et faible dans son action, et les manifestations de l'intelligence sont proportionnellement faibles.

Le second tempérament, dit *sanguin*, est indiqué par des formes bien définies, un embonpoint modéré, avec coloration fleurie, une peau ferme, des chairs consistantes, compressibles mais élastiques, une chaleur douce, les lèvres vermeilles, les yeux bleus, les cheveux châtains, et les traits de la physionomie animés. Ici, le cerveau montre plus d'activité que dans le premier cas.

Le tempérament *bilieux* se reconnaît à des cheveux noirs, courts et quelquefois crépus, à une peau épaisse et de couleur sombre, à un embonpoint modéré, à des chairs très-fermes, à des traits fortement prononcés dans toute la personne, à des yeux noirs et vifs. Une grande énergie d'action dans le cerveau accompagne ce tempérament.

Vient enfin le tempérament *nerveux*, caractérisé par une peau et des cheveux fins, des muscles grêles, de la vivacité dans les mouvemens musculaires, une physionomie pâle et une santé souvent délicate, la susceptibilité nerveuse très-grande, les traits de la figure mobiles et délicats, le regard scintillant. Tout le système nerveux, y compris le cerveau, est alors d'une extrême activité, et les manifestations de l'intelligence jouissent d'une vivacité proportionnelle.

Ces différens tempéramens existent rarement à l'état de simplicité : on ne peut guère les considérer que comme des types auxquels se rapporte la constitution de chaque individu. Ils sont tous les quatre assez souvent confondus ; les combinaisons les plus ordinaires sont le sanguin et le lymphatique, le nerveux et le lymphatique, le nerveux et le bilieux. Les phrénologistes ont observé que c'est l'union des constitutions bilieuses et nerveuses, qui produit généralement la plus grande activité cérébrale.

Quelques phrénologistes et, entr'autres, M. le professeur Broussais, n'admettent pas sans restriction l'influence de ces quatre tempéramens. Ce savant physiologiste pense qu'il y a, à cet égard, de nombreuses exceptions à noter. On rencontre parfois des hommes d'une grande froideur, d'une mollesse extraordinaire, et qui ont un moral extrêmement fort. Ces hommes agissent lentement, mais avec une persévérance que

rien ne déconcerte, que n'épuise jamais la surexcitation de l'innervation; et les résultats sont
immenses. N'allez pas croire que le fameux prince de Talleyrand, qui a eu une si puissante influence sur tous les grands événemens de notre
époque, soit un homme athlétique; il est au
contraire d'une constitution assez frêle. Montes-
quieu aussi était d'une constitution fort délicate;
mais son système nerveux cérébral jouissait d'une
action puissante. On a vu des personnes qui
avaient été rachitiques dans leur enfance, qui
étaient restées lymphatiques, engorgées à la
suite de cet état morbide, et qui n'ont pas laissé d'influencer puissamment l'ordre social par
leurs conseils et par leurs écrits.

Cependant M. Broussais regarde aussi la constitution nerveuse, comme celle qui doit jouir
du plus grand degré d'énergie cérébrale. « Chez
les individus qui possèdent ce tempérament,
dit ce célèbre médecin, tout est nerf; la tête
l'emporte en proportion du volume, sur tout
le reste du corps; il n'y a pour ainsi dire pas de
graisse, les muscles souvent sont grêles, mais les
mouvemens nerveux sont très-faciles et souvent
précipités. La rapidité de conception, la vive
pénétration de ces sujets, qui saisissent et retiennent tout avec facilité, surprend les person-

nes de constitutions différentes; mais la santé n'est pas toujours robuste, et les convulsions, tant des muscles extérieurs que des viscères, éclatent souvent pour des causes assez légères. C'est là surtout que les médecins trouvent les mélancoliques, les hypocondriaques; mais si de tels sujets parviennent à la vieillesse, ils l'ont assez robuste et fréquemment très-prolongée, malgré leur extrême maigreur. Ce tempérament est donc très-favorable à l'excercice des organes cérébraux, qu'il offre aussi, comme nous venons de le dire, bien developpés. Toutefois, gardez-vous de croire qu'il donne la garantie d'une supériorité morale; vous ne la trouverez jamais que dans la bonne combinaison des organes. Admettez qu'elle se rencontre dans le tempérament nerveux, vous observerez de grands résultats; mais si elle est malheureuse ici, comme chez le sanguin, vous n'aurez que de bien tristes personnages; il y aura des sentimens, des facultés intellectuelles qui se neutraliseront mutuellement avec une déplorable précipitation. Cela ne produit que des hommes insignifians, des brouillons, qui pourront toutefois offrir de très-grosses têtes, mais dont le volume dépendra plutôt des instincts ou des sentimens, que des organes de l'intelligence. »

2° La seconde cause d'activité est une combinaison particulière des organes, et j'appelle activité dans ce cas, l'effet sensible produit par le jeu d'une ou de plusieurs facultés. Si nous isolons un organe quelconque par la pensée ; si, pour un moment, nous supposons qu'il existe seul, il va produire des manifestations qui dépendront de sa masse, de son excercice, du tempérament et de l'état de santé de l'individu, etc., mais la forme du reste de la tête n'influera en rien sur le résultat final. Admettons à présent l'existence simultanée d'un second organe : celui-ci pourra exercer une influence sur le premier, dont il tendra peut-être à augmenter l'action, comme s'il s'agit par exemple de l'affectionivité et de la philogéture : ou à la diminuer, ce qui arriverait en combinant la destructivité avec la bienveillance. Si nous rendons à présent à la tête tous ses organes naturels, nous voyons combien il est important de tenir compte de la réaction réciproque qu'ils exercent les uns sur les autres.

3° La troisième cause d'activité est l'exercice. Supposons que deux individus possèdent des organes et des tempéramens exactement semblables, mais que l'un ait reçu une éducation distinguée, tandis que l'autre aura été entièrement abandonné aux impulsions de la nature : le premier manifestera ses facultés intellectuelles avec plus d'intensité que le second, chez qui les instincts inférieurs, au contraire, se montreront avec plus d'énergie. On a objecté que si l'exercice augmente ainsi l'énergie, il est impossible d'établir une ligne de démarcation entre la puissance dérivée de cette cause, et celle qui provient du volume des organes; et que les effets réels du volume ne peuvent par conséquent être déterminés. J'ai déjà répondu d'avance à cette objection dans la leçon dernière, en faisant observer que l'éducation donne la facilité aux facultés de se manisfester avec le plus haut degré d'énergie que le volume de chaque organe peut permettre; mais que le volume fixe néanmoins une limite que l'éducation ne peut dépasser.

4° La quantité d'énergie nerveuse augmente ou diminue, selon le nombre des organes cérébraux dont l'activité est excitée. Lorsque la philogéniture s'est alliée au courage, on a vu les femmes les plus timides braver les plus grands dangers. Voyez une poule dont un chien, même de la plus grande taille, menace les poussins. Pendant la retraite de Moscou, quand nos soldats n'avaient pas l'ennemi en présence, leur courage était abattu, leurs corps affaiblis, leurs forces

15

épuisées; mais aussitôt qu'ils apercevaient la fumée d'un bivouac moscovite, et qu'ils voyaient briller les baïonnettes ennemies, une vie nouvelle semblait les animer, et ils apprêtaient avec vigueur leurs armes, que peu d'instans auparavant, ils avaient peine à traîner. Puis, dès que les Russes étaient repoussés, dès qu'aucune cause puissante ne réveillait plus chez eux l'organe du courage, ils retombaient dans leur premier et funeste abattement.

5° Il faut aussi avoir égard à l'état de santé de l'individu. On sait combien certaines maladies donnent d'énergie au système nerveux, lorsque d'autres exercent sur lui un effet contraire. L'état morbide n'est pas toujours facile à constater, parce qu'il peut être caché dans le cerveau. Il s'opère parfois avec beaucoup de lenteur, dans ce viscère, des désorganisations, comme des squirrhes, des tubercules, des indurations, des ramollissemens, des suppurations qui exaltent d'abord, et ensuite dépriment ou anéantissent quelques-unes ou la totalité de nos facultés, sans que le médecin puisse obtenir aucune certitude sur la nature, et même sur l'existence du mal. Ces cas sont faits pour jeter le phrénologiste dans la plus grande incertitude. Heureusement ils sont rares, et l'on a pour se rectifier, d'abord l'état des facultés antérieures au développement de la lésion organique, presque toujours quelques douleurs, quelques phénomènes convulsifs, et parfois aussi la connaissance de l'action d'une cause violente, comme une chute, une contusion, une vive affection morale.

Je citerai un exemple à l'appui de cette observation. Un menuisier travaillait à réparer le siége sur lequel se plaçe le postillon de certaines diligences; il tombe, et dans sa chute, heurte violemment du front la roue de la voiture. Pendant près d'une demi-heure, il reste sans connaissance, perd beaucoup de sang, et après quelques jours de diète et deux saignées, il peut reprendre ses travaux; mais il était loin d'être revenu à son état normal. Il ressentait dans la région frontale une douleur peu vive, mais continuelle. Peu-à-peu ses fonctions intellectuelles s'affaiblirent, et chez lui la mémoire, comme l'attention, disparurent presque complétement.

C'était avec peine qu'on parvenait à fixer ses idées sur un objet quelconque, et la question qu'on lui adressait était souvent oubliée à l'instant même. Ses membres inférieurs, sans être paralysés, ne pouvaient exécuter que des mouvemens très-bornés. Le malade succomba, et on trouva à l'autopsie, dans l'étendue d'un pouce environ , un ramollissement profond de chacun des deux lobes antérieurs du cerveau. Dans les mêmes régions, les membranes étaient considérablement épaissies , et comme cartilagineuses.

Il est des excitations occasionnées par les influences d'un organe souffrant, sur la masse entière du cerveau, qui changent à la longue les conditions de quelques-uns de nos organes , et nous inspirent des élans de sensibilité, de perspicacité, de sublimité dans certains genres, et d'éloquence, auxquels nous ne pourrions jamais nous élever dans l'état normal. Ces observations se font surtout aux approches de la mort : certains phtisiques , les personnes qui succombent aux progrès lents de cancers externes ou internes , en offrent parfois des exemples.

Le délire et la folie ne sont que des effets différens d'une même cause générale , je veux dire de l'état morbide de l'individu. J'aurai à en citer plusieurs exemples par la suite.

6° Enfin , pour apprécier la valeur phrénologique d'une tête, il faut encore tenir compte de certaines circonstances extérieures, dont l'action est plus ou moins puissante sur l'individu. Le climat sous lequel on vit, le sol qu'on habite, la profession qu'on exerce , le *milieu social* dans lequel on se trouve, etc., ne peuvent pas détruire un caractère, mais lui imprimer des directions différentes.

Les organes ne sont pas dans un état permanent d'excitation. Ceux qui répondent à certains besoins qui se renouvellent périodiquement, comme l'alimentivité, ont une action qui s'exerce à des intervalles plus ou moins rapprochés; mais qui n'est pas continuelle. Il en est ainsi des autres à plus forte raison. Un homme qui possède à un haut degré le penchant à la destructivité, qui ne sera pas balancé par l'heureux développement de certains autres organes ou par une bonne éducation, ne cherchera pas pour cela à tuer tous les hommes qu'il rencontrera : il faudra une cause extérieure qui excite sa férocité; mais malheur à celui qui aura soulevé sa colère, ou dont la bourse aura tenté sa cupidité.

Quelques boissons exercent sur les facultés cérébrales une action puissante, qu'on ne peut méconnaître. Tels sont le café, l'opium, et les liqueurs fermentées. Tant que l'homme n'abuse pas de ces dons de la nature et de l'art, il paraît n'en retirer que des impressions avantageuses. Pris avec modération, le café semble favoriser le jeu des facultés intellectuelles qu'il tient éveillées et dans un état de fraîcheur active et nouvelle. C'était l'opinion de Voltaire et de Napoléon qui en faisaient, comme on sait, un très-fréquent usage. Des médecins l'ont prescrit avec succès, dans ce sens. C'est ainsi que, sur quelques intelligences indolentes, mais non atrophiées, l'usage modéré du café a ramené l'énergie dans les fibres cérébrales, qu'il a habituées à une contraction et à une activité qu'elles avaient oubliées, ou qu'elles n'avaient jamais connues. Lorsque l'opium, ce breuvage si cher aux Orientaux, n'est pris qu'à une très-légère dose, il exerce sur les organes une action très-excitante, mais sans nocuité. L'homme qui s'est placé sous son influence artificielle, est assailli par une foule de formes merveilleuses et fantastiques, d'émotions vénérantes, d'affectueuses pensées. Le vin n'agit point uniformément chez tous les individus : pendant que les uns lui empruntent une gaîté et une abondance de paroles qui ne leur sont pas naturelles, d'autres lui doivent une taciturnité et un sérieux inaccoutumé. Sous son empire, celui-ci devient tendre et affectueux, celui-là colère et féroce. Mais l'abus de ces boissons, surtout de l'opium et des liqueurs fermentées, entraîne dans l'économie cérébrale les dérangemens les plus funestes. Les fibres nerveuses se relâchent, l'intelligence s'épaissit, les idées s'obscurcissent, les sentimens s'éteignent, et un abrutissement déplorable succède à l'état normal. Aux premiers rangs parmi les causes puissantes de ce fatal changement, il faut placer l'usage immodéré de l'opium, des spiritueux, de la bière et du tabac.

Concluons de ce qui précède que, *toutes choses égales d'ailleurs*, le degré d'intensité d'un organe est proportionnel à son volume, mais qu'on s'abuserait étrangement, si on faisait entrer ce seul élément dans l'appréciation qu'on en doit faire.

Chaque homme possède tous les organes, mais à des états différens de développement ; ce qui amène une si grande diversité dans les caractères et les actions qui en découlent. Parmi ces organes, aucun ne correspond à un penchant essentiellement mauvais, ainsi que je l'ai déjà fait observer. Ce n'est que lorsque la croissance d'une partie de l'encéphale pèche par excès ou par défaut, sans que cette défectuosité soit rachetée par une autre partie de l'organisation, que l'inclination peut être vicieuse. Ainsi, la combativité, qui fait naître le courage à braver les dangers, à surmonter les difficultés, à résister aux attaques, devient, lorsqu'elle est trop prononcée, amour de la lutte, tendance à provoquer, besoin de la dispute et des rixes. Si , au contraire , cet organe n'a pas acquis le degré d'accroissement convenable , nous sommes indolens , timides , poltrons , prêts à porter tous les jougs , à subir toutes les tyrannies.

Toute faculté a besoin d'être satisfaite avec le degré d'énergie qui répond au volume de l'organe qui lui correspond , *toutes choses égales d'ailleurs ;* et les facultés dont les organes sont le plus développés , seront celles qui seront le plus habituellement favorisées. Si, par exemple, tous les organes animaux sont larges , et ceux des sentimens moraux et de l'intelligence petits , l'individu sera naturellement enclin à s'abandonner à ses appétits grossiers , et à les contenter par tous les moyens possibles. — Choffron , Boutiller , les Caraïbes , les Nouveaux-Hollandais. Si , au contraire , les organes des sentimens moraux et de l'intelligence sont plus fortement développés , l'individu sera naturellement porté aux actions morales et intellectuelles. Les têtes de Foy et de Benjamin Constant que je vous ai déjà montrées, sont des exemples de cette heureuse combinaison.

Comme il y a trois espèces de facultés , animales , morales et intellectuelles , il peut arriver que plusieurs grands organes animaux soient combinés chez le même individu avec plusieurs organes moraux et intellectuels fortement développés. Les penchans inférieurs recevront alors leur direction des facultés plus nobles, et le genre de vie sera calculé de manière à satisfaire les facultés dont les organes sont saillants. Par exemple, si les organes de l'acquisivité et de la conscienciosité sont forts, l'individu s'efforcera de satisfaire ces facultés, en acquérant une fortune par des moyens honnêtes et avoués. Si la combativité et la destructivité, la bienveillance et la conscienciosité sont très-développées, les deux premières facultés pourront porter à des outrages sans motif, à des attaques sans réflexion ; mais cette conduite offenserait les deux dernières : alors l'individu cherchera des situations où il pourra les satisfaire toutes : elles lui seront offertes dans les rangs d'une armée, ou dans une lutte morale et intellectuelle contre un parti politique ou religieux, contre une opinion commerciale ou scientifique ; car l'observation a démontré que ces facultés s'appliquent également à l'ordre physique et à l'ordre moral.

Quand l'amour de l'approbation sera large et les facultés réflectives médiocres, l'individu voudra surpasser les autres par la richesse de ses équipages, par sa manière de vivre, par ses vêtemens, par son rang. Dans le cas où une puissante intelligence et une grande conscienciosité seront unies à la même faculté, la supériorité morale et intellectuelle sera seule recherchée comme moyen d'obtenir le respect de tous.

Les talens dans les différens travaux intellectuels dépendent de la combinaison des facultés perceptives et réflectives dans certaines proportions. La forme, l'étendue, le coloris, l'individualité et l'imitation très-développées, unis à un petit organe des localités, constitueront un peintre de portraits, mais ne feront point un paysagiste. Diminuez l'imitation, augmentez la localité, vous aurez un peintre de paysages. L'individualité, la comparaison, la causalité et l'organe du langage, également développés, produisent un auteur ou un orateur : si l'organe du langage est petit, les autres facultés seront plus portées à se livrer aux affaires de la vie.

Lorsque tous les organes paraissent dans des proportions égales, l'individu, s'il est abandonné à lui-même, présentera des contrastes dans sa conduite, suivant que les penchans animaux ou les sentimens intellectuels ou moraux feront pencher la balance. Il passera sa vie à commettre des fautes et à s'en repentir. Si une influence extérieure agit sur lui, sa manière d'être en sera considérablement modifié ; si, par exemple, il est placé sous une discipline sévère et sous un frein moral , s'il ne fréquente que des personnes honnêtes , il ne montrera que des sentimens nobles ; mais s'il est exposé aux sollicitations de compagnons débauchés et criminels , les penchans animaux triompheront à leur tour. Je vous montrerai plus tard un exemple déplorable d'une pareille organisation sur la tête de l'assassin Lacenaire.

CINQUIÈME LEÇON.

INSTINCTS.

Alimentivité. — Biophilie. — Amativité.

Messieurs,

C'est dans l'instinct que se trouve la première conséquence vitale de l'organisation : c'est une nécessité qui résulte du mode particulier d'agrégation moléculaire dont se compose chaque animal; ce qui fait que les instincts se modifient avec la forme de l'individu. Ils ne sont pas les mêmes chez le polype, et dans l'huître, réduits à une vie presque végétale, que dans les oiseaux, les quadrupèdes, ou l'homme, dont les sens sont plus perfectionnés et plus nombreux. L'instinct est un mouvement, indépendant de la réflexion, et que la nature a donné aux animaux pour leur faire connaître ou chercher ce qui leur est bon, éviter ce qui leur est nuisible. C'est par lui que les jeunes animaux s'attachent au sein de leur mère et savent en tirer une nourriture bienfaisante, par une succion que la nature seule leur a apprise. C'est par instinct, qu'un mouvement involontaire nous fait éviter le danger, avant toute réflexion; que la timide brebis fuit le loup féroce, qu'elle voit pour la première fois; que le jeune bélier essaye de frapper de la corne, avant même que l'âge ait orné sa tête de cette arme. C'est l'instinct qui apprend au poulet à briser à-propos la coque de l'œuf qui le tient emprisonné, et à choisir ensuite le grain le plus convenable à son estomac ; qui enseigne à la progéniture de la tortue marine, abandonnée dans le sable du rivage où le flot n'atteint jamais, à choisir l'élément qui convient à son existence, et à s'y rendre par le plus court chemin, dès que les rayons du soleil l'ont fait éclore.

Les sentimens et l'intelligence ayant une action directe sur les instincts, qu'ils peuvent régler jusqu'à un certain point, les animaux semblent d'autant moins instinctifs, qu'il sont plus haut placés dans l'échelle zoologique, parce qu'ils obéissent-moins aveuglément alors à ces premiers penchans de la nature. Toutefois, ce n'est qu'au bout d'un temps plus ou moins long après la naissance, lorsque des facultés supérieures se sont développées jusqu'à un certain degré, que ces animaux commencent à différer à cet égard de ceux qui leur sont inférieurs. L'instinct se développe le premier, il est vif et seul capable de gouverner l'animal naissant. C'est une impulsion interne, fixe, préétablie, en rapport avec l'organisation de chaque être. Ce n'est ni la volonté ni la réflexion qui fait creuser à la jeune larve du fourmi-lion, éclose après la mort de ses parents, un entonnoir dans le sable, pour y faire choir la fourmi et la dévorer. C'est un besoin d'expulsion de la matière soyeuse hors de son corps, qui pousse le ver-à-soie à filer son cocon, et l'araignée sa toile. L'instinct agit sans le secours de la raison, et même souvent contre la raison; comme lorsqu'il fait précipiter une mère au milieu d'un incendie ou des flots, pour sauver son enfant.

« Les instincts, dit M. Broussais, sont plus en rapport avec les viscères que les sentimens, les sentimens le sont plus que les facultés intellectuelles; de sorte qu'il faut que les facultés intellectuelles remuent les sentimens et les instincts pour produire les actions, du moins dans la plupart des cas. Les instincts se composent d'un système nerveux intra-crânien, et d'un système nerveux extra-crânien, qui va répondre dans des organes, de sorte que, quand les systèmes nerveux instinctifs sont en action dans le cerveau, les systèmes nerveux viscéraux qui leur correspondent se remuent. De même, lorsque les systèmes nerveux viscéraux sont excités les premiers, leur excitation se répète dans les systèmes nerveux intra-crâniens qui leur correspondent. Mais, comme les viscères ne sont pas aussi multipliés que les instincts, on ne peut pas dire que tout instinct ait un système nerveux particulier qui lui corresponde. Les instincts remuent donc en général les viscères; les uns plus, les autres moins, et chacun d'une manière différente. Ainsi, dans les émotions qu'ils font éprouver, les uns sentent quelque chose au cœur, d'autres à l'estomac, d'autres dans les poumons, d'autres dans les intestins, d'autres à la peau, etc. »

Après ces quelques considérations générales, j'arrive à l'étude de chaque instinct en particulier.

A. ALIMENTIVITÉ.

Cet organe a été découvert par le phrénologiste anglais, M. Combe : longtemps regardé comme douteux, il est aujourd'hui tout-à-fait établi. Il a été reconnu pour la première fois sur la brebis. Le docteur Hoppe, de Copenhague et MM. Ombros et Pentelithe, ont publié à son sujet divers mémoires, qui ont beaucoup contribué à le faire admettre. Il est placé dans la fosse zigomatique ; on le trouve sur la tête, un peu au-dessus et en avant de l'oreille. Vous avez un exemple remarquable de son existence sur la tête de cette folle, dont l'appétit fut presque incroyable. En bas âge, Denise épuisait le lait de plusieurs nourrices, et mangeait plus que quatre enfans de son âge : plus tard, elle dévorait le pain de tous les enfans de l'école. Pendant qu'elle était encore libre, elle vole un jour à un maçon le pain que ces ouvriers ont l'habitude, à Paris, de porter à l'ouvrage, le matin. Celui-ci la poursuit ; Denise tout entière à l'idée de la nourriture qu'elle possède, lui jette une pièce de cinq francs qu'elle portait dans son tablier, afin de l'arrêter dans sa course. Placée plus tard à la Salpétrière, sa faim habituelle n'était pas satisfaite, à moins de huit à dix livres de pain, par jour. Outre cela, elle avait des *grandes faims*, revenant deux ou trois fois par mois, pendant lesquelles elle dévorait vingt-quatre livres de pain. Pendant ses accès, elle devenait tellement furieuse, que si on la contrariait dans son besoin impérieux, elle mordait ses vêtemens, ses mains même, et ne revenait à un état tranquille, qu'après avoir entièrement calmé sa faim. Se trouvant un jour, dans la cuisine d'une grande maison, elle engloutit, en quelques instants, le potage destiné à vingt convives, et douze livres de pain. Une autre fois, elle parvint à saisir et elle dévora la ration de café destinée à soixante-quinze de ses compagnes de la Salpétrière. Rejetée de cet hospice, elle prenait tous les moyens possibles de voler du pain et des alimens. N'ayant plus aucune ressource pour vivre, elle allait dans les champs, se nourrissant de toute espèce de végétaux, de toutes les plantes, de toutes les racines qui s'offraient à elle; mais privée de la faculté que possèdent les animaux herbivores, de distinguer les propriétés nuisibles ou favorables de ces substances, elle finit par s'empoisonner.

Comme vous le voyez, sa tête est petite; les parties instinctives prédominent, et l'organe de l'alimentivité est fort développé. Denise avait en outre une inflammation de l'estomac, une gastrite.

Je puis citer, d'après le docteur Place, un cas pathologique, qui tend à établir l'existence et la position de l'organe qui nous occupe. J'en rapporterai un autre aussi concluant tout-à-l'heure, en parlant de la biophilie.

Une servante âgée de trente ans environ, fut

16

traitée pour une céphalalgie interne, occupant la région latérale gauche de la base du crâne, en avant de l'oreille, et s'étendant assez profondément dans le cerveau, au dire de la malade. L'estomac était simultanément enflammé, et dénotait tous les symptômes d'une gastrite aiguë. Application de sangsues à l'épigastre, répétée sans amendement dans les symptômes inflammatoires de l'estomac, ni dans ceux du cerveau. La malade ne se trouvait soulagée instantanément que, lorsque à la dérobée, elle satisfaisait l'appétit qui la prenait; mais elle rejetait à l'instant ces alimens, même les boissons les plus légères. Une forte application de sangsues derrière les oreilles et enfin à la région temporale, repétée deux fois, et suivie de l'application constante d'eau glacée après leur chute, tempérèrent la douleur intense de cette région, et alors seulement, et sans nouvel usage de sangsues, l'état inflammatoire de l'estomac s'amenda, au point de ne plus rejeter les boissons, et de pouvoir même supporter une légère alimentation, prudemment graduée.

La malade, après guérison, resta assez bien portante pendant six semaines. Elle subit alors une rechute, à la suite d'une indigestion. Les accidens furent les mêmes, quoique moins intenses, et la céphalalgie, au lieu d'occuper cette fois la région temporale gauche, se faisait sentir à la même partie, du côté opposé, en acquérant un haut degré d'intensité vers la région profonde; douleur que la malade exprimait par l'image d'une lame de couteau qu'on lui enfoncerait en avant de l'oreille, et à-peu-près jusqu'à la ligne moyenne de la tête.

Cette observation couclut tout-à-fait en faveur des affections sympathiques du cerveau avec l'estomac, et réciproquement; et lorsqu'on la rapproche de plusieurs autres faits aussi frappans, bien connus des phrénologistes, et consignés dans leurs ouvrages, il n'est plus permis de conserver de doute à cet égard.

Indépendamment de la grandeur de l'organe de l'alimentivité chez chaque individu, il faut encore avoir égard à d'autres circonstances, si on veut étudier son action, et se faire une idée de l'intensité de ses manifestations. Le besoin d'alimentation varie non - seulement chez les différens hommes, mais chez les diverses nations. L'appétit de l'habitant du Nord est bien plus insatiable que celui de l'homme du Midi. On a remarqué à l'armée et dans les hôpitaux, que les Alsaciens et les Flamands mangent bien plus que les hommes des autres provinces. La sobriété des Espagnols est devenue proverbiale ; et cependant, lorsque ce peuple découvrit l'Amérique, les Indiens étaient effrayés de sa voracité. On connaît la tempérance des Arabes : voyez combien l'organe de l'alimentivité est petit sur le crâne de cet Algérien.

En demeurant dans nos climats, et en nous prenant nous-mêmes pour exemple, ne savons-nous pas que nous mangeons beaucoup moins en été qu'en hiver ? Si nous voyageons, notre appétit se modifie sans cesse avec les climats que nous parcourons successivement. Lorsque des Européens, transportés dans les contrées intertropicales, excitent artificiellement leur appétit, et prennent une nourriture abondante, hors de proportion avec leurs besoins dans ces brûlants climats, il en résulte des congestions inflammatoires qui font succomber les trois-quarts de ceux qui se rendent aux Antilles, et dans tous les pays voisins de la ligne. Vous voyez donc combien est grande ici l'influence des circonstances extérieures sur les manifestations de l'organe qui nous occupe.

La nutrition étant indispensable à la vie, la nature a attaché un plaisir à la satisfaction de ce besoin, et des douleurs cruelles à une abstinence trop prolongée. A cet égard, elle s'est montrée aussi attentive pour les animaux que pour l'homme. Chez celui-ci comme chez ceux-là cependant, on connaît de nombreux exemples d'individus qui se sont laissés volontairement mourir de faim. L'homme qui persiste dans une aussi funeste résolution, sent faiblir d'abord ses forces physiques, intellectuelles et morales ; puis, par une heureuse et inévitable réaction, il se ranime, il se redresse, il s'agite, il se révolte, il souffre de cuisantes douleurs, et son sang bouillonne dans ses veines ; mais bientôt cette excitation cède à son excès même ; le malheureux affamé retombe dans l'affaissement ; et, après plusieurs alternatives semblables, après plusieurs congestions inflammatoires, il tombe enfin, sans pouls, sans chaleur, sans voix, pour ne plus se relever. Lorsque le corps est épuisé par le jeûne, il faut des vêtemens plus chauds, des couvertures plus épaisses ; encore a-t-on souvent beaucoup de peine à réchauffer les extrémités. On sait que, lors de la désastreuse retraite de Moscou, la privation d'alimens multiplia beaucoup les cas de congélation mortelle.

Quant à l'esprit, on serait souvent étonné de la lucidité des idées des personnes qui supportent l'abstinence ; on serait surpris de la précision lumineuse de leurs discours : leur discernement, leur sagacité, leur improvisation, leurs à-propos ont parfois toute la soudaineté du génie. Il en est de même du caractère : leur langueur, leur tristesse se transforment souvent et tout-à-coup en élans de joie, en puérils éclats de gaîté. L'imagination de ceux qui jeûnent a la même mobilité que celle des enfans ; mais elle s'éclipse bientôt : toute application d'esprit devient chez eux impossible. Toutefois le Corse Viterbi qui s'est laissé mourir de faim dans sa prison, a conservé assez de force de tête, jusqu'au seizième jour de sa lente agonie, pour décrire heure par heure les tourmens de cette longue inanition volontaire, qui devait le ravir à l'échafaud. Lorsque la soif, qui paraît être ce qui tourmente le plus dans une longue abstinence, venait l'assaillir avec ses plus poignantes douleurs, cet homme d'une trempe extraordidaire se rinçait la bouche avec de l'eau fraîche, et avait ensuite assez d'empire sur lui-même, pour la rejeter jusqu'à la dernière goutte.

La résistance au besoin impérieux de la nutrition n'est pas la même chez tous les hommes ; ainsi, celui que domine habituellement un violent appétit, succombera plus vite ; les hommes jeûnent plus difficilement que les femmes, parce que leur vie est plus active ; les enfans et les jeunes gens plus difficilement que les hommes, à cause de leur croissance : l'enfant meurt d'abstinence avant son père ; le malheureux Hugolin survit à tous ses fils, et leurs douloureuses angoisses augmentent l'horreur de son désespoir.

Cependant des circonstances particulières, comme certaines maladies, permettent de supporter, sans danger, une abstinence parfois très-prolongée, et on a des exemples d'hommes sains qui ont vécu assez longtemps sans nourriture.

On a vu des ouvriers mineurs demeurer ensevelis quatorze, et même seize jours, sous des terres subitement éboulées, et dont le rétablissement a été ensuite assez prompt. Haller cite plusieurs vieillards, surtout des femmes, qui avaient strictement jeûné des mois entiers sans mourir. « Je sais, dit M. Isidore Bourdon, qu'il a existé un insensé mystique qui, s'imaginant follement être le Christ en personne, resta les quarante jours du carême sans laisser pénétrer dans son estomac aucun aliment ni boisson. » A l'égard de personnes malades, on a cité même de nos jours, quelques faits de l'authenticité desquels je ne voudrais point me porter garant. Le *Journal de Milan* a parlé d'une fille qui vécut sans alimens ni boissons, dans un état de léthargie tétanique, pendant deux ans et demi. Le *Répertoire de Turin* a cité une autre fille, âgée de quarante ans, qui perdit l'appétit peu à peu, et resta une première fois quarante jours sans boire ni manger, puis une autre fois, quatre mois. Au dire du docteur Fenaud de Missole, une autre personne serait restée dix-sept mois dans une abstinence complète.

Lorsque la faim commande en maître, presque tous les autres sentimens semblent disparaître, ou du moins se taisent à la voix puissante de ce premier des besoins. Qui ne connaît des histoires lamentables de marins qui se sont entre-dévorés, après une longue abstinence, pour échapper aux angoisses d'une mort certaine, sans cette horrible résolution ? Tout le monde a lu la terrible histoire des naufragés de la *Méduse*. Opposons à ces affreux souvenirs la relation d'un fait récent et honorable. Surpris naguère par une inondation, et réduits à vivre dans un petit espace ; incertains d'ailleurs d'un secours qu'ils osaient à peine espérer, et dont l'arrivée ne pouvait pas être prochaine, des mineurs de Saint-Etienne se partagèrent fraternellement le pain que l'un d'eux avait apporté pour son déjeuner ; et un autre, qui avait pris un repas chez lui, immédiatement avant la catastrophe, loin de le cacher, le déclara généreusement ,ajoutant qu'il ne participerait point au partage.

Si une abstinence trop prolongée peut produire de graves accidens, il en est de même des excès contraires, qui sont malheureusement bien moins rares. Peu de vices se rencontrent aussi communément dans certains climats que l'ivrognerie et la gourmandise, quelque funestes que soient leurs conséquences. C'est ici surtout, qu'une sage modération est nécessaire, et devient une des règles les plus essentielles de l'hygiène. Ce mot célèbre du grand Frédéric, que *les soldats ont le coeur dans le ventre*, ne doit s'entendre que d'une nourriture abondante, sans excès; car l'homme qui a trop bu ou trop mangé, n'est bon à rien. Indépendamment des accidens graves qui résultent d'un pareil abus pour l'économie animale, rien n'est plus dégradant pour l'homme que cette avide voracité et cet abus dépravé des boissons, qui le ravalent au-dessous de la brute. Depuis quelques années, il s'est établi, aux États-Unis et ensuite en Angleterre, des sociétés de tempérance qui ont déja produit les plus heureux résultats, parce que leurs principes reposent sur une saine physiologie. M. le colonel Raucourt, le fondateur de l'*Institut de la morale universelle*, a aussi obtenu à cet égard, comme sous bien d'autres rapports, les plus beaux et les plus étonnans succès, en ne parlant à l'homme que de ce qu'il voit, de ce qu'il comprend ; en lui montrant, par exemple, les effets physiques de l'ivrognerie ; en lui faisant sentir que, lorsque sa volonté est dominée par un besoin exagéré, ce n'est plus lui qui est le maître, et qu'il devient alors l'esclave de sa sensualité.

Lorsque l'organe de l'alimentivité est très-prononcé chez un individu, il n'a pas toujours pour résultat une gloutonnerie dégoûtante ; il forme aussi ces fins gastronomes qui, tout en mangeant beaucoup, se montrent en même temps très-délicats sur le choix des mets. On peut citer dans ce genre M. Brillat-Savarin, conseiller à la cour de cassation, le spirituel auteur de la *Physiologie du goût*; M. Henrion de Pensey, qui disait un jour au savant marquis de Laplace, à propos d'une nouvelle découverte astronomique : « Je regarde la découverte d'un mets nouveau qui soutient l'appétit et prolonge nos jouissances, comme un événement bien plus intéressant que la découverte d'une étoile ; car on en voit toujours assez. »

L'organe de l'alimentivité est très-développé sur la tête de Mirabeau, faible chez Napoléon.

Il n'existe pas au même degré chez tous les

animaux. Il est très-remarquable chez les singes et les quadrupèdes carnassiers, et sa position est la même que chez l'homme ; on le trouve chez tous les animaux voraces, comme continuation et ampliation de l'organe de la destructivité. Chez les oiseaux, on le voit au-dessus et un peu au-dedans de l'angle orbitaire externe. M. Vimont cite comme l'ayant très-prononcé, le cormoran, le canard et tous les oiseaux remarquables par leur extrême voracité. Il est grand aussi chez le lion, le tigre, l'hyène, les oiseaux de proie, l'aigle en particulier, les serpens ; et cependant ces animaux carnivores restent quelquefois de longs jours privés d'alimens, sans en souffrir. Leur sang, plus riche et plus excitant que celui des herbivores, continue de subvenir aux besoins de la vie ; mais quand une fois la source de cette excitation vient à tarir, alors les phénomènes de la faim se transforment en manifestations de rage et de fureur. Ces longues et fréquentes abstinences ajoutent encore à la maigreur qui caractérise naturellement les carnassiers, et cette maigreur rend en eux la faim plus tourmentante ; car ces dépôts de graisse dont les herbivores sont ordinairement surchargés, sont, en quelque sorte, des magasins de prévoyance où puisent les organes affamés, dans les temps de disette.

A. V. Biophilie.

L'organe de la biophilie, ou de l'amour de la
vie n'avait pas été soupçonné par Gall ni Spurzheim ; il a été découvert par M. Vimont. Ce savant phrénologiste étudiait les mœurs de plusieurs lapins vivant en communauté : il en remarqua un qui fuyait au moindre bruit ; il le
sacrifia, et examina son cerveau : la partie inférieure et interne du lobe moyen fut trouvée double de ce qu'elle était chez les autres lapins, auxquels celui-là avait été comparé. Depuis, le même
organe a été reconnu dans les autres animaux
et dans l'homme. Un fait pathologique, cité par
M. le docteur Benoist, servira à constater à vos
yeux l'existence et la position de cet organe.

Une demoiselle, agée de vingt-un ans, d'un
tempérament lymphatico - nerveux, fut prise
d'une douleur fixe à la région temporale gauche,
accompagnée de délire, vomissemens et fièvre.
Ce qui frappait le plus, lorsqu'on approchait de
la malade, c'est cet accablement général qui précède toujours les affections graves, surtout celles du cerveau. Elle se plaignait d'une vive douleur vers la partie souffrante, et y portait continuellement la main, comme pour atténuer l'intensité du mal. Ses membres étaient dans une

grande agitation et semblaient convulsifs; elle poussait des cris perçans, elle se jetait dans les bras des personnes qui entouraient son lit, les conjurant de la sauver de la mort. Puis tout-à-coup, elle demandait à manger avec une persévérance qui frappait les assistans, et leur reprochait de la laisser mourir d'inanition. Au moyen d'un traitement convenable, qu'il serait superflu d'indiquer ici, M. le docteur Benoist fit diminuer les symptômes et l'intensité du mal. La malade n'était plus assiégée des mêmes terreurs; elle ne demandait plus à manger, et son estomac s'habitua peu à peu à supporter la nourriture.

Remarquez, messieurs, que la partie du cerveau où les douleurs se font sentir, est précisément celle où les phrénologistes ont placé les organes de l'alimentivité et de l'amour de la vie. Aussi, quelle est la nature du délire? La malade est tourmentée d'une crainte exagérée de la mort; elle appelle ses parens, ses amis; elle les fait, pour ainsi dire, assister à son convoi. Puis, au milieu de ses lamentations, elle demande à manger avec une persévérance si grande, que c'est avec peine qu'on peut se défendre d'accéder à ses désirs. Pendant le délire, la malade n'avait pas conscience d'elle-même; elle ne pouvait raisonner la gravité de sa maladie; ce n'est donc pas à la pusillanimité qu'il faut attribuer ses terreurs.

M. Dumoutier, et après lui plusieurs phrénologistes, ont remarqué que l'organe de la biophilie est très-saillant chez les hommes profondément égoïstes ; chez ceux qui ne s'occupent que d'eux-mêmes, dont toutes les pensées, toutes les actions ne reçoivent d'impulsion que de ces deux idées : *Moi et Vivre !* Lorsque cette tendance s'annonce chez un enfant, on doit faire les plus grands efforts pour y mettre un frein. Il faut lui apprendre par des discours, et surtout par des exemples souvent répétés, à secourir son semblable, et même, s'il le faut, à savoir s'imposer pour cela certaines privations ; il faut combattre chez lui une peur exagérée de la mort, non pas en lui en faisant un effrayant tableau, qui ne ferait qu'aggraver le mal, mais en lui citant souvent des trépas glorieux, soit sur les champs de bataille, soit dans d'autres circonstances où un homme de bien et de courage n'a pas balancé à sacrifier sa vie pour sauver celle d'un autre. Ne craignez pas même, s'il est nécessaire, de le faire assister quelquefois aux derniers momens de ces personnes qui s'éteignent avec une résignation et une sérénité qui semblent leur faire encore retrouver le bonheur aux bords de la tombe. Il ne faut négliger aucun moyen d'atténuer chez lui cette terreur trop grande de la mort, qui ferait le supplice de sa vie.

L'organe est très-faible au contraire chez les suicidés, lorsque la résolution de s'ôter la vie, est chez eux le résultat de longues réflexions. Vous en avez un exemple dans cette tête de la la veuve Landon, que je vous présente. Cette malheureuse, désesperée de quelques mauvais propos qu'on avait tenus sur son compte, prit la déplorable résolution de s'arracher la vie, et exécuta ce sinistre projet en se coupant la gorge avec un couteau de cuisine. Permettez-moi de vous lire le procès-verbal relatif à son suicide ; vous y trouverez un nouvel exemple du degré de certitude que peuvent atteindre les appréciations phrénologiques.

Procès-verbal de l'examen phrénologique de la veuve Landon, suicidée.

Sur l'invitation qui nous a été faite par le docteur Paloue, médecin du 12e arrondissement, nous soussigné, commissaire de police du quartier de l'Observatoire, avons requis M. Dumoutier, professeur de Phrénologie, pour nous donner son opinion sur les motifs du suicide de la veuve Landon , et déclarons ne pas avoir laissé échapper un mot qui pût mettre l'observateur sur la voie des faits dont il allait s'occuper.

Après avoir introduit M. Dumoutier dans la chambre où gisait le cadavre, dont la tête seulement était découverte, et dont le col était entouré d'une cravate; en la présence de M. Liébert, secrétaire attaché à notre commissariat, M. Dumoutier procéda à son examen phrénologique ainsi qu'il suit :

« Cette personne était d'un naturel bon et affectueux. Elle tenait à ses habitudes et devait être *très-persévérante;* elle était très-attachée aux personnes à qui elle avait accordé son amitié; elle aurait été très-bonne mère.

« Lorsqu'elle eut des accès de colère, ils ont été violens, et elle cassait volontiers ce qui était sous ses mains. Elle a dû manifester souvent de la tristesse , faire part de ses idées noires; elle était d'un caractère soupçonneux et s'inquiétait de l'avenir. Elle faisait grand cas de l'opinion qu'on pouvait avoir d'elle, et devait tenir beaucoup au *qu'en dira-t-on? qu'en pensera-t-on?* Elle avait des sentimens religieux, elle était croyante aux dogmes de sa religion, elle était probe et juste dans ses relations. Laborieuse, économe, ayant de l'ordre et de la dextérité, elle

devait posséder quelque talent et devait se suffire à elle-même par son travail. Son intelligence pouvait éclairer ses décisions, mais ne
paraît pas avoir reçu toute la culture dont elle
était capable. Les mémoires des mots et des
époques n'étaient pas très-actives, aussi devait-
elle apprendre difficilement par cœur, et oublier
facilement les dates, ou n'avoir qu'une conscience imparfaite de la durée. Au contraire, la mémoire des formes et celle des lieux lui permet-
taient de reconnaître aisément les personnes
qu'elle avait vues, les endroits par lesquels elle
avait passé, et lui rendaient agréables les vues
et les sites pittoresques. Elle pouvait être sensible à la musique, et plus particulièrement à la
musique religieuse. En résumé, les motifs de la
fatale résolution de cette femme, me semblent
devoir être attribués à une aliénation mentale,
du genre des *lypemanies* (manies tristes), qui re-
connaîtraient pour cause éloignée son extrême inquiétude pour l'opinion qu'on pouvait avoir d'elle,
l'exaltation des sentimens religieux et de celui du
devoir et de la justice ; et quelques anciennes affections froissées, soit par de l'indifférence ou
toute autre manière, circonstances qui sont venues s'ajouter à une activité excessive ou maniaque des facultés du courage et de la destruction. »

17

Le dire annoncé dans le procès-verbal est de la plus exacte vérité, et nous en confirmons toutes les circonstances.

Le Commissaire de police du quartier
de l'Observatoire,

GOURLET.

Le Secrétraire,

LIÉBERT.

Extrait du registre-journal de M. Gourlet, commissaire de police du quartier de l'Observatoire, et résumé du procès-verbal fait à l'occasion du suicide de la veuve Landon, le 11 mai 1833.

Il résulte de l'enquête faite et de la déposition des personnes entendues, que la plupart des observations faites par M. Dumoutier, apres l'inspection du crâne, se trouvent confirmées; que la veuve Landon était en effet d'un caractère bon et sensible; qu'elle était d'une conduite fort régulière et d'un commerce agréable, mais susceptible; qu'elle était dévote, et qu'elle l'avait été même davantage, car on a trouvé chez elle sa correspondance avec un curé; qu'elle était sobre, rangée, économe; qu'elle excellait dans les travaux à l'aiguille, dont elle faisait son état, comme brodeuse en tout genre; qu'elle avait un goût bien prononcé pour la musique, ce qui l'avait conduite à pincer elle-même de la guitare ; qu'elle était aimante et qu'elle en avait donné des preuves envers son mari qu'elle affectionnait beaucoup ; que son amour pour les enfans était réel ; qu'elle en avait eu deux qu'elle perdit, ce dont elle eut tant de chagrin que cela alla jusqu'à altérer sa santé ; et qu'en dernier lieu, elle avait bien montré le soin qu'elle prénait de sa réputation, puisqu'elle avait l'esprit frappé que l'on parlait mal d'elle, et que l'on voulait l'arrêter pour la conduire dans un hôpital.

Pour extrait conforme du registre des procès-verbaux.

Paris, ce 14 mai 1833.

Le Secrétaire du bureau de police,
LIÉBERT.

On a publié dans un tableau que je reproduis ici, l'analyse des têtes de neuf suicides : on y voit quelles sont les conditions physiologiques qui conduisent le plus souvent à cette fatale résolution.

SUICIDES.

	1. Sᵗ-Simon.	2. E ***	3. C ***	4. Thuillier.	5. Vᵉ Landon.	6. D ***	7. Marguaine	8. Granié.	9. Michelet.
Destructivité...	Forte.	Très-forte.	Assez-forte.	Très-forte.	Assez forte.	Très-forte.	Très-forte.	Très-forte.	Très-forte.
Fermeté.........	Modérée.	Forte.	Forte.	Très-forte.	Forte.	Modérée.	Très-forte.	Extrᵗ. forte	Forte.
Courage..........	Assez fort.	Très-fort.	Fort.	Modéré.	Très-fort.	Très-fort.	Très-fort.	Extrᵗ. fort.	Fort.
Biophilie	Faible.	Très-faible.	Modérée.	Faible.	Modérée.	Très-faible.	Modérée.	Modérée.	Très-faible.
Espérance.......	Modérée.	Faible.	Très-faible.	Très-faible.	Très-faible.	Modérée.	Modérée.	Modérée.	Très-faible.
Circonspection.	Assez.	Très-forte.	Forte.	Modérée	Assez-forte.	Assez-forte.	Modérée.	Extᵗ. faible.	Très-forte.
Approbativité..	Modérée.	Modérée.	Très-forte.	Très-forte.	Très-forte.	Forte.	Forte.	Très-forte.	Forte.

Vous pouvez juger à-présent de cette singulière opinion, qui veut qu'il y ait de la lâcheté à
se tuer, comme si la nature, qui tient à la conservation des individus, n'avait pas donné à chacun de nous une certaine crainte de la mort; ne
nous inspirait pas une certaine horreur à l'idée
d'une dissolution prochaine. Vous voyez au contraire, que le courage est très-prononcé, ainsi
que la fermeté, chez les différens suicides que
je viens de citer. C'est qu'en effet il faut beaucoup
de fermeté et de courage pour concevoir, mé-
diter et exécuter un acte de cette nature. L'opinion contraire, je le sais, a été avancée par des
hommes qui ont cru y trouver un argument
contre l'immoralité d'une action qu'ils désap-
prouvent. A cet égard, leurs intentions sont fort
louables; mais leur zèle est-il bien éclairé ? Lorsque notre propre conviction, lorsque des faits
nombreux viennent démentir les raisonnemens
sur lesquels se fondent les conseils qu'on nous
donne, la morale qu'on nous prêche, pense-t-on
qu'on aura pu produire sur notre esprit une conviction salutaire et profonde? Non, messieurs,
tout raisonnement, de quelque ordre qu'il soit,
qui ne repose pas sur des faits bien positifs, bien
constatés, ne peut produire sur nous qu'une
impression éphémère, qui se dissipe aux premiè-

res lueurs de la vérité. Certes, il y a de bien meilleures raisons à donner contre le suicide, qu'une accusation bannale et fausse de lâcheté. On peut lire à ce sujet quelques pages éloquentes de J.-J. Rousseau, qui cependant a fini très-probablement par se suicider lui-même.

Ce qui aura dû vous frapper encore, dans le tableau que je viens de citer, c'est le peu de développement des organes de la biophilie et de l'espérance sur toutes ces têtes de suicides. On conçoit en effet que l'homme dont la vie n'est point heureuse, et dont la sombre imagination ne sait enfanter qu'un avenir de misère et de souffrances, cherche à sortir d'une vie à laquelle il tient peu du reste ; et que, si en même temps les organes de la fermeté, du courage et de la destructivité sont fortement prononcés chez lui, il ne doit pas reculer devant la déplorable résolution de sortir violemment de ce monde.

Le suicide est malheureusement beaucoup plus commun qu'on ne l'imagine. D'après M. Guerry, on a compté en France, de 1827 à 1830, près de dix-huit cents suicides par an, tandis que le nombre moyen des assassinats a été de six-cent environ. On a remarqué aussi, que les départemens où on compte le plus de suicides, sont ceux où il se commet le moins d'assassinats ;

ce qui fait voir que ces actes n'ont pas une origine commune et doivent être attribués à des
causes différentes. Recherchons quelles sont celles que l'observation donne le plus communément au suicide : elles sont de plusieurs genres.

1° *L'organisation.* Vous avez déjà vu quelles
sont les formes de tête qui portent le plus l'homme à la destruction de lui-même. Tous ceux qui
se sont tués, après avoir long temps medité leurs
sinistres projets, présentent, à peu de chose près,
la même conformation. Celle-ci est souvent différente, lorsque le suicide est le résultat d'une
résolution brusquement arrêtée, sous l'influence
de quelque événement extraordinaire.

2° *L'hérédité.* Cette cause se rattache sans
doute à l'organisation et devient ainsi une forte
preuve en faveur de la Phrénologie. Quant à son
existence, elle ne peut pas être revoquée en doute. Il est des familles dans lesquelles la manie du
suicide est évidemment héréditaire, et on doit
chercher à l'y combattre par des croisemens de
races. Barthez ayant perdu une personne qui lui
était très-chère, se reprochait de n'avoir pas le
courage de se laisser mourir d'inanition, comme l'avait fait son père et pour le même motif,
à l'âge de 90 ans.

Jamais, peut-être, cette funeste monomanie

ne fut plus caractérisée que dans la famille Lebas. Madame veuve Lebas avait deux fils : l'aîné, Edouard Lebas, s'était brûlé la cervelle dans le courant de 1832 ; il ne lui restait plus qu'un fils sur lequel les affections de cette malheureuse femme s'étaient toutes concentrées. Madame Lebas et son fils vécurent dans la retraite, soutenus par leur attachement réciproque, pendant près de dix-huit mois. Mais dans les premiers mois de l'année 1834, Lebas fils fut atteint d'une maladie cruelle. L'infortuné ne put résister au sentiment de ses douleurs, ni au spectacle de l'affliction profonde que son état causait à sa mère ; il résolut de mettre fin à ses jours, et le 23 mai 1835, il instruisit de son projet sa mère, alors à Rouen pour quelques jours, par une lettre conçue en ces termes :

« Ma bonne mère,

Depuis quelques jours je ne t'ai pas épargné le récit de mes souffrances physiques et morales. C'était pour te préparer au denouement inévitable d'une aussi affreuse situation : je meurs en te demandant pardon des chagrins que j'ai pu te causer, en te regrettant au-delà de toute expression, et en te priant d'être bien persuadée que, si je ne savais pas combien je puis te devenir à charge de plus en plus, je n'aurais jamais pu me résoudre à te causer une telle douleur.

Et cependant, comment vivre dans l'état où je suis ! Ne prenant de repos ni jour ni nuit, incapable de rassembler deux idées, chaque minute est une heure, et chaque journée un siècle de souffrance pour moi.

Adieu pour la vie ! Puissions-nous nous trouver réunis dans un monde plus heureux ! Je t'embrasse mille fois avant de mourir ; car c'est toi seule que je regrette au monde ; je frémis à l'idée de t'abandonner ! Aussi, mon dernier soupir sera-t-il pour toi, ma bonne, mon excellente mère.

Ton malheureux fils,
Lebas. »

Frappée de terreur à la lecture de cette lettre, Madame Lebas revint en toute hâte à Paris et, s'il était trop tard pour faire abandonner à son fils sa funeste résolution, la pauvre mère eut le triste bonheur de venir encore à temps pour mourir avec lui. En effet, à dater de ce moment, leur porte resta fermée et le silence de lugubre présage qui régna dans l'appartement, éveilla aussitôt les soupçons des voisins. On enfonça la porte, et on aperçut, couchés sur deux lits qui étaient placés l'un près de l'autre, la mère et le fils !....

Auprès de ce dernier se trouvait un réchaud dont tout le charbon était consumé. Tous deux avaient cessé de vivre depuis long temps. (1)

3° *Le sexe.* Le nombre des hommes suicides est trois fois plus considérable que celui des femmes, d'après les statistiques. Ceci est conforme à l'observation que nous avons déjà faite : les organes de la destructivité, de la fermeté et du courage sont en général bien plus forts chez l'homme que chez la femme.

4° *L'âge.* M. Falret a fait à ce sujet des recherches qui établissent que le plus grand nombre de suicides a lieu de 35 à 45 ans : on en compte peu au-dessous de 20 ans, comme au-delà de 70. M. Prévost, de Genève, croit que c'est entre 50 et 60 ans, et puis entre 20 et 30 ans, que les cas sont plus nombreux. D'autres recherches constatent qu'il y a aujourd'hui à Paris beaucoup plus de suicides qu'autrefois, au-dessous de 20 ans, et entre 40 et 60.

5° *L'état de santé ou de maladie.* Sur 133 cas de suicides recueillis par M. Prévost, 58, ou plus

---

(1) **Gazette des Tribunaux.**

des deux cinquièmes, ont eu pour causes des états de maladie, dont 24 aliénations mentales.

6° *Les pays et les climats.* Les pays froids paraissent en général plus favorables au suicide, que les climats chauds. D'après M. Leuret, l'Angleterre est, parmi les états de l'Europe, celui où il s'en commet le plus ; puis viennent la France, la Prusse, l'Autriche, puis l'Italie et l'Espagne, où ils sont très-rares. Il faut pourtant remarquer qu'il y en a aussi très-peu en Russie. En France, le suicide est plus commun dans les départemens du Nord que dans ceux du Midi. Les premiers fournissent un cas sur 9,853 habitans, les seconds, un cas sur 30,876 habitans. On remarque aussi que plus on approche des grandes villes, dans chacun de nos départemens, et plus le nombre des suicides augmente. Ainsi, on arrive dans le département de la Seine, par une progression effrayante, jusqu'à un suicide sur 3,600 habitans. Ce seul département fournit environ le sixième de tous ceux de la France. M. le docteur Casimir Broussais, penche à croire que « la surabondance des suicides, dans le Nord, porte surtout sur la classe des suicides médités ou par dépression morale ; tandis que les suicides accidentels, ou par exaltation, y seraient peu nombreux, mais formeraient la grande majorité de ceux du Midi. »

7° *Les saisons*. Cette circonstance paraît très-influente. D'après les relevés de M. Prévost, voici quel serait l'ordre des mois pour la fréquence des suicides.

En Avril, 19 cas.		En Mars, 10 cas.	
» Juin,	17 »	» Nov.,	9 »
» Août,	17 »	» Sept.,	6 »
» Juillet,	15 »	» Janv.,	5 »
» Oct.,	14 »	» Fév.,	5 »
» Mai,	13 »	» Déc.,	3 »

Les recherches de M. Guerry l'ont conduit à un résultat analogue; suivant lui, les mois d'avril, mai, juin et juillet donneraient le plus de suicides; ceux de novembre et d'octobre le moins.

Dans son travail sur la mortalité dans l'armée française, de 1820 à 1826, M. Benoiston de Châteauneuf indique 12 suicides en été, 11 au printemps, 6 en hiver, et 3 en automne.

Depuis le séjour de nos troupes à Alger, on a remarqué que le vent du désert détermine comme une sorte d'épidémie de suicide. Vous avez pu en voir quelques exemples frappans dans les journaux. Ce vent souffle du Midi, arrive de l'intérieur des terres, où il a longtemps couru sur des sables brûlans; il est excessivement excitant, exalte les fonctions cérébrales, et dispose ainsi au délire et à l'aliénation mentale.

Vous avez pu remarquer que les suicides sont plus fréquens en été qu'en hiver, ce qui semble en opposition avec ce que j'ai dit de l'influence des climats. On a répondu à cela que ce sont les suicides accidentels et non médités qui sont plus communs en été, tandis qu'en hiver ont lieu surtout ceux qui sont le résultat d'une détermination longtemps débattue. Pour moi, s'il m'est permis d'émettre une opinion à cet égard, je pense que ce qu'on a attribué uniquement au climat, tient encore plus à l'état de civilisation des peuples. La Russie ne fera plus alors d'exception et devra marcher la dernière dans l'énumération des états de l'Europe; et on concevra facilement pourquoi le nombre des suicides augmente, à mesure qu'on se rapproche des grandes villes.

8°. *Epoques historiques*. L'histoire constate d'une manière incontestable certaines époques où les suicides se sont considérablement multipliés, sous l'influence de grandes circonstances politiques, de révolutions sociales ou religieuses. Toutes les statistiques prouvent que, dans nos temps modernes, les suicides vont en augmentant dans une désolante progression. On a compté à Paris,

de 1794 à 1804,   107 cas par an,
de 1804 à 1823,   334   »
en 1826,   357   »
de 1830 à 1835,   382   »
en 1835,   477   »

En 1830, il y a eu un suicide sur 3000 habitans ; de 1830 à 1835, il y en a eu un sur 2,094 habitans.

La même progression se retrouve en province et à l'étranger. Ainsi :

En France,

en 1827, on a compté   1,542 suicides,
en 1828,   »   1,754   »
en 1829,   »   1,904   »
en 1830,   »   1,756   »
en 1831,   »   2,084   »

A Berlin,

de 1758 à 1775, il y a eu   45 suicides par an.
de 1788 à 1797,   »   62   »
de 1797 à 1808,   »   126   »
de 1813 à 1822,   »   546   »

A *Hambourg*, il y a eu, en 1827, six fois plus

de suicides qu'en 1821 ; à *Saint-Pétersbourg*, il y en a eu dix fois plus en 1826 qu'en 1810; à *Genève*, il y en a eu 17 par an, de 1830 à 1834, au lieu de 9 qu'on avait comptés, de 1825 à 1829.

9° *L'imitation.* C'est un fait qu'on ne peut révoquer en doute, que l'imitation entre pour beaucoup dans les causes du suicide. Tout le monde connaît ce fait remarquable arrivé à l'armée d'Italie. Une sentinelle se brûle la cervelle avec son fusil dans sa guérite. Dans l'espace d'une semaine, plusieurs soldats mis en faction dans le même poste, s'y suicident. Bonaparte informé de ce singulier événement, fait brûler la guérite, et publie un ordre du jour contre cette funeste folie qui menace de se propager. De ce moment, cette déplorable monomanie cesse, et on n'entend plus parler de soldats qui se soient donné la mort.

A Châlons-sur-Marne, un jeune apprenti de quatorze ans s'ennuyait de ne plus voir ses parens, et répétait souvent qu'il se détruirait; mais on ne faisait pas grande attention à ses paroles. Un jour, son maître l'envoie au grenier, à huit heures du matin. *Bon*, dit-il, *je me pendrai*; et en effet, il se pendit. Le hasard voulut que la fille de la maison montât au grenier avant qu'il n'eût rendu le dernier soupir ; on coupe la corde, on le frictionne, on le saigne au pied, on le rappelle à la vie, et ses premières paroles sont pour s'écrier : *il fallait me laisser mourir.* A la même époque, et dans le courant de la même année 1833, Châlons a compté de nombreux suicides. Trois hommes et trois femmes en démence, cinq autres femmes se sont précipitées du haut de leurs fenêtres. Une s'est noyée dans le canal, et trois dans leurs puits. Un jeune homme s'est enfoncé un morceau de verre dans le cœur ; un autre s'est pendu. Un juif, un vétéran et une autre personne ont suivi le même exemple. Enfin un domestique aliéné s'est ouvert les quatre veines, après avoir tenté d'assassiner son maître et sa maîtresse, qu'il servait depuis longtemps.

10° *La profession, l'ignorance ou l'instruction.* D'après M. Prévost, les professions qui présentent le moins de suicides sont celles des cultivateurs, tandis que les professions lettrées en offrent le plus grand nombre. En France et en Prusse, c'est dans les provinces les plus éclairées, qu'on compte le plus de suicides. En Russie et dans le canton de Genève, la proportion des suicides lettrés aux illettrés est comme 10 à 7. D'après un tableau de M. Balbi, dans tous les pays du monde civilisé, les suicides sont plus communs, là où l'instruction est plus répandue. Il y aurait même, d'après M. Lombard, de Genève 1 suicide sur 24 décès dans les classes industrielles; 1 sur 32, dans les classes aisées, et 1 sur 39 seulement dans les classes manouvrières.

11° *Misère.* En France, selon les calculs de M. Falret, un septième des suicides doit être attribué à la misère. A St-Pétersbourg, c'est un cinquième, à Genève, un quart.

12° *Pertes de fortune.* En France, un vingt-unième, d'après M. Falret; à Genève, un septième, selon M. Prévost.

13° *Passion du jeu.* Un quarante-troisième, d'après M. Falret; un trente-troisième, selon M. Prévost.

14° *Amour malheureux, jalousie.* Selon M. Falret, un dix-neuvième; d'après M. Prévost, un vingt-deuxième; à Saint-Pétersbourg, un cinquième.

15° *Chagrins domestiques.* Un neuvième, selon MM. Falret et Prévost.

16° *Chagrins par suite de calomnie, d'amour-propre blessé, d'ambition déçue, etc.* Un dix-septième. Il faut faire rentrer dans ce cas le suicide du jeune D***, né à Lausanne, étudiant en

médecine à la Faculté de Paris. D'une physionomie insignifiante, bien que régulière, d'un caractère froid, d'une indifférence générale sur
tout, peu actif, et cependant avide de gloire,
il désespéra de jamais réussir, de jamais devenir autre chose qu'un médecin médiocre, et ces
motifs le firent se brûler la cervelle.

17° *Remords*. D'après M. Falret, un dix-septième; selon M. Prévost, un treizième.

18° *Fanatisme, exaltation religieuse ou politique*. Ces cas de suicide sont fort rares.

Je pense qu'on peut ranger dans cet ordre
l'essai de suicide de Saint-Simon, qui désespérait de voir se réaliser les réformes qu'il avait
conçues; et la mort de jeune E***, étudiant en
médecine, ancien interne des hôpitaux civils.

Après cinq ou six ans d'études, vers 1827, il
embrasse avec chaleur la doctrine Saint-Simo-
nienne, et paraît plein d'espérance et d'avenir.
Mais bientôt, au milieu de ses efforts pour réformer les autres, sentant la difficulté, l'impossibilité de se réformer lui-même, il tombe dans le
plus profond désespoir, et prend la funeste résolution de terminer son existence. Un matin,
après sa visite accoutumée dans les salles de l'hôpital, il rentre chez lui, sans rien dire à personne;
il dispose le linge qui doit étancher son sang, se

place sur son lit, et, armé d'un bistouri, il met successivement à découvert ses deux artères crurales, comme pour en faire la ligature : cette première opération achevée, il passe une sonde sous l'artère du côté gauche, et la coupe transversalement ; puis, malgré l'effusion rapide du sang, il a assez de courage et de fermeté pour passer la sonde sous l'artère du côté droit, et la couper à son tour. La mort ne dut pas tarder à suivre.

Il peut exister aussi des causes particulières qui ne se trouvent rangées dans aucune des catégories précédentes. Tel est l'exemple de l'assassin Granié, dont j'ai déjà dit un mot dans la leçon dernière. Condamné à mort pour meurtre de sa femme, dont il était jaloux, et d'un de ses compagnons de détention qui avait eu l'imprudence de le plaisanter ; plein d'audace d'ailleurs et ne reculant devant aucun obstacle, puisqu'il se barricadait chez lui contre la force armée, et que dans la prison même, quand on se présenta pour le garrotter, il s'apprêtait à se défendre, disant que « fussent-ils cent, il les défait tous ; » cet homme prit tout-à-coup une résolution extraordinaire. Convaincu que, s'il mourait sur l'échafaud, ses biens seraient confisqués, et ses enfans réduits à la misère, il résolut de se laisser mourir de faim, et réussit dans ce projet désespéré, après soixante-trois jours d'abstinence, conservant sa raison jusqu'à la fin.

Enfin d'autres fois, il serait difficile d'assigner une cause au suicide, parce que les malheureux qui se sont livrés à cette action désespérée, n'ont laissé aucune trace suffisante des motifs qui ont pu les y pousser. En 1832, les journaux annoncèrent la double mort volontaire de deux jeunes amis, poëtes et auteurs dramatiques pleins d'espérance, Victor Escousse et Auguste Lebras. Le premier était à peine âgé de vingt ans; il était grand, blond, d'un teint vermeil, d'une figure ouverte, d'un abord gracieux, toujours gai, parfois très-enfant. Auguste Lebras, son ami, âgé de dix-huit ans, était au contraire sérieux, méditatif, d'une belle figure pâle, ne riant jamais, solennel dans son langage et circonspect dans ses mouvemens. Victor Escousse se fit connaître d'une manière éclatante par la pièce de *Faruch le Maure*; puis par celle de *Pierre III* : il composa ensuite, avec Lebras, *Raymond*, drame dans lequel tous deux avaient conçu l'idée d'intéresser par les seuls sentimens du cœur. Escousse avait le travail facile, traçait ses rôles à grands traits, improvisait ses compositions à table, à la promenade, au spectacle; Lebras, au contraire, travaillait lentement, s'enfermait, réfléchissait longtemps avant d'écrire, et remaniait sans cesse ce qu'il avait composé. Celui-ci pensait à l'avenir, parlait d'un sort futur, et espérait y trouver des compensations aux misères de cette vie ; celui-là, au contraire, ne songeait pas au lendemain, aimait à obliger son semblable et paraissait se soucier peu de la gloire. Ils tenaient peu à la vie l'un et l'autre : Escousse, parce que c'était chose légère à ses yeux ; Lebras, parce qu'elle ne lui donnait pas ce qu'il en attendait. Ils résolurent tous deux de la quitter le même jour, à la même heure, dans le même lieu. Ils s'asphyxièrent avec du charbon et moururent dans les bras l'un de l'autre : Escousse entraîné par Lebras, sans regrêts, sans hésitation ; Lebras, peut-être par dépit et dans l'espérance d'un sort meilleur, dans un monde plus parfait.

Béranger a consacré une de ses chansons à ce double suicide, et il a inséré à ce sujet, à la fin de son dernier volume, une note que je vous demanderai la permission de vous lire.

« J'ai connu ces deux jeunes gens dont la fin a été si déplorable. Lebras m'avait adressé quelques pièces de vers patriotiques. Sa constitution était faible et maladive, mais tout annonçait en lui un cœur honnête et bon. Malgré l'accueil que je lui fis à *La Force*, où il vint me voir, il cessa de me visiter après ma sortie. Je n'en puis donc dire que fort peu de chose. J'ai bien mieux connu Escousse. C'est à *La Force* aussi qu'il vint me trouver, en m'apportant une fort jolie chanson, que ma détention lui avait inspirée. Alors et depuis, je lui prodiguai les marques du plus vif intérêt et les conseils de l'expérience. Peu de jeunes auteurs m'ont fait concevoir une meilleure idée de leur avenir, moins par ses essais, que par le jugement qu'avec tant de candeur il en portait lui-même. Lors du succès de *Faruch le Maure*, il m'écrivit : *Je me souviens de ce que vous m'avez dit ; ne craignez rien. Mon triomphe ne m'a pas enivré. J'en ai été étourdi tout au plus cinq minutes.*

« Son malheur fut celui qui menace plus ou moins aujourd'hui beaucoup d'hommes de son âge, dans l'espèce de serre chaude où nous vivons. La raison d'Escousse avait acquis une trop grande maturité. Une tête ainsi faite sur un corps d'enfant, n'est propre qu'à flétrir la jeunesse, quand cette précocité n'est pas le rare effet d'une organisation particulière. Elle produit un besoin de perfection qui, ne sachant à quoi s'en prendre, désenchante la vie à son plus bel âge. Je n'attribue qu'à une sorte de découragement la funeste résolution de ce malheureux et intéressant jeune homme. Il y eut aussi fatalité pour Lebras et pour lui à s'être rencontrés avec des dispositions semblables. Loin l'un de l'autre, peut-être tous deux se fussent-ils soumis à leur destinée, qu'ils s'encouragèrent à terminer violemment.

« Une feuille publique a accusé Escousse d'incrédulité absolue. Pour repousser cette accusation, je me crois obligé de citer les derniers mots de la lettre qu'il m'écrivit quelques heures avant l'exécution de son déplorable dessein : *Vous m'avez connu, Béranger ; Dieu me permettra-t-il de voir du coin de l'œil la place qu'il vous réserve là-haut ?*

« Outre les drames de Faruch et de Pierre III, Escousse a laissé des chansons d'un style un peu négligé sans doute, mais empreintes de nobles sentimens et des pensées généreuses qui inspirèrent quelques actions de sa trop courte carrière.

« En 1830, le 28 juillet, il se rendit de grand matin à la place de Grève, y combattit tout le jour, toute la nuit, et se trouva le lendemain à la prise du Louvre et des Tuileries. Après la victoire du peuple, Escousse ne dit mot des dangers qu'il avait courus, et, quoiqu'il fût pauvre et sans appui, ne voulut jamais adresser de de-

mande d'aucun genre à la commission des récompenses nationales. »

Pourquoi l'habile auteur des *Moissonneurs*,
de l'*Improvisateur napolitain* et des *Pêcheurs*, a-
t-il pris la funeste résolution de s'arracher la vie,
au plus beau moment de son triomphe? Qu'on
ne réponde point par cette accusation bannale
portée aujourd'hui contre la société. A quelle
époque de notre histoire les savans et les artistes
ont-ils trouvé autant de facilité que de nos jours
à se créer une fortune brillante, à acquérir une
honorable position sociale? Qu'avait refusé la
société à Léopold Robert? Suisse d'origine, ce
grand peintre arrive en France, et la France fait
tout pour lui : elle l'applaudit avec transport ;
elle lui donne un grand nom, comme elle sait en
faire aux hommes de mérite ; et c'est au moment qu'elle se dispose à le doter d'une fortune,
et à le combler d'honneurs, que le malheureux
s'arrache à ce brillant avenir par une mort violente et coupable, à l'âge de trente-huit ans,
comme s'il avait lui-même désespéré de son
génie !

Au reste, messieurs, quelle que soit la cause
du suicide, connue ou cachée, toutes les fois
que cette funeste résolution est le résultat d'une
délibération longue et réfléchie, l'organe de la

biophilie est faiblement développé, tandis que ceux de la fermeté, du courage et de la destructivité le sont comparativement beaucoup.

L'instinct de l'attachement à la vie se rencontre chez tous les animaux et se montre chez eux de bonne heure. M. Vimont lui attribue les vagissemens de l'enfant au moment de sa naissance, les cris que jètent les jeunes animaux, lorsque quelque chose les effraye, la fuite de quelques autres au moindre bruit, au moindre mouvement de l'air qui les entoure. Ici, tout est instinctif, car l'expérience et le raisonnement ne leur ont pas appris à connaître et à éviter un danger qui se présente pour la première fois. On sait que, au moment d'un danger, beaucoup de femelles d'animaux poussent un cri particulier que leurs petits comprennent très-bien et qui les fait se réfugier sous leur protection. Voyez les poules dans nos basses-cours. N'est-il pas évident que, dans ce cas, c'est encore l'instinct qui agit, et cette manifestation peut-elle être attribuée à un autre organe qu'à celui de l'amour de la vie?

1. Amativité. (1)

Les deux organes que nous venons d'étudier,

______

(1) Un grand nombre de dames me faisant l'honneur d'as-

sont nécessaires à la conservation de chaque individu ; mais la nature qui semble tenir surtout à la conservation des diverses races d'animaux, a dû placer parmi les organes cérébraux, celui qui préside à la reproduction des êtres. On peut voir dans l'ouvrage de Gall, comment ce fondateur de la Phrénologie fut conduit à en faire la découverte. Il est logé dans le cervelet, qu'on regarde jusqu'à présent comme ne contenant que ce seul organe. Dans les enfans nouveaunés, le cervelet est le moins développé de tous les organes cérébraux. Il est au cerveau comme 1 à 13, à 15 et même à 20 ; tandis que, dans l'adulte, il est dans les proportions de 1 à 6, à 7 ou à 8. Il atteint son entier développement de 18 à 20 ans. Dans la viellesse, il diminue fréquemment de volume. Il est plus développé en général chez l'homme que chez la femme, et dans les mâles de tous les animaux, que dans les femelles. Il y a peu d'exceptions à cet égard. L'existence de cet organe ne peut être révoquée en doute ; vous pourrez en juger par le fait suivant.

Monsieur le docteur Félix Voisin voulant s'as-

---

sister à mes cours, un motif de convenance facile à apprécier, m'a fait supprimer à la leçon cet article, que je rétablis ici.

surer par lui-même de la réalité des opinions de Gall et de Spurzheim, entreprit quelques essais crânioscopiques sur des galériens. Après avoir acquis à ce sujet toute l'habitude nécessaire, au moyen d'une longue expérience, il sollicita et obtint de M. Hyde-de-Neuville, ministre de la marine et des colonies en 1828, la permission de visiter nos bagnes et d'y faire les observations qu'il jugerait convenables, dans l'intérêt de la science. M. Voisin a publié depuis le résultat de ses recherches; j'emprunterai, pour vous les faire connaître, les paroles mêmes de l'auteur.

« J'arrivai au bagne de Toulon, dans les derniers jours du mois de novembre 1828. M. Reynaud y remplissait alors les fonctions de commissaire. Il crut d'abord que je me proposais d'en visiter l'intérieur, tant sous le rapport de l'administration, que sous celui du régime alimentaire, et de toutes les autres parties de l'hygiène. Je lui eus bientôt fait connaître le but de ma visite. Si les observations de Gall et de Spurzheim sont exactes, lui dis-je, je dois découvrir, par le simple toucher, les penchans et les sentimens des individus qui, dans cette foule de criminels, ont un caractère à eux, et qui ont dû nécessairement fixer votre attention, non-seulement par la nature de leur délit, mais bien mieux encore, comme je viens de vous le faire entendre, par une manière d'être habituelle, qui a dû nécessiter fréquemment l'emploi de tous les moyens de répression dont vous pouvez disposer. Intéressé que vous êtes au maintien du bon ordre, chargé d'une grande résponsabilité, vous avez dû vous attacher à connaître parfaitement tous ceux dont je viens de vous parler. D'ailleurs, leurs œuvres ne vous ont point manqué; vous avez sur chacun d'eux vos notes particulières, et vous savez seul le mal qu'ils vous ont tous donné. Eh bien! je le répète, si Gall et Spurzheim ont bien observé, je dois, en portant la main sur les têtes de vos détenus, vous dire ce qui les distingue des autres criminels, tout aussi bien que si j'eusse été longtemps comme vous le témoin journalier de leurs manifestations; et je dois, par conséquent, ne pas me tromper, dans la majorité des cas, sur l'espèce d'infraction légale qui les a fait condamner.

« En m'entendant parler ainsi, M. Reynaud, entièrement étranger à l'étude de la Phrénologie, ne revenait pas de sa surprise : il ne demanda pas mieux que de me mettre à l'épreuve. Je pris l'engagement de revenir le lendemain, et, à l'heure convenue entre nous deux, je trouvai, sur un des quais de l'intérieur du bagne, trois cent

cinquante faussaires, voleurs et homicides, parmi lesquels il avait confondu, sur ma demande,
vingt-deux hommes condamnés pour viol. Cherchez ces derniers, me dit-il en souriant, et, si
vous les trouvez, prenez leurs numéros, je vous
attends au secrétariat.

« J'opérai sous les yeux de MM. Sper, chirurgien en chef de la marine de Toulon; Fleury,
médecin en chef; L'Auvergne, chirurgien-major
et Possel, conservateur du musée. Sans parler,
sans dire un seul mot, je soumis à mon investigation les trois cent soixante et douze têtes qu'on
avais mises à ma disposition, et chaque fois que
je trouvais un individu qui me présentait une
nuque large et saillante, je le faisais sortir des
rangs, et je prenais son numéro. Je mis ainsi
hors de ligne vingt-deux individus, et, ma liste
complète, je me rendis en grande hâte auprès
de M. Reynaud, impatient que j'étais de voir de
quelle manière une expérience faite de bonne
foi allait prononcer sur la question majeure que
je m'étais posée : toute faculté prédominante
chez un individu a-t-elle en général un signe extérieur à la surface du crâne ?

« M. Reynaud prend sa liste, je déploie la
mienne. Sans pouvoir me défendre d'une certaine émotion, je fais connaître les numéros que je

viens d'y inscrire, et ce n'est pas sans surprise,
que, sur vingt-deux individus condamnés pour
l'infraction légale dont j'ai parlé, et perdus dans
une foule de trois cent cinquante autres criminels, j'en vois treize se révéler à moi par la seule
inspection de leur crâne : proportion numérique
considérable, qui suffirait à elle-seule, comme
on va s'en convaincre, pour donner la solution
de ma question, et qui montre bien en même
temps l'empire despotique de l'organisation sur
les manifestations des êtres.

« Quelque remarquables que soient ces résultats, m'a-t-on dit, quelque incontestables que
puissent être les faits qui les fournissent, quelle
conséquence rigoureuse néanmoins pouvez-vous
en tirer? Ne voyez-vous pas que la *contradic-
toire* de votre proposition ressort évidemment
de votre expérience même? Examinez : vous avez
vingt-deux individus condamnés pour viol, à
trouver parmi trois cent cinquante autres criminels de tout autre ordre. Eh bien! vous en
découvrez treize. C'est, il est vrai une forte proportion ; mais il en reste neuf, pour arriver à
vingt-deux, et réfléchissez bien que les neuf
autres, que vous avez fait sortir de la foule,
vous ont présenté un grand développement du
cervelet, sans cependant avoir été condamnés

pour manifestation de cet organe; et que les neuf qu'il vous fallait, pour compléter votre nombre, ne vous ont point présenté le signe extérieur; qu'ils sont passés, comme de raison, inaperçus sous votre main, et que cependant ils expient au bagne l'outrage qu'ils ont fait aux mœurs. Ainsi, jugez vous-même de la valeur de la doctrine; voyez si l'on peut s'en rapporter à de pareilles observations, et si l'on a tort de s'élever contre un système qui conduit à d'aussi fausses applications.

« Ces objections sont précises; elles paraissent avoir une certaine solidité. Je vais tout-à-l'heure y répondre. Voyons d'abord si elles vont tenir contre les faits qui me restent à faire connaître. Revenons donc à M. Reynaud, à nos témoins, à nos forçats, à mon expérimentation.

« Chose bien singulière! me dit le commissaire général, les vingt-deux individus que vous avez signalés ne sont pas tous condamnés pour le même délit, ainsi que je viens de vous en convaincre; mais je puis certifier qu'ils sont tous dangereux pour les mœurs; que depuis long-temps ils sont notés dans mon bagne pour être, sous ce rapport, l'objet de la surveillance la plus active, et que, par conséquent, la conformation de leur tête ne vous a point trompé sur la violence de leur penchant particulier.

« Je n'ai pas besoin de faire remarquer tout l'intérêt qui s'attache ici à la déclaration de M. Reynaud : je vais y revenir dans le cours de la discussion. Mais je ne connais pas de fait qui puisse mieux ôter tout prétexte à l'incrédulité, je n'en sais point qui démontre avec plus d'évidence que la faculté dont il est question, quand elle est prédominante, se trahit véritablement à l'extérieur du crâne, par un développement plus ou moins prononcé des fosses occipitales inférieures.

« On peut voir maintenant à quoi se réduit la force de l'objection qu'on m'a faite, et si, chez les vingt-deux individus que j'ai signalés, la forme cérébrale m'a mis une seule fois en défaut. Cependant, comme eu égard au fait en lui-même, il paraîtrait toujours y avoir une espèce de contradiction aux yeux des personnes qui n'ont point étudié la nature humaine dans ses véritables caractères et ses modifications, je vais, en résumant les faits généraux de l'observation, expliquer comment il se fait que les neuf individus que je n'ai pu découvrir, parce qu'ils ne présentaient point une nuque large et saillante, avaient été néanmoins condamnés pour viol ; je dirai aussi pourquoi les neuf autres qui les ont remplacés, pour compléter mon nombre de vingt-deux, et qui m'avaient offert un développement considérable du cervelet, avaient été punis pour des actes entièrement étrangers aux incitations de cet organe. »

Ici, M. le docteur Voisin rappelle que, chez les premiers, l'infraction légale était un accident de leur vie, c'est-à-dire, qu'ils s'étaient rendus coupables d'une chose à laquelle les prédisposait le moins leur constitution. Les informations prises sur les causes de leur condamnation lui apprirent que c'était dans un état complet d'ivresse qu'ils s'étaient livrés au crime qui les avait conduits au bagne. Quant aux autres, ils avaient été condamnés pour d'autres méfaits ; mais la déclaration de M. Reynaud a suffisamment montré quelles étaient à cet égard leurs coupables inclinations. Ainsi, pour la Phrénologie, l'expérience a été aussi complète que possible.

L'organe de l'amativité est très-faiblement développé, comme vous pouvez le voir sur la tête de Walter-Scott, dont les romans se font remarquer par leur extrême chasteté ; sur celle du mathématicien anglais Hairy, professeur à l'Université de Cambridge. Il ne se maria jamais, et vécut dans la chasteté la plus absolue. Vous pouvez voir que cet organe est au contraire très-saillant sur les têtes de Lamarque, de Gall, et surtout sur celle-ci, qui a appartenu à un avocat anglais, nommé Smith, qui fut déporté pour crime de viol.

SIXIÈME LEÇON.

Philogéniture. — *Habitativité.* — *Affectionivité.*
— *Combativité.*

2. Philogéniture.

Messieurs,

Parmi les animaux le plus haut placés dans l'échelle zoologique, lorsqu'un jeune sujet vient au monde, il ne peut pas se suffire à lui-même, et il périrait infailliblement, sans la sollicitude empressée que mettent ses parens à lui fournir la chaleur et la nourriture dont il a besoin, pour soutenir sa frêle existence. Cette impulsion primitive des animaux, qui les porte à aimer leurs petits et à leur consacrer les soins les plus tendres et les plus affectueux, a sa cause dans l'encéphale, et Gall lui a donné le nom de philogéniture. C'est à cet habile observateur que nous devons la découverte de cet organe. Il avait remarqué que les femmes ont en général la tête plus allongée en arrière que les hommes, et que chez les singes, les femelles présentent la même particularité relativement aux mâles. Il fut long-temps à se demander quel pouvait être, parmi les instincts, celui que la femme avait d'une manière si saillante et en commun avec la femelle du singe, lorsqu'enfin l'idée lui vint que ce pourrait bien être l'amour de la progéniture, qui est si prononcé chez les quadrumanes. Ses recherches furent alors dirigées dans ce sens, et l'amenèrent à constater l'existence de l'organe qui nous occupe.

Cet amour pour les petits, précède même leur naissance, non seulement chez l'homme à qui il a été donné de s'occuper de l'avenir; mais même chez la brute qui, dans toutes ses autres actions, ne semble penser qu'au présent. C'est ici surtout que se manifeste la sagesse infinie du créateur. Beaucoup d'animaux construisent d'avance le gîte où doit séjourner leur jeune fa-mille. Le lapin arrache son poil, pour préparer à sa lignée un lit plus chaud et plus mou. Dans la douce espérance d'en voir un jour éclore ses poussins, la poule passe trois semaines entières à couver ses œufs, qu'elle expose alternative-ment, et avec un tact admirable, à des degrés

dè chaleur et de rafraîchissement convenable.
Rien ne la distrait de cette touchante occupation, si ce n'est le soin pressant de sa nourriture, et on en a même vues qui se sont laissées mourir de faim, plutôt que d'abandonner un instant ces objets de leur tendre sollicitude.

Je dois rappeler ici une observation pathologique de M. le docteur Leroi, sur cet organe. Une jeune dame, tout nouvellement mariée, était atteinte d'une fièvre intermittente tierce. Elle se plaignait surtout d'horribles douleurs de tête. A la voir renverser cette partie en arrière, et se frotter continuellement l'occiput avec ses deux mains, qui étreignaient convulsivement cette région, M. Leroi conjectura que là était le siége du mal. Comme c'est là aussi que les phrénologistes placent la philogéniture, ce médecin demanda à la malade si les rêves qui accompagnaient constamment la durée de l'accès, n'avaient pas principalement pour objet les enfans; ce qui fut confirmé par cette jeune femme, qui avoua que, quoiqu'elle n'eût encore que l'espérance de se voir mère un jour, elle ne cessait cependant, durant l'état d'exaltation momentanée résultant de sa fièvre, de s'occuper du sort à venir et des soins à donner aux enfans qu'elle croyait déjà voir autour d'elle.

Vous avez un exemple d'un développement énorme de cet organe sur cette tête, qui fut celle d'une folle, désignée à l'hôpital et dans les collections sous le nom de *la fille aux enfans.* Vous voyez quelle immense quantité de matière cérébrale s'est portée vers cette région, au détriment du reste du cerveau. Aussi l'amour des enfans a été la pensée unique, l'idée fixe, la monomanie de cette malheureuse. Lorsqu'elle était encore libre, elle cherchait à voler dans les rues tous les enfans qu'elle rencontrait, et, plus tard, dans l'hôpital où elle fut enfermée, elle faisait des poupées de tout ce qui lui tombait sous la main. Sa folle imagination animait ces objets de son affection, à qui elle prodiguait alors les soins les plus tendres, et qu'elle environnait de toute la touchante sollicitude de la meilleure des mères. J'ai déjà eu l'occasion de vous dire, en parlant de l'idiote Victoire, que cette fille aimait aussi beaucoup les enfans, et que son plus grand plaisir était de caresser et d'endormir des poupées. Vous pouvez voir que sur sa tête, d'ailleurs si peu développée, l'organe de la philogéniture est considérable, relativement au reste de l'encéphale.

C'est aussi par suite de l'impulsion de cet organe, que presque toutes les petites filles aiment à jouer à la poupée. La nature prévoyante a fait naître de bonne heure en elles un besoin qui les façonne peu-à-peu aux devoirs les plus sacrés, aux fonctions les plus touchantes du beau rôle qu'elles sont appelées à jouer sur cette terre. Pourquoi faut-il que plus tard, plusieurs sacrifient à l'attrait des plaisirs du monde ou à leur simple commodité, le plus beau de tous leurs droits, celui de nourrir leurs enfans? Réfléchit-on bien alors à toutes les conséquences fâcheuses pour la mère et pour l'enfant de cette infraction aux lois de la nature? Les recherches statistiques ont appris que, pour trois enfans nourris par leur mère, qui perdent la vie en bas âge, il en meurt cinq de ceux à qui on donne une nourrice étrangère. C'est que, dans sa sagesse, la Providence proportionne la consistance du lait de la mère à la faiblesse et à l'âge de l'enfant, et ce n'est pas impunément qu'on donne au nourrisson une liqueur trop substantielle, surtout dans les premiers jours après la naissance. On est tellement convaincu de cette vérité à Londres, que les directeurs de l'hospice des enfans abandonnés ne les reçoivent que lorsqu'ils ont été nourris pendant douze à quinze jours par le lait de leur propres mères. D'ailleurs malgré les informations qu'on a prises, est-on toujours bien sûr de connaître parfaitement la nourrice dont on a fait choix? A-t-on assez étudié son moral et son physique? On a vu des enfans mourir dans d'horribles convulsions, parce que une nourrice imprudente leur avait offert son sein, après un violent accès de colère; et on sait que d'autres ont quelquefois été affectés de cruelles maladies héréditaires, dont ils avaient sucé le germe avec un lait étranger.

Cette habitude d'abandonner ses enfans aux soins d'une femme mercenaire n'est pas moins funeste pour la mère. Indépendamment des accidens qui en résultent assez fréquemment, on a constaté qu'avant l'âge de retour, il meurt deux femmes qui n'ont pas nourri, pour une qui s'est acquittée de ce devoir. A cette époque, trois des premières succombent, pour une des secondes, et parmi les survivantes, les dernières ont une vieillesse plus vigoureuse et plus exempte d'infirmités que les autres.

La nature, qui semble tenir surtout à la conservation des espèces, a donné à chacun de nous l'organe de la philogéniture. On ne rencontre heureusement que peu d'exceptions: les mauvais pères sont rares, et les mauvaises mères le sont encore plus. C'est le plus souvent par l'excès contraire qu'on pèche; un amour irréfléchi pour nos enfans fait que nous nous aveuglons sur leur compte, et que nous les trouvons parfaits en tout.

> Mes petits sont mignons,
> Beaux, bien faits et jolis sur tous leurs compagnons,

dit le hibou à l'aigle, qui, un beau jour, croque les petits de son ami, qu'il ne reconnaît pas à ces traits. A cet égard, nous sommes tous un peu hibou. Lorsque cet amour est poussé trop loin, et n'est pas dirigé par la raison, il peut conduire à des résultats déplorables pour le physique et le moral des enfans. On sait ce que sont habituellement les enfans gâtés.

L'organe de la philogéniture ne doit pas être confondu avec la bienveillance, car on le trouve souvent très-énergique chez des individus égoïstes, qui aiment vivement les enfans, et n'ont aucun sentiment de pitié pour les adultes. Il se montre quelquefois très-prononcé même chez les hommes les plus féroces, chez qui on est surpris de rencontrer un sentiment aussi honorable, lorsqu'on n'a pas étudié les anomalies de caractère que présente souvent l'espèce humaine. Vous en avez déjà vu un exemple frappant dans la détermination désespérée de l'assassin Granié; je puis vous en citer quelques autres.

« Lorsque je visitai le bagne de Brest, dit M. Appert, je remarquai à l'infirmerie un condamné qui, de son propre mouvement, avait adopté le fils d'un de ses compagnons d'infortune, mort récemment : c'était avec ses modiques épargnes qu'il entretenait cet orphelin. Il lui enseignait à lire et à écrire, et jamais en sa présence, les conversations des criminels n'étaient immorales et capables de corrompre ce jeune cœur.

« Lorsque je demandai à ce condamné ce qu'il désirait que je fisse en sa faveur, il s'empressa de me recommander son enfant adoptif, faisant une entière abnégation de sa position actuelle et de son avenir. Aujourd'hui l'élève a grandi ; son instruction et surtout sa moralité le font chérir des officiers de la marine, qui, l'adoptant à leur tour, lui ont déjà fait faire plusieurs voyages dont le résultat a tellement développé son intelligence, qu'il peut maintenant espérer une carrière honorable.

« Malheureusement la liberté rendue à son premier protecteur, n'a pas été ce qu'on pouvait en espérer, et à cette heure, celui dont nous venons de tracer le vertueux dévouement, est de nouveau en prison, sous le poids d'une accusation capitale.

« Dans la même salle, continue M. Appert, je remarquai un condamné, dont le teint et la maigreur exprimaient une tristesse et une langueur peu naturelle. Je lui en demandai la cause, et comme il hésitait à répondre, un camarade qui était près de lui, me dit froidement : — Il ne vivra pas longtemps, s'il continue, car il ne mange ni ne boit, pour payer les mois de nourrice de son enfant.—En entendant cette confidence, de grosses larmes coulèrent dans les yeux du condamné, et je n'eus pas besoin de le questionner davantage, pour être convaincu qu'il était excellent père. »

M. Appert qui est devenu phrénologiste en visitant les prisons et les bagnes, cite un troisième fait qui prouve combien est grand l'amour des enfans en général, chez ceux qui possèdent un puissant organe de la philogéniture.

Le condamné Petit, qui a été exécuté au bagne pour assassinat, avait arrêté sur la grande route un pauvre marchand de vin, et lui avait pris 3oo fr., qu'il venait de toucher. Il ne lui fit aucun mal; mais la peur empêcha le marchand de reprendre sa route, et il se sauva jusqu'à Amiens. Petit, après avoir marché une demi-heure, entra, pour se rafraîchir, au premier cabaret qu'il rencontra sur son chemin. Une femme seule était au comptoir ; elle lui servit à boire et lui demanda machinalement, s'il n'avait pas vu son mari. « Je n'attends que le moment d'accoucher, ajouta-t-elle, c'est pourquoi il est allé recevoir 3oo fr. Je suis bien inquiète, car c'est tout ce que nous possédons. Le médecin est à une lieue d'ici ; si j'accouchais, que deviendrai-je ? » Petit, sans lui dire un mot de sa rencontre, a pitié d'elle et de l'enfant qui va naître ; il lui rend le sac de 3oo fr. et court avertir le médecin, qui en effet arrive à temps.

J'emprunte à un travail de M. Casimir Broussais un autre fait de même nature ; il est relatif à Régès, l'assassin de Ramus. Spadassin de profession, pour une somme convenue il accostait celui qu'on lui avait désigné, engageait une querelle, et lui donnait un soufflet : sûr de sa main et fort de sa ruse et de son adresse, il se rendait sur le terrain et expédiait promptement son adversaire. Il avait ainsi à se reprocher huit à dix duels de cette espèce, ou plutôt huit à dix assassinats. Son dernier crime fut l'assassinat de Ramus, dont il détacha ensuite tous les membres un à un, pour les soustraire à tous les regards, ainsi qu'il le raconta lui-même aux assises. Après ce crime il était parvenu à passer à l'étranger. Mais cet homme, qui sacrifie son semblable pour un sac d'argent, apprend dans son asile que son fils est compromis et va passer pour l'assassin de Ramus. A cette accablante nouvelle, cette bête féroce devient un père tendre, tremblant pour l'honneur et les jours de son fils. Il n'hésite pas, il revient au lieu de son crime, et se livre lui-même à la justice. La tête de ce criminel est remarquable par le grand développement des parties instinctives, mais surtout par la prédominance de la philogéniture.

Les phrénologistes ont remarqué que ce dernier organe n'est pas toujours nul chez les femmes infanticides. Il est bien reconnu en effet que des circonstances puissantes exercent quelquefois une influence funeste sur l'intelligence et les sentimens d'une malheureuse dont l'honneur et l'avenir sont compromis ; et que, dans un moment de délire, elle peut se livrer à une action barbare dont elle sera la première à gémir ensuite. Mais lorsque le crime a été prémédité, ce qui est heureusement fort rare, on remarque que l'organe de la philogéniture est à-peu-près nul. La *Gazette des Tribunaux* en a fourni un déplorable exemple, il y a quelques mois. Voici son récit :

« Une des nombreuses maisons de santé qui s'élèvent, élégantes et en bon air, sur la longue ligne des boulevards neufs, au côté Ouest de la capitale, a été dernièrement le théâtre d'une série de crimes qui, dans leur atrocité, dans leurs circonstances, dans leurs combinaisons, présentent une analogie frappante avec les horribles forfaits dont la célèbre marquise de Brinvilliers vint épouvanter la fin du dix-septième siècle.

« De ces tragiques événemens, nous allons rapporter ce qu'il est possible de faire connaître, tenant secrets seulement les noms; non par un sentiment de compassion mal entendue pour le crime, mais par respect pour l'infortune irréparable et sacrée d'une honorable famille.

« Jeune, belle, riche et d'un esprit distingué, Mlle X...... avait épousé, quelques mois après la révolution de 1830, M. N......, dont les qualités personnelles, sa position de fortune et le mérite paraissaient devoir assurer son bonheur; il en devait être autrement cependant : en accomplissant cette union, Mlle X...... n'avait fait que céder à des convenances d'intérêt et de famille; une autre passion avait germé déjà dans son cœur, passion qu'au mépris de ses devoirs, elle ne sut bientôt plus contraindre, bien que son époux, l'entourant des plus tendres soins, du plus sincère amour, l'eût deux fois rendue mère dès les premiers temps de leur mariage.

« Nous ne raconterons pas les égaremens où

Mme N...... fut entraînée par sa passion brûlante. Celui-là même qui l'inspirait en fut effrayé; il recula devant les transports de cette imagination ardente, et pour mettre un terme à des relations qu'il prévoyait peut-être devoir finir par une catastrophe, il résolut de quitter Paris, de fuir, de s'expatrier et d'aller sous un ciel étranger demander aux travaux et aux consolations de la science, un calme et un repos que sa coupable liaison rendait pour lui impossibles désormais dans sa patrie.

« Ce fut au Brésil qu'il se retira, et de là, dans une correspondance remarquable par la rare alliance du sentiment et de la raison, il explique à Mme N...... quels motifs l'avaient décidé à s'éloigner d'elle et à renoncer, sinon à son amour, du moins à un bonheur qu'il ne pouvait goûter pur et sans remords.

« Cette fuite, cette résolution, devaient sauver Mme N......; elles la perdirent. De ce moment une seule idée se présenta fixe et dominatrice à son esprit; son mari était l'obstacle qui s'opposait à sa liberté, à son bonheur; sa mort, le veuvage pouvaient seuls la rapprocher de celui à qui elle voulait consacrer sa vie.

« Quel travail s'opéra dans l'esprit ardent de Mme N......, sous l'obsession de pareilles idées;

comment elle fut entraînée de ses pensées d'amour à une résolution de meurtre et de crime, c'est ce qu'il ne sera donné à personne d'analyser : toujours est-il qu'après quelques mois d'abattement et de douleur, à la suite de l'éloignement de son amant, on la vit reprendre, plus brillante et plus gracieuse que jamais, sa vie de plaisir et de dissipation ordinaire.

« Sur ces entrefaites, M. N......, son mari, dont la santé avait été jusque-là forte et robuste, ressentit quelques indispositions qui bientôt se renouvelèrent assez fréquemment pour faire concevoir à ses amis des inquiétudes. Les médecins appelés ne purent qu'imparfaitement caractériser la nature du mal : c'étaient de sourdes douleurs de la poitrine ; de la faiblesse, des vomissemens contre lesquels échouaient tous les remèdes. On lui conseilla, pour respirer un air plus pur et recevoir des soins plus constans, de se transporter dans une maison de santé, hors du centre et du mouvement de la capitale ; sa femme l'y accompagna, voulut le soigner elle-même et ne le quitta pas, lors même que, sur l'avis des médecins, il essaya pour dernier recours, d'aller respirer l'air natal dans une petite ville du département de la Meurthe. Là, il rendit le dernier soupir dans les bras de son épouse au désespoir.

« Cette mort n'étonna personne; Mme N......
revint à Paris, et après les quelques jours exi-
gés par la rigide étiquette du deuil, elle reparut
plus belle et plus éclatante encore de sa noire
parure et de sa pâleur.

« Ici doit trouver place une circonstance qui
avait précédé de quelques jours seulement la
première indisposition de l'infortuné M. N......,
et qui plus tard seulement fut rappelée et attira l'attention.

« Dans l'intimité de la maison N......, on parlait souvent de cet ancien ami, de ce jeune homme qui s'était fixé au Brésil, et qui s'y livrait à
l'étude de la chimie et des arts métallurgiques.
Mme N...... recevait à fréquens intervalles de ses
nouvelles : un jour, elle montra à une personne
de sa société intime une de ses lettres, dans laquelle il la priait de lui expédier, entre autres
objets, diverses drogues qu'il est impossible de
se procurer à l'étranger, et que la pharmacie de
Paris a seule le secret de préparer avec perfection. L'ami de Mme N......, versé lui-même dans
la science, se chargea de faire cette partie des
emplettes et lui remit quelques jours après, dans
un paquet soigneusement étiqueté et cacheté,
pour prévenir toute erreur ou dangereuse méprise, les drogues dont la note lui avait été con-

fiée, et parmi lesquelles figuraient quelques parties d'acétate de morphine et d'acide prussique. Mme N...... lui annonça à quelques jours de là que tout était expédié et faisait route au-delà des mers.

Mme N...... était veuve enfin, elle pouvait désormais penser à celui qui avait eu son premier amour; elle pouvait lui offrir sa main, sa fortune....... Mais elle avait deux enfans de son union : cette fortune, il fallait la diviser; peut-être son amant ne se trouverait-il pas assez riche....... Elle différa donc le moment où elle lui annoncerait la mort de son mari, où elle lui dirait qu'il dépendait de lui de revenir, s'il l'aimait toujours.

« Bientôt un de ses enfans tomba malade. Elle avait conservé son appartement dans la maison de santé; des soins rapides et éclairés furent prodigués à l'enfant : soins inutiles, en quelques jours il expira dans d'atroces convulsions.

« Il en fut de même du second : la main de la mort s'était étendue sur la famille, celui-ci mourut presque subitement.

« Quant à la mère; elle parut plongée dans le désespoir : bientôt elle s'éloigna d'une maison qui lui rappelait, disait-elle, tant d'infortunes. Elle prit un appartement élégant et riche dans une des rues brillantes de la Chaussée-d'Antin : elle était libre et indépendante désormais, sa fortune était tout à elle ; elle pouvait se bercer de toutes les illusions d'un bonheur acheté si chèrement....

« Mais tant de trépas rapides et imprévus, tant de deuil autour d'une même femme avaient attiré l'attention et donné l'éveil. Des renseignemens avaient été recueillis ; on avait réuni des conjectures, presque des preuves : un mandat enfin avait été décerné contre Mme N......

« A six heures du matin, un officier public, accompagné d'agens pour prêter main-forte à la loi, se présenta donc à son domicile. On sonne, aucun bruit ne répond à l'intérieur ; on frappe, on appelle inutilement. Enfin les sommations voulues par la loi sont faites, et l'on procède à l'ouverture de l'appartement.

« Rien n'était dérangé dans la première pièce ; dans les salons, tout était dans l'ordre et la régularité ordinaire ; on traverse deux autres pièces élégantes, et l'on arrive à la porte de la chambre à coucher qui se trouve intérieurement fermée ; on l'ouvre et on voit alors Mme N...... étendue sur son canapé, belle encore, mais pâle, froide, inanimée, et de sa main droite serrant par une contraction convulsive un flacon d'où s'exhale encore l'amère odeur de l'acide prussique qui l'a foudroyée. »

Chez l'homme, l'organe de la philogéniture n'engendre pas seulement l'amour des parens pour les enfans; mais aussi réciproquement, l'attachement des enfans aux parens. Voilà pourquoi on remarque que ceux qui ont été bons fils deviennent en général de tendres pères. Cet organe manque presque en entier chez les parricides. Vous en avez un déplorable exemple sur cette tête de Boutiller, que je vous a déjà montrée une fois.

La mère de Boutiller, âgée de 68 ans, habitait la rue de Charenton; elle avait pour habitude d'aller chaque matin voir sa fille qui logeait dans le voisinage. Cette dernière ne l'ayant pas aperçue dans la matinée du 29 décembre 1815, conçut des inquiétudes. Pensant qu'elle pouvait être malade, elle se rendit à son domicile, où elle apprit qu'on ne l'avait pas vue descendre.

La porte de la chambre ayant été juridiquement ouverte, on trouve la femme Boutiller étendue sur son lit, baignée dans son sang et frappée de 56 coups de couteau. Le fils Boutiller logeait chez sa mère : bien qu'elle fût pauvre, elle lui offrait chaque nuit un refuge, et chaque soir elle ôtait un matelas de son lit pour le lui donner. Boutiller n'exerçait aucun état. Son caractère farouche et violent fit porter les premiers soupçons sur lui. Le jour de l'assassinat on l'avait entendu se quereller avec sa mère. Le lendemain même du crime, le portier déclara l'avoir vu sortir à 7 heures du matin. Depuis cette époque il avait disparu. Ces indices éveillèrent l'attention de la justice, qui fit vainement alors de cet homme l'objet des recherches les plus actives. Néanmoins l'instruction eut lieu et Boutiller fut condamné par contumace au supplice des parricides. Après 6 ans, le hasard le fit découvrir au bagne de Toulon, où il venait d'être conduit sous le nom de Vincent, pour crime de vol et de désertion.

Avant de tuer sa malheureuse mère, Boutiller déroba les papiers contenant l'acte de naissance et le passeport du nommé Vincent. Ayant falsifié quelques parties du signalement, il résolut de s'en servir pour se soustraire aux recherches qui seraient dirigées contre lui. Il résulte de l'instruction, qu'ayant assassiné sa mère en plein jour et pendant que des paveurs faisaient du bruit dans la rue, il sortit immédiatement, se rendit à l'état-major, où il s'enrôla dans un régiment de ligne, à l'aide des titres qu'il avait soustraits ; alla se divertir ensuite à la Courtille, et rentra dans la chambre de sa mère, auprès du cadavre de laquelle il dormit paisiblement. Le lendemain il se mit en route, se rendit à son corps, croyant que son crime serait pour toujours ignoré. Mais il ne tarda pas à encourir des peines de discipline ; plusieurs vols et la désertion avec armes et bagage, le firent mettre en jugement ; et après avoir été dégradé, il fut conduit au bagne.

A peine y est-il arrivé qu'un de ses anciens camarades de débauches le reconnaît, et, dans son étonnement, l'interpelle par son vrai nom de Boutiller. Celui-ci lui ayant expliqué les motifs qui l'avaient forcé de changer de nom, lui recommande la plus grande discrétion à cet égard. Mais dans l'espoir d'obtenir sa grâce, ou seulement un allégement à sa peine, le confident ne tarda pas à trahir son ami, et Boutiller ainsi reconnu, fut traduit aux assises de la Seine.

Durant le procès, il se renferma dans un système de dénégations complètes, et prétendit ne pas avoir habité Paris pendant les mois d'août et de septembre. Cependant il fut convaincu du crime qui lui était imputé, et condamné au supplice des parricides.

Passant sa vie dans la débauche et l'oisiveté, son caractère était violent et farouche. Aussi sa mère le craignait-elle. L'infortunée pressentait qu'elle mourrait de la main de son fils, et déjà plusieurs fois, elle avait manifesté les plus vives inquiétudes à cet égard.

L'organe de la philogéniture est très-saillant chez Foy, Casimir Périer, le célèbre peintre Horace Vernet, le fameux cuisinier Carème, qui a doté une vingtaine d'enfans. Quelques nations le présentent à un état de développement remarquable; les Nègres, les Indous, les Caraïbes. On sait que l'affection des femmes de ces nations pour leurs enfans est extrème.

Chez les animaux, les femelles l'ont en général plus prononcé que les mâles : ceux-ci même ne le présentent pas d'une manière sensible dans les espèces, où ils demeurent étrangers aux soins à donner aux petits. Il est fort en général chez les oiseaux, excepté chez le coucou, qui ne prend aucun soin de ses œufs, et les dépose, comme on sait, dans les nids des autres.

3. Habitativité.

« En examinant les mœurs des animaux, dit Spurzheim, on trouve que les différentes espèces sont attachées à des régions determinées : la tortue et le canard sont à peine éclos de leurs œufs, qu'ils courent vers l'eau. Quelques oiseaux volent dans les régions élevées de l'air ; d'autres vivent sur la terre ; quelques animaux cherchent une habitation sur les hauteurs physiques, d'autres se plaisent dans les vallées ; quelques oiseaux font leurs nids au sommet des arbres et aux pics des rochers ; d'autres les placent au pied des arbres, ou dans des trous au bord des rivières. La nature paraît avoir voulu que toute la terre fût habitée, et, à cet effet, elle a assigné aux animaux leurs différens séjours par un instinct particulier.

« Parmi les sauvages, il y a des hordes qui s'attachent facilement à un terroir qu'elles cultivent, où elles construisent des habitations et s'établissent, tandis que d'autres continuent la vie nomade.

« Quelques peuples sont extrêmement attachés à leur pays, d'autres sont disposés aux émigrations.

« Quelques personnes sont très-attachées à une habitation ; d'autres changent leurs habitations aussi souvent que leurs habits.

« Peut-être que l'amour de l'agriculture résulte de ce même penchant. Quelques-uns préfèrent la campagne à la ville et se plaisent à cultiver la terre, à semer et à planter. La nature attache généralement du plaisir aux occupations

nécessaires ; or, l'agriculture est sans doute indispensable au bien-être de l'humanité ; elle dépend donc probablement d'une disposition naturelle. »

L'organe de l'habitativité ou de l'attachement
à certains lieux a été découvert par Spurzheim.
Il est très-grand chez les hommes qui tiennent
beaucoup à leur pays, qui ne s'en éloignent
qu'avec regret. Selon M. le professeur Broussais,
il est toujours très-développé chez les jeunes con-
scrits atteints de *nostalgie*, cette maladie cruelle
vulgairement désignée sous le nom de mal du
pays. C'est à cet organe qu'est dû l'amour du sol
de la patrie ; aussi ne se trouve-t-il que faiblement chez les cosmopolites, dont le premier besoin semble être de ne se fixer nulle part, et
qui n'éprouvent jamais de regret de vivre loin
du sol natal. Au contraire, les hommes chez qui
cet organe présente un accroissement considérable, n'abandonnent pas volontiers le lieu de
leur naissance ; et si quelques circonstances les
en éloignent, leur pensées se portent toujours
vers ces objets de leurs plus tendres amours.
C'est là qu'ils ont été enfans, qu'ils sont devenus hommes et qu'ils espèrent et désirent passer
leurs vieux jours. C'est là que reposent leurs ancêtres et qu'ils viendront se réunir à eux. Rien

n'échappe à leur souvenir. Ils se rappellent avec délice les clochers, les édifices, la position des maisons, des places : pas une rue, pas une promenade, pas un arbre n'est sorti de leur mémoire. Cette faculté est en général assez commune et apparaît surtout dans toute son intensité, lorsqu'on revient dans la patrie, après une longue absence.

« Je me rappelle, dit Bernardin de Saint-Pierre, que lorsque j'arrivai en France sur un vaisseau qui venait des Indes, dès que les matelots eurent parfaitement distingué la terre de la patrie, ils devinrent pour la plupart incapables d'aucune manœuvre. Les uns la regardaient sans pouvoir en détourner les yeux, d'autres mettaient leurs beaux habits, comme s'ils avaient été au moment d'y descendre ; il y en avait qui parlaient seuls et d'autres qui pleuraient. A mesure que nous approchions, le trouble de leur tête augmentait. Comme ils étaient absens depuis plusieurs années, ils ne pouvaient se lasser d'admirer la verdure des collines, le feuillage des arbres et jusqu'aux rochers du rivage couverts d'algue et de mousse, comme si tous ces objets leur eussent été nouveaux. Les clochers des villages où ils étaient nés, qu'ils reconnaissaient de loin dans les campagnes, qu'ils se nommaient les uns aux autres, les remplissaient d'allégresse. Mais quand le vaisseau entra dans le port, il fut impossible d'en retenir un seul à bord; tous sautèrent à terre, et il fallut suppléer aux besoins du vaisseau par un autre équipage. »

Tous les peuples ne tiennent pas également au sol de la patrie; les barbares semblent s'y attacher davantage. Parmi les nations civilisées de l'Europe, on cite particulièrement comme ayant cet organe très-prononcé, les Bretons, les Vendéens, les Suisses, les Irlandais, les Ecossais. On remarque les mêmes différences d'homme à à homme. L'organe de l'habitativité fut très-développé chez Schlabrendorff, un des inventeurs du procédé stéréotype en imprimerie. Cet homme singulier, dont voici la tête, avait fini par contracter des habitudes casanières dont on a peu d'exemples.

Gustave Schlabrendorff, né en 1750 d'une famille noble et riche de la Silésie, était fils du comte de ce nom, qui avait été gouverneur de cette province, sous Frédéric II. Philosophe très-instruit, croyant à la perfectibilité du genre humain, il fut un des plus vifs partisans de la révolution française, et voulut s'établir à Paris, pour suivre de plus près la marche de ce grand événement. J'aurai à vous parler plus tard de sa conduite à cette époque; je ne veux vous le montrer ici que sous le rapport de l'organe de l'habitativité. Ayant été mis en prison, cet homme bizarre y contracta les habitudes les plus originales. Il y devint très-négligent sur sa personne, et cette disposition ne fit qu'augmenter par la suite, et fut poussée si loin que, n'osant plus sortir le jour, dans l'état pitoyable où était le seul habit qu'il possédait, il allait prendre ses repas le soir, lorsqu'il était à-peu-près certain de ne pas être remarqué. Cependant, Schlabrendorff était riche et n'était pas avare. Il faisait le plus noble usage de sa grande fortune et dépensa des sommes considérables pour des objets d'utilité générale: C'est à lui que la France doit les perfectionnemens apportés à la stéréotypie par Herhan, qui puisa largement dans sa bourse, et ne retira pas moins de profit de ses avis. Ne faisant jamais renouveler sa garde-robe, il finit par manquer de linge et se trouva réduit à une vieille redingote qu'il porta pendant bien des années sur la peau. Ajoutez à cela une longue barbe qu'il ne coupait jamais, et vous aurez une idée de cet homme, du reste fort aimable et très-instruit, qu'on aurait pris pour un échappé des Petites-Maisons, avant de l'entendre parler. Son logement était d'accord avec son costume : com-

me il ne sortait plus, il était impossible de le
nettoyer; quelques vieux meubles sales et dé-
labrés, trois ou quatre fauteuils ou chaises,
et une multitude de livres et de papiers encom-
braient un petit salon au fond duquel était une
alcove où il couchait. C'est cependant dans ce
logement qu'il n'a cessé de recevoir la visite des
hommes les plus distingués de Paris et de l'é-
tranger, pour qui sa conversation avait tant de
charmes, qu'ils oubliaient bientôt le dégoûtant
spectacle qui s'offrait à leur vue, pour ne s'occuper que de ce qui frappait leur esprit. Des ca-
tarrhes négligés, sa vie sédentaire, des chagrins,
sa malpropreté et l'extrême irrégularité qu'il
mettait dans ses heures de repas, dans son travail et dans son sommeil, amenèrent graduellement une hydropisie de poitrine dont il mourut le 21 août 1824, à l'âge de 74 ans. Il laissa
une fortune immense, estimée à plus de dix
millions de francs. Sa têté a été moulée par Spurzheim, son médecin.

Ce buste de Walter Scott se fait remarquer
par le développement de la même région. On sait
en effet combien ce grand écrivain fut attaché à
l'Écosse, son pays, sur lequel ses admirables
ouvrages ont jeté tant d'intérêt. Walter Scott se
trouvait un jour avec un étranger dans une des

parties les plus sauvages de ses montagnes. « Ce peut être entêtement, prévention, disait-il à son compagnon ; mais ces collines grises, ces frontières sauvages, ont à mes yeux des beautés qui leurs sont propres : j'aime jusqu'à la nudité de cette terre, j'aime jusqu'à sa physionomie sévère, agreste, rustique. Quand j'ai passé quelque temps au milieu de ces riches campagnes d'Edimbourg, semblables à un jardin de luxe surchargé d'ornemens, j'en viens à me souhaiter de nouveau au milieu de mes honnêtes, de mes naïves collines aux teintes grisâtres. Vrai, si je ne voyais les bruyères au moins une fois l'an, je crois que j'en mourrais. »

L'organe dont nous nous occupons, a reçu aussi le nom de *concentrativité*, parce que grand nombre de phrénologistes pensent que c'est par son moyen, que les individus qui le possèdent, parviennent à mettre en jeu simultanément plusieurs facultés, de manière à les concentrer sur un seul objet. M. Vimont l'a trouvé très-développé chez tous les animaux qui sont susceptibles d'une attention soutenue et difficile à distraire, tels que le chien de chasse, quand il est en arrêt, le tigre, le chat, le renard qui ont beaucoup de patience pour guetter leur proie et l'observer. En comparant entr'eux environ sept cents crânes d'oiseaux, M. Vimont a reconnu la même conformation chez tous ceux qui *étudient* leur proie. Selon lui, le cormoran, le héron, le martin-pêcheur offrent cette disposition à un point très-remarquable. Il pense que chez l'homme l'organe de la concentrativité doit occuper la partie supérieure de la région assignée à l'organe de l'amour des lieux. Ainsi cette région contiendrait deux organes au lieu d'un. Il est à désirer que la science fasse à cet égard quelques progrès qui viendront éclaircir cette question.

4. Affectionivité.

L'organe de l'affectionivité ou de l'attachement se trouve à la partie postérieure et latérale de la tête, au côté externe de l'amour des enfans et de l'habitativité. Il a été découvert par Gall, qui lui avait donné le nom d'amitié; mais l'amitié n'étant qu'une de ses manifestations, cette dénomination était insuffisante et a dû être changée. Le père de la Phrénologie avait soupçonné cet organe chez les animaux qui s'attachent à l'homme, surtout chez le chien, et chez les hommes qui se lient facilement, dont l'amitié est vive et sincère, qui sont toujours prêts à sacrifier leurs propres intérêts à ceux des personnes qu'ils aiment. Il fut confirmé dans cette idée par le suicide d'un voleur enfermé dans la prison de Lichtenstein, qui se donna volontairement la mort, afin de ne pas dénoncer ses complices. La partie de sa tête où est situé l'organe dont je parle en ce moment, était très-considérable. Depuis, Gall confirma sa découverte sur un grand nombre de sujets. Le poëte Alxinger, dont on a cité tant de traits de dévouement à ses amis, avait aussi cet organe très-développé. Né à Vienne en Autriche, où il est mort à l'âge de 42 ans; avocat et possesseur de biens considérables, que ses parens lui avaient laissés, Alxinger employa constamment ses connaissances et sa fortune à arranger gratuitement les affaires de ceux qui s'adressaient à lui.

L'affectionivité porte l'homme d'abord d'une manière générale à l'amour de l'espèce, ce qui en fait le mobile et le germe de l'association, dé la sociabilité. Quelques philosophes ont prétendu que c'est par suite de réflexion, par calcul, par prévision d'un intérêt à venir que les hommes se réunissent en société. Il n'en est cependant pas ainsi; l'instinct seul agit dans cette circonstance; j'en apporterai pour preuve les enfans qui tendent sans cesse à se réunir à leurs petits camarades, par l'attrait seul du plaisir d'être ensemble, et les animaux dont quelques

espèces ont senti le besoin de vivre par troupes, tandis que d'autres se rencontrent toujours
isolés. Il y a donc une impulsion primitive, organique, qui pousse à ce rapprochement; et ceci
est mis hors de doute, lorsqu'on voit par exemple que l'affectionivité se trouve sur la tête de
tous les animaux qui s'associent entre eux, et
qu'elle manque complétement chez les autres.

C'est le même organe qui préside à l'amitié.
Après avoir conduit à l'amour de l'humanité en
général, il fait que, par une cause inexpliquée,
nous trouvons, dans la foule des hommes, un
individu à qui nous nous attachons plus qu'à
tout autre. Comme je l'ai déjà dit, Gall n'avait
reconnu que cette manifestation de l'affectionivité; c'est Spurzheim qui a fait voir que son action est bien plus générale.

Lorsque l'affectionivité se joint à un grand
développement de l'habitativité chez le même
individu, les regrets de l'absence sont bien plus
cuisans, et produisent quelquefois les plus fâcheux résultats. C'est alors surtout que la nostalgie se montre avec tous ses dangers. C'est une
observation qui a été faite sur un grand nombre de malades dans les hôpitaux. Quelques personnes ont cru que le mal du pays n'était causé
que par l'affectionivité, c'est-à-dire par le regret

de se trouver loin des siens ; et que le souvenir des lieux n'y contribuait en rien. On sait cependant que des individus transportés en pays étrangers avec leur famille entière, avec toutes les personnes chères à leur cœur, n'en ont pas moins été atteints de cette fatale maladie. Quelques animaux nous montrent une différence très-sensible entre ces deux organes. Chez le chat par exemple, l'habitativité l'emporte sur l'affectionivité; aussi voyez-vous cet animal s'attacher plus à la maison qu'il habite qu'à son maître. C'est le contraire chez le chien, qui suit son maître partout, et abandonne alors son habitation sans regret.

Cet organe se manifeste souvent chez les enfans par l'attachement aux chiens, aux chats, aux lapins, aux oiseaux, etc. Le penchant est plus vif et plus développé chez la femme que chez l'homme; aussi la voit-on en général plus sensible à la pitié. Il est presque nul chez ceux qui fuient la société, chez les anachorètes, les hermites. Quelques phrénologistes semblent croire que c'est par suite de l'impulsion de cet organe, que des personnes sans enfans, ou dont les enfans sont d'âge à ne pas exiger beaucoup de soins, s'attachent à des animaux, à qui elles vouent la plus grande affection. D'autres ont

pensé que ce sentiment est produit par une impulsion de la philogéniture ; ce qui me semble
plus probable. Gall avait déjà remarqué que les
personnes chez qui l'organe de la philogéniture
est bien marqué, sont très-sensibles. On sait la
différence qui existe à cet égard entre les femmes qu'un rien fait pleurer, et les hommes ordinairement plus difficiles à émouvoir. Les enfans sont aussi généralement plus sensibles que
les hommes, parce que chez eux les instincts
étant moins guidés par l'intelligence, agissent
avec plus d'intensité.

Vous avez vu que c'est sur la tête d'un voleur,
que Gall a découvert l'organe de l'affectionivité,
ou de l'amitié selon lui. On a beaucoup d'exemples de criminels chez qui le noble sentiment de
l'amitié a été très-grand. A quoi donc se réduit
cette pensée de Voltaire ?

> Pour les cœurs corrompus l'amitié n'est point faite.

Et cette autre d'un poëte moins connu ?

> Il n'est point sans vertu de solide amitié.
> DE PAGEZ, *Délices de l'amitié.*

Labruyère n'est pas tombé dans une erreur
moindre, lorsqu'il a dit : « Il y a un goût dans
la pure amitié où ne peuvent atteindre ceux qui
sont nés médiocres. » Et cependant Labruyère

et Voltaire ont été des philosophes profonds, des observateurs délicats. Ceci nous fait voir avec quelle précaution nous devons lire les ouvrages même des plus grands auteurs. Lafontaine s'est montré plus circonspect à l'égard de l'amitié.

> Chacun se dit ami, mais fou qui s'y repose;
> Rien n'est plus commun que le nom,
> Rien n'est plus rare que la chose.

Le fabuliste se contente de constater combien il est rare de rencontrer de vrais amis; mais il se garde bien de dire quelles sont les qualités nécessaires pour faire naître ce beau sentiment. Qui cependant connut mieux l'amitié, que ce poëte qui resta fidèle au sur-intendant Fouquet, et qui sut si bien la peindre dans ces vers :

> Qu'un ami véritable est une douce chose !
> Il cherche vos besoins au fond de votre cœur ;
>   Il vous épargne la pudeur
>   De les lui découvrir vous-même :
>   Un songe, un rien, tout lui fait peur,
>   Quand il s'agit de ce qu'il aime.

L'homme chez qui l'organe de l'affectionivité est faible ou presque nul, ne s'attache à personne, à rien. L'amitié est un sentiment qu'il ne comprend pas; il n'est pas sociable, il ne peut vivre en compagnie de qui que ce soit: il se brouille avec tout le monde pour le moindre sujet ; il est ce qu'on appelle communément *un mauvais coucheur*. Il ne comprend pas qu'on puisse être bienfaisant pour le seul plaisir de faire le bien : il suppose à toutes les actions un motif d'intérêt caché. Pour lui, l'homme qui passe pour le plus philantrope, n'est que l'homme le plus adroit. On déplore une pareille organisation. L'excès contraire est aussi à craindre. Celui qu'une affectionivité trop vive domine, rencontre trop de causes de douleur. L'absence même momentanée d'une personne qu'il chérit, devient pour lui insupportable et le rend malheureux. La moindre parole qui, seulement en apparence, blesse le sentiment d'affection, est de la part de la personne aimée un coup de poignard ; la moindre action de même nature met au supplice. La raison devrait venir à notre secours dans ce cas, et les parens feront bien de diriger l'éducation de leurs enfans de manière à ne les laisser tomber dans aucun des deux excès que je viens de signaler.

L'organe de l'affectionivité est presque nul en général chez les assassins ; il est au contraire très-développé chez l'abbé Charpentier, curé de Saint-Étienne-du-Mont, chez le nègre Eustache Bélin, premier grand-prix de vertu à l'Académie française; chez M. J. Laffitte. Il est très-grand chez Schlabrendorff, dont je vous ai déjà parlé dans cette leçon.

Cet homme excentrique ayant fait un voyage à Londres, avant de se rendre en France, y fut frappé de l'affreux abandon dans lequel s'y trouvaient plongés les étrangers nécessiteux que la philantropie anglaise repoussait des hôpitaux, hospices et autres institutions exclusivement destinées à secourir les nationaux. Il conçut alors et exécuta le projet de fonder dans cette ville une société de bienfaisance pour les pauvres allemands. Il en fut le principal souscripteur, et elle s'est soutenue jusqu'aujourd'hui. Vous avez vu les secours pécuniaires, outre ses conseils, qu'il donna à Herhan. Les personnes qui l'ont connu, racontent une foule d'actes de bienfaisance de sa part.

On rencontre cet organe chez tous les animaux qui vivent en société; chez les singes, chez les oiseaux qui se rassemblent pour voyager en bandes, comme les hirondelles, les grues, les cailles, les ramiers, les cigognes, etc. C'est probablement l'incitation de cet organe qui les fait se réunir à certaines époques de l'année. L'instinct de l'association se remarque aussi chez plusieurs animaux chasseurs : des chiens qui sont ha-

bituellement conduits à la chasse ensemble, contractent de l'amitié, de l'attachement, et s'entendent pour la poursuite du gibier. Les loups se
secondent mutuellement en cas de force et de
résistance de la proie. Lorsqu'un loup s'est em-
paré d'un animal dont la chair est plus que suffisante pour ses besoins, il appelle ceux de son
espèce pour partager la curée. Les animaux
contractent parfois une véritable amitié les uns
pour les autres. On en a des exemples chez les
chevaux, les vaches, les chiens, les moutons.
Qui ne connaît l'attachement de quelques lions
pour des chiens enfermés avec eux dans leurs ca-
ges? On en a vus se laisser mourir de faim et de
douleur après la perte de leur ami. Je ne crois
pas nécessaire de rappeler ici un grand nombre
de traits cités ailleurs, qui démontrent combien
le sentiment de l'amitié devient quelquefois vif
chez les animaux.

5. Combativité.

Gall avait cru remarquer que les personnes
qui montrent généralement du courage, présentent une saillie à une certaine région de la
tête. Pour s'assurer du fait, il s'amusa plusieurs
fois à rassembler des gamins qui jouaient dans les
rues de Vienne; puis après avoir semé adroite-

ment la discorde parmi ces petits tapageurs, il les mettait aux prises, et suivait avec attention tous les événemens, toutes les phases de la bataille. Les plus courageux battaient les plus pacifiques, qui exécutaient bientôt une prudente retraite. Gall remarquait toujours chez les vainqueurs, que la partie de la tête qui correspond, derrière l'oreille, au bas des os pariétal et occipital, était beaucoup plus développée que chez les vaincus. Cette observation renouvelée plusieurs fois sur des enfans et sur des hommes, lui fit admettre l'organe de la combativité. Mais le savant docteur s'était trompé en réunissant les deux penchans au courage et à la destructivité en un seul organe, auquel il avait donné le nom d'amour de la rixe. Les recherches de ses successeurs, et notamment de Spurzheim, ont fait sentir la nécessité d'une séparation à ce sujet ; et comme en outre l'organe du courage n'entraîne pas nécessairement l'amour des rixes, et qu'il a une destination beaucoup plus noble, quand il est guidé par de bons sentimens ou une intelligence suffisamment développée, on a remplacé la dénomination de Gall par celle bien plus convenable de combativité.

M. le docteur J. A. Leroi a publié un fait pathologique curieux sur la manifestation de cet organe. Le nommé Lesimple, âgé de 49 ans, ouvrier maçon, fut atteint d'une pleuro-pneumonie, qui débuta par un violent frisson, suivi d'une forte chaleur accompagnée de douleurs très-grandes et de crachats sanglants. Cette grave affection qui, dès son apparition, menaçait les jours du malade, fut attaquée rapidement et avec énergie. Cinq saignées furent pratiquées dans l'espace de quatre jours, et 5o sangsues appliquées sur le côté malade; aussi les symptômes les plus dangereux, le crachement de sang, la gêne respiratoire, la fièvre disparurent, et il ne restait plus, le cinquième jour, qu'une légère douleur au côté, qui eût persisté.

Dans la nuit du cinquième au sixième jour, cette douleur disparut ; mais en même temps se manifesta un délire qui durait encore, lorsque le médecin arriva, le matin du sixième jour. Ce délire n'était pas continu ; il offrait des intermittences pendant lesquelles le malade revenait complétement à la raison, et pouvait rendre compte de ce qu'il venait d'éprouver : il était toujours précédé d'une vive douleur au-dessus des oreilles, qui semblait produite, ce sont les expressions du malade, *par un fer rouge qui aurait traversé sa tête d'une oreille à l'autre.* Presque aussitôt la face se colorait et il croyait voir des voleurs et des assassins s'introduire dans sa chambre, pour prendre son argent, tuer sa femme et ses enfans; ce qui le mettait dans une extrême agitation, pendant laquelle, pour secourir sa famille, il frappait toutes les personnes qui l'entouraient, et qui cherchaient à s'opposer à ses violences. M. le docteur Leroi fit alors couper les cheveux au-dessus des oreilles, sur les points indiqués par la douleur. Sur cette région, la température était plus élevée que sur tout le reste de la tête; vingt sangsues furent appliquées de chaque côté, et de la glace y fut constamment maintenue. Dès ce moment, le délire disparut pour ne plus revenir, et deux jours après, le malade était en pleine convalescence.

« Voici donc encore un fait de pathologie cérébrale, dit M. Leroi, qui vient confirmer la doctrine phrénologique. Quels sont en effet les points du cerveau qui sont devenus malades ? *Ce sont les parties latérales et postérieures de la tête, vers la région des oreilles*. Quels sont les organes placés par la Phrénologie dans ces parties ? Les organes de l'*acquisivité*, de la *destructivité*, de la *combativité*, de la *secrétivité*. Quelle était la nature du délire ? *Visions de voleurs et d'assassins, luttes et combats*, pour se soustraire lui et sa famille à leurs coups. Ainsi, dans cette observation, le siége du mal, les organes que la Phrénologie reconnaît dans ce lieu, la nature du délire, tout enfin vient encore démontrer l'exactitude des recherches de Gall et de Spurzheim.

Lorsque l'organe de la combativité existe chez l'homme dans de justes limites, ou lorsqu'il n'agit que sous l'influence des sentimens ou de l'intelligence, ses manifestations peuvent être d'une grande utilité. C'est par lui qu'on redouble d'énergie pour vaincre les obstacles, qu'on trouve en soi une activité proportionnée à l'opposition qu'on rencontre. Cette impulsion est soutenue, elle agit d'une manière continue sur le caractère, et fournit un fond de contradiction et d'opposition, qui se montre toujours plus ou moins. Il ne faut pas confondre cette manifestation avec une impulsion colérique momentanée; c'est une hardiesse habituelle, soutenue, qui affronte le danger, qui le contemple sans s'effrayer, et qui puise de nouvelles forces dans les obstacles qu'elle rencontre. Lorsque cet organe est très-développé, et qu'il se trouve chez des sujets d'une faible intelligence et de peu de moralité, il forme les tapageurs, les fiers-à-bras, les duellistes de profession, les crânes. Les individus au contraire chez qui il est trop faible, sont pusillanimes, poltrons; ils voient du danger partout; principalement lorsqu'ils ont l'organe de la biophilie très-saillant. Ce sont des hommes avec qui les bravaches se permettent impunément toutes sortes d'insultes; les supporter patiemment est pour eux moins pénible que l'idée d'en tirer vengeance.

La combativité, quoique faible chez quelques individus, se montre quelquefois avec une grande énergie, sous l'influence de l'action d'autres organes. La crainte de passer pour un lâche, c'est-à-dire le sentiment de l'amour-propre peut mettre les armes à la main d'un homme fort pacifique d'ailleurs, qui a reçu quelque injure sanglante. La raison, qui nous fait sentir la nécessité de défendre nos foyers, notre famille, le sol sacré de la patrie, peut nous jeter volontairement dans les rangs d'une armée, pour repousser une invasion. Mais de tous les organes, la philogéniture est celui qui semble exercer l'action la plus vive sur la combativité. On sait le courage héroïque que montrent en général les femmes, lorsqu'il s'agit d'arracher leur enfant à un grand péril imminent. Quoique la combativité soit d'ordinaire bien moins prononcée chez la femme que chez l'homme, il faut convenir que beaucoup de femmes ont montré dans ces circonstances un courage comparable à tout ce qu'on peut citer de plus remarquable en ce genre dans l'autre sexe. La même observation se rapporte aux animaux dont on voit les femelles, même dans les espèces les plus faibles, défendre leurs petits avec le plus courageux désespoir, lorsque leur ennemi n'est pas démesurément plus fort. Les mâles s'associent quelquefois à cette défense qui a pour but de protéger leur progéniture. Voyez les jars dans nos basses-cours, quand un chien ou un chat s'approche des petits d'une oie. Le coq ne montre pas la même sollicitude pour ses petits. Malgré son courage ordinaire, il laisse à la poule seule le soin de veiller à la conservation de ses poussins.

L'organe de la combativité se rencontre très-développé chez tous les militaires qu'on voit s'exposer avec sang-froid au danger, et chez les hommes qui ne craignent pas de braver un grand péril. Il est grand sur la tête de George Cadoudal, qui montra tant de fermeté et de courage ; sur celle du général Foy, et surtout sur celle du brave Lamarque, dont l'intrépidité était bien connue. A l'âge de 21 ans, Lamarque s'engagea comme simple soldat, en 1792, dans les armées de la république. Au bout de quelques mois, il était capitaine des grenadiers de Latour-d'Auvergne, connus de nos ennemis sous le nom de colonne infernale. En 1793, placé à l'avant-garde de l'armée des Pyrénées-Occidentales, commandée par Moncey, il arrêta avec une seule compagnie, une colonne espagnole qui tournait l'aile gauche de l'armée, et reçut deux blessures graves. Plus tard, lorsque les français eurent franchi les Pyrénées, Lamarque, à la tête de deux cents grenadiers, marcha contre Fontarabie, s'empara des redoutes qui dominaient la ville, et malgré le feu terrible de l'artillerie espagnole, il se précipita dans les fossés, suivi de soixante-quinze grenadiers, avec lesquels il abattit le pont-levis et pénétra dans la place. Des traits nombreux de bravoure et d'audace du général Lamarque, aucun n'est comparable à *la prise fabuleuse de l'imprenable Caprée*. Dans le mois d'octobre 1808, il part à la tête de dix-huit cents hommes, dont Murat lui avait confié le commandement. La première enceinte de l'île est escaladée sous le feu des canons et de la mousqueterie de quatorze cents anglais. Lamarque y monte le premier avec cinq cents hommes d'élite, et semblable à Fernand Cortès qui, en abordant sur le sol mexicain, fit brûler ses vaisseaux, il fit éloigner les siens; pour montrer à cette poignée de braves qu'il n'y avait pour eux d'autre alternative que la victoire ou la mort. L'île fut enlevée. L'ennemi était commandé par sir Hudson-Lowe, que le ministère anglais avait élevé au grade de général, et dont la nature n'avait fait qu'un geolier.

L'organe de la combativité se trouve aussi très-développé chez les individus qui possèdent le courage civil; chez ceux qui soutiennent avec vigueur des discussions philosophiques ou politiques. Il est très-saillant chez Casimir Périer, qui a toujours montré beaucoup de courage et de fermeté; chez l'abbé Grégoire, chez Benjamin Constant, chez le hardi voyageur Mackensie, chez Théroigne de Méricourt, cette femme qui s'est rendue fameuse dans l'histoire de nos troubles civils.

Fille d'un riche cultivateur des environs de Liège, petite et fort jolie, elle s'enfuit de la maison paternelle, pour cacher à sa famille une première faute. Elle se rendit à Paris, où elle tomba dans le plus grand désordre. Enthousiaste des principes révolutionnaires, et croyant peut-être trouver dans un bouleversement général une occasion facile de sortir de la position abjecte qu'elle s'était faite, elle s'affubla d'un habit d'amazone, et ayant posé sur sa charmante tête un petit chapeau à la Henri IV, on la voyait tous

les jours dans les avenues et les galeries de l'assemblée constituante. S'étant acquis quelque célébrité par cette conduite singulière et l'exaltation de son caractère, elle fonda chez elle une
espèce de club ou de société politique, qui fut
frequenté, si ce n'est par les chefs de la révolution, du moins par des hommes qui les appro-
chaient de fort près. Théroigne joua un rôle
très-actif dans la nuit du 5 au 6 octobre 1789.
On la rencontra pérorant les soldats du régiment de Flandre, et leur distribuant de l'argent.
On sait que ces soldats, d'abord dévoués au roi,
finirent par se réunir au peuple. Lorsque Paris
fut couvert de clubs, on la voyait, le même soir,
se présenter à tous, et, après avoir, dans la
journée, harangué les groupes du Palais-Royal,
et les galeries de l'assemblée, revenir chez elle,
faire les honneurs de sa société particulière. Au
commencement de 1791, elle fut envoyée dans
les Pays-Bas, chargée d'une mission spéciale et
secrète. Elle y fut arrêtée par les agens de l'empereur d'Allemagne, qui la conduisirent à Vienne. Ayant recouvré sa liberté, elle retourna à
Paris, dès le mois de janvier 1792. Elle affronta
les plus grands dangers pendant la journée du
10 août, et s'y montra très-sanguinaire. Son
exaltation politique finit par dégénérer en folie.

Elle a vécu longues années à la Salpétrière, dans un état complet de démence et d'abrutissement. Elle y est morte en 1817.

Les exemples contraires de têtes ou la combativité est peu développée, ne sont pas rares; et on peut citer à cet égard des peuples entiers: tels sont les Indous. Tels sont aussi les indigènes de Ceylan. Selon M. Cordiner, leur timidité est extrême. On essaya d'en former un corps de soldats; mais, après beaucoup de persévérance, on échoua dans l'entreprise; il fut évident que la vie et la discipline militaire leur étaient pénibles; ils désertèrent en grand nombre, et les exemples qu'on fit pour les effrayer, ne contribuèrent qu'à exciter ceux qui restaient, à abandonner le service. Enfin, on obtint un nombre suffisant de recrues des côtes du Coromandel, et le corps des Chingalais fut licencié. Dans les régimens appelés maintenant infanterie indigène de Ceylan, on trouverait à peine un seul individu né dans l'île. Cependant, on a vu ces peuples en guerre, comme pourraient la faire des enfans dans leurs jeux. Dans un siége, ils approchèrent tellement l'artillerie des murs de la place, qu'ils pouvaient causer avec les assiégés. Ils ne chargeaint leurs armes qu'à poudre, pensant que le bruit seul suffirait pour mettre l'ennemi en fuite.

Un certain courage est nécessaire dans un grand nombre de circonstances de la vie. Malheur alors à ceux qui en manquent : ils sont sur-le-champ abattus, et se laissent vaincre par les moindres difficultés. Les médecins ont tous les jours des exemples des dangers de la peur. Ils augurent bien d'une affection, même très-grave, quand ils voient le malade supporter courageusement son mal et avoir confiance dans les remèdes ; tandis qu'ils regardent comme un symptôme fâcheux, quand le patient se laisse abattre par la douleur, et que les premiers remèdes lui ôtent toute énergie. Dans l'état de santé, une grande peur produit quelquefois les résultats les plus funestes : toutes les fonctions animales et intellectuelles sont bouleversées, la circulation du sang est dérangée, la respiration est gênée, la digestion s'arrête, le mouvement devient difficile ou impossible, la figure se décompose, et les maladies les plus graves peuvent résulter de cet état d'anxiété horrible.

Vous voyez donc combien il importe de donner aux enfans un certain courage à braver les dangers. Gardez-vous de leur raconter des histoires effrayantes, qui agissent avec une si fâcheuse énergie sur leur jeune imagination. Montrez-leur au contraire en riant, les causes presque toujours si vaines de leurs frayeurs : citez-leur des exemples multipliés de courage, de luttes victorieuses et des avantages qu'elles entraînent. Si au contraire vous avez remarqué chez votre enfant une impulsion trop violente, qui le porte sans cesse à l'attaque, il faut lui faire voir qu'il est dominé par un mauvais penchant ; lui faire sentir les conséquences fâcheuses des rixes, et pour la santé, et pour les intérêts matériels, et pour la réputation. Gardez-vous d'imiter ces parens qui, dans leur coupable faiblesse, s'amusent à entretenir le caractère taquin de leurs enfans. Il arrive un âge où il devient ensuite bien difficile de se corriger de ce défaut, qui peut occasionner tant de désagrémens dans la vie.

Le courage n'est pas le résultat de la force musculaire, car on voit souvent des hommes forts et très-poltrons, et des hommes faibles et très-courageux ou querelleurs. « Un empereur d'Allemagne, dit M. Isidore Geoffroy Saint-Hilaire, dans son cours de Tératologie, s'était plu par bizarrerie à réunir dans sa cour tous les nains et les géans qu'il avait pu rencontrer. Souvent des disputes survenaient entr'eux, et il est bien constant que presque toujours les nains avaient l'avantage, tant la pétulance de leur caractère compensait la différence de leur force. »

Personne n'ignore que le courage se montre à des degrés très-différens chez les diverses classes d'animaux ; que les uns sont d'une hardiesse et d'une intrépidité remarquable, lorsque d'autres ne montrent que la plus grande lâcheté et la plus ignoble couardise. Les phrénologistes ont reconnu que, sous ce rapport, comme sous tous les autres, leur organisation cérébrale est conforme à leur caractère.

SEPTIÈME LEÇON.

Destructivité. — Secrétivïté. — Acquisïvité. — Constructivité.

6. Destructivité.

Messieurs,

En comparant attentivement les crânes de plusieurs animaux, Gall remarqua une différence caractéristique entre ceux des espèces carnivores et ceux des espèces herbivores : il plaça les crânes des carnivores horizontalement sur une table ; et, élevant une ligne courbe verticale d'un trou auditif externe à l'autre, il trouva qu'il n'y avait qu'une petite portion des lobes postérieurs du cerveau et du cervelet, située en arrière de cette ligne. Il poursuivit la même observation sur les crânes des herbivores, et observa que, chez la plupart d'entre ceux-ci, cette ligne perpendiculaire s'élevait vers le mi-

lieu de la tête, ou du moins qu'une portion considérable de la masse cérébrale se trouvait en
arrière. Ensuite il découvrit que, dans les animaux carnivores en général, la plus grande saillie du cerveau se trouvait précisément au-dessus
du trou auditif externe. Gall signale la différence frappante qui existe à cet égard entre les
crânes de la marmotte et de la martre, de l'é-
cureuil et de la taupe, du chevreuil et du loup,
etc. Voici divers crânes d'animaux sur lesquels
vous pouvez vérifier cette observation : un cheval, un chien, un chat, un renard, un putois,
une martre, un lièvre, un aigle, un hibou, une
corneille.

Pendant longtemps Gall se contenta de communiquer ces observations à ses auditeurs, sans
en faire aucune application à la Phrénologie ; il
faisait seulement remarquer qu'à la seule inspection du crâne, même en l'absence des dents,
il est possible de déterminer si un animal est
herbivore ou carnivore. Il arriva enfin que quelqu'un lui envoya le crâne d'un parricide ; mais
il le mit de côté, sans même imaginer que les
crânes d'assassins pussent lui être de quelque
utilité dans ses recherches. Peu de temps après,
il reçut le crâne d'un voleur de grand chemin,
qui, non content de voler, avait assassiné plu-

sieurs de ses victimes. Il plaça ces deux crânes l'un près de l'autre, et les examina souvent. Chaque fois qu'il le faisait, il était frappé de cette circonstance que, bien que les deux crânes différassent tout-à-fait sous d'autres rapports, ils présentaient chacun une saillie distincte et correspondante immédiatement au-dessus de l'orifice externe de l'oreille. Ayant cependant remarqué la même saillie sur quelques autres crânes de sa collection, il pensa que le développement si marqué de cette partie sur ces deux crânes d'assassins, n'était peut-être qu'un accident. Ce ne fut que longtemps après, qu'il pensa à comparer ces deux crânes avec ceux des animaux carnivores et herbivores : alors observant que la partie qui était large chez les carnivores, était précisément la même qui était développée chez les assassins; il se demanda s'il n'existerait pas une connexion entre cette conformation du crâne et le penchant au meurtre.

Cette idée le révolta d'abord, comme il le raconte lui-même; admettre un pareil penchant naturel lui paraissait une impiété : toutefois, après un grand nombre d'observations à ce sujet, il lui fallut soumettre sa raison à la puissance de la vérité. Ce qui choquait l'illustre docteur, c'est qu'il croyait que l'organe qu'il venait de découvrir, commandait nécessairement le meurtre; et il ne devinait pas quel but s'était proposé la Providence, en dotant l'homme d'une propension aussi funeste. Spurzheim a fait voir que telle n'est point la manifestation nécessaire de cet organe. En créant l'homme et les animaux carnivores, qui se nourrissent d'êtres ayant eu vie, la nature a dû mettre en eux un penchant qui les portât à tuer, à détruire; de là le nom de destructivité que Spurzheim lui a donné. Cet organe, comme on le voit, est nécessaire et ne devient mauvais que par abus.

Il est très-développé sur la tête d'un soldat prussien qui sentait un penchant irrésistible à commettre des meurtres, et qui, à l'approche du paroxysme, s'en apercevait et se faisait garrotter, pour se préserver d'actes de violence. On le trouva fort chez une jeune femme qui avait aidé sa mère à assassiner son père; chez un jeune homme, à-peu-près idiot, qui avait tué un enfant sans motif, poussé par un penchant aveugle. Il était très-saillant sur le crâne d'un homme qui avait précipité un grand nombre de personnes des bords d'un canal dans l'eau, pour jouir de leur lutte contre la mort. Cet organe était très-développé chez Lepebrey-des-Longchamps; et celui de la combativité, très-peu.

Cet homme n'avait pas le courage du crime : il formait le projet d'un assassinat, puis il déterminait Héluin, plus courageux que lui, à l'exécuter. Un nommé Valet avait assassiné sa grand'mère et trois tantes ; et Mercier, sous la promesse d'une somme d'argent, l'assistait en empêchant les femmes de s'échapper, mais sans porter un seul coup. Sur le crâne de Valet, l'organe de la destructivité est fortement développé ; il n'en est pas ainsi sur celui de Mercier. Sur ce dernier, les organes de la combativité, de la circonspection, et de la bienveillance sont très-petits, tandis que celui de l'acquisivité est au contraire très-saillant. Tous ces crânes font partie de la collection du Jardin-des-Plantes. Il est à remarquer que la destructivité est très-développée sur les bustes et portraits que nous possédons de Caligula, Néron, Sylla, Septime-Sévère, Charles IX, Marie 1re, reine d'Angleterre. Il est très-grand sur ces deux têtes des assassins Boutiller et Choffron.

Choffron, dit l'infernal, était né en Valachie. Sa stature était gigantesque : des cheveux noirs et frisés, pendants sur son col, contribuaient parfois à donner à sa figure une expression âpre et désagréable, qui contrastait avec son air de stupidité habituelle ; et, bien qu'il fût âgé de 67

ans au moment de sa mort, on lui en donnait
tout-au-plus 45. Les événemens de la guerre l'a-
vaient conduit à faire partie de nos armées ; il
en sortit lors du rétablissement de la paix, pour
se fixer à Paris, où il vivait de son travail sur
les ports. Il gagnait ainsi beaucoup d'argent qu'il
dépensait à d'ignobles plaisirs. Le 8 août 1834,
vers huit heures du soir, il se présente dans une
maison garnie de Bercy, que tenait un sieur
Branchant. Il demande un lit ; tous étaient occupés, excepté un seul dont il s'empare, et qu'on
lui laisse, sous la condition de le partager avec
un ouvrier qui l'avait retenu. Mais lorsque celui-ci vint pour se coucher, Choffron s'y opposa, et le maître de la maison fut obligé d'intervenir pour le contraindre à se retirer. Cette expulsion l'irrita : toutefois, il accepta de passer
la nuit dans l'écurie, sans trop se faire prier ;
seulement il répondit à son hôte, qui lui re-
commandait de ne pas mettre le feu à la maison :
« je ne ferai pas ça, mais autre chose. »

Cette autre chose fut, le lendemain matin, de
s'enivrer d'eau-de-vie, d'appeler Branchant dans
l'écurie, sous prétexte de visiter un paquet, et
là, il lui plongea son couteau dans le cœur.
Choffron arrêté peu d'instans après, déclara qu'il
était furieux lorsqu'il frappa le malheureux Bran-

chant; mais qu'il n'avait pas voulu le tuer. « Je ne voulais pas le frapper au cœur, mais au ventre, dit-il, et s'il eût été de ma taille, cela ne serait pas arrivé. »

Amené devant la cour d'assises, un quart-d'heure avant l'audience, il eut une très-longue conversation avec le gendarme placé à ses côtés, et causa fort tranquillement avec lui, pendant les débats. Il se montra également impassible à la vue du couteau encore sanglant, dont il s'était servi; mais apercevant un sac contenant les vêtemens dont il était couvert au moment de l'assassinat, il s'émut pour prier qu'on lui rendît une pipe qui devait s'y trouver. Interrogé sur son âge, il répondit. « Je n'ai pas celui de Napoléon. » Toutes ses réponses décelaient sa stupidité. Déclaré coupable par le jury, Choffron fut condamné à la peine des travaux forcés à perpétuité. Aucune émotion ne se manifesta sur sa figure, lorsqu'il entendit prononcer sa sentence. Quelque temps après, il fut transféré à Bicêtre.

Un jour qu'il n'avait pas de tabac, il s'adresse à M. Azibert, aumônier de cette maison, pour en obtenir quelque argent. Cet ecclésiastique s'empressa de le satisfaire. Mais bientôt les prétentions de Choffron s'élevèrent jusqu'à exiger deux francs par semaine ; alors ayant essuyé un refus , il résolut de s'en venger. Le jour de Noël, Choffron demanda au surveillant de service à la chapelle , de le laisser parvenir près de M. Azibert. Le surveillant , d'après l'ordre du directeur, s'y refusa. Alors choffron , armé d'une mauvaise lame de couteau , qu'il avait su soustraire à toutes les recherches , se rua sur le gardien , et lui porta plusieurs coups qui, heureusement, ne furent pas dangereux. Terrassé par les autres surveillans accourus au secours de leur camarade, on le mit au cachot, et, le lendemain, il fut conduit à la Conciergerie. Répandre du sang humain était devenu pour Choffron, une habitude. Non seulement il fit connaître au commissaire de police qui l'interrogeait, toutes les circonstances du crime qu'il venait de commettre ; mais encore il raconta plusieurs assassinats dont il s'était rendu coupable ; et son récit faisait éprouver d'autant plus d'horreur, qu'il parlait de ses meurtres avec la plus tranquille indifférence.

Étant encore en Valachie, un individu lui offrit une somme d'argent, pour qu'il le débarrassât d'un homme, qu'il lui désigna. Choffron attendit cette personne au coin d'un bois, la tua d'un coup de fusil, et vint tranquillement demander son salaire, qui était de 4oo francs. Tandis qu'on lui comptait la somme, il s'aperçut que le sac en contenait une plus considérable, et il eut l'idée de s'en emparer, en égorgeant son complice; mais un événement imprévu ne lui laissa pas le temps de l'assassiner.

Pendant qu'on instruisait son procès relatif à la tentative de meurtre sur le surveillant de Bicètre, une scène des plus tragiques vint mettre le terme à ce naturel sanguinaire.

Pour un motif de peu d'importance, une altercation s'engagea entre Choffron et deux porteclefs. Passer des invectives aux voies de fait, et entrer dans les plus violens accès de fureur, ne fut pour Choffron que l'affaire d'un instant. Devenu dangereux, les deux gardiens tentent de s'en emparer, pour lui mettre le gilet de force et l'enfermer dans une cellule, où le repos, l'isolement et l'impossibilité d'exercer aucun acte de violence, avaient déjà suffi plusieurs fois, pour le ramener à un état de calme ordinaire; mais leurs efforts furent impuissants. Une lutte terrible s'engage entre Choffron et ses deux gardiens; deux autres accourus au secours des premiers et plusieurs détenus, qui s'empressent de les seconder, ne font que redoubler sa fureur et décupler ses forces.

Cependant, on parvient à l'entraîner jusqu'à l'étroit corridor des cachots ; mais à peine y est-il entré, qu'il s'élance sur le factionnaire, le terrasse, s'empare de son sabre-poignard, et, l'agitant avec une rapidité convulsive, un moment il ne pense qu'à se défendre, et oublie de frapper !

A l'instant, on referme la grille, et Choffron s'aperçoit que ses deux adversaires ont fui. Alors c'est un tigre captif écumant de rage, qui s'élance sur ses barreaux, les secoue avec une telle force, qu'il les fait vibrer dans leurs scellemens et, sans les sabres qui allaient lui hacher les poignets, l'énorme grille eût succombé infailliblement sous les prodigieux efforts de ce nouvel Alcide.

Pendant que Choffron rugit, et que, brandissant son terrible poignard, il défie les plus hardis de l'approcher, on délibère sur les moyens de s'en rendre maître. Il le faut à tout prix ; la sûreté de la prison le commande. Choffron intercepte la seule entrée des corridors des cachots ; les condamnés à mort qui y sont renfermés peuvent, avec son aide, s'insurger et prendre possession du lieu. La progression des conséquences et des dangers acquiert une rapidité effrayante ; les moyens les plus terribles et les plus prompts sont les seuls à leur opposer. Ici une nouvelle scène d'horreur, une scène vraiment infernale se prépare ; elle sera décisive. Six des plus grands et des plus forts geôliers, armés de torches enflammées et fixées à des barres de fer, se présentent à la grille, et, pendant que Choffron fait de vains efforts avec son sabre, pour éteindre ou couper les brandons dirigés contre lui, la porte s'ouvre, et le brasier qui l'aveugle, l'oblige à rompre d'un pas en arrière. Malgré son effroyable courage, déjà la douleur l'atteint. Ses mains sont brûlées, ses sourcils, ses cheveux sont entamés par les flammes, et sa face se crispe d'une manière convulsive. Cependant, il résiste encore en reculant ; mais bientôt le mur du fond l'arrête, et la souffrance qui l'épuise, va permettre à ses adversaires de s'emparer de lui. Au même instant, l'un d'eux lui assène au front un coup de son énorme clef. Choffron chancelle, ses genoux fléchissent sous lui, il tombe. Ce n'était plus qu'un cadavre.

Jetez de nouveau les yeux sur cette tête ; vous voyez que les organes les plus saillants sont ceux de l'alimentivité, de l'amativité, de la combativité, de l'acquisivité, de la fermeté. Ceux au contraire des affections, des sentimens moraux et religieux, de l'intelligence, étaient au-dessous du médiocre en volume et en activité, de sorte qu'ils n'ont pu contrebalancer l'énegie des impulsions instinctives.

Le numéro 29 de la *Phrénologie* (1) contient une lettre de M. le docteur V. Autier, dont j'extrais ce passage, relatif à un homme qui s'est rendu célèbre par sa cruauté.

« Depuis fort longtemps je m'occupe de Phrénologie, sans pouvoir hautement faire connaître les remarques que j'ai faites sur bien des personnes, notamment sur celles que je connaissais très-bien ; car la plupart des individus à qui je me suis adressé, m'ont toujours ridiculisé, ainsi que la Phrénologie, dont je suis partisan. Mais je ne me rebutai pas, j'insistai et je défiai tous ses adversaires.

« Il y a quelques jours, un de ces antagonistes de Phrénologie vint chez moi, porteur d'un

____

(1) Je recommande vivement la lecture de ce journal aux personnes qui suivent avec intérêt les progrès de la doctrine de Gall. Il est rédigé par des hommes d'un haut mérite : MM. Broussais père et fils, qu'il suffit de nommer ; M. Florens, avocat à la cour royale de Paris, M. le docteur A. Bérigny ; M. Ch. Place, qui professe un cours de Phrénologie à Paris, avec le plus brillant succès. Ce journal publie un résumé des séances si intéressantes de la Société phrénologique. J'ai emprunté à ce précieux recueil plusieurs des faits cités dans cet ouvrage.

crâne bien conservé; il me dit qu'il ne croyait point à la Phrénologie; mais que si je parvenais, d'après l'inspection du crâne qu'il me présentait, à deviner les vertus ou les vices de l'individu auquel il appartenait, je trouverais en lui un défenseur zélé de cette science. J'acceptai ce nouveau défi, et le priai de me laisser ce crâne pendant quelques heures, afin de bien l'étudier. Il y consentit d'autant plus volontiers, qu'il était persuadé que je ne pourrais me procurer aucun renseignement sur ce crâne, attendu que seul il connaissait son histoire. Peu de temps après, il vint me demander le résultat de mes observations : comme j'étais plein de confiance en la Phrénologie, je lui remis sans hésiter, un papier contenant les notes suivantes, que j'ai rédigées en les dépouillant de toute expression technique, afin de me faire mieux comprendre par ce monsieur. En les rapportant ici, je ne veux rien y changer.

1° Le crâne qui a été soumis à mon examen, est celui d'un individu dont les passions des sens ont été très-vives et très-exaltées; 2° son amour pour les siens devait être très-prononcé; 3° il devait être persévérant et obstiné dans tous ses actes; 4° les facultés instinctives et sentimentales ont toujours dû conserver un empire absolu sur ses facultés intellectuelles, ce qui fait qu'il a toujours dû être l'esclave de ses passions; 5° s'il était peu capable de grandes vertus, en revanche, les crimes les plus horribles ne devaient pas l'effrayer, car les régions auriculaires sont très-larges et très-bombées; 6° l'organe du vol était très-développé, aussi devait-il y obéir sans scrupule; 7° quoique d'un caractère sombre et mélancolique, dans la conversation il devait avoir des reparties vives et brillantes; 8° il était organisé pour être un bon mécanicien; 9° il devait avoir le goût des voyages; 10° il était aussi ami de la bonne chère; 11° dans tous ses actes, il devait régner beaucoup de ruse; 12° enfin, il a dû être très-fervent dans ses devoirs religieux.

« Jugez de la surprise de mon homme, lui qui savait que le crâne qu'il m'avait confié, était celui d'un de ces êtres sanguinaires de 93, si connu dans le département du Pas-de-Calais, où il est né. Il me dit que son portrait était frappant, que je n'avais oublié qu'une seule chose, son nom! et ce nom, c'est Joseph Lebon. »

Afin que vous pussiez mieux juger du mérite de l'appréciation phrénologique de M. le docteur V. Autier, je joins ici une courte notice biographique sur le terrible conventionnel qui en a été l'objet. Joseph Lebon, né à Arras, en 1765,

fut destiné à la carrière ecclésiastique. Il donna,
quand il était prêtre dans la congrégation de l'O-
ratoire, des preuves manifestes d'un fanatisme
religieux poussé jusqu'à l'aliénation mentale. Il
allait jusqu'à dire que, dans son enthousiasme
extatique, il immolerait son père et sa mère, si
l'inspiration lui en venait. A la suite de quelques démêlés avec ses supérieurs, Lebon rentra dans ses foyers, et fut promu quelque temps
après à la cure de Neuville, près d'Arras. Il s'y
trouvait quand la révolution éclata; il en embrassa la cause avec ardeur. Après le 10 août,
il fut nommé successivement maire d'Arras, procureur-général, syndic du département, membre de la Convention nationale. Envoyé en mission dans son département, il y fit preuve de la
cruauté la plus atroce, et du libertinage le plus
cynique. Les actes de Lebon étaient empreints
d'une teinte de démence : il se rendait à la société
populaire, et là, le sabre à la main, il montait
à la tribune et tenait les discours les plus extravagans, en style du père Duchêne. Il allait successivement s'installer chez les plus riches citoyens; il s'y faisait loger et nourrir. Après le
9 Thermidor, il fut mis en jugement et condamné à mort, pour tous les crimes qu'il avait
commis.

Des peuples entiers semblent manquer de l'organe de la destructivité, ou du moins ne le possèdent qu'à un bien faible degré. Tels sont les Indous, qui ne se nourrissent que de végétaux. On le trouve au contraire très-développé chez tous les peuples guerriers et chasseurs; car le penchant pour la destruction est le principal élément de la passion de la chasse. Je ne veux pas dire par là que les chasseurs sont nécessairement des hommes cruels : non, messieurs, avec l'organe de la destructivité, ils peuvent avoir encore très-développés ceux des sentimens moraux et affectueux et de l'intelligence, qui servent de guide et de frein au premier. Je crois que deux autres motifs contribuent aussi à faire naître le goût de la chasse; quelquefois le besoin de braver un danger, de la part de ceux chez qui la combativité est très-prononcée; le plus souvent le plaisir d'exercer son adresse, c'est-à-dire de mettre en jeu les organes qui président à cet exercice. Vous remarquez en effet que beaucoup de chasseurs ne pourraient que difficilement se résoudre à tuer le moindre animal, ailleurs que dans leurs courses.

La destruction a pour auxiliaires le courage, qui fait braver les dangers; la faim, qui pousse à tuer un animal pour se nourrir de sa chair.

Selon M. Vimont, Gall et Spurzheim ont eu tort de n'accorder cet organe qu'aux carnivores. Ce savant phrénologiste dit l'avoir découvert, quoique moins saillant, chez les herbivores ; de sorte que cet organe pousserait aussi à la destruction des choses inanimées. Ceci se rapporte à une observation faite antérieurement, que les hommes qui aiment à détruire les propriétés, les meubles, ont cet organe saillant. On sait que la dévastation a toujours marché de concert avec le meurtre, dans les invasions des peuples barbares.

Lorsqu'au contraire on rencontre chez un individu beaucoup de bonté, de l'amitié, de la vénération, de la conscience et une forte intelligence ; et lorsque ces différens organes ont été convenablement exercés, ils peuvent donner une direction utile à une destructivité même très-développée. Le célèbre Dupuytren a été un exemple remarquable d'une semblable organisation. Il n'est pas donné à tout le monde de conserver en présence de la douleur et du sang, toute la tranquillité qu'exige une opération chirurgicale. Dupuytren possédait cet avantage à un haut degré.

Il faut que l'organe de la destructivité ait été bien prononcé chez le savant géomètre Lacondamine, dont on a raconté cette singulière anecdote. Un jour qu'il devait y avoir une exécution en place de Grève, cet homme célèbre pénétra dans l'enceinte réservée au bourreau et à ses valets. Un de ces derniers ayant voulu l'en faire sortir, le bourreau l'en empêcha, en lui disant : « laissez monsieur à cette place, c'est un amateur. »

Si l'organe de la destructivité est faible chez un individu, il montre de la répugnance pour toute idée de meurtre et même de violence. Il en résulte la presque impossibilité d'éprouver de la colère, et surtout du ressentiment ; mais aussi on remarque alors que les facultés supérieures manquent souvent du stimulant nécessaire pour les maintenir en action ; car c'est une observation qui vous paraîtra toujours plus vraie, a mesure que nous avancerons dans l'étude la Phrénologie, que la plupart des organes ont un grand pouvoir réciproque les uns sur les autres.

Des circonstances extérieures exercent aussi une grande influence sur la destructivité. La statistique a constaté que les pays les plus pauvres sont ceux où il se commet le plus de crimes ; que les crimes contre les personnes, c'est-à-dire, les blessures graves et les assassinats, sont plus fréquens en été et plus nombreux dans les départemens du Midi, sous l'influence de la chaleur qui stimule tous nos appareils organiques, et nous dispose au délire et à l'aliénation mentale. Ainsi, d'après M. Guerry, il y a dans le Sud, 1 crime contre les personnes, sur 11,004 habitans, et 1 sur 19,964 habitans dans le Nord; et les départemens où il s'en présente le moins, sont les plus instruits, les plus riches, comme ceux du Centre, où l'on n'en rencontre que 1 sur 22,168 habitans. Par compensation, les crimes contre les propriétés sont plus nombreux dans le Nord, ce qui fait dire à M. Guerry qu'il y a plus de violence dans le Midi, et plus de dépravation dans le Nord. La statistique criminelle pour 1834, publiée depuis peu, donne des chiffres tout-à-fait conformes aux précédens. Par exemple, on y voit que, sur 100 crimes, il y en a 87 contre les personnes, en Corse; 61 dans l'Ariège, 57 dans les Pyrénées-Orientales, 56 dans la Lozère, 53 dans la Haute-Loire, 52 dans le Haut-Rhin et l'Hérault, 17 dans la Seine-inférieure, et 10 seulement dans la Seine.

Les hommes chez qui l'organe de la destructivité est très-saillant, sont en général fort colères, et ce vice se montre déjà chez eux dès la plus tendre enfance. On conçoit toute l'importance

de diriger l'éducation de manière à les en corriger. C'est principalement en agissant sur leur
intelligence, et en cherchant à développer chez
eux l'organe de la bienveillance et ceux des sentimens affectueux et moraux, qu'on en viendra
à bout. Qu'on se rappelle que la nature avait
créé Socrate l'homme le plus irritable, et que
ce sage philosophe s'était fait le plus doux et le
plus patient, par la seule force de sa volonté.
Ne laissez pas un enfant s'amuser à faire souffrir
le plus petit animal; qu'il sache que la destruction est toujours quelque chose de triste. Si vous
avez affaire à un caractère irritable, ne cédez
point à ses exigences, comme si vous aviez peur
du bruit et des menaces; mais gardez-vous aussi
d'exciter cette irritabilité par une opposition
mal entendue ou injuste : cédez si vous avez
tort, en montrant pour quel motif vous cédez;
résistez quand vous avez raison, en conservant
toujours votre sang-froid et votre impassibilité.

Oserai-je dire que si votre enfant péche par
le défaut contraire, s'il montre trop d'apathie,
si la vue de quelques gouttes de sang le met
mal à l'aise, il faut vous hâter de le corriger?
Cette faiblesse est un mal véritable, surtout chez
les hommes, dont la vie est plus aventureuse
que celle des femmes. Combien en a-t-on vus qui,

dans un danger pressant, ont manqué à leurs amis, à leur famille, à leur pays? C'est surtout par des récits de combats et la lecture de l'histoire, qu'on fera acquérir à l'enfant une partie de l'activité qui lui manque sous ce rapport.

Suivant M. Vimont, l'organe de la destructivité existe chez les poissons; mais il a moins d'activité que chez les animaux qui sont obligés de livrer des combats. Chez les oiseaux, il est d'autant plus prononcé qu'ils attaquent des proies plus fortes. Il en est de même chez les mammifères : le lion, le tigre, le loup et autres animaux qui attaquent quelquefois des proies de leur force, ou même de force supérieure, ont des organes extrêmement développés.

7. Secrétivité.

C'est à Gall que nous devons la connaissance de cet organe; il le découvrit sur la tête d'un Hongrois, criblé de dettes, et qui se conduisit d'une manière si adroite et si discrète, que chacun de ses nombreux créanciers se crut longtemps le seul privilégié. Située au-dessus de la destructivité, la secrétivité élargit latéralement la tête, lorsqu'elle est très-développée. Gall lui avait donné les noms très-significatifs de *ruse, finesse, savoir-faire*. Mais ces mots se prenant presque toujours en mauvaise part, tandis que l'organe dont il s'agit peut produire des manifestations très-louables, Spurzheim a eu raison de changer son nom.

Voici la tête du Hongrois rusé sur lequel Gall fit la découverte de l'organe ; vous voyez qu'effectivement il y est très-prononcé. MM. Lallemand, professeur à la Faculté de médecine de Montpellier, et Marcel-de-Serres, conseiller à la cour-royale de la même ville, ont publié une notice intéressante sur le caractère moral d'un supplicié, dont une coupe du crâne est représentée de grandeur naturelle, à la suite de leur mémoire. L'organe de la destructivité est très-grand, ainsi que celui de la ruse ; celui de l'intelligence au contraire est très-peu développé. Cette tête a appartenu au nommé Vitou, dont la vie a été en rapport avec cette conformation défectueuse.

Pierre Vitou, né à Verrargues, près Montpellier, montra dès sa plus tendre enfance des inclinations tellement perverses, que son père l'avait surnommé, dans la langue énergique de son pays, *marca maou*, c'est-à-dire, *marque mal*, qui s'annonce mal, qui donne des marques d'un mauvais caractère. Éminemment paresseux, il ne montrait d'activité que pour le mal ; il évitait autant qu'il était en lui, tout travail de corps et d'esprit. Adonné au jeu, à l'intempérance, et plein de vanité, il empruntait de tous côtés pour couvrir ses dépenses, et satisfaire son goût pour la parure. Hargneux, querelleur et rancunier, il se battait presque tous les jours, ou plutôt il était battu; car, quoiqu'il fût très-fort, il était encore plus lâche, et se laissait vaincre par des individus bien plus faibles que lui.

Il faisait le mal pour le seul plaisir de le faire, sans esprit de haine, sans espoir de profit. Étant garçon de ferme chez une dame respectable, qui avait toujours eu beaucoup de bienveillance pour lui, il avait passé, à travers le coussin d'un grand fauteuil dans lequel elle s'asseyait, un couteau dont la lame aiguë avait plusieurs pouces, uniquement pour repaître ses yeux du spectacle de sa douleur.

Impatient de jouir du petit bien de ses parens, qui pouvait lui valoir cent écus tout au plus, il empoisonna avec de l'arsenic un tonneau de vin destiné à l'usage de son beau-père, de sa belle-mère et de leur famille; et recommanda à sa femme de ne pas y aller puiser, tout en lui disant, ainsi qu'à plusieurs autres personnes, qu'il fallait que les vieux fissent place aux jeunes.

Presque en même temps, il empoisonna, également avec de l'arsenic, son père, sa mère et son frère. La quantité qu'il en mit dans leur soupe était si considérable, que son père mourut quelques heures après en avoir mangé, et son frère le lendemain. Sa mère ne mourut pas des suites de l'empoisonnement, parce qu'elle avait mangé peu de soupe, mais depuis lors elle demeura toujours malade.

Vitou assista à l'enterrement de son père et de son frère avec le plus grand sang-froid. Les assistans remarquèrent avec indignation qu'il se mit à rire lorsqu'on descendit la bière de son père dans la fosse; probablement parce qu'il pensait que les traces de son crime étaient ensevelies. Mais des soupçons d'empoisonnement suivirent tant d'événemens épouvantables. Un cri général s'éleva contre lui; il perdit la tête, s'enfuit et se dénonça lui-même, en disant à ceux à qui il demandait le chemin de l'Espagne, qu'on l'accusait d'avoir empoisonné son père, sa mère et son frère. Il fut arrêté sur ces indices, et traduit devant la cour d'assises de Montpellier, où tous ces faits furent constatés.

Pendant les débats et dans sa prison, Vitou montra beaucoup d'insensibilité et d'indifférence; il offrit constamment le singulier contraste d'une intelligence très-bornée et d'un esprit de ruse étonnant. Il était sur toutes choses d'une

ignorance extrême ; elle était portée à un tel
point en matière de religion, que le prêtre qui
l'exhorta, fut obligé de lui apprendre son caté-
chisme et ses prières. Et cependant rien n'égale
la ruse et le sang-froid qu'il développa dans ses
réponses, et pendant l'audition des témoins. Il
écoutait avec une effronterie imperturbable les
faits qu'ils déposaient contre lui, et cherchait à les
embarrasser par des questions captieuses ou des
contradictions apparentes. Il mit dans sa défense
autant d'art qu'aurait pu en apporter l'homme
le plus exercé en matière criminelle. Il parut cependant accablé par sa sentence ; et , éclairé par
l'éloquence de son confesseur, il mourut avec
les signes extérieurs du repentir et de la religion.

Selon Spurzheim, l'impulsion primitive de la
secrétivité est la tendance à se cacher , à se mettre de côté pour observer , à dissimuler, à suspendre la manifestation de ses pensées et des sentimens qu'on éprouve à l'occasion d'une impression quelconque, pour mieux réussir dans ses
projets. Sous ce rapport, cet organe est analogue à celui de la circonspection ; toutefois les
phrénélogistes l'en distinguent, et le regardent
comme plus destiné à servir les instincts que l'intelligence. Suivant eux , elle inspire les moyens

obliques de vaincre les difficultés, bien plutôt qu'elle ne tend à faire approfondir les questions, et à perfectionner le raisonnement. Cet organe donne plutôt la ruse que la prudence. On voit souvent des accusés, comme Vitou, déployer une ruse extraordinaire dans leur défense, quoiqu'ils manquent de prudence, de sagesse, et qu'ils soient faibles sous le rapport de la logique. La secrétivité empêche la franchise, la manifestation naïve de ce qu'on pense, et tend surtout à faire dissimuler le but qu'on se propose d'atteindre.

Cet organe joue un grand rôle dans l'espèce humaine; les voleurs, les filous surtout le mettent souvent en action. Il en est de même, dans un autre genre, des hommes d'affaires, des juges dans leurs interrogatoires, des diplomates. On le dit extrêmement saillant chez M. de Talleyrand, tandis qu'il est à-peu-près nul sur cette tête de l'Anglais Benty-Goss, dont j'aurai à vous parler plus tard. M. Combe a observé que la secrétivité est toujours grande chez les bons acteurs, qui sont obligés de se contrefaire, d'affecter des sentimens qu'ils n'ont pas, par conséquent d'user de ruse pour faire taire les impulsions qui peuvent être prédominantes chez eux, afin d'en mettre d'autres en action. Il faut alors que cet organe agisse en même tems que celui de la mimique, ou de l'imitation. L'organe de la secrétivité est très-utile à un général en campagne, car le chef d'une armée ne doit jamais se laisser deviner, même par ceux qui l'entourent. On le trouve effectivement sur toutes les têtes des généraux célèbres; aussi en a-t-on vu un grand nombre faire d'excellens diplomates. Quelquefois l'intelligence peut suppléer à la faiblesse de cet organe; mais ce n'est jamais d'une manière soutenue. L'homme qui puise sa ruse dans son intelligence, a de la peine à se tenir constamment sur ses gardes; il est facile à surprendre; il est rare qu'il ne se trahisse pas par quelque parole, quelque geste non calculé. Suivant M. Broussais, cet organe doit être très-grand chez les femmes coquettes, qui lui doivent leur adresse à cacher à tous les yeux leurs véritables sentimens. Les intrigans de tout genre s'en servent avec le plus grand succès dans leur intérêt.

Selon M. Vimont, cet organe est un de ceux qui servent le plus à la conservation de l'individu; s'il est faible et accompagné de peu de circonspection et d'intelligence, il constitue ces hommes dont le caractère est, pour ainsi dire, *percé à jour*. Si au contraire il est uni à la circonspection et à une haute intelligence, il forme les hommes prudens. S'il est très-développé, sans que les organes de la circonspection et de l'intelligence le soient proportionnellement, il produit les finauds et cette foule de misérables qui peuplent les prisons et les bagnes.

Parmi les autres organes, quelques-uns sont antagonistes de celui-ci, c'est-à-dire tendent à en diminuer l'action : ce sont la bienveillance, l'amitié, l'amour des enfans, l'amour de la justice. Mais celui qui paraît le plus contraire à ses manifestations, c'est la destructivité, qui préside à la colère. L'homme violent se laisse aller, dans ses accès, à des actions, à des paroles qu'il regrette ensuite. Aussi c'est un assez sûr moyen de connaître la pensée d'un homme irascible, que d'exciter adroitement sa colère. Les hommes rusés et qui peuvent garder leur sang-froid, le savent bien.

Il en est de la secrétivité comme de presque tous les autres organes, dont les manifestations sont heureuses dans certaines limites, et mauvaises en deçà et au-delà. Il faut quelquefois savoir s'abstenir et se contraindre. Un père doit s'interdire devant de jeunes enfans, certains sujets de conversation qui n'ont rien de repréhensible en eux-mêmes et dont il n'aurait pas à rougir devant des hommes. Un médecin doit quelquefois feindre, pour cacher à un malade la gravité de son mal. Les abus ou un défaut presque complet de secrétivité sont seuls à craindre. C'est ordinairement par le mensonge que cet organe se manifeste chez les enfans. On doit tendre de tous ses efforts à corriger ce honteux défaut; mais je dois faire observer que, lorsque les enfans sont menteurs, c'est presque toujours la faute des parens ou des maîtres qui les obligent à fausser la vérité, par leur sévérité excessive. Si on savait excuser une faute dont un enfant s'avoue coupable, le mensonge serait bien moins commun. Souvent aussi on ne s'adresse pas assez à l'intelligence de l'enfant. On lui ordonne ou on lui défend une chose, sans lui en donner de raison à sa portée, ou on lui en donne une fausse; c'est-à-dire on ment soi-même, ce dont il finit par s'apercevoir. Ne voyant qu'un caprice dans les ordres qu'il a reçus, il s'en écarte et s'autorise ensuite intérieurement de l'exemple de ses parens, pour se tirer d'affaire par un mensonge. Habituons donc nos enfans à nous obéir, non point parce que nous avons commandé, mais parce que nos ordres sont raisonnables. Évitons de mentir devant eux, même en plaisantant; ils ne manqueraient pas de nous imiter, et ce qui ne serait d'abord pour eux qu'un innocent badinage, pourrait dégénérer plus tard en habitude, dans des circonstances plus sérieuses.

Si votre enfant au contraire péche par défaut de secrétivité, faites-lui sentir qu'il s'expose à se laisser tromper, à être dupe des fripons et des intrigans, à devenir la risée des autres. C'est en agissant sur son intelligence qu'on parviendra à le mettre plus tard à l'abri de tous ces accidens; car la secrétivité est nécessaire à l'homme dans une foule de circonstances de la vie : il faut seulement en réprimer les écarts.

Vous pouvez voir que l'organe de la secrétivité, ainsi que celui de la circonspection, sont très-développés sur cette tête d'un Indien de la race des Peaux-Rouges. Vous avez appris dans les ouvrages de Cooper toute la ruse, toute l'adresse que mettent ces peuples à suivre la piste d'un ennemi et à cacher la leur propre; l'habileté qu'ils montrent à demeurer en apparence impassibles dans les positions les plus critiques. Voici une tête de race chinoise, qui présente aussi ces organes très-saillans; ce qui contribue à faire des commerçans du Céleste Empire les plus habiles fripons du monde.

Cet organe se rencontre aussi chez les animaux : il est beaucoup plus développé en général chez les carnivores, à qui il faut une certaine adresse pour s'emparer de leur proie, que chez les herbivores, qui trouvent leur nourriture sous leurs pas. Il est extrêmement prononcé chez le renard, dont on a fait le symbole de la ruse. Il est sensible chez le chevreuil, le lièvre, le lapin, l'écureuil; il est médiocre chez la plupart des oiseaux; il est assez grand chez quelques-uns. M. Vimont pense que c'est à tort que Spurzheim a attribué à cet organe le penchant qui existe chez quelques animaux, comme le loup, le chien, etc., à cacher le superflu de leur nourriture. Ce phrénologiste croit que cette action doit dépendre plutôt du sentiment de la propriété, ou d'une impulsion qui n'est pas encore bien déterminée.

8. Acquisivité.

Cet organe est situé à l'angle antérieur inférieur du pariétal; la manière dont il a été découvert par Gall, mérite d'être connue.

J'ai déjà dit que ce célèbre physiologiste faisait quelquefois venir chez lui des gens du peuple, qu'il excitait à se dire mutuellement leurs défauts. Il vit que ces gens s'accusaient assez souvent de petits larcins, ou plutôt de *chiperies*, comme ils auraient dit en France. Gall remarqua que ceux sur qui ces accusations pesaient le plus,

avaient sur la tête une élévation allongée, s'é-
tendant depuis le bord externe de l'arcade orbitaire, jusqu'à l'organe de la ruse. Plus tard, il
vit cet organe très-saillant sur la tête d'un voleur
incorrigible : en voici une copie en plâtre. Toutes
les prisons qu'il visita lui fournirent par la suite
de nombreux moyens de vérifier cette découverte. Gall crut que la propension à voler était
la seule manifestation de cet organe, qu'il désigna sous le nom d'organe du vol. Spurzheim a
fait voir qu'il peut avoir une plus noble mission ;
qu'il ne pousse qu'au désir de posséder, sans indiquer les objets à convoiter, ni les moyens de
se les procurer. Il lui donna le nom de *convoi-
tivité*, qui fut changé par sir G. S. Mackensie en
celui plus convenable d'acquisivité, aujourd'hui
généralement adopté.

Je citerai, d'après M. le docteur Leroi, un fait
pathologique qui vous fera connaître une de ses
manifestations.

Monsieur Lallemand, restaurateur à Versailles, âgé de 27 ans, d'un tempérament sanguin,
jouissant habituellement d'une bonne santé, é-
prouva dans les premiers jours de juillet 1833,
une perte de connaissance, après avoir reçu sur
la tête, et pendant plusieurs heures, l'action directe des rayons solaires. Depuis cette époque,

il ressentait une vive céphalalgie. Dans la nuit du 14 au 15 juillet, nouvelle perte de connaissance, suivie de délire. Le médecin fut appelé dans la matinée du 15. Le malade se plaignait d'une douleur qu'il rapportait aux deux côtés de la tête, au-dessus des oreilles; aussi y portait-il constamment les deux mains. A ces deux points, la température était plus élevée que sur les autres parties de la tête.

Le délire consistait en une crainte excessive de voleurs et d'assasins; le malade croyait en voir constamment autour de lui, qui ouvraient ses armoires, ses tiroirs, son secrétaire, et qui voulaient le tuer. Aussi, pour leur échapper, il cherchait à sortir de son lit, et demandait des armes, pour résister aux nombreux brigands qu'enfantait son imagination; ou bien il se cachait sous ses couvertures. Une saignée abondante, des sinapismes aux pieds et de la glace appliquée sur la tête firent diminuer l'intensité des symptômes; la loquacité devint moindre, mais les douleurs et le délire continuaient encore le soir. Les mêmes remèdes furent réitérés: le malade était encore dans le même état le 16 au matin.

Frappé de la persistance de la douleur, de la température et du délire, M. Leroi fit appliquer vingt sangsues de chaque côté de la tête, sur

les points les plus douloureux, et il recommanda l'application constante de glace sur ces mêmes parties, après la chute des sangsues. Il s'o-
péra alors un changement avantageux: les douleurs et le délire diminuèrent. Le malade se trouva beaucoup mieux le 17, et, quelques jours
après, il put reprendre ses occupations habituelles.

Le 24 novembre 1833, après un travail excessif pour la préparation d'un repas de noces, M.
Lallemand est pris de nouveau de violentes douleurs de tête, accompagnées de délire. M. Leroi étant appelé, trouve le malade exactement
dans le même état que la première fois ; seulement la douleur se faisait sentir à la partie antérieure et inférieure du front, entre les deux orbites. Aussi, dans son délire, le malade ne voyait
plus ni voleurs, ni assassins; mais des objets de
nature diverse ; des animaux, des fruits, des
meubles, qu'il se hâtait d'offrir à tout le monde.
M. Leroi ayant appelé en consultation M. le docteur Laburthe, médecin à l'hôpital militaire de
Versailles, ces messieurs ordonnèrent l'application de vingt sangsues sur le siége de la douleur, et de glace après la chute des sangsues. Le
malade s'y étant refusé, il fallut recourir à des
saignées et à l'application seule de la glace sur le

front. Le délire persista un peu plus longtemps que la première fois, mais finit par disparaître entièrement au bout du sixième jour.

Depuis, et à plusieurs reprises, toujours à la suite d'excès de travail, M. Lallemand fut repris d'accidens pareils, pendant le courant des années 1834 et 1835; mais on avait alors tellement l'habitude de les voir cesser au bout de quelques jours, par l'application de sangsues (quand le malade voulait le permettre), et de glace sur les points douloureux de la tête, qu'on employait ces moyens, sans même prévenir le médecin.

Cependant, ce renouvellement successif des mêmes accidens, sous la moindre influence, annonçait un état maladif profond du cerveau; aussi dans la nuit du 12 avril 1836, le malheureux Lallemand, fut-il trouvé mort dans son lit, ayant probablement succombé à une apoplexie cérébrale. La famille s'opposa à ce qu'on fît l'autopsie.

Vous avez pu remarquer la connexion qui s'est trouvée chaque fois entre la nature du délire et le siége du mal. La première fois, les organes affectés sont la destructivité, l'acquisivité, la combativité, la secrétivité et l'amour de la vie; dans son délire, le malade aperçoit des voleurs, des assasins, à qui il veut échapper par la ruse

ou par la force. La seconde fois, la douleur occupe l'espace où se trouvent les organes de la
configuration et de l'individualité, et le malade
ne voit que des objets de formes diverses, qu'il
distribue aux assistans.

La manifestation essentielle de l'organe de
l'acquisivité est le désir de posséder. Il est l'origine de la propriété. Lorsque l'intelligence est
forte, ainsi que l'organe des sentimens moraux,
on ne cherche à arriver à la possession de l'objet
désiré, que par des moyens dignes d'approbation; dans le cas contraire on peut employer les
moyens les plus coupables. Cet organe s'est trouvé tellement développé même chez des personnes riches, que le vol était pour elles un véritable besoin. Tel fut, dit-on, un Victor, roi de Si-
cile.

Un nommé Thomas Salter, jouissant d'une
fortune de 6,000 livres sterlings (150,000 francs),
a été condamné en 1837, par la cour d'assises
de Londres, à sept années de déportation, pour
avoir volé un canif et un tire-bouchon. Cette
sévérité des magistrats a été motivée par la manie qu'avait cet homme, malgré sa fortune, de
se livrer à un penchant naturel pour le vol. Un
marchand s'était aperçu que chaque fois que
Thomas Salter était entré chez lui, on lui avait

dérobé quelque chose. Il voulut prendre cet
homme sur le fait. Le voyant un jour se diriger
vers son magasin, il fit cacher à la hâte un jeune
enfant dans une grande caisse, qu'il avait placée
là à dessein, et dans laquelle il avait percé quelques trous avec une vrille. Sous un prétexte il laissa seul un moment Thomas Salter, qui en profita
pour s'approprier un canif et un tire-bouchon.
A peine fut-il sorti, que le marchand prévenu
par son enfant, fit courir après lui, et en le
fouillant, on le trouva nanti de ces deux objets.

Malheureusement ces exemples ne sont pas
rares, et font faire de bien tristes réflexions,
en face de notre Code pénal et de l'état de la
société. M. Harel raconte que, visitant un jour
les cachots de la maison de détention de Melun,
accompagné de M. Valot, le directeur, il sut de
ce dernier que c'étaient presque toujours les
mêmes prisonniers qui subissaient cette punition. — Vous nous punirez tant que vous vou-
drez, disaient-ils, mais nous ne pouvons nous
empêcher de voler !

M. Harel raconte aussi qu'on lui désigna au
bagne de Brest, un jeune homme qui ne pouvait voir de l'or sans éprouver le plus vif désir
de le voler. Afin de l'éprouver, ce philantrope
lui remit sa bourse, contenant quelques pièces

de 20 francs et d'autres monnaies, en le chargeant de payer pour lui quelques objets fabriqués au bagne, et qu'il venait d'acheter. Lorsqu'il eut rempli sa commission, il rendit la bourse; rien n'avait été dérobé, et il dit en souriant à M. Harel : — Vous m'avez soumis à une rude épreuve; pour tout autre, je n'aurais pu résister. — Ce jeune homme n'avait pas le même penchant, quand il s'agissait d'un autre métal.

Ce besoin d'acquérir par tous moyens une seule sorte d'objets, n'est peut-être pas aussi rare qu'on pense. Spurzheim disait souvent : méfiez-vous des faiseurs de collections qui visitent la vôtre.

Une autre manifestation de cet organe est le plaisir de posséder; aussi le trouve-t-on très-saillant chez les avares. M. Harel l'a vu bien développé chez un galérien, ancien notaire. Cet homme ayant commis un crime entraînant la peine des galères, préféra dix années de fer au sacrifice de 2,000 francs, qu'on exigeait pour retirer la plainte. — Il trouverait moyen, disait-il, de faire au bagne de fortes économies. — En effet, il vivait absolument comme les autres galériens, et il avait 30,000 francs de rente. M. Vimont cite comme exemple un individu très-avare qui, formant une dot pour sa fille, avait apporté, comme représentant une valeur de 2,000 francs, une boîte dans laquelle était un rat... mais un rat pétrifié. Lorsque cet organe est très-prédominant, il fait taire ceux qui pourraient s'opposer à son action, tels que l'estime de soi, l'approbativité, la bienveillance, l'affectionivité, la philogéniture. L'avare sacrifie sa réputation, son repos, ses amis, sa famille, au besoin de posséder. Molière a admirablement saisi ce caractère.

Vous aurez pu remarquer que les organes de la destructivité, de la combativité, de la secrétivité et de l'acquisivité tendent à élargir la tête vers sa base, au-dessus des oreilles. Méfiez-vous en général des hommes chez qui vous rencontrerez à un haut degré cette fâcheuse organisation, si elle n'est pas compensée en même temps par de hautes facultés intellectuelles et un développement correspondant des organes de la bienveillance et de la conscienciosité. Quelquefois aussi des impulsions étrangères aux premiers de ces organes viennent ajouter à leurs funestes manifestations. Vous en avez un exemple dans le fameux Lacenaire.

Voici sa tête, qu'on a voulu opposer à la Phrénologie, et qui vient au contraire en confirmer les doctrines. La destructivité y forme une saillie considérable. L'acquisivité est forte aussi, quoique moindre que l'organe précédent. Mais ce qui domine surtout sur cette tête, c'est la vanité, et nous verrons plus tard que c'est là ce qui l'a conduit au crime.

Voici des têtes où l'organe de l'acquisivité est très faible. Le nègre Eustache, qui a obtenu le prix de vertu à l'Académie française, et chez qui la bienveillance domine. L'abbé Grégoire, homme très-remarquable par sa franchise, son dévouement à ses amis. Benty-Goss, qu'on fut obligé d'interdire, tant il dépensait follement sa fortune.

On a objecté que l'organe de l'acquisivité n'est pas toujours très-saillant chez les voleurs, et cela est vrai. Mais on n'a peut-être pas fait attention que tous les individus qui volent, n'ont pas le même but. Les uns le font par besoin, d'autres pour dépenser aussitôt et se procurer quelque jouissance ; d'autres enfin pour conserver. Chez ces derniers, l'organe est toujours très-saillant. On en peut voir un exemple remarquable sur la tête de Cartouche, qui se trouve à la bibliothèque de Sainte-Geneviève, et dont M. Bailly a publié un dessin dans le premier volume du Musée des familles. Avec celui-là, les organes les plus saillans sur cette tête, sont ceux de la circonspection, de la ruse, du courage, de l'indépendance, de la destructivité. Sa vie entière a été conforme à cette vicieuse organisation. On connaît sa ruse et sa présence d'esprit, pour se tirer d'un mauvais pas; la prudence qu'il mettait à ourdir ses projets, dont aucun n'a manqué faute de précautions suffisantes; son courage, dont il a souvent donné des preuves; l'ascendant puissant qu'il avait su prendre sur tous les hommes de sa troupe, et la facilité avec laquelle il commettait un meurtre qui pouvait lui être utile.

Un de mes collègues, qui a dirigé pendant plusieurs années une maison d'éducation à Barcelonne, a tiré un jour un parti fort avantageux de ses connaissances phrénologiques. Voici le fait qu'il a bien voulu me permettre de vous citer. Depuis quelque temps, on se plaignait de vols fréquens dans l'établissement, et le directeur ne savait sur qui arrêter ses soupçons. Le peu d'importance des objets volés témoignait assez que c'était parmi les élèves, plutôt que parmi les gens de la maison, qu'il fallait chercher le coupable. Parmi les jeunes gens confiés à ses soins, le directeur en remarqua un chez qui l'organe de l'acquisivité était très-développpé; il le fit appeler dans son cabinet. Là, l'ayant interrogé avec toute la douceur et la prudence convenable, il l'amena à faire l'aveu de sa faute. Ce malheureux penchant étant connu, les plus grands efforts furent faits pour le vaincre, et l'habile directeur eut le bonheur de réussir.

Le désir d'acquérir est nécessaire à l'homme. Le désintéressement n'est une vertu qu'autant qu'il demeure dans certaines limites. Il y a peu de mérite à ne pas désirer ce qui ne paraît nullement précieux, et c'est se rendre coupable que de se laisser manquer soi et sa famille, par négligence d'acquérir ou de conserver. En ceci, comme en tout, il faut éviter les extrêmes, et ne se montrer ni avare, ni prodigue. C'est dans ce sens que doit être dirigée l'éducation d'un enfant. Si le sentiment de la propriété est trop faible chez lui, il ne tient à aucun des objets qui lui appartiennent; il ne s'occupe pas même de conserver ses joujoux, il les perd avec indifférence et les oublie facilement. Il ne pense jamais à l'avenir. Faites quelquefois sentir à cet enfant les angoisses d'une privation prolongée; ne vous hâtez pas de remplacer les objets dont il s'est privé par son incurie; que le chagrin d'avoir perdu une chose dont il manque par sa faute, lui apprenne à être désormais plus rangé et plus économe. Plus tard, lorsque l'âge aura développé sa raison, faites-lui sentir le besoin de

la propriété, que la nature a donné à l'homme,
et qui est le fondement de la société. Rendez pa-
tentes à ses yeux, par des exemples choisis, et qui
malheureusement ne seront pas rares, les déplorables suites de la prodigalité. Comparez devant lui la position précaire de l'homme sans
ordre, toujours réduit aux expédiens, pour se
soutenir lui et sa famille, avec l'état d'aisance de
l'homme rangé qui a su, par sa conduite, acquérir une honnête fortune, dont il jouit sagement
avec les siens. Montrez-lui que la plus grande
opulence ne peut résister à une folle prodigalité, et que ceux qui se sont ainsi ruinés par
leur faute, se trouvent ensuite dans la position
la plus insupportable et la plus humiliante. Oppo-
sez à ceux-là ces hommes qui, partis de très-bas,
ont dû à leur probité, à leur amour de l'ordre,
à leur habileté, une fortune qui leur permet de
venir au secours des malheureux, et de se procurer une foule de jouissances. Le commerce
pourra vous offrir plusieurs de ces honorables
exemples.

On accuse généralement notre siècle de
pécher par le defaut contraire, c'est-à-dire par
un amour excessif des richesses. Ce n'est ici
ni le moment ni le lieu de rechercher si cette
accusation est fondée, ou si les moralistes de

nos jours ne font que répéter ce qui a été dit à toutes les époques ; il nous suffit de connaître tout ce que ce penchant a de bas, pour que nous devions chercher à lutter contre une acquisivité qui menacerait de devenir trop forte chez un enfant. Ce vice est rare dans l'enfance et ne se développe le plus souvent que dans l'âge mûr. Les instincts agissant puissamment dans le jeune âge, l'idée d'un besoin à venir se présente rarement ; et si l'enfant désire ardemment un objet, c'est uniquement pour en jouir dans le moment présent. Mais si vous avez remarqué en lui la moindre tendance à l'avarice, croyez que ce défaut ira toujours en augmentant, si vous n'y portez un prompt remède. Montrez-lui tous les inconvéniens d'un froid égoïsme et d'une sordidide parcimonie. Cherchez à opposer à l'acquisivité l'action d'autres organes développés chez lui ; par exemple l'amour propre, en lui montrant le rôle ridicule que joue l'avare dans le monde ; ou les sentimens affectueux, en l'habituant à l'aumône, en l'engageant quelquefois à partager les objets qu'il possède avec ses frères, ses sœurs, ses camarades. Gardez-vous surtout de lui faire envisager toutes les actions de la vie comme n'ayant qu'un but, celui d'acquérir des richesses. Que son éducation ne soit point dirigée dans ce sens ; qu'elle soit assez libérale pour lui faire trouver dans la culture des sciences et de la philosophie, des jouissances qu'il pourrait être tenté de ne demander un jour qu'à son coffre-fort.

L'organe de l'acquisivité présidant au soin de faire des provisions, se rencontre aussi chez beaucoup d'animaux. M. Vimont l'a vu très-saillant chez les quadrumanes, surtout chez l'Orang-Outang. Ce savant phrénologiste fait remarquer qu'il ne faut pas attribuer à cet organe, mais à celui de l'alimentivité, les larcins que commettent les chiens et les chats ; car ces animaux ne volent pas lorsqu'ils sont bien nourris. Il n'en est pas de même de la pie, qui enlève et cache une foule d'objets dont elle ne se nourrit pas, et qui ne lui servent à aucun usage. Cet oiseau obéit donc alors à un instinct primitif qui le pousse à amasser ; mais on ne saurait dire pourquoi il préfère les métaux brillans et les pierres précieuses aux autres objets. M. Vimont a reconnu cet organe chez le geai, le corbeau, la mésange. Selon lui, il n'existe pas chez le coq-d'Inde, la dinde ordinaire, le coq, la poule. C'est probablement par suite de son impulsion qui se manifeste à des époques précises, ainsi que d'autres organes, que quelques animaux, comme le castor, l'abeille, doivent de faire des provisions pour leurs besoins à venir.

9. Constructivité.

C'est encore à Gall que nous devons la connaissance de cet organe, qu'il avait désigné sous le nom d'aptitude à la mécanique. Les phréno-logistes ne sont pas d'accord sur le rang qu'il doit occuper. Les uns veulent qu'il fasse partie des facultés de l'intelligence, d'autres conti-nuent à le maintenir parmi les instincts. Cet or-gane est saillant chez toutes les personnes qui ont une grande aptitude à dessiner, à graver, à copier des formes quelconques, soit en dessin, soit en sculpture, soit en peinture ; on le retrou-ve chez toutes les personnes adroites, quel que soit d'ailleurs le genre d'ouvrage auquel elles se livrent de préférence. Gall l'a vu très-prononcé chez une modiste de Vienne, renommée par son adresse à tailler des vêtemens, à monter des cha-peaux et des bonnets. Nous dirons tout-à-l'heure qu'il existe chez les animaux qui se construisent des nids, des gîtes.

Considéré de cette manière, l'organe me pa-raît devoir faire partie des instincts, c'est-à-dire que l'aptitude manuelle est purement instinctive et indépendante du raisonnement ; aussi voit-on souvent des hommes naturellement fort habiles dans ce sens, dont l'intelligence est loin d'être aussi développée que celle d'autres individus, du reste fort maladroits. Mais de tous les organes instinctifs, la constructivité me paraît être celui qui produit les plus grands résultats, lorsqu'il obéit à l'intelligence. Remarquez d'ailleurs, messieurs, que cet organe est placé très-près des facultés intellectuelles, dont l'action sur lui paraît être fort grande. C'est par suite de cette impulsion sur la constructivité que se forment les architectes, les ingénieurs, les mécaniciens ; car chez eux la conception et la forme ne peuvent pas être indépendantes l'une de l'autre. Il me semble que c'est de cet accord entre ces deux facultés que naît la divergence d'opinion qu'on remarque à ce sujet chez les phrénologistes. Ceci répond en même temps à une objection qui a été faite. — Comment admettre, a-t-on dit, que le même organe préside à la confection d'un bonnet ou à l'édification de Saint-Pierre de Rome ou du Panthéon ? Est-ce la même impulsion qui forme un Raphaël, un Michel-Ange, un David, un Canova ou un *artiste en cheveux*, en adoptant cette prétentieuse et ridicule appellation moderne ? — Oui, répondrai-je, quant à ce qui concerne purement l'ouvrage des doigts ; mais pour ce qui est dû à l'étendue et à la grandeur de la conception, à l'heureux choix des formes, à l'habile arrangement des couleurs ; tout cela est du domaine de l'intelligence, et apporte dans les œuvres une différence immense. Du reste, les antiphrénologistes n'admettent-ils pas que c'est par suite de la même intelligence humaine, qu'on est architecte, peintre, modiste ou coiffeur ? A quoi donc se réduit leur objection ?

On a prétendu aussi que l'adresse réside uniquement dans la main, et n'a pas sa cause dans l'encéphale. Comment se fait-il donc qu'on voie quelquefois des hommes privés de mains, et cependant très-adroits. Vous vous rappelez sans doute encore ce que je vous ai dit à ce sujet, en vous parlant du peintre Ducornet.

Quant à l'objet même sur lequel s'exerce de préférence l'adresse d'un individu, il dépend de l'impulsion d'autres organes. Réuni à celui des tons, il formera un instrumentiste ; allié au coloris, il donnera un peintre ; avec les organes des formes, du calcul, de la pesanteur, de la résistance, vous aurez un architecte, un ingénieur, un mécanicien. Si la constructivité est peu développée chez un artiste, il ne s'élevera pas au-dessus de la médiocrité ; aussi le trouve-t-on très-saillant chez tous ceux dont on possède la tête, et qui se sont acquis de la célébrité.

L'organe de la constructivité est grand sur les portraits de Van-Dyck, du Titien, Paul Véronèse, Vignole, Lesueur, Rembrandt, Holbein, Carrache, et sur un crâne conservé à Rome, que l'on croit avoir été celui de Raphaël. On le dit très-développé sur la tête de l'architecte M. Fontaine. Vous pouvez voir combien il est saillant sur ce masque de l'ingénieur français Brunel, qui construit le *Tunnel* ou pont sous la Tamise. Il est fâcheux que nous ne possédions pas la tête entière de cet homme remarquable. Malheureusement il arrive souvent que celui qui moule un personnage célèbre, n'étant pas phrénologiste, ne sent pas l'importance de prendre l'empreinte de la tête entière. C'est ce qui est arrivé, par exemple, pour Napoléon, dont nous ne possédons que le masque, que je vous montrerai plus tard. L'organe de la constructivité est aussi très-grand sur ce masque d'un enfant appelé Corner qui avait une habileté merveilleuse à découper des silhouettes.

Cet organe est fort sur la tête du fameux Carême, qui certes n'a pas été un cuisinier ordinaire. L'art culinaire ne semblait être pour lui qu'une branche de l'architecture, dont la sphère se trouvait trop étroite pour son esprit créateur. La vie de Carême n'a été, pour ainsi dire, qu'un long travail. Il s'occupait beaucoup de lectures et de compositions. Afin de prolonger ses veilles, et de résister au besoin impérieux du sommeil, il laissait éteindre son feu en hiver, et ne se couchait, que lorsque le froid de ses jambes engourdies était arrivé au point de troubler le travail de son esprit, par l'acuité de la douleur : ce fut là la cause principale de sa maladie et de sa mort. On a trouvé dans ses papiers plusieurs plans d'architecture dessinés par lui-même, des modèles de décors de table d'une grande beauté, des manuscrits, etc. On sait d'ailleurs que Carême a publié des ouvrages sur l'art culinaire et deux *recueils de projets d'architecture destinés aux embellissemens de Paris et de Saint-Pétersbourg.*

L'organe de la constructivité se trouve aussi développé chez certains condamnés : les faux-monnayeurs, les faussaires, ceux qui sont habiles à fabriquer de fausses clefs. Vous devinez en effet qu'elles doivent être les manifestations de cet organe, lorsqu'il agit sous l'impulsion de mauvais penchans. Il est très-faible chez quelques peuples, les Nègres par exemple. MM. Quoy et Guémard, qui faisaient partie de la dernière expedition du capitaine Dumont-d'Urville, en qualité de chirurgiens et de naturalistes, ont remarqué que les Nouveaux-Zélandais qui sont très-enclins à l'architecture, qui savent se construire des habitations avec un certain art, possèdent cet organe assez prononcé; tandis qu'il est déprimé chez les Nouveaux-Hollandais, qui ne savent pas même se façonner des huttes pour s'abriter.

J'ai déjà fait observer que beaucoup d'animaux possèdent l'organe de la constructivité, et que c'est là ce qui les pousse à se construire des nids, des terriers, des gîtes, des huttes. Cet organe n'étant pas soumis chez eux, comme chez l'homme, à l'action d'une intelligence supérieure, ne présente que cette seule manifestation. Les seuls penchans qui paraissent agir en même temps que celui-là, sont ceux de l'habitativité et des localités; aussi voit-on chaque espèce préférer certains lieux pour fixer son habitation. La Phrénologie ne peut pas expliquer le motif de ce choix; peut-être y parviendra-t-elle un jour; car cette cause incessante dans chaque espèce doit siéger dans l'encéphale, comme toutes celles des impulsions primitives.

M. Vimont a remarqué à cet égard une différence très-grande entre les quadrupèdes qui savent se construire un gîte, comme le renard, le blaireau, le putois et surtout le castor; et ceux qui se contentent de ramasser un peu de paille ou des feuilles sèches, pour se reposer et déposer leurs petits. En général les herbivores manquent de cet organe.

Il se rencontre généralement au contraire chez les oiseaux, et on sait l'art que la plupart de ces animaux mettent à se construire des nids. Cependant M. Vimont ne l'a pas reconnu chez les oiseaux de basse-cour, la dinde, le coq, la poule, etc., ni chez le coucou, qui ne construit jamais.

HUITIÈME LEÇON.

SENTIMENS.

Estime de soi. — Approbativité. — Circonspec-
tion. — Bienveillance.

MESSIEURS,

Au-dessus des instincts viennent les sentimens, dont l'action moins impérative est aussi
moins nécessaire à la vie animale. Il en résulte
que ce genre d'organes peut être plus facilement
soumis à l'intelligence, et que l'éducation peut
espérer plus de succès, lorsqu'elle s'occupe de
les redresser. Ceci ne veut pas dire que leurs
impulsions ne sont pas très-fortes ; mais seulement qu'elles sont moindres en général que celles des instincts, dont dépend la vie des animaux
et la conservation des espèces. Il faut remarquer
cependant, relativement à ces deux ordres de
penchans, que la division n'est pas aussi nettement tranchée dans le fait, que vous pourriez le

croire d'abord. Il en est ici comme dans toutes les sciences naturelles. La nature ne procède jamais par changemens brusques. Tous les êtres créés, toutes les parties qui les composent, toutes les propriétés qui les distinguent, forment une chaîne non interrompue, dont chaque anneau diffère très-peu de celui qui le précède et de celui qui le suit. Cet ordre se remarque même dans les grandes divisions naturelles. Il est des êtres, faisant la transition du règne végétal au règne animal, et qui semblent si bien appartenir en même temps à l'un et à l'autre, qu'on ne sait dans laquelle de ces deux grandes classes on doit les placer. Il en est d'autres qu'on dirait appartenir également aux règnes minéral et végétal. Il ne faut donc regarder les divisions scientifiques que comme des moyens artificiels et plus ou moins heureux, de soulager la mémoire. On peut faire une observation analogue relativement aux sciences elles-mêmes, qui ne sont que des branches distinctes de la grande et unique science de la nature, mises à la portée de l'intelligence, des connaissances acquises et de la courte durée de la vie de l'homme.

Parmi les sentimens, quelques-uns, dit-on, n'appartiennent qu'à l'homme et n'ont point été départis aux animaux. M. Broussais pense qu'à

cet égard, on a été trop loin, en déniant à ceux-
ci en général des penchans, dont plusieurs possèdent au moins les rudimens. Je reviendrai sur
cette idée avec tous les détails convenables, en
parlant de chaque sentiment en particulier.

10. Estime de soi.

Lavater avait remarqué que les hommes qui
ont la tête très-saillante à leur sommet, sont
ordinairement orgueilleux, fiers, indépendans.
Gall ignorait cette observation, lorsqu'il fit la
rencontre d'un mendiant qui le frappa par ses
manières distinguées. Il recherchait alors quelles
causes peuvent le plus souvent réduire un homme à la mendicité, et il était porté à croire que
ce triste résultat était amené ordinairement par
la légèreté et l'imprévoyance. La tête du mendiant qu'il examinait, venait confirmer cette observation; car elle était déprimée aux organes
de l'acquisivité, de la secrétivité et de la circonspection. Gall remarqua au contraire une forte
élévation sur le sommet postérieur de la tête; et
désirant en connaître les fonctions, il question-
na ce mendiant sur tous les détails de sa vie,
afin de saisir les traits les plus saillants de son
caractère. Il apprit ainsi que cet homme était le
fils d'un riche négociant; que son père lui avait

laissé de grands biens ; mais qu'il avait toujours été trop fier pour se résoudre à travailler, soit pour augmenter sa fortune, soit pour la conserver, et que cette malheureuse disposition l'avait fait tomber dans la misère.

Gall fut choqué d'abord de l'espèce de contradiction qui se rencontrait ici. Comment un homme assez fier pour ne pas vouloir travailler, pouvait-il se résoudre à exercer le dégradant métier de mendiant? Mais il avait déjà rencontré tant de fois des exemples singuliers des inexplicables bizarreries du caractère humain, qu'il se contenta d'admettre le fait, sans l'analyser. Une fois sur cette voie, les preuves de l'existence d'un organe qu'il appelait de l'orgueil, ou de l'indépendance, vinrent en abondance. Notre philosophe se rappela que telle était la conformation d'un de ses cousins avec qui il avait été élevé, et que sa vanité ridicule avait rendu insupportable à tous ses petits camarades. A Vienne, il connut un prince, qui était cité pour son orgueil, et qui avait cette partie de la tête très-développée. Dans la même ville, Gall était le médecin de la famille du sculpteur Ceracchi. Il sut par elle quelques détails concernant les premières années de la vie de cet homme qui, dès son plus jeune âge, avait manifesté des sentimens extrêmement développés de fierté et d'indépendance. Toute autorité était pour lui une cause d'irritation continuelle. Plus tard il négligea entièrement son art, pour ne penser qu'aux moyens de renverser toutes les monarchies.

L'exaltation de ses opinions républicaines lui inspira une haine violente contre le premier consul Bonaparte. Il ne pouvait lui pardonner le coup d'état du 18 Brumaire. Aussi fut-il un des principaux auteurs de la conspiration dont l'objet était de l'assassiner. Il se chargea lui-même de poignarder le premier consul à l'Opéra. La conjuration fut découverte, et Ceracchi fut condamné à mort avec ses complices. Son exécution eut lieu à Paris, le 30 janvier 1801. Son crâne fait partie de la collection du Jardin-des-Plantes. Gall s'en servait dans ses leçons, pour montrer le siége et la forme de l'organe de l'indépendance.

M. le docteur Ferrus a été témoin d'un fait fort curieux, relatif à l'organe de l'estime de soi. En 1826, un graveur, âgé de 42 ans, éprouve une perte de 600 francs, à la suite de laquelle il se plaint que le sang se porte à la tête. Une saignée le soulage, et le ramène pour quelque temps à la santé; mais bientôt, il est pris et obsédé d'idées de grandeurs ; rien ne peut l'en distraire : il se croit général en chef, et écrit en conséquence des lettres à tous les colonels des régimens en garnison à Paris, pour les prévenir que leurs corps aient à se tenir prêts à une revue qu'il doit passer au Champ-de-Mars. Il n'en reste pas là ; et, peu content de sa dignité de général, il aspire bientôt à celle de ministre de la guerre ; ses propos répondent à sa nouvelle ambition, et il serait difficile de dire où celle-ci se serait arrêtée, si sa tête s'embarrassant de plus en plus, et toutes les facultés se détériorant, le malheureux ne fût pas mort, au milieu de ses idées de grandeurs, après plusieurs mois de souffrance. On constata, à l'autopsie, un développement prononcé et une altération sensible des parties assignées par Gall à l'entêtement et à l'orgueil, circonstances qui expliquent facilement ce genre de folie, aux yeux des phrénologistes.

L'organe de l'estime de soi a reçu ce nom de Spurzheim ; celui de penchant à l'orgueil donné par Gall, semblant n'indiquer qu'une impulsion vicieuse. Ce sentiment, contenu dans de justes limites, est fort utile. Allié à une intelligence convenable, il produit la dignité ; alors l'homme se respecte, et règle sa conduite en conséquence. Il a une juste confiance en ses moyens, il sait mesurer sa propre portée, et ne craint pas d'entreprendre ce qu'il croit pouvoir lui réussir. Un noble sentiment d'amour-propre lui fait, non pas détester les succès des autres, mais vivement désirer de les égaler, de les surpasser même, pour s'attirer l'estime des hommes. Sans doute ce sentiment n'agit pas seul pour produire toutes les grandes œuvres, toutes les belles actions : d'autres organes y contribuent aussi; mais l'estime de soi, convenablement développé, est un stimulant qu'il faut savoir entretenir dans l'homme.

C'est donc un sentiment fort utile, et qu'il faut cultiver chez un enfant. Celui qui se méfie trop de lui-même, qui est trop timide, nuit beaucoup au développement de ses facultés, dans une foule de circonstances. J.-J. Rousseau a eu soin de nous apprendre lui-même, combien il a eu à souffrir dans le monde de son excessive timidité. Il ne jouissait de la plénitude de ses moyens que dans la solitude ou le silence du cabinet; une crainte exagérée de paraître deplacé ou ridicule, le rendait embarrassé, et en faisait un être presque nul dans la société. Son buste, d'après Houdon, correspond parfaitement à ces qualités morales. L'organe de l'approbativité y prédomine et l'emporte beaucoup sur celui de l'estime de soi. Sa vie entière a été en rapport avec cette organisation.

Lorsque ce dernier organe est trop faible, la plupart des autres facultés s'en ressentent; ce n'est plus alors de la modestie, mais de l'humilité, et quelquefois l'absence de toute dignité. L'homme qui s'abaisse ainsi volontairement, fait pitié; on souffre pour lui, parce qu'il semble que cette position inférieure, qu'il se fait, doit lui être à charge. On se trompe. Le germe de cette dignité qui nous relève à nos propres yeux n'existe pas chez lui, et il plaint à son tour ceux qui sacrifient leur repos à leur indépendance. C'est ainsi que nous jugeons souvent fort mal des sentimens des autres, parce que nous leur supposons nos propres goûts, nos propres passions.

Toutefois, un trop faible développement de l'organe de l'estime de soi, est un défaut dont il faudrait corriger un enfant. On doit l'encourager à avoir confiance en lui-même, à ne point se laisser abattre par les difficultés. C'est là un puissant moyen de succès dans les études. Gardez-vous bien de dire à un enfant qu'il manque d'intelligence, que tous ses efforts n'en feront jamais qu'un élève médiocre, tandis que tel de ses camarades réussira sans la moindre peine. Agissez assez adroitement au contraire pour que cette triste vérité ne frappe pas trop tôt ses yeux, si le fait a lieu réellement. N'oubliez pas qu'on peut se tromper en jugeant un enfant, dont on croit l'intelligence très-faible, parce qu'on l'applique à des choses qui l'intéressent peu. Souvent il suffit de changer l'objet d'étude, pour en faire un élève distingué. Nos colléges sont pleins d'exemples de ce genre. Ne décourageons personne : combien d'hommes ont été les victimes d'une pareille imprudence de leurs instituteurs !

Le défaut contraire est beaucoup plus commun. Généralement nous prisons notre mérite plutôt trop haut que trop bas. M. Broussais raconte que, témoignant un jour sa surprise à Spurzheim, de ce que tant de personnes s'estimaient beaucoup trop, ce savant phrénologiste lui répondit : examinez la distance qui sépare le trou auditif de la partie supérieure et postérieure de la tête, vous ne trouverez presque dans aucun organe, un rayon aussi étendu que celui-là, ou très-rarement. — Cette observation est fort juste ; et l'organe de l'estime de soi est en général très-développé et très-puissant. Lorsque ses manifestations sont exagérées, elles conduisent au ridicule. L'individu chez qui ce penchant est très-saillant, et qui possède en même temps celui de la parole, n'a pas besoin que les autres fassent son éloge : c'est un soin dont il se charge avec une complaisance fatiguante pour ses auditeurs. Quel que soit le sujet de la conversation, il s'en empare et possède un talent merveilleux pour la ramener sur lui. Dès ses premiers mots, c'est lui qui est en scène, et il vous faut entendre la longue kyrielle de ses biens, de ses titres, de ses talens, de ses vertus, y compris son étonnante modestie. Si au contraire l'homme qui s'estime trop, n'a pas la parole facile, il cherche, par sa froideur étudiée, par sa fierté dédaigneuse, par la manière de porter sa tête, à vous tenir à une respectueuse distance. Si vous le rencontrez, il ne vous rend pas votre salut, ou affecte de ne pas vous voir, tant vous lui paraissez infime à côté de son haut mérite. Ce ridicule fatiguant ou risible annonce de part et d'autre un défaut d'intelligence ; et loin de nous gendarmer sottement contre ceux qui ont le malheur d'obéir ainsi à une conformation vicieuse, la philosophie nous apprend à les plaindre.

Souvent même cet excès dégénère en folie ; les hospices d'aliénés sont pleins de dieux, de papes, d'empereurs, de rois, de millionnaires ; et l'observation a constaté chez tous un développement énorme de l'organe de l'estime de soi. Poussé à un moins haut degré, mais très-prédominant cependant, cet organe engendre l'envie, lorsqu'une intelligence suffisante ne peut pas le diriger. Quand on s'estime beaucoup, on voit avec chagrin les succès des autres, et si on ne trouve pas dans ses propres facultés les moyens de s'élever au-dessus de ses rivaux, on cherche à les rabaisser au-dessous de soi. De là, la dépréciation des personnes qui l'emportent sur nous, la médisance, la calomnie. Ce vice est malheureusement fort commun, et on n'y attache pas assez d'importance. Les personnes désœuvrées, d'une intelligence médiocre, d'une instruction à-peu-près nulle, et chez qui la bienveillance et la justice sont faibles, s'y livrent volontiers. Elles tuent le temps si long pour elles, aux dépens du prochain. Il ne faut pas qu'elles ignorent rien de ce qui se passe dans leur ville ; il est rare qu'en sortant de leurs bouches les faits ne soient pas toujours un peu envénimés et, pour me servir d'une expression vulgaire, leur vie est un *cancan* perpétuel. Voilà, il faut l'avouer, un bien sot métier, qu'on regrette de voir faire parfois à des personnes qui ne manquent pas d'un certain esprit, mais chez qui domine une grande démangeaison de parler, et qui n'ont que peu de sentimens affectueux.

Gardons que nos enfans ne donnent dans

d'aussi pitoyables travers. Ne leurs apprenons pas nous-mêmes, par des louanges exagérées et imprudentes, à se faire une trop haute idée de leurs petites personnes. Répétons-leur sans cesse que le vice seul est méprisable ; habituons-les à se servir souvent eux-mêmes, à être polis envers les domestiques, dont ils doivent apprendre à respecter l'honneur, la fidélité et se rappeler avec reconnaissance les soins qu'ils en ont reçus souvent dans leur enfance. Ayons soin surtout de leur donner l'exemple nous-mêmes. Montrons-leur que l'homme d'un vrai mérite sait avoir de la fierté sans orgueil, et qu'il faut être bien méchant et bien vain, pour se plaire à penser et à dire du mal des autres.

Remarquez, je vous prie, qu'il est d'autant plus important de s'opposer au développement de ce défaut dès l'âge le plus tendre, que la jeunesse est naturellement présomptueuse. Cette surabondance de vie qu'elle sent en elle, lui fait mépriser tous les obstacles, et une lente expérience ne lui a pas encore appris à modérer son ardeur irréfléchie. Dédaignant les précautions prudentes de l'âge mûr et la méticuleuse irrésolution de la vieillesse, elle se croit supérieure en courage et en sagesse, et ne supporte qu'avec peine le joug d'une dépendance nécessaire, sans laquelle elle tombe de faute en faute, et compromet souvent le plus heureux avenir.

Un excès de fierté peut nous porter quelquefois aux bassesses les plus indignes. Quel affront est assez grand, quel emploi est assez vil, pour qu'un courtisan ne soit prêt à l'accepter avec reconnaissance d'un maître qu'il déteste et qu'il méprise? Mais cette honteuse complaisance lui permet à son tour d'accabler de ses dédains ceux qui viennent jouer auprès de lui le rôle humiliant de flatteurs. Comme il se venge sur eux de tous les désappointemens de sa vanité blessée! Que l'idole qu'il adorait encore la veille soit brisée, que le prince, que le ministre qu'il encensait soient renversés, et il leur fait payer bien cher par ses lâches insultes, ses grossiers hommages et ses adulations outrées. Combien n'en avons-nous pas eu d'exemples dans les dernières années de notre histoire, si fertiles en révolutions, et si remarquables par le renversement de tant de gouvernemens éphémères? Nous avons pu apprendre aussi dans ces grandes et terribles leçons, que ce n'est pas seulement dans les sommités sociales, qu'on cherche à se venger du respect qu'on a eu pour un homme. Quel est le pouvoir que le peuple n'a pas salué

de ses acclamations au moment de son triomphe, et qu'il n'a pas dédaigneusement foulé aux
pieds, après sa chute? C'était un des plus minces citoyens d'Athènes, celui qui votait pour
le bannissement d'Aristide, sans le connaître,
fatigué qu'il était de l'entendre toujours appeler
le juste.

Quelques organes tendent à ajouter leur action à celle de l'estime de soi : le courage, qui
fait qu'on a confiance en sa force ; la fermeté,
qui apporte de la persévérance dans les entreprises. Ce qui contribue beaucoup aussi à exal-
ter cet organe, c'est la réunion des hommes.
On sait combien la fierté devient chatouilleuse
dans les corporations grandes ou petites. Voyez
les régimens, les administrations, les corps savans, les empires. Quel village ne se croit supérieur aux villages voisins ? Quelle ville ne
l'emporte, pour ses habitans, sur toutes ses rivales? Quelle nation n'est, pour les citoyens qui la
composent, la plus brave, la plus civilisée, la
plus polie, la plus instruite. Et remarquez que
ces préjugés sont souvent très-saillans chez des
hommes d'ailleurs fort modestes, pour ce qui
les concerne en particulier.

D'autres organes au contraire s'opposent à
une manifestation trop grande de l'estime de soi:

tels sont la circonspection et la ruse qui le retiennent et le dirigent, afin d'atteindre plus facilement le but que l'individu se propose. C'est ce qu'on remarque surtout chez les ambitieux: l'histoire de Sixte-Quint en offre un exemple frappant. J'ai déjà dit qu'une intelligence cultivée est aussi un excellent frein à opposer à une manifestation trop vive de l'organe de l'estime de soi. On reconnaît en général beaucoup plus de modestie chez les hommes d'un vrai savoir, toujours prêts à convenir que leur science est bien petite, en comparaison de tout ce qu'ils ignorent; que chez les pédans, toujours portés à faire parade du peu qu'ils savent, et qui sont d'autant plus satisfaits d'eux-mêmes, en parlant, qu'ils sont moins compris de ceux qui les écoutent; ce qui est à leurs yeux la preuve la plus évidente de leur supériorité intellectuelle.

Les animaux possèdent l'organe dont je parle en ce moment. Il y a longtemps qu'on a observé la fierté d'un cheval qu'on couvre d'un riche harnais. Lorsqu'il était de mode dans le Languedoc et la Provence, de faire porter des panaches aux mulets, on les enlevait à ceux de ces animaux qui ne voulaient pas travailler, et ils étaient très-sensibles à cette humiliation. On sait que l'éléphant est très-orgueilleux, et que

des hommes se sont quelquefois mal trouvés
d'en avoir blessé un dans sa vanité. Un gros
chien, un mâtin, un chien de combat, toujours
prêts à se battre avec leurs pareils, dédaignent
un trop faible ennemi qui aboie après eux, qui
les attaque, qui les mord. Qui n'a entendu parler de ces chiens, appartenant à des maîtres
exercés, qui abandonnent un chasseur mala-
droit, à qui on les a prêtés, et qu'ils ont vu tirer deux ou trois coups sans abattre de gibier?
J'en ai connu un de ce genre. Parmi les animaux
qui vivent en troupe, celui qui guide les autres,
en prend un air de fierté facile à reconnaître.
C'est ce qu'on peut voir, par exemple, dans un
bélier qui marche à la tête d'un troupeau de
moutons. On connaît la fierté du coq, l'orgueil
du paon, la vanité du dindon. On ne peut donc
pas nier que ce sentiment nous est commun avec
certains animaux.

L'organe de l'estime de soi est grand sur les
têtes de Foy, Benjamin Constant, Manuel, Casimir Périer, Gall, Spurzheim, M. Broussais.
Il est faible chez l'évêque Grégoire, et chez les
hommes cités pour leur humilité religieuse. Il
manque en général chez les malfaiteurs, qui ont
pour la plupart fort peu d'estime pour eux-
mêmes. Si l'estime de soi est dominant chez quel-

qu'un de ces misérables, il ne tarde pas à devenir ordinairement le chef de la bande.

M. Combe fait remarquer que les nations présentent des différences, sous le rapport du degré auquel elles possèdent cette faculté. Les Anglais l'ont plus prononcée que les Français; aussi le caractère d'un véritable Anglais paraît-il à un Français, froid, hautain, dédaigneux. Le Français au contraire possède plus saillant en général l'organe de l'approbativité, ce qui le pousse à plaire aux autres, et lui donne un caractère précisément opposé à celui de l'Anglais.

11. Approbativité.

Cet organe a été découvert par Gall, qui lui avait donné le nom de vanité, parce qu'il n'avait reconnu qu'une seule de ses manifestations. Spurzheim l'ayant observé chez des hommes qu'on ne pouvait pas accuser de trop s'estimer eux-mêmes, mais qui tenaient beaucoup à l'approbation des autres, et s'étaient toujours conduits de manière à s'en rendre dignes, en conclut avec raison que cet organe peut souvent pousser à des actions louables, et qu'il ne devient mauvais que lorsqu'il pèche par excès. C'est ce qui l'engagea à changer le nom donné par Gall, et qui semblait toujours indiquer un défaut, en celui d'approbativité, annonçant seulement un besoin d'être approuvé par les autres, sans entraîner aucune idée mauvaise.

Cet organe est situé au-dessous de la région postérieure et supérieure de l'os pariétal; il enveloppe en partie l'estime de soi, sentiment avec lequel il a un rapport intime; aussi, les a-t-on souvent confondus. Cependant, quelques moralistes profonds, comme Pascal, Labruyère, Larochefoucaud ont bien distingué ce penchant de l'orgueil.

Alliée à des facultés intellectuelles supérieures, l'approbativité peut fournir de fort beaux résultats. Cet organe contribue puissamment à produire les grandes actions sur les champs de bataille; c'est lui qui entretient une noble émulation dans l'âme du savant, du poëte, de l'artiste. Aussi voyons-nous que chez tous les peuples, quel que soit leur degré de civilisation et la forme de leur gouvernement, on a imaginé des récompenses, qui peuvent varier dans leurs formes; mais qui ont toutes pour objet de signaler au respect de la nation les hommes qui ont bien mérité du pays. Que de belles actions, que d'éclatans services, que de brillans succès n'a-t-on pas dus à ces sages institutions, qui malheureusement dégénèrent quelque fois en un honteux trafic, ou en une coupable profusion, dans les mains corruptrices de ceux à qui la loi en a confié le dépôt sacré. Personne n'a oublié l'impression de respect que produisait la vue d'une croix d'honneur, pendant le temps trop court qu'il a fallu la mériter pour l'obtenir; tandis qu'aujourd'hui..... C'est dans le même but et avec autant de succès qu'ont été instituées les distributions des prix dans nos colléges, les expositions de tableaux, les expositions des produits de l'industrie. On sait tout ce qu'a d'heureux dans ces divers cas, une excitation raisonnable de l'organe de l'approbativité.

Avec un degré convenable d'activité, ce penchant nous porte à faire tous nos efforts pour plaire aux personnes que nous fréquentons; à supprimer toute parole, tout geste, tout indice d'inégalité de caractère, qui pourraient nous nuire dans l'esprit des autres. Alors il est aidé par la circonspection et la secrétivité. C'est cet organe qui nous rend agréables dans la société; qui fait que ce que nous craignons le plus, est le ridicule: un véritable malheur nous semble préférable; nous aimons mieux inspirer la pitié d'autrui, que nous attirer ses railleries. L'homme chez qui une intelligence convenablement développée et des sentimens moraux ne servi-

ront pas de guides à une grande approbativité,
voudra être le mieux mis de son cercle, ou passer pour le plus fort, le plus adroit, le plus in-
trépide buveur, etc. Il sera très-susceptible : la
plus légère critique le choquera, tant il lui sem-
blera qu'on rend peu justice à son haut mérite. Il
cherchera à fréquenter les personnes qui occupent une haute position dans la société : il les
citera sans cesse. Si l'organe de l'acquisivité est
en même temps très-développé, vous aurez ces
individus qui promettent toujours, et ne tiennent jamais.

Si l'approbativité est trop grande, elle peut
entraîner à de graves abus. Elle occasionne une
inquiétude exagérée de l'opinion qu'on peut avoir
de nous ; elle nous fait quelquefois commettre
de véritables fautes, dans la crainte de passer
pour ridicules aux yeux des personnes avec qui
nous nous trouvons. On sait avec quelle énergie
fâcheuse elle agit souvent, surtout chez les jeunes gens, qui auraient honte de ne pas faire
comme ceux avec qui ils se trouvent. C'est le
plus puissant incitant de la coquetterie. En voici
un exemple frappant sur la tête d'une dame anglaise de haut parage, qui passait une partie de
sa journée à sa toilette, et qui n'était jamais satisfaite des chiffons que lui apportaient ses mo-

distes. C'était au point que ses gens prétendaient en plaisantant, qu'avant qu'elle eût trouvé un bonnet de son goût, elle usait un train de roues de sa voiture, à courir chez les différentes faiseuses. Le grand développement de l'approbativité donne à cette tête une forme singulière.

L'absence à-peu-près totale de cet organe présente aussi de graves inconvéniens. L'individu chez qui cette organisation se rencontre, devient très-négligent sur sa personne. L'opinion qu'on peut avoir de lui, lui importe peu ; et si ses passions le portent à quelque chose de dégradant, il ne trouvera point de frein dans ce sentiment. Dans la sociéte, ce sera un homme désagréable, brusque, incivil, inabordable. L'enfant qui n'a point d'amour-propre, n'est pour ainsi dire pas éducable. Heureux alors, si ses penchans le portent au bien ; car ni les conseils, ni les promesses, ni les réprimandes, ni les punitions ne pourront le faire rougir ni le corrigér de ses fautes. Faisons donc tous nos efforts pour empêcher nos enfans de tomber dans l'un des deux extrêmes que je vous ai signalés. Les moyens à employer sont faciles à deviner.

L'organe de l'approbativité est grand chez Foy, Lamarque, le veuve Landon, etc. Il est en général plus saillant chez les femmes, à qui un péu de coquetterie sied si bien ; que dans les hommes, chez qui elle est si ridicule, lorsqu'elle dépasse les soins d'une propreté convenable.

Voici la tête de Lacenaire, où cette faculté est très-prononcée. M. le professeur Broussais a donné de cette tête une analyse très-remarquable, que je vous demanderai la permission de reproduire ici. « Observez cette masse à la région postérieure et supérieure, et remarquez que la largeur ne dépend pas du développement de la ligne moyenne. Elle est produite, cette largeur, par celle des deux éminences latérales qui correspondent au désir de l'approbation ; il en résulte que cette passion a dû l'emporter sur l'estime de soi. Et en effet, cet homme était extrêmement vain, extrêmement orgueilleux, et tout son procès, ainsi que toutes les notes qu'on a communiquées sur son compte, tendent à prouver que le désir de faire parler de lui, l'emportait, à cette époque, sur tout autre sentiment. Il avait avec cela de l'imagination, et vous pouvez observer la saillie de l'organe de l'idéalité..... On voit ici quelques sentimens supérieurs ; il y a des traces de justice et de vénération, mais ces facultés étaient dominées par cette masse que je viens de vous signaler. Il faut considérer, au premier abord, les têtes d'une manière un peu mécanique : en général, ce sont les plus grosses masses qui conduisent les plus petites. C'est chose fâcheuse; il n'y a que l'éducation qui puisse remédier à cette fatalité d'organisation...... Ainsi, cet homme avait beaucoup d'amour-propre , beaucoup d'imagination ; et l'amour propre et l'imagination dominaient le jugement, comme vous pouvez le constater par la petitesse relative de ses facultés intellectuelles supérieures. En effet, ce qui donne un peu de volume à cette partie supérieure du front, c'est l'organe de la gaîté, et non ceux de la comparaison et de la causalité. C'est vraiment une tête de sophiste ou de faux raisonneur. *Voyez aussi* l'énorme développement des organes de la destruction et de la ruse. Lacenaire a été conduit au crime par une vanité extrême, par une imagination exaltée, dont l'intelligence très-médiocre et déviée par la gaîté, origine fréquente du sophisme, n'a pu modérer les écarts : les circonstances où il s'est trouvé ont fait le reste. Cependant, on n'a pas craint de dire et d'imprimer que cette tête démentait la Phrénologie. Ces sortes d'erreurs sont fréquentes chez les hommes qui veulent faire l'application de la Crânioscopie, sans l'avoir étudiée. »

J'ai déjà fait remarquer que l'organe de l'approbativité est plus prononcé en général chez les Français, que chez les Anglais; ce qui explique la grande différence de caractère qu'on reconnaît entre ces deux peuples, sous le rapport de la sociabilité. On peut faire la même observation relativement aux Espagnols, ordinairement fiers, réservés, froids; et les Italiens, toujours obséquieux, toujours empressés à flatter et à plaire. L'organe n'est pas grand chez les Allemands, qu'on accuse souvent de brusquerie, quoiqu'ils soient en général francs et hospitaliers. Ces observations relatives aux têtes nationales, sont du phrénologiste anglais, M. Combe.

M. Vimont refuse cette faculté aux animaux. MM. Broussais, Combe et divers autres phrénologistes pensent, au contraire, qu'on doit l'admettre chez quelques-uns; chez le chien, par exemple, dont le désir de plaire à son maître et aux personnes qui le caressent, est bien manifeste. M. Broussais regarde comme très-probable que l'incitation de cet organe entre pour beaucoup dans les obséquiosités et les courtoisies que les mâles font à leurs femelles dans certaines espèces, comme le coq, le coq-d'Inde, les pigeons, les tourterelles, etc.

12. Circonspection.

Cet organe est situé près du milieu de l'os pariétal, dans le point où commence généralement l'ossification. Le nom qu'il a reçu de Gall, et qu'on lui a conservé, fait suffisamment connaître son rôle : c'est de lui que vient la prudence. Lorsque la circonspection est convenablement prononcée, elle porte à hésiter au moment d'agir, et à prendre toutes les précautions nécessaires pour réussir et éloigner tout danger. Alliée aux facultés intellectuelles, surtout à la causalité, elle nous apprend à mettre un certain ordre dans l'exposition des faits, à éviter toute prolixité, à aller droit au but, sans proscrire cependant une certaine élégance dans le langage. Cette méthode, cette clarté, cette précision se rencontrent rarement dans le discours improvisé, dans la narration faite d'un seul jet. C'est encore cet organe qui nous retient, lorsque nous allons nous laisser entraîner à dire quelque chose qui pourrait déplaire, ou dont on pourrait tirer parti contre nous. Il manque en général chez les bavards.

Combiné avec les sentimens, il nous fait tenir sur nos gardes et nous empêche de découvrir nos affections, nos aversions, nos projets, avant que le temps soit venu de les manifester. L'action de cet organe sur les instincts est aussi très-sensible. Il nous fait apporter de la prudence dans notre amitié, dans nos amours ; il tend à retenir dans certaines limites les manifestations de la colère, de la destructivité, du désir d'acquérir et de posséder.

Voici deux exemples remarquables de têtes où cet organe est très-faible ; celle de Benty Goss et celle de Dodd. Né en Angleterre, Benty Goss fit ses études à l'Université de Cambridge. Dès sa plus tendre enfance, il se fit remarquer par son extraordinaire étourderie ; cependant, il parvint à acquérir de profondes connaissances dans les sciences physiques et mathématiques. Ses vastes talens, les nombreuses admonestations de ses amis, non plus que tous les désagrémens qu'il éprouva, ne purent le corriger de sa grande incurie. Bien qu'il la connût, qu'il en convint volontiers, il ne put jamais s'en défendre, et sa haute raison ne put jamais suppléer en lui à la circonspection qui lui manquait. Ce défaut devint si grand chez Benty Goss, que sa famille se vit obligée de le faire interdire ; ce à quoi il consentit lui-même sans la moindre difficulté. Cette tête est remarquable par sa forme entièrement aplatie sur les côtés. Les organes de l'intelligence sont bien développés ; mais ceux de la destructivité, de la combativité, de la secrétivité, de la circonspection et de l'acquisivité manquent complétement.

Dodd a été pasteur et chapelain du roi d'Angleterre. Dès l'âge de 18 ans, il donna au public quelques poësies, où on trouva de la facilité. Il étudia ensuite la théologie. Ayant reçu les ordres en 1753, il se fixa à Londres, où son zèle religieux, ses ouvrages, ses leçons de théologie, et surtout sa manière de prêcher, pathétique et animée, lui procurèrent une grande réputation. Le goût qu'il avait pour l'ostentation et le luxe ne se trouvant pas d'accord avec la modicité de son revenu, il se livra, pour y satisfaire, à une multiplicité de travaux littéraires, pour lesquels il se faisait bien payer et toujours d'avance. Il devint chepelain du roi en 1766. L'évêque Squire, près de mourir, l'ayant adressé au comte de Chesterfield, cet homme d'état, qui se laissait aisément séduire par la politesse du ton et des manières, lui confia l'éducation du jeune Stanhope, son fils naturel.

Quoique les revenus de Dodd fussent alors très-considérables, ses goûts de dépense l'avaient accablé de dettes. Dans cet embarras, la cure de Saint-Georges à Londres, étant devenue vacante, tenta son avidité. Il adressa à la femme du chancelier une lettre anonyme, par laquelle il lui offrait 3ooo guinées, si elle faisait nommer Dodd à ce bénéfice; mais la lettre fut remise aussitôt au chancelier, qui se hâta de l'apporter au roi, accusant Dodd lui-même de l'avoir écrite. Le coupable essaya d'en rejeter le blâme sur sa femme; mais il n'en fut pas moins rayé de la liste des chapelains du roi, et vilipendé par ceux qui avaient été dupes de son hypocrisie. Alors il vint en France, où il vécut dans une honteuse débauche. L'hiver suivant, Dodd retourna à Londres, où il signa du nom de Chesterfield, une lettre de change de 4200 livres sterling, dont il avait déjà touché une partie, lorsque la fraude fut découverte. Le faussaire fut arrêté, mis en jugement, convaincu sur le témoignage de son bienfaiteur, et condamné à mort. Une circonstance particulière ayant retardé de quatre mois l'exécution de sa sentence, il employa ce délai à écrire ses *pensées*, qui passent pour le meilleur et le plus curieux de ses ouvrages.

Il fut exécuté à Tyburn, en 1777, et montra le plus vif repentir de ses égaremens, et une grande fermeté, qu'on attribua à l'espoir insensé qu'il avait conçu, que son ami Hawes, fondateur de la société d'humanité, réussirait à le rendre à la vie, après l'exécution. Vous pouvez voir que la consciensiosité manque aussi sur cette tête.

Les individus chez qui l'organe de la circonspection est très-faible, ne savent retenir ni leurs sentimens, ni leurs impressions; ils demeurent étourdis toute leur vie; ils sont incapables de garder le moindre secret; ils sont à tous momens dupes des personnes qui les circonviennent. S'ils sont dominés par quelque instinct puissant, ils ne savent pas mettre de borne à leurs passions. Cette triste organisation se remarque en effet chez tous les hommes qui se livrent à des excès de table ou de débauche.

Si au contraire la circonspection est trop forte, une trop grande prudence nous rend timides dans nos actions : nous n'osons rien entreprendre, il nous semble toujours que nous n'avons pas pris assez de précautions, que nos projets ne sont pas assez mûrs. C'est là ce qui forme les caractères indécis, méfians. Réunie. à l'acquisivité, elle porte à l'avarice, dans la crainte de manquer un jour du nécessaire. La nature qui a voulu mettre l'enfance à l'abri des dangers, que son intelligence trop peu développée ne saurait pas prévoir, l'a douée d'une forte circonspection. On remarque en effet que cet organe est en général saillant chez les enfans. Ceux qui ne présentent pas cette conformation, sont d'une étourderie dont on n'a pas d'idée, et qui leur occasionne souvent des accidens plus ou moins graves. Ceux au contraire, chez qui la circonspection domine, sont d'une prudence surprenante. Ils évitent avec le plus grand soin les meubles qui pourraient les blesser, les positions où ils auraient à craindre une chute; et cependant, on n'observe pas que leur intelligence soit plus développée que celle des enfans les plus étourdis. Vous voyez donc que cet organe, comme beaucoup d'autres, peut pécher par excès ou par défaut. Pour se diriger dans l'éducation d'un enfant à cet égard, il suffit de se rappeler ce que j'ai dit en parlant de la secrétivité, penchant qui a beaucoup de rapport avec celui de la circonspection.

Ce dernier organe est très-développé sur la tête de Foy, Lamarque, Casimir Périer, Cuvier, Dupuytren, et chez tous les hommes qui savent calculer froidement le résultat d'une parole, d'une action, d'un événement, au milieu de la foule d'étourdis qui les entourent. C'est un puissant élément de succès dans le monde, dans les sciences et dans les arts. L'intelligence peut y suppléer quelquefois, mais jamais d'une manière continue; ce qui fait qu'on n'est pas toujours sur ses gardes, et qu'on se laisse souvent aller à des actions imprudentes.

La circonspection existe évidemment chez plusieurs animaux : selon M. Vimont, elle est située, chez les quadrumanes, dans la même position que dans l'homme. Chez les quadrupèdes, elle est plus allongée que dans l'homme, et forme une saillie dans toute la longueur de l'os pariétal. C'est ce qu'on remarque aisément chez le loup, le chien, les herbivores, l'âne, le mulet. M. de Humboldt cite, au sujet de ce dernier animal, un fait curieux. Il s'agit de ces mulets, qu'on emploie pour franchir les défilés des montagnes, sur les bords des précipices où les pluies, les éboulemens font que telle partie du terrain, qui était sûre naguère, peut présenter aujourd'hui les plus grands dangers. Lorsque le mulet craint quelque accident, il s'arrête, tourne la tête à droite et à gauche fort lentement, tenant ainsi de l'âne, qui offre aussi cette lenteur et cette fermeté particulière dans le caractère ; ensuite, après avoir délibéré quelque temps, il prend le parti qui est ordinairement le plus sûr. Aussi, un montagnard ne craint pas de dire à un voyageur : « Je ne vous donne pas la mule dont l'allure est la plus agréable, mais celle qui raisonne le mieux.» Toutes les personnes qui ont voyagé dans les

montagnes, doivent se rappeler que leurs guides leur ont toujours recommandé d'abandonner leurs montures à elles-mêmes dans les passages dangereux, et de bien se garder de vouloir les diriger, tant ils comptent sur leur prudence naturelle. Une longue observation a appris à cet égard, que les chevaux, mulets ou
ânes dont la tête est le plus large à la partie supérieure, ou dont les oreilles sont le plus écartées, sont aussi les plus circonspects. Cette remarque, tout-à-fait conforme aux données phrénologiques, ne doit pas être négligée par les
voyageurs.

Chez les oiseaux, l'organe est placé au-dessus
et à quelques lignes de la partie moyenne du
bord postérieur de l'os frontal. M. Vimont donne pour exemples, la corneille, la buse, la petite chouette, etc. Il manque chez le coq, la
poule et les gallinacés. Dans les espèces qui possèdent cet organe, parmi les oiseaux, il est plus
développé chez les femelles que chez les mâles;
ce qui leur donne une tête plus large, conformation qui se remarque surtout chez les oiseaux
de proie. Fuir en présence du danger, dit M. Vimont, est chose commune à la plupart des animaux, et cette action est due probablement à
l'instinct de l'amour de la vie. Mais fuir en fai-

sant des feintes, des détours, comme fait le renard, par exemple, annonce une impulsion différente; tels sont aussi le cerf et le lièvre. La
circonspection est alors secondée par la ruse.

On connaît aussi toutes les précautions que
prend le renard, pour qu'on ne puisse pas pénétrer dans sa retraite avec facilité. Cet animal
fait de fausses routes; a des terriers vides, qu'il
feint de fréquenter plus que celui qui sert véritablement à sa famille. On sait que plusieurs espèces d'oiseaux, vivant en bandes, établissent
des sentinelles dont la vigilance sert à la sécurité du reste de la troupe. Tels sont le corbeau,
la grue, etc.

13. BIENVEILLANCE.

Placée des deux côtés de la ligne médiane, ordinairement à la racine des cheveux, mais quelquefois rejetée en arrière, lorsque la comparaison qui la limite en avant, sur le haut du front,
est très développée. Cet organe a été découvert
par Gall, qui l'appelait aussi *bonté*. Quelques
phrénologistes l'ont désigné sous les noms de *dé-
bonnaireté*, *laisser-aller*. Son impulsion primitive, selon Spurzheim, est le désir du bonheur des
autres, le plaisir à le faire ou à y contribuer. Il
porte à la bienfaisance, à la charité, à la philan-

tropie. Gall regardait le penchant à la justice comme une manifestation de cet organe ; mais plusieurs faits contredisent cette opinion, et on rencontre quelquefois des hommes très-charitables, quoique peu moraux. En voici un exemple singulier.

Un individu, ne pouvant résister au désir de faire l'aumône, volait à des personnes aisées des sommes qui ne dépassaient jamais 20 ou 3o francs, chaquefois qu'il en trouvait l'occasion. « Lorsque je le vis en prison, dit M. Appert, à qui j'emprunte ces détails, il m'expliqua que, suivant lui, les gens riches ne faisaient pas assez pour les pauvres, et qu'il ne croyait pas être criminel en disposant lui-même de leur superflu. Pendant ses détentions réitérées il demandait avec instance à être garçon infirmier pour continuer son espèce de bienfaisance, et là, ses économies étaient destinées à soulager les malades confiés à ses soins. Lui se contentait du pain noir de la prison, renonçait même à ses rations de vin et à une partie de ses vivres, pour les donner à ceux qu'il jugeait les plus malheureux.

Plusieurs facultés peuvent ajouter leur action à celle de la bienveillance et produire alors de très-grands résultats. Ce sont surtout l'amativité, la philogéniture, l'affectionivité, l'attachement

aux lieux. On a paru trouver singulier que l'affectionivité et la bienveillance, qui ont entre elles
les plus intimes rapports, soient situées à une si
grande distance l'une de l'autre sur la tête. Voici les observations que présente à ce sujet M. le
professeur Broussais. L'association est un instinct
général et irréfléchi, qui porte l'homme et les
animaux vers les individus de la même espèce.
L'amitié est une manifestation particulière de
cet instinct, qui fait que, par un sympathie encore inexpliquée, nous nous attachons de préférence à un individu. La bienveillance est une
jouissance intellectuelle à faire le bien ; il n'est
donc pas surprenant qu'elle soit placée à côté
des plus hautes facultés de l'homme. J'ai déjà dit
que les animaux sont susceptibles d'amitié. On
en a vus pratiquer même une véritable bienfaisance envers un autre. Quelquefois un cheval
au vert, attaché au même ratelier que son ami,
qui est au sec, pousse de son côté une partie de
sa propre nourriture, pour la partager avec lui.
On cite de jeunes chiens qui ont porté des os,
de la viande à un vieux camarade enchaîné. Mais
chez les animaux, ce désir de rendre service,
s'arrête à un seul individu qu'une longue habitude de voir a fait aimer, et ne porte pas, comme chez l'homme, sur toute l'espèce en général ;

ce qui fait que nous ne devons avoir aucune répugnance à admettre un organe exprès pour la
bienveillance. D'ailleurs, les faits sont là. Voyez
comme cette partie est saillante sur la tête de
de Benty Goss, qui s'est ruiné autant par excès
de bienveillance, que par défaut de circonspection. Cet organe est grand aussi sur la tête de
Dodd, qui a dû une partie de ses malheurs à
un désir trop grand de rendre service à ses amis,
et qui n'était contrebalancé ni par le sentiment
de la justice, ni par la circonspection; organes
qui manquent sur sa tête.

Un des plus beaux exemples qu'on possède
en ce genre dans les collections phrénologiques,
est cette tête du nègre Eustache. Vous voyez
que la bienveillance y domine tout le reste de
l'encéphale. Né en 1773, à Saint-Domingue, sur
l'habitation de M. Belin de Villeneuve, Eustache
sut bientôt s'attirer l'amitié de son maître, par
des vertus et des qualités peu communes chez
les esclaves. Quoique provenant de père et de
mère africains, son heureux naturel le porta à
fuir la société des jeunes noirs, ses compagnons,
et à leur préférer la conversation si instructive
de quelques blancs, hommes respectables, dont
les sages conseils devaient si bien fructifier chez
lui. Eustache était parvenu ainsi à se faire ai-

mer de ses chefs et respecter de ses compagnons,
à tel point qu'au moment où éclatèrent les premiers désastres de la colonie, il dut à l'influence
qu'il avait acquise, le salut de son maître et celui d'un grand nombre de propriétaires, menacés de périr dans le massacre général.

Quand les nègres déterminés à la perte des
blancs, jurèrent de les égorger tous, ils appe-
lèrent Eustache parmi eux, et lui révélèrent leur
conspiration. L'idée du meurtre ne pouvait entrer avec celle de la liberté, dans la tête de l'honnête Eustache. Placé entre ses compagnons, qui
ont à se venger de plusieurs siècles d'une barbare
oppression, mais qui ne veulent demander qu'à la
torche et au poignard une émancipation sanglante; et ses maîtres qui vont devenir victimes d'une
haine pour tous les blancs, dont leur bonté et leur
conduite particulière auraient dû les faire excep-
ter, si la passion n'était pas aveugle; Eustáche
prend en cachette le parti de la famille Belin de
Villeneuve, à qui il se voue en entier désormais,
et il forme la courageuse résolution de sauver le
plus de blancs qu'il pourrra, du massacre qui
devient tous les jours plus imminent. Il n'y avait
sorte de ruses qu'il n'employât pour dérober
à la mort tant de victimes. Sans cesse occupé à
prévenir les habitans des complots formés contre

eux, sans révéler cependant les noms des conspirateurs, et inventant mille stratagèmes pour donner aux propriétaires des moyens de se réunir et de se fortifier, de manière à ôter aux insurgés la pensée de les attaquer, il courait tout le jour avec les nègres, et la nuit il allait avertir les blancs. Le nombre des colons qui durent la vie à la généreuse adresse d'Eustache, dans ces premiers troubles, ne s'éleva pas à moins de quatre cent.

M. Belin de Villeneuve était en Europe pendant la première insurrection des noirs, en 1791. Son habitation avait été la proie des flammes; il retourna à Saint-Domingue. Déjà âgé, le climat de la France n'avait pu lui convenir. Arrivé sur sa sucrerie, il la trouva en partie relevée par les soins du fidèle Eustache qui avait donné des armes, pour la défendre désormais, à quelques noirs sur lesquels il pouvait compter. Sur ces entrefaites arrivent de France les commissaires républicains (1793), qui proclament imprudemment la liberté des nègres, avant de les avoir façonnés aux habitudes convenables à ce nouveau genre de vie. C'était leur dire, selon l'expression d'Eustache, d'être à leur tour aussi méchans que les blancs l'avaient été. Alors commence un affreux massacre. Eustache, aidé de quelques nègres, conduit M. de Villeneuve dans les montagnes et l'y cache. En même temps, il sauve la vie à la famille Delfaux, composée de cinq personnes.

Après avoir brûlé le Cap, les insurgés s'étendent dans les environs, et la retraite de M. Belin ne présente plus de sûreté. Eustache sait qu'un navire américain, qui est en rade, est prêt à mettre à la voile, il y porte son maître; mais comme il faut payer le passage, et qu'il faudra avoir de quoi vivre au débarquement, il va trouver les nègres de l'habitation, qui n'étaient pas encore insurgés, leur rappelle la bonté de M. de Villeneuve, et les engage à porter chacun à bord un pain de sucre de soixante livres. L'expédition a lieu la nuit suivante, et trois-cent-cinquante nègres, sur cinq cent, y prennent part.

Le navire, frété pour Baltimore, est rencontré en mer par trois corsaires anglais, qui l'arrêtent. Le capitaine fait observer qu'il est Américain et que son pays est en paix avec l'Angleterre. — Mais ces passagers, lui dit-on? — Ce sont de malheureux colons de Saint-Domingue, échappés au massacre. — Et ces marchandises, et cet or, tout cela a l'air français, et nous sommes en guerre avec la France. On jugera le différend aux Bermudes. — Le capitaine eut beau protester, il fallut céder à la force. Les Anglais font passer dix-huit matelots américains sur leur bord, et les remplacent par dix-huit hommes choisis dans leurs équipages. Eustache voit avec effroi que le peu qui reste de la brillante fortune de son maître, va lui échapper. L'idée de voir M. de Villeneuve dans la misère, après avoir joui de plus de six cent mille livres de rentes, est pour lui trop affreuse : il conçoit le hardi dessein de reprendre le navire. Il en fait part à son vieux maître, que cette pensée courageuse démoralise d'abord, et qui ne voit en perspective que lui et les gens de l'équipage pendus aux vergues. Revenu cependant de sa première stupeur, il permet à son fidèle noir de communiquer son projet au capitaine américain. Celui-ci l'adopte avec enthousiasme, prévient ses hommes en silence, et les Anglais sont faits prisonniers pendant qu'ils sont à table. Le navire reprend la route de Baltimore, où il arrive heureusement. M. de Villeneuve réalise de grands bénéfices sur sa pacotille, et vit tranquillement avec son esclave ou plutôt son ami.

L'ordre ayant paru se rétablir dans la colonie (1794), M. de Villeneuve se hâte d'y retourner avec d'autres exilés ; mais à peine débarqués, ils apprennent une affreuse nouvelle. Vingt mille révoltés , sous le commandement du nègre Jean-François , ont placé leur camp dans le voisinage du Fort-Dauphin , alors occupé par les Espagnols. Les malheureux blancs demandent en vain des armes à ces derniers, qui ont la barbarie de les laisser égorger presque sans défense. Cinq cents colons périssent dans les rues, dans les maisons , dans l'église , en présence des Espagnols impassibles. Après cette épouvantable boucherie, M. de Villeneuve cherche à fuir. Poursuivi par une troupe de nègres , il se jette dans un poste espagnol, dont le chef le reconnaît, lui fait endosser un uniforme et le soustrait à la fureur de ses ennemis. Eustache , séparé de son maître dans le premier moment de l'attaque , le croit mort et le cherche au milieu des cadavres. Une négresse lui annonce alors que M. de Villeneuve vit encore, et qu'un chef espagnol l'a fait embarquer. Eustache demeure pour sauver quelques débris de la fortune de son maître. Catherine , une des négresses de M. de Villeneuve, était devenue la femme de Jean-François. C'est dans sa tente et même sous son lit, qu'il vient cacher l'argenterie et les objets les plus précieux qu'il a pu soustraire au pillage. Lorsque tout est à couvert, il a l'adresse d'enlever ce depôt sacré, sans donner lieu au moindre soupçon; il s'embarque, et va retrouver son maître, qui s'était réfugié au Môle-Saint-Nicolas.

Après ces actes du plus courageux dévouement, le tendre attachement d'Eustache pour l'homme à qui il a consacré son existence, prend une autre direction. Parvenu au déclin de l'âge, M. de Villeneuve gémissait souvent sur l'affaiblissement de sa vue. Il se trouve privé du plaisir de la lecture, dont le charme viendrait calmer ses ennuis. Combien il regrette alors de n'avoir pas fait enseigner à lire à son fidèle ami. Eustache ne veut pas que son chagrin dure plus longtemps. Il s'adresse en secret à un maître de lecture et, grâce aux leçons qu'il reçoit, grâce surtout à une volonté puissante, le vertueux noir, sans nuire en rien à son service (il se rendait chez son maître à quatre heures du matin), se présente un jour devant M. de Villeneuve, un livre à la main, et lui fait couramment la lecture.

Peu de temps après, Eustache fut affranchi et, par là, naturalisé français. M. de Villeneuve étant mort, après avoir rétabli sa fortune, laissa à son ami des valeurs considérables. Eustache eut bientôt tout employé à soulager les malheureux qui se trouvaient en si grand nombre dans la colonie, et il se vit obligé de rentrer dans la domesticité. Devenu maître-d'hôtel du général Rochambeau, il suivit son nouveau patron en Europe, partagea sa captivité en Angleterre, jusqu'à ce qu'il en fut séparé par ordre supérieur. Il entra alors, à Londres, au service d'un ancien ami de M. de Villeneuve. Il est resté vingt-huit ans dans cette famille, la servant dans la bonne et la mauvaise fortune. Depuis 1812, qu'Eustache arriva à Paris, jusqu'à sa mort, il n'a pas cessé de faire du bien. Il apprend qu'une pauvre paysanne du département de l'Yonne, devenue veuve avec quatre enfans en bas âge, n'a pas d'autres moyens de pourvoir à son existence et à celle de sa famille, que de couper de l'herbe pour les bestiaux. Il va la trouver, lui donne de quoi habiller ses enfans, prend l'aîné, le met à ses frais en apprentissage, et lui achète les ustensiles nécessaires à l'état qu'il lui a donné. Depuis, cet enfant est devenu le soutien de sa famille entière.

Une autre fois, sachant ses maîtres dans l'impuissance de secourir un de leurs amis, malade et pauvre, qu'ils avaient perdu de vue depuis long-temps, il consacre à cette bonne œuvre, et dans le plus grand secret, tout l'argent qu'il peut gagner en s'employant dans de riches maisons, comme chef d'office ; car depuis qu'il savait ses maîtres gênés, il n'en acceptait plus de gages. Il parvient ainsi à soutenir pendant près d'un an le malheureux, auquel il laisse constamment croire que tous ces bienfaits viennent de ses maîtres ; et ce pieux mensonge ne se découvre que le jour où guéri, grâce aux soins d'Eustache, le malade vient remercier ses amis de leur longue et généreuse assistance.

En 1832, l'Académie française a accordé le grand prix de vertu à cet homme admirable. Eustache est mort le 15 mars 1835, à l'âge de 62 ans.

La tête de l'abbé Charpentier, curé de Saint-Étienne-du-Mont, mort en 1827, se fait aussi remarquer par le développement de l'organe de la bienveillance. On sait que toute la vie de cet homme de bien ne fut qu'une œuvre continuelle de bienfaisance.

Les philosophes du siècle dernier ont prétendu que la bienveillance n'est pas une impulsion naturelle, instinctive, mais réfléchie. A les entendre, on ne fait le bien qu'en vue d'un certain intérêt : en secourant son semblable, l'homme bienfaisant compte sur la reconnaissance de celui qu'il oblige, ou sur un réputation de générosité qu'il veut se faire. Malheureusement, cela a lieu quelquefois. On sait toute l'ostentation que mettent certaines personnes à donner dans des circonstances où elles savent qu'elles seront en vue, tandis qu'elles sont ordinairement très-dures, lorsqu'il s'agit d'un bienfait qui n'aura aucun retentissement. Mais l'opinion des philosophes que je viens de citer, n'en est pas moins erronée. Il est des hommes assez bien organisés, qui font le bien pour le seul plaisir de le faire. Ceux-là ne recherchent ni n'évitent les regards, tant la bienfaisance leur semble chose naturelle : ils ne pensent pas mériter par là le moindre éloge. Tel était le curé Charpentier ; tel aussi le nègre Eustache.

Quelques organes contribuent à contrebalancer celui de la bienveillance, parce que leur action a toujours une tendance à l'égoïsme. Telle est surtout l'acquisivité, qui porte à l'avarice. Quelquefois on trouve ces deux organes développés simultanément sur une même tête. Alors, l'individu se laisse facilement émouvoir au récit des malheurs d'autrui ; il est d'abord tout disposé à venir à son secours ; mais aussitôt que l'organe de la bienveillance n'est plus sous l'influence d'une forte excitation, lorsque le calme est revenu, l'acquisivité reprend le dessus, et toutes les belles promesses qu'on avait faites, demeurent sans effet. Toutefois, les personnes ainsi constituées sont très-serviables, et toujours prêtes à obliger, pourvu qu'il ne leur en coûte que de la peine.

L'organe de la destructivité est aussi antagoniste de celui de la bienveillance, et cependant on les trouve souvent alliés sur la même tête. J'ai déjà eu l'occasion de faire observer que des hommes qui répandent avec un certain plaisir le sang de l'ennemi, sur un champ de bataille, sont quelquefois d'ailleurs très-bienfaisans. Nos armées pourraient nous en offrir une foule d'honorables exemples. Lorsqu'on n'est pas phrénologiste, on a peine à concevoir toutes ces contradictions dans le caractère d'un homme, et vous voyez pourtant combien elles sont naturelles.

Lorsque l'organe de la bienveillance est faible, on est peu touché du malheur d'autrui, et on se donne à soi-même, comme aux autres, mille raisons spécieuses, pour ne pas aller à son secours. On se doit avant tout à sa famille, aux convenances sociales; d'ailleurs le nombre des malheureux est si grand; et puis c'est si souvent leur faute! Ainsi, il n'y a point de sophisme qu'on ne fasse valoir; et, sous prétexte de ne pouvoir secourir tout le monde, on ne vient en aide à personne. L'absence de l'organe contribue pour beaucoup à l'égoïsme. Il est très-faible en général chez les malfaiteurs et les assassins.

Il est plus développé chez la femme que chez l'homme, de même que la philogéniture et l'affectionivité. Aussi les femmes l'emportent-elles sur nous, pour tout ce qui concerne les sentimens affectueux. C'est là la plus belle partie de leur mission sur cette terre. On sait avec quel noble empressement elles y répondent partout; et je suis heureux de pouvoir dire, sans vouloir blesser la modestie de personne, que les dames de Mulhouse se distinguent fort honorablement sous ce rapport. On sait qu'indépendamment de leurs charités ordinaires, elles se réunissent souvent et à jours fixes dans une des salles de l'hôtel de ville, pour confectionner de leurs propres mains les vêtemens des pauvres; et on n'a pas oublié, je pense, qu'à une époque toute récente, où nous ne possédions pas encore d'écoles du soir, de jeunes demoiselles en avaient fondé une, où elles élevaient les filles des ouvriers. Honneur à celles qui savent si bien pratiquer la bienfaisance, la première de toutes les vertus.

La bienveillance peut aussi avoir ses excès,

et dégénérer en faiblesse. L'homme chez qui cet organe est très-prononcé, et qui ne se laisse pas guider par l'intelligence, les sentimens moraux et la circonspection, ne sait jamais punir ; confond le bon avec le méchant, l'innocent avec le coupable. Il distribue ses bienfaits sans discernement, encourageant ainsi les vices et la paresse, aux dépens de la vertu malheureuse, et souvent au détriment de son propre avenir et de celui de sa famille. De fréquentes aumônes qu'on fera distribuer à un enfant, en le guidant avec prudence dans le choix des personnes à secourir, et en lui faisant connaître et apprécier les raisons de ce choix, seront la meilleure éducation à lui donner, sous le rapport de cet organe.

M. Vimont accorde la bienveillance à quelques animaux ; mais les observations relatives à ce sujet ne sont peut-être pas encore assez multipliées. Selon M. Combe, les chiens, les chevaux, les singes, qui ont la partie correspondante du front large et élevée, sont doux et pacifiques : ceux, au contraire, chez lesquels elle est petite et déprimée, ont un mauvais naturel. Elle est déprimée chez tous les animaux féroces, et chez les nations remarquables par leur cruauté, comme les Caraïbes.

NEUVIÈME LEÇON.

Vénération. — Fermeté. — Conscienciosité. —
Espérance.

14. Vénération.

Messieurs,

On doit à Lavater les premières observations relatives à l'organe de la vénération. Ce philosophe avait remarqué que les personnes religieuses ont la partie supérieure de la tête fort saillante, dans la région moyenne. Gall ayant ensuite confirmé à plusieurs reprises, ce rapport entre l'organisation encéphalique et la tendence à la dévotion, admit une nouvelle faculté à laquelle il donna les noms de *théosophie*, de *religion*. Mais le père de la Phrénologie eut encore ici le tort que j'ai déjà signalé plusieurs fois, de désigner un organe par une seule de ses manifestations; car celui dont je parle en ce moment, ne se borne pas à porter aux croyances religieuses; mais il amène en général à honorer, à vénérer tout ce qui nous paraît grand et au-dessus de nous, dans l'ordre physique comme dans l'ordre moral. C'est ce qui a engagé Spurzheim à changer son nom en celui de vénération, bien plus conforme à son impulsion primitive, et aujourd'hui généralement adopté.

Vous connaissez à présent l'influence fonda-mentale de cette faculté. Quant à l'objet même de la vénération, il varie d'un sujet à un autre, suivant l'individu; car le choix dépend de l'in-telligence, de l'éducation, de l'habitude, de l'exemple. Chez l'enfant il se porte d'abord sur son père, sa mère, sa nourrice, sa bonne; et c'est un sentiment qu'il faut cultiver chez lui avec le plus grand soin, car il est un moyen puissant d'éducation. Plus tard il s'applique aux maîtres, aux chefs, aux vieillards, aux riches, aux puissans, à ceux qui gouvernent, à Dieu. Chez les hommes d'étude, il a souvent pour objet les grands poëtes, les savans de premier ordre, les artistes célèbres, les souvenirs, les monumens des siècles passés, pour lesquels ils ont un respect d'autant plus grand, qu'ils ap-partiennent à des époques plus reculées. Dans les masses, vous le voyez généralement se porter sur les ancêtres, dont on vénère les pratiques, et dont on vante toujours la sagesse; sur les grands conquérans, dont on oublie tous les malheurs qu'ils ont causés, pour ne se rappeler que la puissance de leur génie, et tout l'éclat de leur nom.

Ce sentiment est un véritable besoin; aussi le retrouvons-nous plus ou moins prononcé chez tous les peuples et à toutes les époques. En présence des grands phénomènes de la nature, qui ont sur lui une action heureuse ou défavorable, l'homme reconnaît sa faiblesse et voue un culte de vénération à tout ce qui lui semble au-dessus de lui. Alors il dresse des autels au soleil, à la lune, aux étoiles; il adore le tonnerre qui l'épouvante, l'arc-en-ciel qui le rassure, le nuage qui féconde la terre, le bœuf qui l'aide à creuser des sillons. Puis, lorsque par suite des progrès de la civilisation, ces objets de son culte primitif deviennent trop grossiers pour son esprit, il s'adresse à des êtres mystiques que crée son imagination, et qu'il fait présider aux principaux phénomènes naturels. Alors, c'est Jupiter qui lance la foudre, Apollon qui conduit le soleil, Cérès qui protège l'agriculture, Neptune qui soulève ou calme les flots. L'Olympe se peuple d'une multitude innombrable de dieux et de déesses de divers ordres, parmi lesquels s'établit une hiérarchie qui n'est qu'une image des sociétés humaines. Les Romains qui, dans leur tolérance religieuse, accordaient le droit de bourgeoisie aux dieux des peuples vaincus, les comptaient par milliers au Capitole.

Aussi voyons-nous chez les gouvernans une grande tendance à appuyer leur autorité sur les croyances religieuses, tant ils regardent cette alliance comme un puissant moyen de se faire respecter davantage. Tous les grands législateurs de l'antiquité ont parlé au nom d'un Dieu; toujours le commandement a été de droit divin, et si Numa consultait la Nymphe Égérie, Napoléon avait fait ériger en article de foi, l'amour que ses sujets devaient avoir pour lui. Partout on remarque une alliance étroite entre le gouvernement et le clergé, et le plus souvent même c'est le chef de l'état qui est en même temps le chef du corps des prêtres. Toutefois, il est douteux que l'organe de la vénération seul suffise pour porter à l'adoration. Il est probable que la merveillosité entre pour beaucoup dans cette impulsion, comme nous le verrons plus tard.

Des personnes religieuses pourront peut-être trouver étrange qu'il faille avoir une certaine disposition organique, pour être porté aux actes de dévotion. Peut-être leur répugnera-t-il d'admettre que Dieu n'ait pas accordé cette disposition à tous, s'il a voulu que tous l'adorassent. Je ferai remarquer à ces personnes qu'elles ont toujours admis l'équivalent de ce que reconnaissent les phrénologistes. La religion nous enseigne que la foi est un don de Dieu, une grâce qui n'a pas été accordée à tous indistinctement ; et les partisans de la science de Gall ne prêchent pas une autre doctrine, en montrant l'organe matériel de cette grâce. Rappelez-vous aussi que j'ai dit dans mes premières leçons, que l'éducation peut souvent faire acquérir un assez haut degré d'intensité à un organe, d'ailleurs médiocrement développé. On sait en effet, quelle est l'influence de l'éducation et de l'exemple sur la vénération. Toutefois, celui qui ne devra sa tendance religieuse qu'à cette impulsion extérieure, pourra être un homme fort pieux, mais on ne verra jamais chez lui cette exaltation qui fait un cénobite, un père du désert, un chartreux, un père de la trappe ou un martyr. Il faut pour cela une organisation à part.

Un des exemples les plus remarquables d'un grand développement de la vénération, qu'on possède dans les collections phrénologiques, se voit sur la tête de Henry, poëte et fou religieux, sur lequel M. Bernard Delafosse a publié un mémoire dont j'extrairai quelques passages. Henry naquit dans les environs de Troyes, en Champagne, de parens jouissant d'une certaine aisance. Son père était huissier et termina ses jours par un suicide, précédé d'aliénation mentale. Le jeune Henry fut élevé très-sévèrement par sa mère. Son éducation scientifique et littéraire fut presque nulle : livré à lui-même, il y suppléa par des lectures, mais sans plan ni direction, et s'adonna de préférence à la littérature.

Appelé par la conscription, sous l'empire, il devint fourrier dans un régiment de dragons, et fut réformé comme fils de veuve, en 1815. En 1824, il était employé à la préfecture d'Angers. Son caractère était doux, affectueux, communicatif, habituellement mélancolique; mais il se livrait parfois à des accès de gaîté folle. Sa position sociale était peu en rapport avec sa passion dominante pour la gloire et la poësie, car rien n'est plus prosaïque qu'un bureau. Mal compris de ses camarades, ayant à souffrir de leurs moqueries continuelles, il devint moins communicatif, irrascible, et sa bienveillance diminua sensiblement.

Son caractère était éminemment moral et religieux. Dans les derniers temps qui précédèrent sa folie, il était devenu d'une grande sévérité de langage. Un père de famille, s'étant permis devant lui quelques plaisanteries innocentes, il se leva soudain, pénétré d'indignation, et lui fit d'un ton solennel une sévère réprimande. Il ne manquait pas d'esprit, mais d'intelligence. Il a composé deux mauvaises pièces de théâtre, et quelques poësies fugitives, empreintes de mélancolie et de piété. En voici une qui vous donnera une idée de son talent et de la tournure de son caractère. Elle est intitulée : *Consolation dans le malheur*, et dédiée à M. de Chateaubriand.

Sur la terre d'exil jusques à quand, Seigneur,
Dois-je languir encore ?
Quand brillera l'aurore
De ce jour immortel que désire mon cœur ?
Sur mes yeux fatigués de répandre des larmes
Oh ! quand s'abaisseront les voiles de la mort ?
J'ai vu de mon printemps s'évanouir les charmes,
Et, chaque jour, en butte à de longues alarmes,
Muet, j'ai dévoré les outrages du sort.
En vain, pour échapper à ma douleur profonde,
Dans le calme des nuits je rêvais le bonheur ;
Au lever du soleil, perdant sa douce erreur,
Mon âme retombait sous le vent destructeur
Des tempêtes du monde ;
Comme on voit le navire, arraché par les flots,
A la paix du rivage,

Malgré lui revenir, au souffle de l'orage,
   Sur l'abime des eaux.

Le front chargé de deuil et pâle de tristesse,
Contre le sort cruel je n'ai point murmuré.
De vos décrets, Seigneur, j'ai béni la sagesse,
Et sur le seuil du temple où la foule se presse,
Abreuvé de chagrins, devant vous j'ai pleuré.

Éloignez maintenant la coupe d'amertume
Où j'ai bu le poison dont l'ardeur me consume.
A mon cœur oppressé donnez quelque repos;
Je succombe, Seigneur, sous le poids de mes maux.

Je ne suis plus épris des charmes de la gloire.
Irais-je encor poursuivre une trompeuse erreur,
Qui m'ôta si souvent la douce paix du cœur?
Qu'importe que l'oubli dévore ma mémoire,
Et que mon nom se perde en l'abime des temps?
Mes yeux n'auront pas vu sur mes jours languissans
Briller, hélas! un rayon d'espérance,
Et la félicité promise à mon printemps,
Ne doit point succéder à ma longue souffrance.

   Virginales amours,
   Délices de mon âme,
   Dont l'innocente flamme
   N'embellit plus mes jours,
   Un soufle de l'orage
   A troublé votre cours,
   Et détrôné l'image
   Dont j'encensais l'autel.
   Dans son vol éternel,
Le vent jaloux brisa l'idole et mon hommage.

   Des débris de son malheur
   Je vois mon âme environnée,

Comme un temple désert, dépouillé de splendeur;
    Voit sur la plaine abandonnée,
    Autour de lui ses restes de grandeur.

    Oh! du dernier amour illusion touchante!
Verse encor ta douceur sur mon pâle avenir.
Purs sentimens du cœur, volupté ravissante,
Je garderai de vous un tendre souvenir.

    Mais quel pouvoir m'enchaîne en ce désert du monde,
Où je marche au hasard, sans force et sans dessein?
Oh! qui m'emportera vers ce séjour divin,
Où règne du Très-Haut la sagesse profonde?
Là, je m'enivrerais aux sources du bonheur
Que sa bonté promet au mortel qui l'adore.
Heureux celui qui veille à l'ombre du Seigneur!...
Mais sur ce globe impur, je dois souffrir encore.
D'un monde dédaigneux, insensible et léger,
Il faut subir l'outrage et l'injustice amère;
Passons devant ses yeux comme une ombre éphémère ;
Oh! mon âme, passons sans nous décourager.

    Vous m'avez consolé, mon dieu; je vous rends grâce.
Vous avez raffermi mon courage abattu.
Nourrissez-moi, Seigneur, d'une sainte vertu,
Et que mon âme encor se guide sur vos traces.
Hélas! n'ordonnez pas qu'à l'heure des adieux,
Je laisse ma dépouille aux rives étrangères:
Quand mon âme prendra son essor vers les cieux;
Que mes os soient placés au tombeau de mes pères,
Jusqu'au jour où sept fois l'ange consolateur
Appellera les morts au tribunal vengeur.

Le malheureux Henry, trompé dans ses rêves
de gloire et de bonheur, mal compris de ceux

qui l'entouraient, finit par s'isoler complétement et s'enfoncer de plus en plus dans sa tristesse et le silence. Ce fut vers la fin de 1829, après une disparition de quelques jours de l'hôtel de la préfecture, où il logeait, qu'il donna des signes de folie bien caractérisée. Il passait toute la journée dans sa chambre, en contemplation devant un crucifix, qu'il tenait dans ses deux mains. Placé dans un hospice, il y resta quatre ou cinq ans, continuellement occupé à faire des vers. Les bonnes religieuses de l'établissement, touchées de son infortune et de la douceur de son caractère, qu'il conserva jusqu'à la fin, le comblèrent de soins et d'égards, quoiqu'il fût devenu d'une extrême malpropreté.

Dans les derniers temps qui précédèrent sa mort, il refusait souvent toute nourriture, et répondait aux représentations qu'on lui faisait, que Jésus-Christ était resté quarante jours sans manger, et qu'il pouvait bien souffrir comme lui. Enfin, épuisé par les peines morales, affecté peut-être de la mort récente de sa mère, qui ne l'avait point quitté, il succomba dans le courant de septembre 1834.

La tête de Henry se distingue par un grand développement des organes de la vénération, du merveilleux, de l'espérance, de l'idéalité. La vé-

nération est aussi saillante sur la tête de Béranger, l'auteur de l'admirable chanson du *Dieu des
bonnes gens*, le patriotique chantre de la gloire
nationale; chez MM. de Lamartine et de Lamennais; chez Casimir Périer, Benjamin Constant,
Foy, Manuel; chez tous les hommes supérieurs
qui ont su rendre hommage à tout ce qui est
grand et vénérable; chez l'évêque Grégoire, Walter Scott, le poëte Rolland.

Rolland reçut dans son enfance une bonne
éducation : il se destinait aux ordres sacrés, lorsque la révolution de 89 l'en détourna. Marié depuis, et devenu père de famille, il fut menacé
sous l'empire d'être séparé des siens par la conscription, et conçut le projet d'adresser indirec-
tement à l'empereur un avertissement relatif à
l'impopularité qu'il s'attirait par ses continuelles
levées de soldats. Un opéra fut la forme d'admo-
nestation qui lui parut la plus digne du personnage à qui il voulait s'adresser; mais son entreprise n'eut pas tout le succès qu'il en attendait.
Son œuvre fut soumise à la censure du temps, et
comme elle ne pouvait manquer de déplaire aux
agens d'un pouvoir despotique, elle fut défen-
due. La pièce était montée, plusieurs répétitions
avaient eu lieu, et la première représentation
était annoncée, lorsque l'ordre de ne pas la jouer

arriva. La pièce fut retirée du répertoire. Dans ce poëme, toutes les nations de l'Europe étaient représentées par des génies qui adressaient des hymnes à l'Être suprême, pour en obtenir la paix générale, l'abolition de la tyrannie, et l'institution d'un régime doux et pacifique, comparable à l'âge d'or. Toutes les parties de cette composition étaient essentiellement morales et religieuses.

Rolland était intimement lié avec Fabre d'Olivet, savant mystique, dont il partageait les talens et les goûts. Quoique profondément religieux, Rolland négligeait complétement les pratiques du culte. Étant affecté d'une maladie fort grave, et sentant venir ses derniers momens, il appela un confesseur. Sur l'invitation que lui fit celui-ci de dire son oraison dominicale et son *credo*, je les ai oubliés, dit Rolland. Alors, il se recueillit pendant quelques instans pour se confesser ; puis, sortant tout-à-coup de l'épuisement et de l'espèce d'agonie où il se trouvait, il se dresse sur son séant ; sa physionomie s'empreint de l'expression d'un inspiré, et il improvise d'une voix forte et sonore une invocation sublime, qui pénètre d'admiration le confesseur et les assistans. Quelques minutes après, Rolland avait cessé de vivre.

L'organe de la vénération est plus grand chez la femme que chez l'homme. M. Combe prétend qu'il est peu développé en général sur la tête des français. Si cette observation est juste, elle sert à expliquer l'état des opinions religieuses et politiques dans notre pays.

Un trop grand défaut de vénération présente de graves inconvéniens. Cet organe est un des principaux liens de la société : celui qui en manque, ne sait respecter ni ses parens, ni ses maîtres, ni les autorités dans l'ordre social, ni les lois de son pays. Lorsqu'à une pareille disposition se joint encore l'estime de soi très-prononcé, on a des résultats déplorables. Quelque médiocre que soit l'individu, il se croit égal, si ce n'est supérieur aux hommes les plus éminens par leur position sociale, leurs talens, leurs vertus. Dans son orgueilleuse idée que le sort et les hommes sont injustes envers lui, il ne voit rien de sacré, et voue une haine profonde à ceux que les hasards de la fortune ou de la naissance ont placés au-dessus de lui. Une société qui présenterait un grand nombre d'hommes ainsi organisés, et chez qui une éducation morale, sagement dirigée, ne contrebalancerait pas ces fâcheuses dispositions, serait continuellement en danger, et tous les jours à la veille d'une révolution. N'est-ce pas un peu là notre histoire? Je sais que l'abus contraire n'est pas moins à craindre, que les princes sont toujours portés à augmenter dans les peuples le respect, la vénération qu'ils exigent pour leur personne et leur autorité, et que c'est pour eux un moyen puissant de tyrannie. Mais les nations n'arriveront-elles pas un jour à fonder des gouvernemens à l'abri de ces déplorables extrêmes, et qui amèneront chez elles la paix intérieure, et l'union de tous les partis qui les divisent? Peut-être le peuple français, qui n'exerce sa liberté que depuis un demi-siècle, est-il aujourd'hui dans le cas de ces jeunes gens qui, commençant à s'émanciper, sont impatiens d'un joug dont le souvenir est trop récent, ne supportent qu'avec peine la moindre contrainte, se rient des conseils de l'âge mûr, confians seulement en leur propre prudence; jusqu'à ce que des fautes nombreuses, une dure expérience et la marche rapide du temps, soient venues calmer cette impétuosité funeste. On conçoit le rôle important que l'intelligence et les sentimens affectueux doivent jouer dans l'éducation de l'organe dont je parle en ce moment, pour empêcher ses abus, ou lui donner un degré d'activité convenable.

La merveillosité, qui nous porte à croire aux choses surnaturelles ; l'espérance, qui nous fait entrevoir une récompense à recevoir de Dieu ou des personnes à qui s'adresse notre respect ; une faible estime de soi, qui tend à nous rendre plus humbles ; sont de puissans auxiliaires de la vénération. Cependant, on rencontre parfois des hommes fort religieux, quoique l'organe de l'estime de soi se trouve chez eux très-développé. Vous avez alors ces personnes d'une foi exaltée, qui regardent le monde avec mépris, qui l'abandonnent avec plaisir et se jettent dans toutes les austérités ascétiques d'un cloître de l'ordre le plus sévère ; pourvu que cette résolution puisse être soutenue chez eux par un développement convenable de l'organe de la fermeté.

La plupart des phrénologistes refusent aux animaux le sentiment de la vénération. Telle n'est point l'opinion de M. Broussais. Cet illustre physiologiste fait observer que plusieurs espèces, parmi les quadrupèdes, se choisissent des guides auxquels elles obéissent dans tous leurs mouvemens. Il dit avoir plusieurs fois observé, dans les marches de nos armées en Espapagne, la déférence du mulet pour le cheval. Parmi les oiseaux voyageurs, vous voyez toujours un chef qui conduit les autres. Un instinct désigne ce chef; il sent lui-même sa supériorité, il se met à la tête. Il est difficile de nier la vénération du chien pour son maître et les amis de son maître. Dans la maison, il ne confond pas toujours ceux qui font partie de la famille, et souvent il sait proportionner son respect à la position qu'ils y occupent. Vous savez la différence qu'il met entre un homme bien vêtu et un mendiant, sans que l'éducation lui ait appris à faire cette distinction.

M. Broussais cite à l'appui de cette opinion, un fait que je dois reproduire. Un chien défendait son maître contre les étrangers et toutes les personnes de la maison. Il défendait les enfans de son maître contre les valets : si un domestique voulait lever la main sur l'un d'eux, aussitôt il lui sautait à la gorge, et le contenait sans lui faire aucun mal. Il défendait les valets contre les étrangers; mais si un enfant affectait de frapper un domestique, il ne se fâchait pas d'une manière sérieuse. Ces expériences se renouvellaient aussi souvent qu'on voulait.

On a cité aussi beaucoup de faits qui semblent établir que l'éléphant et le cheval vénèrent leur maître plus que les autres hommes; et peut-être existe-t-il chez les animaux dont les cerveaux se rapprochent du nôtre, un sentiment de vénération qui leur fait placer l'homme au-dessus de tous les êtres créés.

15. FERMETÉ.

Cet organe est situé à la partie postérieure de la voûte du crâne, sur la ligne médiane. Le nom qu'il porte, et qu'il a reçu de Gall, à qui nous en devons la découverte, indique suffisamment son impulsion primitive. C'est lui qui forme les hommes persévérans dans leurs projets, opiniâtres contre les difficultés, quelquefois entêtés dans leurs opinions. Ces différentes modifications dépendent du degré d'intelligence de l'individu, et de l'intensité proportionnelle de certains autres organes. Placé à côté de l'estime de soi, la fermeté peut recevoir de cette faculté une impulsion très-grande. Celui qui a une haute idée de son propre mérite, convient difficilement, même avec lui-même, que ses opinions sont erronées, et il y persévère avec un entêtement qu'il regarde comme une impulsion unique de sa raison.

Je puis vous montrer quelques exemples remarquables de têtes, où l'organe de la fermeté est très-développé ; et vous allez voir si ici la Phrénologie s'est trouvée en défaut. Voici le buste du capitaine de vaisseau Dumont d'Urville.

Vous savez que ce brave officier a déjà fait plusieurs voyages de découvertes, et qu'il commande en ce moment une expédition qui se dirige vers les îles de la mer du Sud. Je rappellerai sa conduite dans une circonstance remarquable, pour vous faire juger de son caractère.

La corvette l'*Astrolabe*, qu'il commandait, arriva devant Tonga-Tabou, en avril 1827. Le capitaine d'Urville comptait n'y faire qu'une courte relâche, pour régler ses montres marines, et s'y procurer quelques provisions. Mais une tempête affreuse s'étant élevée, le vent adossa la corvette contre un mur de coraux sous-marins, et la plaça dans la position la plus critique. Des ancres furent jetées, mais le tranchant des coraux eût bientôt coupé les cordes, et d'eux d'entr'elles, retenues par des chaînes, purent seules résister pendant trois jours et trois nuits. Si un seul anneau s'était rompu, c'en était fait de l'*Astrolabe*, qui se brisait contre les récifs, et mettait son équipage et sa cargaison à la merci des cupides et cruels insulaires. En même temps périssaient tous les documens scientifiques, rassemblés à travers tant de fatigues et de dangers.

Dans ces momens d'angoisse, la corvette reçut quelques visites. Ce furent d'abord trois

Anglais établis dans l'île, et qu'on employa comme interprètes; puis Palou, le chef indigène le plus puissant, et Tahofa, chef d'une autorité moindre. Cependant, la position devenait de plus en plus affreuse; les chaînes avaient déjà cédé, et on pouvait s'attendre à chaque instant à voir le navire réduit en pièces. Afin d'assurer quelque garantie à son équipage, dans cette cruelle éventualité, le capitaine d'Urville fit proposer à Palou et à Tahofa, de demeurer à bord comme ôtages; ce à quoi ils consentirent, sans trop de difficulté. Encouragé par les protestations de ces chefs, et enhardi par les rapports des Anglais, il se décida à envoyer la majeure partie de son monde sur la petite île de Pagaï-Modou, où elle aurait campé sous la protection de Tahofa, tandis qu'il resterait lui-même à bord avec Palou et le reste des Français, pour attendre l'événement. La portion de l'équipage désignée pour le débarquement, avait déjà préparé ses bagages, quand arriva à bord un homme attaché à l'établissement des missionnaires. A la vue de la chaloupe prête à déborder, il interrogea les marins sur sa destination, et lorsqu'il la connut : « Vous voulez donc faire périr votre monde, dit-il vivement au capitaine d'Urville, ou tout au moins le faire dépouiller complétement? Tant qu'ils ne seront pas nus, ils courront danger de la vie. Ne vous fiez ni aux chefs qui vous servent d'ôtages, ni aux trois Anglais, qui ne valent pas mieux qu'eux. » Cet homme paraissait bien informé; un contre-ordre fut donné, et les matelots déjà descendus dans la chaloupe remontèrent à bord. Cependant, afin de sauver d'un sinistre possible les travaux de l'expédition, le commandant fit emballer dans une caisse en tôle les papiers, les journaux, les documens scientifiques; et les expédia dans une petite embarcation à Hifo, où ils devaient être mis sous la sauvegarde des missionnaires.

Bientôt la brise fraîchit, le ressac augmenta, et il ne resta plus que peu d'espoir de salut. La nuit qui survint se passa dans des transes continuelles. On descendit dans la yole les montres marines, quelques instrumens, les instructions officielles, les lettres de recommandation des différens gouvernemens, et ce nouveau convoi d'objets fut encore dirigé sur l'établissement des missionnaires. Cependant le jour survint sans que la situation fût changée, et au milieu de cette crise, les chefs Palou et Tahofa, faisant honneur au vin et au rhum du capitaine, avaient l'air indifférent à ce spectacle, quoiqu'il fût pour eux une question de pillage et de fortune.

Sur ces entrefaites, arrive à bord un missionnaire avec un troisième chef, Toubo, déjà converti. Le capitaine d'Urville veut profiter de cette circonstance et fait offrir à Toubo de faire avec lui une alliance offensive et défensive. Mais à cette proposition qui leur paraît trop hardie, le missionnaire et Toubo reculent d'effroi, et s'écrient que Palou et Tahoufa sont trop puissans, pour qu'on ose penser à se liguer contre eux. M. d'Urville vit bien alors qu'il n'avait plus d'autres ressources qu'en lui-même, et le courage de ses hommes. Voulant leur inspirer une plus grande sécurité, il parut s'absorber dans un travail de classement, que faisaient dans ce moment les naturalistes du bord, comme s'ils eussent été dans leur cabinet.

Heureusement, le vent finit par changer, devint moins impétueux, et la corvette put reprendre le large et mouiller en un lieu sûr. Le désir du capitaine d'Urville était bien de quitter au plus tôt cette île funeste, mais ses menues ancres laissées devant le récif, étaient une perte tellement irréparable pour la corvette, qu'il voulut essayer au moins d'en retirer quelques-unes du fond de l'eau. Durant ce temps, les officiers et les naturalistes se rendirent plusieurs fois à terre, où on leur fit le meilleur accueil. Le capitaine persistait à garder le bord, pour qu'on ne s'y relâchât point du système de défiance qu'il avait établi. Cependant, il se hasarda un jour à descendre à terre, pour une entrevue solennelle qu'il devait avoir avec Palou. Ce chef le reçut d'un air froid et contraint; mais la visite se passa sans aucun fâcheux accident. Il est probable même, qu'on n'aurait eu aucune rupture à déplorer, si les naturels avaient été livrés à leurs seules inspirations.

Dans la hâte avec laquelle on avait rassemblé à Toulon l'équipage de l'*Astrolabe*, on y avait fait entrer quelques mauvais sujets, tirés des cachots pour finir leur temps dans un voyage de découvertes. Deux de ces hommes désertèrent et allèrent se réunir aux sauvages qui, agissant d'après leurs coupables conseils, se jetèrent un jour sur la yole venue à terre, et cherchèrent à entraîner les matelots qui la montaient. Le grand canot ayant été armé pour voler au secours des hommes attaqués, arriva trop tard et les naturels échappèrent avec leur proie. Après avoir incendié les habitations des îles Pangaï-Modou et Manima, le grand canot revint à bord, et le capitaine d'Urville résolut de frapper un coup qui épouvantât les sauvages et les obligeât à rendre les prisonniers.

Ce brave officier savait que Mafangua était le lieu saint de l'île, et que si on l'attaquait, Tonga-Tobou tout entière serait intéressée à la querelle. Ainsi, les divers chefs interviendraient dans une affaire où Tahofa et Palou s'étaient seuls trouvés mêlés jusqu'alors, et les jalousies rivales, autant que le désir de sauver le sanctuaire vénéré, pouvaient amener la prompte restitution des prisonniers. L'approche de la terre est très-dangereuse; mais il s'agit de sauver des hommes confiés à ses ordres. En conséquence, M. d'Urville embosse sa corvette au milieu des récifs, en face du temple, qu'il abîme sous le feu de son artillerie. Ce trait d'audace et de bonne politique réussit, et les Français sont ramenés à bord.

M. d'Urville a donné plus récemment une autre preuve de la fermeté de son caractère. Il est le premier officier de la marine qui offrit ses services au gouvernement, après la révolution de 1830. En conséquence, il fut chargé de conduire hors du royaume, le monarque détrôné et sa famille. M. d'Urville accepta et, sans dévier de ses principes libéraux, il n'oublia pas les égards dus au malheur. Comme au moment d'embarquer, le vieux roi était en butte à de vives manifestations, le brave commandant ne craignit pas de déclarer qu'il ferait sauter le vaisseau avec tout l'équipage, plutôt que de céder à la multitude exaltée.

Je ne puis terminer ce que j'ai à vous dire du capitaine d'Urville, sans vous faire part d'un fait remarquable qui le concerne, et qui ne contribuera pas peu à vous faire apprécier le degré de certitude des jugemens phrénologiques.

Avant d'entreprendre l'utile et glorieux voyage qu'il exécute en ce moment, le capitaine d'Urville, voulant savoir à quoi s'en tenir sur les doctrines de Gall, dont il s'était occupé, résolut d'en faire l'essai sur lui-même; et à cet effet, il se fit introduire chez plusieurs phrénélogistes. C'est ainsi que, se trouvant à Londres en mai 1837, il fut présenté à M. Deville, sans avoir dit qui il était. De retour à Paris, il se fit conduire chez M. le docteur Dannecy, afin de s'assurer si le jugement porté sur lui par le phrénélogiste anglais, serait confirmé. Pour que vous en puissiez juger vous-mêmes, Messieurs, je citerai de ces deux appréciations tout ce qui a rapport à la vie publique de l'habile marin.

« Il est ferme dans ses vues et ses opinions, dit M. Deville dans sa notice; et quand il est conduit à agir d'après un sentiment de justice et de devoir, alors il est très-ferme, particulièrement lorsqu'il a réfléchi sur les conséquences de ses actions.

« Cet homme doit être doué d'un caractère très-indépendant.

« Le désir de la propriété, ou de quelque chose qui ressemble à de la propriété (comme des collections d'histoire naturelle, ou d'objets de curiosité), forme le motif de quelques-unes de ses actions.

« Avec une telle organisation, on peut consacrer beaucoup de temps ou dépenser beaucoup d'argent, ou enfin courir de grands risques personnels, pour atteindre quelque but important.

« Cette organisation est extrêmement bonne pour les occupations intellectuelles, et pour recevoir une instruction très-étendue ; il peut comprendre facilement les langues, l'histoire, l'histoire naturelle, les sciences et la physiologie des choses ; c'est un homme bien organisé pour saisir les questions de physiologie animale et de métaphysique ; sa puissance d'investigation est telle que bien des gens seraient embarrassés de le suivre dans ses recherches.

« Les voyages doivent lui causer une grande satisfaction, et il possède une bonne mémoire des lieux.

« En fait d'argumentation et de controverse,

il est doué d'une grande puissance de raisonnement. C'est, en un mot, une organisation très-
extraordinaire, remplie de talens, et telle qu'on
en rencontre rarement. »

Voici à présent l'appréciation de M. le docteur
Dannecy :

« Monsieur étant organisé comme il l'est, doit
être rangé parmi les hommes d'actions; il doit
encore avoir un goût très-prononcé pour les entreprises hardies et même téméraires; mais la
puissance de réflexion est telle, qu'il prévoit
nettement les suites de ses actes. L'intelligence
est très-vaste chez Monsieur, et les voyages sont
pour lui un besoin. »

La vie publique de M. Dumont d'Urville est
trop connue, pour que chacun de vous ne voie
pas combien elle ajoute d'intérêt à l'accord des
deux phrénologistes. Vous avez eu une preuve
de la fermeté de son caractère; on connaît sa
passion pour les voyages, son goût pour l'histoire naturelle, les nombreuses et riches collections qu'il a faites; on sait qu'il apprend les langues avec la plus grande facilité, et qu'il est un
des premiers philologues de notre pays. Aussi
M. Dumont d'Urville est-il devenu un des plus
zélés partisans de la science de Gall, et c'est sur
sa demande que le ministre de la marine a ad-

joint M. Dumoutier à son expédition, en qualité de phrénologiste.

Je reviens à l'organe de la fermeté. Le second exemple que j'ai à vous montrer, est la tête de l'évêque Grégoire, que voici. Cet homme remarquable est né dans une petite commune des environs de Lunéville. D'abord curé de village, il éleva la voix en faveur des Juifs, et plaida pour l'affranchissement des noirs, et les droits des hommes de couleur. Devenu législateur, il se montra ardent adversaire de la royauté ; mais tonnant en même temps contre le vandalisme et la terreur. Élevé à la dignité d'évêque, on le vit prêchant la tolérance, la liberté des cultes. Nommé plus tard académicien, il reçut pendant trente ans les notabilités philosophiques du monde, dans son salon orné d'un grand crucifix, et les quittait pour lire son bréviaire ; montrant toujours un goût élevé pour les sciences, les lettres et les arts, avec les mœurs sévères d'un cénobite.

L'abbé Grégoire fut le premier qui prêta serment à la constitution civile du clergé ; mais quand ensuite des hommes de son ordre vinrent faire abjuration publique des doctrines et du culte catholique, l'abbé Grégoire protesta à la tribune avec une telle énergie, qu'un député lui

reprocha de vouloir *christianiser la révolution.*
Dans les plus grandes crises, cet évêque ne cessa de défendre les savans dénoncés et les prêtres persécutés; de poursuivre l'intolérance et l'obscurantisme. Il rendit les plus grands services à l'instruction publique et aux sociétés savantes. C'est à lui qu'est due la création du *Bureau des longitudes* et du *Conservatoire des arts et métiers.* On connaît sa persévérance imperturbable dans toutes ses doctrines et ses actes. Les divers partis qui divisent malheureusement notre pays, ont jugé bien différemment la vie de l'évêque Grégoire. Pour nous, il nous suffit de constater chez lui une grande fermeté de caractère, que quelques-uns ont appelé de l'entêtement, en rapport avec son organisation cérébrale.

Je tirerai un troisième exemple d'un semblable rapport, de la vie de Schlabrendorff, dont j'ai déjà eu l'occasion de vous parler et de vous montrer la tête. Cet homme singulier s'étant rendu à Paris, comme je l'ai dit, pour y suivre la marche de la révolution française, se lia avec les hommes les plus marquans de l'époque, sans toutefois prendre la moindre part aux affaires. Parfaitement au fait de la politique des divers cabinets de l'Europe, dont il connaissait à fond et même personnellement les principaux me-

neurs, il lui fut aisé de pénétrer la source d'où
sont partis les excès les plus déplorables de la révolution, et il n'eut pas de peine à reconnaître,
parmi les plus forcenés jacobins, des agens de l'é-
tranger. Parmi ceux-ci était le trop fameux Bourdon de l'Oise. Schlabrendorff, prévoyant les excès dont la France allait être le théâtre, était sur
le point de la quitter, lorsqu'il eut le malheur
de rencontrer cet homme féroce dans une société. La conversation s'engagea, et Bourdon
ayant avancé des propositions aussi absurdes
qu'atroces, Schlabrendorff prit la parole avec
courage, au milieu de la stupeur générale; et
confondit son hideux antagoniste, qui se retira
plein de dépit. Le lendemain, Schlabrendorff
fut arrêté comme aristocrate. Un décret de la
Convention venait d'interdire toute relation entre
les banquiers français et ceux des pays en guerre
avec la République. Cette mesure laissait le baron
prussien à-peu-près sans ressources. A peine fut-
il en prison, qu'il se vit entouré d'une foule de
nobles qui avaient à leur disposition des fonds
considérables, et qui, ayant reconnu en lui un
homme de qualité et d'un grand mérite, se hâ-
tèrent de lui ouvrir leurs bourses. Mais malgré
l'injustice révoltante dont il était victime, Schlabrendorff n'en demeura pas moins ferme dans

ses opinions révolutionnaires. Décidé à n'accepter aucune faveur de ceux dont il n'approuvait pas les principes, il se contenta strictement du pain et de l'eau de la prison.

Mandé à la barre du tribunal révolutionnaire, il répondit avec tant de calme et de fermeté à l'interrogatoire qu'on lui fit subir, qu'il déconcerta le président, et fut ramené en prison, tandis que tous ceux qui avaient comparu avec lui, étaient envoyés à la guillotine. Dans une autre occasion, sa force d'âme eut un résultat non moins surprenant. Les détenus, sans cesse en proie aux avanies et à la brutalité d'un geolier impitoyable, songèrent à se plaindre de lui au comité de salut public; mais lorsqu'il fut question de rédiger la pétition, tout le monde s'excusa, et Schlabrendorff seul eut le courage de s'en charger. Elle était écrite en termes si énergiques que personne n'osa la signer, que le rédacteur et un officier écossais. Elle parvint à la Convention, et il n'en fut plus parlé. Après dix-huit mois de détention, le 9 Thermidor rendit la liberté à Schlabrendorff, qui contracta dès lors les habitudes sédentaires dont j'ai déjà parlé.

Le dernier exemple que je rapporterai, montre une force surprenante de caractère, chez un homme dont le crâne porte au plus haut degré l'organe de la fermeté, et dont la tête est en général fort belle.

Le 30 floréal au soir (19 mai 1795), on vit publier à profusion dans Paris un manifeste imprimé, au nom du peuple souverain rentré dans ses droits. Dès le lendemain, premier prairial, à la pointe du jour, le tumulte était général dans plusieurs des quartiers les plus populeux de la capitale. De toutes parts, on entend le bruit confus de la multitude, se mêlant au son plus distinct et non moins effrayant, du tocsin, du canon et de la générale. Un rassemblement déjà immense, et qui grossit sans cesse dans sa marche, s'avance peu à peu vers les Tuileries, où siège la Convention nationale. Des femmes mêlées à des hommes ivres le composent, criant : Du pain et la Constitution de 93! Vers dix heures, cette foule tumulteuse arrive au château, et assiège la salle de l'assemblée, dont elle ferme toutes les issues.

Les députés étaient réunis, et ne connaissaient encore qu'imparfaitement le motif et l'état de cette émeute. Un d'eux donne lecture du manifeste de l'insurrection, et il est couvert des bruyans applaudissemens des tribunes publiques. Bientôt le bruit augmente, et on entend gronder les flots menaçans de la populace. Tout à coup, un essaim de femmes se précipite dans les tribunes, foulant aux pieds ceux qui les occupent, et criant : Du pain! Du pain! Le président Vernier se couvre et leur commande le silence. Elles continuent à crier, menaçant l'assemblée et se riant de sa détresse. Une foule de membres se lèvent sans succès, pour prendre la parole, et demandent que le président fasse respecter la Convention. Vernier ne pouvant y réussir, est remplacé au fauteuil par André Dumont, qui essaye vainement de faire évacuer les tribunes. Dans ce moment, on entend les coups violens de la populace, qui essaye d'enfoncer une des portes qui donnent dans la salle. Un général était venu à la barre, accompagné d'une troupe de jeunes gens, pour présenter une pétition : le président lui donne le commandement provisoire de la force armée, et l'ordre de repousser l'insurrection. Aidé de ces jeunes gens et de quelques fusiliers, ce général escalade les tribunes, et en chasse les femmes qui les remplissent.

Alors la foule se rue avec plus de fureur, sur la porte qu'elle assiège, et qui bientôt vole en éclats, et livre passage à la multitude. Les membres de la Convention se retirent sur les bancs supérieurs : la gendarmerie forme une haie autour d'eux, pour les protéger. Un combat se livre alors dans la salle même, entre les sections accourues au secours de l'assemblée, et la populace qui cède d'abord. On saisit par le collet un des révoltés, on le traîne au pied de la tribune, on le fouille; on trouve ses poches pleines de pain. Il était deux heures; un peu de calme se rétablit dans l'assemblée.

Cependant, la foule augmente et redouble d'efforts; elle pénètre de nouveau jusqu'à la porte brisée. Un combat s'engage dans la salle qui précède celle des séances; une décharge des insurgés fait pleuvoir les balles autour des membres de la Convention, qui se lèvent en masse au cri de vive la république; le peuple vainqueur envahit la salle, s'empare des banquettes inférieures que les députés avaient laissées libres, et les plus frénétiques s'élancent vers le président, dont le corps est à l'instant environné de baïonnettes. C'est Boissy-d'Anglas qui a succédé à Dumont : il se couvre et demeure calme et impassible. Le député Féraud, plein de courage et de dévouement, s'élance pour aller couvrir le président de son corps; il tombe, blessé à mort d'un coup de pistolet. On l'entraîne, on le foule aux pieds, on l'emporte hors de la salle, et on livre son cadavre à la populace.

Alors commence une scène de confusion impossible à décrire : la fermeté du président ne se dément pas un instant. Au milieu du tumulte, on apporte une tête au bout d'une pique; c'est celle de Féraud, que des brigands viennent promener aux yeux de l'assemblée interdite. Lorsqu'elle passe devant Boissy-d'Anglas, celui-ci se lève et la salue avec respect. La fureur redouble, mille morts le menacent.

Heureusement, les sections avaient eu le temps de se réunir en nombre. Elles arrivent au pas de charge, la baïonnette croisée; elles parviennent à dissiper les insurgés, et à rétablir l'ordre. Le président lève la séance, il était minuit.

L'organe de la fermeté est d'une grande utilité dans la vie. Il nous fait supporter avec courage et résignation les malheurs qui nous arrivent; c'est par lui que nous savons nous raidir contre les difficultés et persévérer dans nos projets, dans nos recherches, dans nos études. Il est très-grand chez Gall. On l'a reconnu comme très-saillant chez les hommes d'une puissante énergie : Casimir Périer, Manuel, Lamarque, M. de Lamennais. Lorsqu'il est accompagné de mauvais penchans, c'est une bien vicieuse organisation; on a alors les gens entêtés ou les hommes qui persistent dans le crime avec une persévérance déplorable. Tel fut Fieschi. Ce qui domine sur la tête de cet assassin, c'est l'approbativité et la fermeté. Vous avez vu, en suivant son procès, que c'est là aussi ce qui a dominé dans son caractère.

Les organes du courage et de la fermeté ajoutent toujours leurs actions chez un individu; et, s'ils sont très-saillans l'un et l'autre, ils produisent le maximum; d'effet surtout lorsqu'ils agissent sous l'influence de certaines autres facultés très-développées, comme l'estime de soi, l'approbativité, la vénération, le merveilleux, l'espérance. Ce sont ces organisations qui fournissent les martyrs d'une opinion politique ou religieuse. Mais il ne faudrait pas confondre le courage avec la fermeté. On rencontre souvent des hommes très-braves sur un champ de bataille, et qui cependant n'ont point de caractère.

Un défaut de fermeté est généralement un malheur. L'homme, chez qui cet organe n'est pas assez saillant, est à plaindre Le moindre obstacle le rebute; l'idée d'une lutte l'effraie; le bruit l'épouvante; il est toujours prêt à céder, pourvu qu'on le laisse en repos. Cette apathie est souvent funeste dans les affaires de la vie. On se laisse entraîner à mille fautes, parce qu'on obéit à toutes les impulsions. On devient la dupe de tous les hommes qui ont du caractère; on plie devant eux, même en sentant qu'on a tort de le faire.

M. Vimont accorde cet organe aux animaux. Suivant ce phrénologiste, c'est à son incitation qu'est due la persévérance que met le chat à demeurer immobile pendant des heures entières, pour guetter sa proie. Le tigre, le renard, le chien ont aussi l'organe de la fermeté.

16. Conscienciosité.

Vous avez vu que Gall attribuait à la bienveillance l'appréciation du juste et de l'injuste, ou ce qu'on appelle vulgairement la conscience. J'ai cité quelques faits qui vous ont montré qu'il n'en est point ainsi, et que des hommes d'ailleurs très-bienveillans, peuvent être quelquefois sans moralité; ce qui nécessitait un nouvel organe pour les sentimens moraux. C'est à Spurzheim qu'on en doit la découverte. Il est situé sous le pariétal, à la partie latérale de la voûte du crâne, des deux côtés de la fermeté, en avant de l'approbativité, au-dessus de la circonspection.

C'est une vérité de tout temps reconnue par les philosophes, que la conscience est une impulsion primitive, indépendante de l'éducation; ou du moins qui existe sans elle, quoiqu'elle puisse lui emprunter un certain degré d'énergie.

Quelque peu cultivé qu'on suppose un homme, il sait toujours distinguer le mérite moral de ses actions; ce qui malheureusement ne suffit pas toujours pour l'empêcher de faire le mal; parce que quelquefois la puissante incitation d'autres organes étouffe la voix de la conscience, surtout lorsque ce dernier penchant est très-faible; comme cela a lieu chez Dodd, Choffron, Boutiller, Lacenaire, Fieschi, et en général chez tous les malfaiteurs et les assassins. On sait que le remords est impuissant sur ces malheureuses organisations : c'est ce qu'on observe tous les jours dans nos bagnes. Tandis que celui chez qui la consciensiosité est bien développée, se laisse fort rarement entraîner au crime ; et s'il s'en est rendu coupable dans l'effervescence de ses passions, sous l'influence funeste de quelque organe inférieur, il en conserve pour le reste de sa vie un souvenir qui le déchire et l'accable.

C'est dans notre conscience que nous trouvons le juge le plus équitable et le plus sévère de nos actions, pourvu que cette faculté ait chez nous un certain degré d'activité. Si elle nous reproche nos actions mauvaises, d'un autre côté, elle nous console dans nos malheurs, elle nous soutient contre les injustices des hommes , lorsqu'elle nous assure que rien dans notre conduite n'a

mérité les coups dont nous sommes victimes.
Les hommes chez qui cet organe est très-développé, ne l'appliquent pas seulement à leur propre conduite, ou à ce qui les touche directement ;
mais à tout en général. Toute injustice les révolte, même lorsqu'elle porte sur des personnes qui
leur sont indifférentes. C'est là ce qui jettera toujours tant d'hommes de bonne foi dans le parti
de l'opposition. Quelque bien réglé que soit un
gouvernement, il est impossible que, dans son
intérêt, il n'abuse pas quelquefois de sa force,
ou que quelques-uns de ses agens ne dépassent
leurs instructions, ne se permettent quelques
vexations, dans des vues purement personnelles.
A cette cause puissante d'opposition chez nous,
ajoutez ce que j'ai déjà dit, que les Français possèdent en général l'organe du courage très-développé ; ce qui les porte à fronder, à attaquer ;
tandis que chez eux l'organe de la vénération est
faible ; et voyez si la phrénologie n'explique pas
merveilleusement notre histoire.

Quelques facultés ajoutent leur action à celle
de la conscience. C'est d'abord l'intelligence, qui
vient l'éclairer et lui faire admettre des nuances
entre les fautes. Il est des objets de morale universelle, qu'on retrouve chez tous les peuples
et à toutes les époques ; il en est d'autres, im-

posés par des lois civiles ou religieuses, qui ne sont que de pure convention, de pure convenance; comme la défense de manger de telle espèce d'animal, ou telle ordonnance de police qu'on voudra. La conscience fera bien au citoyen ou à l'homme religieux, un devoir d'obéir dans ces cas ; mais son intelligence lui fera établir une grande différence entre l'infraction à de pareils ordres, et les actions qui blessent la morale universelle. Mais si l'intelligence manque, on court le risque de ne pas discerner prudemment entre ces divers objets, et tel dévot Indou damne celui qui ne meurt pas une queue de vache dans la main, ni plus ni moins que celui qui a commis un parricide.

L'estime de soi, l'approbativité sont aussi des auxiliaires de la conscience. Lorsque nous n'avons rien à nous reprocher, nous nous en estimons davantage avec raison, et nous nous croyons plus dignes du respect des autres. Souvent aussi, là où la conscience seule ne suffirait pas pour nous retenir, la crainte de perdre dans notre propre estime, ou de baisser dans l'opinion d'autrui, vient ajouter un frein salutaire à nos passions. Considérez sur cette tête modèle, que l'estime de soi, l'approbativité et la conscienciosité forment un seul groupe, où elles sont adjacentes. Cette partie est toujours bien développée sur les belles têtes. Voyez Foy, Lamarque, Gall, Manuel, Benjamin Constant, etc. Comparez-les sous ce rapport avec les assassins que voici.

Quelques phrénologistes regardent la bienveillance comme pouvant servir d'auxiliaire à la conscienciosité, lorsqu'il s'agit d'apprécier la conduite d'autrui. Je le crois ; mais la bienveillance ne sert alors, ce me semble, qu'à tempérer la sévérité dont nous pourrions user sans elle. Elle ne fait pas que nous trouvions une action moins blâmable ; mais elle nous porte à l'excuser, en nous rappelant les circonstances atténuantes au milieu desquelles elle a eu lieu. Il est bon par conséquent que la conscienciosité se trouve sous l'influence de la bienveillance ; mais il ne faudrait pas cependant que cette action fût poussée trop loin, surtout si une intelligence suffisante ne vient pas redresser des jugemens erronés. On conçoit tout ce qu'une semblable organisation présenterait de fâcheux, principalement chez des hommes publics, comme des juges, des jurés, etc. La bienveillance unie à la conscienciosité forme probablement la reconnaissance, vertu qui semble participer de ces deux facultés.

D'autres organes au contraire sont antagonistes de la conscienciosité. Ce sont en général
les instincts, qui nous poussent à nous satisfaire, n'importe par quel moyen; et qui ont besoin de trouver un frein continuel dans les sentimens élevés et l'intelligence. Aussi, voyons-nous
que les hommes chez qui la partie cérébrale instinctive est très-prononcée, tandis que l'intelligence et la conscienciosité le sont comparativement fort peu, obéissent à toute la fougue de
leurs passions, et ne reculent devant aucune
mauvaise action pour les satisfaire. Voyez ces
têtes de suppliciés : toutes présentent cette
déplorable organisation. Malheureusement l'intelligence ne supplée pas toujours à la conscience; ce qui démontre que ces deux facultés
n'ont pas une origine commune. L'intelligence
peut bien retenir quelquefois; mais souvent
elle ne sert qu'à indiquer les moyens les plus
propres à se satisfaire, sans encourir le blâme
d'autrui, ou sans se mettre en opposition avec
le code : elle forme alors les adroits fripons.

En général, celui qui manque de conscience
comprend peu l'action de cette faculté sur autrui, et il n'y croit pas. Il suppose un intérêt caché à tous les actes, parce qu'il se met continuellement à la place de celui qu'il juge; et il

sait bien qu'il ne serait pas lui assez *niais*, c'est une de ses expressions favorites, pour se nuire à lui-même, ou s'imposer quelque privation par vertu. Vous le verrez montrer la plus grande sévérité dans la punition des crimes. Ne croyant guère à l'heureuse influence des sentimens supérieurs et surtout de la conscience, il ne connaît d'autre moyen de répression que la terreur, qu'il cherche à produire par l'énormité des peines. Il ne veut avoir aucun égard aux circonstances qui occasionnent et entourent le crime ; et on sait cependant quelle peut être l'influence d'un grand besoin instinctif, même chez l'homme dont la conscienciosité est bien développée, ainsi que les plus hauts sentimens. En voici un exemple choisi entre mille.

On avait conçu quelques soupçons de crime à la découverte d'un cadavre dans la Scarpe, mais on reconnut plus tard qu'un malheureux suicide avait causé cette mort. Un portefaix se querelle avec ses camarades : un d'eux lui reproche une faute expiée par une peine infamante. « C'est la première fois, dit cet homme, que l'on ose me parler d'une condamnation subie pour avoir volé un pain quand j'avais faim, ce sera aussi la dernière. » C'est ce portefaix qui fut trouvé noyé.

La conscienciosité étant une des plus belles facultés accordées à l'homme, on sent combien il est important de la cultiver chez un enfant. Apprenez-lui à l'exercer dans ses jeux; donnez-lui-en l'exemple dans les ordres que vous adresserez soit à lui, soit à vos domestiques, et dans l'appréciation que vous ferez de leur conduite. Qu'il apprenne à reconnaître la justice des récompenses qu'obtiennent ses camarades. Au reste, ce sentiment est fort naturel à l'enfance. Dans les distributions des prix, vous voyez l'heureux vainqueur applaudi par ses rivaux avec une franchise et une naïveté qui font plaisir. Ce n'est que lorsqu'ils sont jetés plus tard dans les affaires de la vie, que d'autres passions prennent le dessus, et étouffent cette heureuse disposition.

En général, les phrénélogistes refusent le sentiment de la conscienciosité aux animaux. M. Broussais pense qu'à cet égard, on est allé trop loin et que l'éléphant, par exemple, le chien et le cheval n'en sont pas tout-à-fait privés; car, dit-il, lorsque ces animaux sont maltraités mal-à-propos, ils distinguent cette injustice. Je pense qu'avant de se prononcer à ce sujet, il faudra encore beaucoup multiplier les observations.

17. Espérance.

Gall avait laissé sur le crâne un espace vide à l'endroit où on place aujourd'hui l'organe de l'espérance. Il s'était bien aperçu que cet espace ne correspondait à aucune des facultés qu'il avait découvertes, et il pensait qu'il fallait attendre de nouvelles observations, pour apprendre le rôle de cette portion de l'encéphale. C'est Spurzheim qui a soupçonné le premier que là devait siéger l'espérance : depuis, M. Combe et d'autres phrénologistes ayant dirigé leurs recherches dans ce sens, l'organe s'est trouvé incontestablement établi. Vous le voyez ici sur la tête modèle, de chaque côté de la fermeté, se dirigeant obliquement vers la circonspection, en avant de la conscience, en arrière de la merveillosité, faculté avec laquelle il a une grande analogie.

Le nom d'espérance donné par Spurzheim à cet organe, en fait suffisamment connaître l'impulsion primitive. L'homme chez qui cette faculté domine, en acquiert une grande fermeté dans ses entreprises et beaucoup de courage dans l'adversité. Pourquoi se rebuterait-il en effet ? N'est-il pas assuré de réussir ? Et si le malheur vient le frapper de quelque coup terrible ou imprévu, pourquoi se découragerait-il ? Ne sent-il pas en lui-même qu'il lui est promis un meilleur avenir, qui ne saurait être éloigné, et qui lui rendra toute la félicité perdue? Cette riante idée le console; et l'espérance se confondant avec la réalité dans son cœur, son bonheur futur lui fait oublier son affliction présente. L'ingénieuse antiquité avait donné l'espérance pour contrepoids à tous les maux, dans la charmante fable de la boîte de Pandore.

Lorsque cet organe s'exerce dans de certaines limites; lorsqu'il ne nous fait pas trop oublier notre condition et nos affaires actuelles, pour ne nous repaître que de la vague espérance d'un bonheur incertain; son action peut être, comme on voit, fort utile. Les médecins ont souvent observé que les malades puisent un grand degré d'énergie dans cette faculté, et que ceux chez qui elle domine, ont bien plus de chances de guérison, que ceux qui se laissent trop abattre. Mais une trop grande espérance est un grave défaut, qu'on apporte dans les affaires. On est tellement sûr de réussir, on compte si fort sur les événemens futurs et favorables, qu'on néglige de prendre la peine et les précautions nécessaires. On attend tout du temps, du hasard, de la Providence; on ne voit de difficulté à rien; on lève toutes les objections d'un seul mot, et quoiqu'on soit presque continuellement dupe de cette décevante illusion, on la conserve toute sa vie.

Un défaut d'espérance présente des inconvéniens qui ne sont pas moindres. Celui chez qui domine cette vicieuse organisation, n'ose rien entreprendre, tant il est certain d'avance d'échouer. Il ne voit en perspective que des soins perdus et une déception inévitable. Il s'attend toujours à quelque malheur; il s'en alarme d'avance; il voit, comme on dit, tout en noir; et il souffre tout autant des situations fâcheuses que crée son imagination, que si elles avaient réellement lieu. Si en même temps la circonspection est très-prononcée, l'individu restera dans une inactivité presque complète, tant il sera persuadé qu'il n'aura jamais pris assez de précautions pour réussir.

L'espérance s'associe généralement avec toutes les autres facultés. Chacun de nos organes réprésentant un besoin qui demande à être satisfait, sent accroître son énergie par l'espérance d'y parvenir. C'est cet organe qui domine chez les hommes à projets, que vous entendez parler de leurs succès avec la même confiance que s'il s'agissait de faits déjà accomplis. C'est par suite de son incitation réunie à l'imagination, que se bâtissent les châteaux en Espagne. C'est à son influence, aidée de l'acquisivité, qu'obéissent les hommes d'affaires, les spéculateurs, les joueurs. L'espérance acquiert aussi une grande énergie, de son alliance avec la merveillosité. On ne se borne plus alors aux choses ordinaires de ce monde : Dieu ferait plutôt un miracle, que de nous laisser dans l'embarras ; il n'est pas d'événement, quelque extraordinaire, quelque impossible qu'il soit, que notre imagination malade ne fasse naître, pour nous porter à l'apogée de la fortune. Si vous avez connu quelqu'un qui ait eu la déplorable manie de mettre à la loterie, examinez sa tête vous y verrez très-développés, les organes de l'acquisivité, de l'espérance et du merveilleux. En voici un exemple. Lorsque, au lieu de l'acquisivité, c'est la vénération qui ajoute son action à celle du merveilleux et de l'espérance, l'individu est fortement porté aux idées religieuses, et il voit dans un monde meilleur, la juste récompense de ses actions ici-bas.

D'autres organes, au contraire, opposent leurs manifestations à celles de l'espérance. La circonspection nous apprend à ne pas trop nous laisser bercer par elle, et à n'agir qu'avec la plus grande prudence, même lorsque le succès nous semble certain. L'intelligence est aussi un puissant correctif de l'espérance, lorsque cet organe pèche par excès ou par défaut; parce qu'elle nous permet de juger sainement les chances heureuses ou défavorables dans une entreprise. C'est donc à ces deux facultés, à la dernière surtout, qu'on devra s'adresser pour diriger l'éducation d'un enfant, relativement à l'organe de l'espérance, qui peut offrir dans la vie des résultats utiles ou fâcheux, selon les limites dans lesquelles il s'exerce.

L'organe de l'espérance est très-grand sur cette tête d'un nommé Destainières, qui s'est ruiné à la loterie. La merveillosité et l'imagination sont aussi très-prononcées; la circonspection et l'intelligence sont faibles. L'espérance est très-saillante aussi chez Silvio Pellico, qui en a fait un plus noble usage dans sa longue et douloureuse détention, dont la naïve peinture nous a si fortement émus. Vous pouvez voir la même faculté très-développée sur la tête du poëte religieux Rolland, dont je vous ai déjà parlé. Les têtes de Napoléon, Foy, l'évêque Grégoire, l'abbé de Lamennais, M. de Lamartine, un nommé Parris, qui a abandonné la culture des mathématiques pour devenir missionnaire, se font remarquer par un grand développement de l'organe de l'espérance. Vous pouvez vous assurer que cette faculté manque au contraire sur toutes ces têtes de malfaiteurs, où tous les sentimens supérieurs sont déprimés.

Jusqu'ici, on n'a aucun fait qui puisse faire supposer cette faculté chez les animaux; aussi tous les phrénologistes s'accordent-ils à la leur refuser. Peut-être une observation plus soutenue obligera-t-elle à changer d'avis plus tard; mais aujourd'hui les faits manquent pour attribuer cet organe à la brute.

DIXIÈME LEÇON.

SUITE DES SENTIMENS.

Merveillosité. — Idéalité. — Gaîté. — Imitation.

18. MERVEILLOSITÉ.

MESSIEURS,

Nous devons à Spurzheim la découverte de cet organe, que Gall confondait à tort avec l'idéalité ou imagination. Il existe en effet des personnes d'une imagination fort vive, et qui cependant ne sont pas très-portées à croire aux choses surnaturelles ; tandis que d'autres au contraire admettent très-facilement tout ce qui est merveilleux, et n'ont qu'une imagination médiocre. Toutefois, ces deux facultés sont très-voisines, et ont une grande influence l'une sur l'autre. Vous voyez la position de la merveillosité sur la tête modèle, entre la vénération, l'espérance, la musique et l'idéalité. Lorsque cette faculté est très-développée, elle forme de chaque côté de la tête, des élévations que l'imagination des peuples, guidée par celle des artistes et des poëtes, a exagérées au point d'en faire des espèces de cornes, ou des rayons de gloire. C'est ce que vous pouvez vérifier sur les têtes de Bacchus, de Moïse, de Confucius et de plusieurs saints. Ce rapport des différentes histoires sacrées avec la Phrénologie, a quelque chose qui surprend d'abord, et qui montre combien étaient délicates les observations des artistes de l'antiquité.

Vous devinez facilement quelles sont les manifestations les plus ordinaires de la merveillosité. Cette faculté prédispose à croire à tout ce qui est surnaturel; aux miracles, aux sortiléges, aux revenans, aux démons, à la magie, aux fées, aux farfadets. C'est sous son influence que sont écrites les théogonies anciennes, les légendes des saints, les poëmes d'Homère, de Virgile, du Tasse, de Milton; les Mille et une Nuits. C'est elle qui domine chez ces individus qui s'étonnent de tout. Les événemens les plus ordinaires ont toujours pour eux quelque cause cachée et surnaturelle. Ils vivent dans une illusion continuelle qui leur plaît, parce qu'elle répond à un besoin de leur organisation encéphalique, et ils regardent comme malheureux les hommes positifs, sceptiques, qui ne veulent admettre que les choses qui leur paraissent démontrées. Ils ont une facilité extrême à tout croire : pour eux, l'histoire, les traditions ne contiennent que des vérités incontestables et dont il n'est pas permis de douter.

L'ignorance est un puissant auxiliaire de cet organe ; aussi voyons-nous que c'est dans les siècles les plus barbares, et chez les hommes les moins instruits qu'il joue le plus grand rôle. C'est faute de connaître les lois qui président aux divers phénomènes de la nature, qu'on les explique par quelque chose de merveilleux. Les éclipses sont occasionnées par des dragons malfaisants, ennemis des hommes ; qui veulent avaler le soleil ou la lune, pour nous priver de leur utile lumière ; et on cherche à effrayer ces monstres par un épouvantable charivari. Les comètes n'apparaissent que pour annoncer quelque malheur futur ; et on cite en preuves, celle qui précéda la mort de César, et celle de 1811, avant-coureur de la catastrophe qui anéantit la puissance d'un autre maître du monde. Alors, les miracles abondent, parce qu'il se trouve des esprits disposés à y croire. Mais, à mesure que l'homme s'éclaire ; à mesure surtout que les sciences positives se perfectionnent, toute cette fantasmagorie disparaît ou du moins perd beaucoup de son prestige. Aussi n'est-ce point chez les personnes qui s'occupent spécialement de ce genre d'études, qu'il faut s'attendre à une pareille croyance : le choix même des objets de leurs recherches, montre qu'elles ont peu de tendance au merveilleux. Volney raconte qu'il a connu un homme instruit et observateur, que les événemens de la révolution avaient réduit à chercher une ressource dans l'art un peu discrédité de tirer les cartes. Il donnait la bonne aventure, prédisant à tort et à travers, et étonnant quelquefois les personnes qui le consultaient, à qui il rapportait fidèlement leurs faits et gestes, quand il avait pu se procurer des informations suffisantes sur leur compte. Comme l'organe du merveilleux est assez saillant sur presque toutes les têtes, les pratiques affluaient, et les bénéfices étaient considérables. Cet habile sorcier avait remarqué que jamais un seul mathématicien, ou une seule personne s'occupant des sciences naturelles, n'avaient eu recours à son art.

Il faut observer cependant que ces études fortes ne détruisent point en nous le penchant au surnaturel, lorsqu'il est inné ; mais le diri-

gent. Tout en nous occupant de sciences positives, nous pouvons trouver un grand charme
à la lecture des Mille et une Nuits, des contes
des fées, et de tous les ouvrages d'imagination.
Sans leur accorder plus d'importance qu'ils n'en
ont réellement, nous nous plaisons à suivre l'auteur dans ses idées bizarres, et souvent l'ouvrage
nous attache d'autant plus, que les faits qu'il raconte sont plus invraisemblables. Comme je l'ai
déjà dit, tout besoin veut être satisfait; et tout
ce que pourra faire l'homme qui est né avec un
puissant organe du merveilleux, sera de le soumettre à son intelligence. Pour cela, il faut s'y
prendre de bonne heure. Il faut éviter scrupuleusement de raconter aux enfans des histoires
de loups-garoux, de revenans, qui ont le double
inconvénient de les rendre poltrons et de fausser
leur raison. Ce n'est aussi qu'avec une grande
réserve qu'on doit leur faire lire ce qu'on a appelé la Bibliothèque bleue : on ne doit leur présenter ces merveilles continuelles de fées et de
génies qu'avec prudence, et en leur montrant
que ce sont de simples jeux de l'esprit. Encore,
je doute qu'on parvienne à bien les persuader
de la fausseté de ces récits. Leur jeune imagination est si impressionnable ! On me dira peut-
être que, parvenus à un âge raisonnable, ils

sauront bien se défaire de toutes ces croyances.
C'est possible; mais ils en conserveront l'habitude de croire sans preuve, à moins qu'une éducation spéciale ne leur apprenne plus tard à tout
soumettre d'abord aux lumières de la raison.

C'est à une forte incitation de cet organe, que
nous devons les enthousiastes de tous les genres;
les fanatiques de bonne foi, les possédés, les il-
luminés, les martyrs. Cette faculté est nécessaire
au poëte, au peintre, au statuaire, au musicien,
qui s'occupent de sujets religieux : sans son inspiration, leurs œuvres seront froides, et ne répondront point à leurs sujets, quoiqu'elles puissent
présenter d'ailleurs de grandes beautés. Il faut
à l'artiste de la foi dans ce qu'il fait.

J'ai déjà eu l'occasion de dire que l'espérance
et la vénération sont de puissans auxiliaires de la
merveillosité. Parmi ses antagonistes, il faut placer la circonspection, qui tend à arrêter toute
manifestation trop vive d'une autre faculté, et
surtout l'intelligence, dont le rôle est de la diriger.

Un excès de merveillosité est un défaut. L'homme chez qui cet organe domine, admet sans examen tout ce qu'il y a de plus absurde, parce que
l'invraisemblance, l'impossibilité même ne sont
pas pour lui un motif de ne pas croire. Il devient

souvent la dupe des habiles qui veulent exploiter sa crédulité enthousiaste, car rien n'inspire l'enthousiasme comme cette faculté. Les individus ainsi organisés sont quelquefois dupes de leur propre imagination. Il existe des hommes de bonne foi, qui peuvent être instruits d'ailleurs, et qui admettent sans difficulté tous les rêves bizarres de leur imagination fantasque. Tel fut Hoffmann, l'auteur de contes aussi singuliers qu'attachants. Le démon, qui n'effraye plus de nos jours que les petits enfans et quelques bonnes femmes, avait pour lui une réalité terrible. Parfois, la nuit, il le voyait apparaître ; et alors, il réveillait sa femme, et, les larmes aux yeux, il la suppliait de veiller sur lui et de se mettre en prières, pour le soustraire aux attaques du malin esprit. Et cependant Hoffmann fut un homme d'un grand courage et d'une admirable résignation, dans lés douleurs et les afflictions réelles. Etant très-dangereusement malade, les médecins lui appliquèrent un fer rouge sur le trajet de la moëlle épinière, pour ranimer l'activité du système nerveux. Le patient, au moment où l'on venait de terminer cette douloureuse opération, demanda en souriant, à un de ses amis, *s'il ne sentait pas la chair rôtie !*

Il né faudrait donc point taxer légèrement

d'imposture tous ceux qui disent avoir vu des apparitions. Il peut arriver qu'une personne qui nous a été chère, et que nous avons eu le malheur de perdre, nous apparaisse dans un songe, nous parle; et si un événement aussi simple arrive à un individu qui est fortement porté à la merveillosité, en faut-il davantage pour qu'il soit la dupe de son organisation cérébrale? Il sera bon par conséquent d'habituer un enfant à soumettre ses croyances au contrôle de sa raison; ce qui ne consistera pas à nier toujours ce qui lui paraîtra invraisemblable; mais à ne l'admettre qu'avec la plus grande réserve.

L'absence de la merveillosité est une autre source d'erreurs, en nous empêchant d'ajouter foi à tout ce qui sort du cercle habituel de nos croyances. Nous sommes alors trop positifs, trop matériels : le magnifique spectacle de la nature n'a rien qui excite notre admiration; les belles actions ne nous touchent que médiocrement, et nos idées ne vont guère au-delà de ce que nous avons journellement sous les yeux. Il est important de corriger chez un enfant une organisation aussi défectueuse. Un des meilleurs moyens d'y parvenir, me paraît l'étude de l'histoire naturelle, où on rencontre à chaque pas tant de *merveilles*, sans courir le risque de s'égarer à la suite d'une imagination sans frein. Cette étude ne sera pas moins utile à l'enfant dont l'organe de la merveillosité est très-énergique ; car il y trouvera un aliment suffisant et raisonnable, capable de satisfaire ce besoin, sans avoir recours aux choses surnaturelles.

Nous devons à M. le docteur Leroi, la connaissance d'un fait pathologique très-intéressant, relatif à l'organe du merveilleux. « Un honnête ouvrier terrassier, nommé Allais, vivait à Saint-Germain, marié depuis quatorze ans, laborieux et probe. Allais, quoique habituellement taciturne, jouissait d'une excellente santé, et rendait sa famille heureuse ; toutefois, il était d'une susceptibilité extrême, d'un amour-propre très-irritable, et la plaisanterie la plus légère l'humiliait ou le blessait profondément. Dans les derniers jours de 1836, ses camarades l'avaient, en riant, appelé *mouchard* ; et depuis ce moment, il parut atteint d'un malaise assez grand, sans cependant causer d'inquiétude grave. Le lundi, 29 février, le docteur Fournier, qui lui avait donné quelques soins, alla chez lui. Allais lui-même vint lui ouvrir la porte ; il était vêtu de sa chemise seulement. Quel fut l'étonnement du docteur de voir, lorsqu'il pénétra dans cette chambre, le chien et le chat de cet homme, animaux qu'il aimait, étranglés et gisant sur le sol. Le médecin lui demanda la cause de cette violence étrange. — Il le fallait! — fut sa seule réponse. Il pénétra dans l'autre pièce ; mais alors un spectacle affreux le fit reculer d'effroi : la malheureuse femme d'Allais, à moitié renversée du lit sur le plancher, était sans vie ; l'insensé l'avait aussi étranglée. Aux cris, aux reproches du docteur, Allais répondit sans s'émouvoir : — Il le fallait bien, puisque c'était le diable qui voulait m'étrangler. — Et il se mit à réciter les litanies de la Sainte-Vierge.

« Allais était *démonomaniaque!* On apprit en effet par ses réponses que, dans la nuit du 28 au 29, il se réveilla suffoqué ; éprouvant un resserrement à la gorge, qui lui parut produit par le diable, il se jeta sur sa femme, s'imaginant que le diable avait pris cette forme, et l'infortunée fut victime de la lutte qui s'engagea entre eux ; il sacrifia ensuite son chien et son chat, toujours persuadé que le diable avait successivement pris ces formes, pour le combattre. »

Il fut transféré dans la maison d'arrêt de Versailles, où M. Leroi a pu examiner phrénologiquement l'organisation de ce furieux.

« Son aspect, dit ce médecin, a quelque chose de repoussant et de singulièrement caractéristique. Sa peau est pâle ; ses membres, robustes, quoique maigres ; ses yeux, petits et assez rapprochés de la racine du nez ; son regard, fixe et en-dessous ; ses pommettes, larges et saillantes ; son front, étroit et aplati sur les tempes ; sa tête élevée à son sommet, et large à l'endroit des oreilles ; tout son ensemble enfin, paraît appartenir à un démonomaniaque, ou à un de ces êtres destinés à commettre quelque grand acte de fanatisme religieux. Son examen phrénologique m'a donné les résultats suivans :

« Développement considérable des organes des sentimens de la *vénération* et du *merveilleux*, de celui de la *destruction*, de ceux de l'*amour-propre* et de l'*approbation*. Les autres organes sont peu développés, et ceux des facultés intellectuelles sont, pour le plus grand nombre, à leur minimum de développement.

« Telle est l'organisation de cet homme, explication vivante, si la doctrine de Gall est vraie, de sa conduite et de sa fureur. Blessé dans son *amour-propre* et dans sa *vanité* par des plaisanteries grossières, il est atteint de trouble, de malaise ; son cerveau s'irrite : il devient fou..... Quelle est sa folie ? Il a des visions ; il voit le démon et veut le combattre ; il tue sa femme, il étrangle ses animaux domestiques, puis il prie et

récite les litanies ; et les seuls organes actifs prédominans qui poussent cet homme, sans qu'aucune autre faculté, et surtout les facultés intellectuelles, puissent en neutraliser la fatale énergie, sont l'*amour-propre*, la *vanité*, l'*amour du
merveilleux*, la *vénération* et le *penchant destructeur*.

« Il y a donc ici une organisation vicieuse ;
aussi l'excitation, déterminée au cerveau par une
cause passagère, a-t-elle toujours continué d'a-
gir. Des facultés dont les organes sont à leur
summum de développement, s'étant trouvées
momentanément surexcitées, sont restées dans
cet état de surexcitation, ne pouvant trouver de
contrepoids dans la réaction impossible des autres facultés. »

Voici un second fait aussi curieux. Il y a quelque temps qu'on a présenté à la Société phrénologique de Paris, un savant commentateur des
livres sacrés, livré depuis vingt ans à la médi-
tation religieuse sur les miracles et autres mystères de la religion. Par suite de ses travaux opiniâtres, cet homme était tombé dans un commencement de paralysie ; et son médecin, dirigé
par la doctrine phrénologique, le guérit par des
émissions sanguines, faites à la base du crâne,
et par l'application de la glace sur le sommet de

la tête, sur les organes mêmes, de la persévérance et du merveilleux, dont l'action portée trop loin, avait causé la maladie. La conformation du crâne de ce savant est une confirmation nouvelle de la science de Gall.

On possède dans les collections phrénologiques un grand nombre de têtes où l'organe de la merveillosité est très-prédominant. Walter Scott, dont presque tous les romans présentent quelques faits surnaturels; Harris, ce mathématicien qui s'est fait prédicateur; le curé Charpentier, Casimir Périer, Benjamin Constant, le général Foy, Spurzheim. Mais chez ceux-ci, une haute intelligence était toujours un guide et un frein pour cette faculté, qui ne servait qu'à donner à leur langage une richesse d'expressions et une hardiesse de comparaisons qu'ils auraient vainement demandées à un autre organe. Voici deux têtes remarquables sous ce rapport, Demorlanes et Destainières.

Possédant en même temps l'organe de l'acquisivité, Demorlanes a choisi, parmi tous les moyens d'arriver à la fortune, celui qui était le plus en rapport avec son organisation. Il donnait des représentations fantasmagoriques, d'un effet magnifique, surprenant, mêlées de chant et de musique. Il y montrait les beautés du ciel

et de la terre, et s'y faisait voir lui-même dégui-
sé en génie, dans une habillement bizarre, res-
plendissant de diamans et de pierres précieuses.
Tout cela cependant ne put pas suffire à son
besoin du merveilleux. Il finit par s'adonner
complétement à la métaphysique, et se retira
dans la solitude, pour s'y livrer plus à loisir. Ses
facultés intellectuelles étant un peu faibles, il
tombe alors dans la divagation. Il croit à l'as-
trologie, à la chiromancie, à la nécromancie : il
meuble sa bibliothèque d'ouvrages sur ces futiles matières ; les astres, le soleil, la lune sont
suspendus dans son cabinet ; il se livre à la contemplation. Du reste, il est obligeant et de bonne foi, économe, fort rangé et incapable de
compromettre sa fortune.

Destainières n'est pas moins curieux. A la suite
de la mort de sa femme, ses idées se dérangent ;
mais d'une manière conforme à son organisation. Il reste quinze mois sans se coucher ; il aspire à des titres et à de hautes dignités dans la
magistrature. Vous pouvez voir sur sa tête le
grand développement de l'estime de soi, de l'approbativité, de la consciensiosité. Peu de circonspection, crédulité extrême, espérance et
grand désir d'avoir ; il rêve continuellement à
des trésors, à des récompenses qui l'attendent,

pour de grands services qu'il a rendus, pour des secrets importants qu'il a communiqués à des souverains. Il s'est ruiné à la loterie, espérant y faire sa fortune. Il se figura un jour que Napoléon était détenu chez le docteur Esquirol, pour cause d'aliénation mentale ; et il lui écrivit deux lettres, où il consigna des mots barbares, de son invention, qu'il lui enjoignait de prononcer pour sa guérison. Superstitieux à l'excès, il croit aux songes, aux apparitions, aux sylphes, aux gnomes, et vend des talismans à ceux qui veulent faire leur salut, et se préserver de tous maux.

Jetez à présent les yeux sur ces têtes de suppliciés, vous verrez que la merveillosité y manque presque entièrement, ainsi que tous les sentimens supérieurs ; ou si quelques-uns les présentent un peu développés, les organes inférieurs y sont si prédominans, qu'ils font taire leurs manifestations.

On refuse généralement cette faculté aux animaux : du moins on ne connaît aucun fait qui puisse la faire admettre chez eux.

19. Idéalité.

C'est Gall qui a découvert cet organe, auquel il avait donné le nom d'*organe de la poësie*, parce qu'il le croyait affecté uniquement à cette manifestation. Spurzheim ayant reconnu que son rôle est plus étendu, et qu'il répond mieux à ce qu'on appelle en général *imagination*, l'a désigné sous la dénomination aujourd'hui admise d'*idéalité*. M. Vimont croit cet organe double, et pense qu'il faudra le séparer en *sens du goût dans les arts* et en *esprit poëtique*. Cette manière de voir n'étant pas adoptée par les phrénologistes, nous continuerons à suivre l'opinion généralement reçue.

Les hommes chez qui ce penchant domine, ont une imagination très-vive, et possèdent ainsi un des élémens les plus nécessaires à la composition d'un roman, d'une pièce de théâtre, de la poësie en général. Aussi cet organe est très-saillant chez ceux qui se distinguent en ce genre: Walter Scott, MM. de Chateaubriand, de Lamartine, etc. M. le docteur Pellassy des Fayoles en a présenté dernièrement un exemple frappant à la Société phrénologique de Paris. Il s'agit d'un nommé Magu, tisserand, membre correspondant de l'Académie Ebroïcienne, qui se fait distinguer par son talent poëtique inné. M. le docteur Pellassy l'a moulé lui-même, et a fait hommage de ce modèle à la Société phrénologique.

Magu est âgé de cinquante ans : ses parens, qui étaient d'honnêtes marchands fort estimés, essuyèrent en 1788, des pertes considérables qui les forcèrent, après une ruine complète, de chercher un refuge dans le *Temple*, où leur fils naquit le 25 mars 1788, et resta enfermé pendant ses trois premières années. Le jeune Magu quitta Paris à sept ans, avec ses parens qui se fixèrent dans le village de Tancrou, près de Ly-sy-sur-Ourcq (Seine-et-Marne). Ce fut à l'école de ce village qu'il continua, pendant trois hivers seulement, à recevoir l'instruction primaire, si incomplète alors. Pendant l'été, le jeune Magu abandonnait l'école, comme la plupart de ses camarades, pour s'occuper, moyennant un chétif salaire, à ramasser les pierres et à extirper les chardons dans les champs.

D'autres travaux manuels, aussi peu poëtiques, occupèrent ainsi toute son enfance; puis il apprit l'état de tisserand. Dés lors, il consacra à la lecture tous ses momens de loisir. Familiarisé avec les privations de tout genre, il savait encore faire quelques économies, pour se procurer des livres. Son instinct le fit bouquiner parmi les Almanachs des Muses, et quelques autres recueils de pièces fugitives; il les lut avidement. Lafontaine devint bientôt son compagnon favori : il ne tarda pas à rechercher exclusivement la possession et la lecture assidue des poëtes français. Sa muse s'essaya d'abord sur divers sujets de circonstance, et dans toutes les occasions que pouvait lui offrir la vie champêtre.

Magu est père de famille, et comme la philogéniture et tous les sentimens affectueux sont très-développés chez lui, il sent la nécessité de ne se livrer à ses occupations favorites, que dans les rares momens de repos que lui laisse le soin impérieux de son entretien. C'est ce qu'il a exprimé dans la pièce de vers suivante, que je vous donne comme échantillon de son talent poétique.

A MA NAVETTE.

Cours devant moi, ma petite navette,
Passe, passe rapidement;
C'est toi qui nourris le poëte :
Aussi t'aime-t-il tendrement.

Confiant dans maintes promesses,
Eh quoi! j'ai pu te négliger;
Va, je te rendrai mes caresses,
Tu ne me verras plus changer.

Il le faut, je suspends ma lyre
A la barre de mon métier;
La raison succède au délire;
Je reviens à toi tout entier.

Quel plaisir l'étude nous donne!
Que ne puis-je suivre mes goûts!

Mes livres....... je vous adandonne,
Le temps fuit trop vite avec vous.

Assis sur la tendre verdure,
Quand revient la belle saison,
J'aimerais chanter la nature;
Mais puis-je quitter ma prison?

La nature....... livre sublime,
Le sage y puise le bonheur,
L'âme s'y retrempe et s'anime,
En s'élevant vers son auteur.

A l'astre qui fait tout renaître,
Il faut que je renonce encor;
Jamais à ma triste fenêtre
N'arrivent ses beaux rayons d'or.

Dans ce réduit tranquille et sombre,
Dans cet humide et froid caveau,
Je me résigne comme une ombre,
Qui ne peut quitter son tombeau.

Qui m'y soutient? C'est l'espérance;
C'est Dieu : je crois en sa bonté;
Tout fier de mon indépendance,
J'y retrouve encore la gaité.

Non, je ne maudis pas la vie,
Il peut venir des temps meilleurs :
Quelque peu de philosophie
M'en fait supporter les rigueurs.

Tendre amitié qui me console,
Ne viens-tu pas me visiter?
Mon cœur séduit par ta parole
A l'espoir ne peut renoncer.

Je me soumets à mon étoile.
Après l'orage, le beau temps....
Ces vers que j'écris sur ma toile
M'ont délassé quelques instans.

Mais vite reprenons l'ouvrage,
L'heure s'enfuit d'un vol léger.
Allons, j'ai promis d'être sage,
Aux vers il ne faut plus songer.

Cours devant moi, ma petite navette,
Passe, passe rapidement;
C'est toi qui nourris le poëte,
Aussi t'aime-t-il tendrement.

Les journaux annoncèrent, il y a quelque
temps, que M. le professeur Broussais était très-
dangereusement malade; cette nouvelle fut heureusement démentie; et, à cette occasion, Magu
adressa la pièce suivante à l'illustre médecin.

Le jour est reculé d'une si rude épreuve :
Du grand réformateur la France n'est pas veuve;
    Lui-même a démenti sa mort;
Tes disciples muets ont tremblé d'épouvante;
Mais tu leur rends l'espoir par ta voix rassurante;
    Pour les guider, tu vis encore.

Conduit par le flambeau qu'alluma ton génie,
Tu dédaignes les cris d'une secte ennemie,
    Qu'éblouissent tant de clartés.
Ton œil et ta raison ont brisé les obstacles;
Dans le sein de la mort tu puises tes oracles
    Et tes sublimes vérités.

Imitant le nocher qui brave la raffale,
Le scalpel à la main parcourant ce dédale,
   Où tant se sont perdus,
Ton système prévaut; l'obscure ontologie,
L'empyrisme effronté tombent sans énergie;
   Broussais, que d'honneurs te sont dus!

Et tu les obtiendras. Dans les deux hémisphères
Ta réforme a déjà répandu ses lumières,
   Brillantes d'un si vif éclat.
Tes ennemis vaincus abandonnent la lutte.
Il t'a fallu vingt ans pour opérer leur chute;
   Ta vie aussi fut un combat.

Ces citations me ramènent malgré moi au souvenir de mon pays natal, où fleurit un grand poëte, exerçant une profession modeste. Reboul est boulanger : me trouvant à Nîmes, il y a dix-huit mois, je me fis présenter à lui par un de mes parens. Outre que j'étais curieux de voir cet homme remarquable, je me rappelais avoir fait mes premières études au lycée de Nîmes, avec un jeune camarade de son nom; et il me tardait de savoir si c'était lui. Nous le trouvâmes au milieu de sa boutique, en face de son four entrouvert : je me hâtai de lui adresser ma question, et il me répondit qu'il n'avait jamais été dans aucun lycée ou collége; que toute son instruction, dans son enfance, s'était bornée au faible enseignement des écoles primaires. Depuis,

il a formé son goût par la lecture de nos bons
auteurs , et par l'exercice de la poësie, à laquelle
il se livre avec un brillant succès. Il a publié un
volume contenant quelques morceaux choisis,
que je recommande à toutes les personnes qui
aiment la belle littérature. Je ne puis résister au
désir de vous citer une de ces pièces.

L'ANGE ET L'ENFANT.

Un ange au radieux visage,
Penché sur le bord d'un berceau,
Semblait contempler son image,
Comme dans l'onde d'un ruisseau.

« Charmant enfant qui me ressemble,
« Disait-il, oh! viens avec moi!
« Viens, nous serons heureux ensemble,
« La terre est indigne de toi.

« Là, jamais entière allégresse;
« L'âme y souffre de ses plaisirs,
« Les cris de joie ont leur tristesse,
« Et les voluptés leurs soupirs.

« La crainte est de toutes les fêtes;
« Jamais un jour calme et serein
« Du choc ténébreux des tempêtes
« N'a garanti le lendemain.

« Eh quoi! les chagrins, les alarmes,
« Viendraient troubler ce front si pur?
« Et par l'amertume des larmes
« Se terniraient ces yeux d'azur?

« Non , non , dans les champs de l'espace
« Avec moi tu vas t'envoler ;
« La Providence te fait grâce
« Des jours que tu devais couler.

 « Que personne dans ta demeure
« N'obscurcisse ses vêtemens ;
« Qu'on accueille ta dernière heure
« Ainsi que tes premiers momens.

 « Que les fronts y soient sans nuage ,
« Que rien n'y révèle un tombeau ;
« Quand on est pur comme à ton âge ,
« Le dernier jour est le plus beau. »

 Et secouant ses blanches ailes ,
L'ange à ces mots a pris l'essor
Vers les demeures éternelles.....
Pauvre mère !... ton fils est mort !

En parlant de ces hommes privilégiés , à qui la nature a généreusement accordé un grand organe de la poësie et toutes les belles facultés qui concourent à former le grand écrivain, il serait impardonnable d'oublier notre poëte national, Béranger, dont l'instruction acquise dans les écoles, a été aussi à-peu-près nulle, et dont tout le monde sait par cœur quelques-unes des admirables chansons.

L'organe de l'idéalité est très-saillant, comme vous le voyez, sur ces têtes de Voltaire, de Rolland, de l'improvisateur italien Sestini, chez qui les plus hautes facultés de l'intelligence sont aussi développées d'une manière remarquable. Barthélemy Sestini, est né à Pistoja, ville qu'on suppose aussi avoir donné le jour à la célèbre improvisatrice Corinne. Dès sa plus tendre jeunesse, il fit pressentir son talent poëtique. Doué d'une âme élevée et d'une sensibilité profonde, impatient de l'opression qui pèse sur l'Italie, Sestini consacra ses chants à sa patrie, dont il déplorait les malheurs. « Déjà, dit un de ses biographes, on commençait à le signaler parmi les Italiens, comme un nouveau Tyrtée; mais Tyrtée, honoré jadis à Sparte, avait été de nos jours proscrit en Italie. Il chercha un asile en France, et fit admirer ses improvisations à Marseille et à Paris. En débutant, il se montrait aussi calme et aussi modeste, que d'autres paraissent audacieux et même téméraires; mais tout ce qu'il proférait, sortait naturellement du sujet qu'on lui avait donné. Il ne se permettait point de ces digressions, ou plutôt de ces excursions bizarres qu'on ne pardonne qu'en faveur de l'improvisation. Sestini, qu'on peut regarder comme un des plus heureux improvisateurs italiens, serait devenu sans doute un des meilleurs poëtes de l'Italie, si une mort prématurée ne fut venue le frapper. Il est mort à Paris, dans la fleur de

33

la jeunesse, d'une inflammation cérébrale, le 11 novembre 1822. »

L'idéalité se rencontre chez tous les grands écrivains, chez tous les hommes éloquens qui ne se contentent pas d'emprunter toutes leurs idées à la froide raison, mais qui cherchent encore à séduire leurs auditeurs ou leurs lecteurs par l'éclat de leurs images et le charme de leur style. On retrouve quelquefois cette tendance dans des ouvrages du genre le plus sérieux, où la vérité est souvent sacrifiée au besoin de briller, et au laisser-aller d'une imagination qui ne sait pas se borner. C'est là le principal défaut du roman historique, qu'on regrette de rencontrer parfois aussi dans des historiens, et dont Buffon n'a pas assez su se défendre. Le paganisme était né sous l'influence de l'imagination la plus féconde et la plus vive. Tous les phénomènes de la nature y étaient personnifiés et représentés par les plus ingénieuses allégories ; et depuis dix-huit siècles que toutes ces fables sont bannies de nos croyances, nos artistes et nos poëtes n'ont encore rien trouvé de mieux que ces précieux souvenirs des rêves de l'antiquité, dont ils font continuellement usage dans leurs œuvres.

Voici la tête de Lamarque, où cet organe est très-saillant. On sait que cet orateur relevait parfois sa puissante parole par les images les plus pittoresques et les plus vives. Dans un discours où il parle de la révolution qui menace le royaume de Naples, il s'écrie : le Vésuve n'est pas le seul volcan qui fume en Italie. Lorsque, après la révolution de 1830, il lui semble que le gouvernement ne fait pas assez respecter le pays au dehors et que l'honneur national est compromis, à laisser opprimer la Pologne et les États Romains, on l'entend répondre à ceux qui ne veulent que la paix et le repos à tout prix : — La France fait une halte dans la boue. — Frappé mortellement par l'horrible fléau qui décima la population de Paris, il s'éteignait dans une souffrante agonie, lorsqu'on lui présenta le compte-rendu des députés de l'opposition. Il signa *Lamarque mourant;* protestation éloquente en faveur des principes qu'il avait soutenus avec tant de conscience et de courage.

Tout le monde connaît, de réputation au moins, le célèbre compositeur, M. Paër. M. le docteur Fossati se trouvant un jour à dîner avec lui, dans une maison où la conversation était tombée sur la Phrénologie, le médecin fut prié d'examiner la tête de l'artiste. M. Fossati connaissait trop bien les circonstances principales de la vie de M. Paër, et ses plus forts penchans, pour s'arrêter à expliquer les organes que les assistans lui supposaient déjà ; mais il ignorait qu'il fût poëte. En rencontrant donc l'organe de l'idéalité très-prononcé, il se borna à lui demander s'il aimait à faire des vers. Surpris de cette demande, M. Paër assura que, dans les différentes époques de sa vie, il avait toujours fait des vers pour son délassement ; qu'étant à Vienne, dans sa jeunesse, et se trouvant avec une des plus célèbres improvisatrices d'Italie, qui avait connu ses dispositions, elle l'avait beaucoup engagé à cultiver son talent poëtique ; mais que son goût pour la musique l'avait emporté. Il ajouta encore que, se trouvant en Auvergne, en 1829, avec Louis-Philippe, alors duc d'Orléans, et voulant essayer de composer, il ne put jamais tirer de son cerveau une idée musicale ; mais qu'au contraire, ce n'étaient que des vers qui lui venaient à la pensée, et qu'il en fit un grand nombre. Le site, qui ressemble à celui de son pays natal, avait probablement contribué à reveiller l'activité de l'organe de la poësie.

L'idéalité peut se rencontrer quelquefois chez un individu avec un trop grand degré d'énergie. Ce sentiment devient alors une grande cause d'erreur. S'il n'est pas soumis à une intelligence bien développée, s'il ne trouve pas un frein sa-

lutaire dans une éducation convenablement dirigée, il nous berce d'illusions, nous trompe sur
la vraie valeur des choses, nous expose à porter
des jugemens faux et nous pousse souvent à des
actes extravagans. Nous sommes presque toujours en dehors de la réalité, surtout lorsque la
merveillosité, l'espérance et la vénération viennent ajouter une action énergique à celle de l'i-
déalité. L'économie animale souffre beaucoup de
ce vice d'organisation ; le système nerveux en
devient irritable à l'excès ; les fonctions organiques se troublent, sous l'influence de la moindre impression, et les maladies nerveuses et celles du cœur sont le triste apanage de ces sortes
de constitutions.

Un défaut complet d'imagination entraîne des
inconvéniens d'une autre espèce. Nous nous ar-
rêtons aux impressions reçues ; nous ne savons
pas aller au-delà, travailler sur elles, les modifier, les multiplier, les associer, les combiner
de manière à en déduire quelque conséquence
générale. Alors, nous ne nous attachons qu'aux
premières nécessités de la vie ; nous n'avons aucun désir d'amélioration ou de progrès ; point
d'enthousiasme pour les beaux sentimens, les
grandes idées. Dans l'éducation d'un enfant, on
devra s'efforcer de le mettre à l'abri de ces deux

extrêmes. Les moyens à employer seront, à peu de chose près, les mêmes que pour redresser l'organe de la merveillosité.

Quelques organes ajoutent leur action à celle de l'idéalité. Ce sont le merveilleux, la vénération, l'espérance, les sentimens affectueux, la destructivité, origine de la colère; car, comme dit le poëte :

La colère suffit et vaut un Apollon.

D'autres lui sont opposés : ce sont la circonspection, qui semble destinée à mettre un frein à toutes les facultés; et surtout la raison, qui ne permet pas à notre imagination de sortir des limites du vraisemblable. L'orgueil, la fierté, poussés à l'excès, arrêtent souvent l'imagination d'un poëte ou d'un artiste, qui craint d'affronter la critique d'un public sévère.

On refuse généralement l'imagination aux animaux. Il faut convenir qu'à cet égard, les observations sont très-difficiles, et le plus prudent me semble de s'abstenir.

20 Gaité.

Afin de donner une juste idée de cette faculté, Gall, qui l'a découverte, n'a pas trouvé de meilleure méthode que de la présenter comme le

caractère intellectuel prédominant de Rabelais,
Cervantes, Boileau, Racine, Molière, Swift,
Sterne et Voltaire. C'est une tendance à considérer les objets sous leur jour le plus gai; c'est
cet organe qui porte à la causticité, qui inspire
les bons mots; ce qui l'a fait désigner aussi sous
le nom d'esprit de saillie. Allié aux instincts de
la combativité et de la destructivité, il porte
à la satire. Vous avez alors ces individus qui
n'épargnent personne, qui sacrifient le premier
venu au plaisir de faire entendre une parole pi-
quante,

Et qui pour un bon mot, *vont* perdre vingt amis.

Cette organisation est aussi la base du talent
pour les épigrammes, qui ne sont dans le fait,
que de petites satires. C'est sous son influence
que sont écrits nos petits journaux, et quelquefois ceux qui sont plus sérieux; elle est très-prononcée chez MM. Philippon, Dantan, Grandville
et tous les auteurs de caricatures.

En voici un exemple frappant sur la tête de
Voltaire. Cet homme a ri de tout. Religion, politique, philosophie, sciences, rien n'a échappé
à son incisive plaisanterie. Et chez une nation
comme la nôtre, où l'organe dont nous parlons
est très-saillant, et où par conséquent le ridicule

est l'arme la plus terrible, on devine quelles auront été les conséquences de pareilles attaques, et quelle a dû être l'influence prodigieuse d'un aussi spirituel écrivain, sur l'opinion publique. Ce génie extraordinaire sait, quand il le veut, faire usage d'une logique sévère et serrée, toujours au service de sa raison puissante; mais souvent, il ne traite les questions les plus sérieuses qu'à l'égal des plus bouffonnes plaisanteries, et ce n'est pas alors qu'il agit avec le moins de force sur l'esprit du plus grand nombre de ses lecteurs.

Bien des personnes se figurent que les hommes qui s'occupent d'études abstraites doivent toujours être fort sérieux, et s'effaroucher de tous les traits d'esprit. C'est une erreur; souvent la gaîté s'allie avec le goût des sciences les plus ardues. On peut aimer à rire, quoique mathématicien, et on rencontre parfois des savans fort gais, hors de leurs cabinets. N'oublions pas que les *Lettres persannes* sont de l'auteur de l'*Esprit des Lois*. Gall possédait aussi l'organe de la gaîté, et il en a donné plusieurs preuves. Combien de fois ne l'a-t-on pas vu rire des plaisanteries que certains journaux lançaient contre sa doctrine. Il avait vécu quelque temps à Berlin avec le célèbre Kotzebue. Le poëte profita de l'occasion pour apprendre de lui les mots techniques de sa doctrine, et pour connaître les idées et les principes qui pouvaient prêter le plus au ridicule. Il composa alors, sous le titre de *la Cránomanie*, une pièce qui fut immédiatement jouée sur le théâtre de Berlin. Gall assista à la première représentation, et rit du meilleur cœur, avec tout le monde.

Les principaux auxiliaires de cette faculté sont l'imitation, qui nous fait copier les ridicules; l'idéalité, qui nous aide à les amplifier; la destructivité, qui nous pousse à mystifier les autres, à les poursuivre d'amers sarcasmes. Ses antagonistes sont la circonspection, qui nous apprend à nous tenir sur nos gardes, et à ne pas nous laisser aller à une trop mordante satire; la bienveillance qui s'oppose à la causticité, et ne permet que des plaisanteries innocentes, qui ne peuvent blesser personne. Alors les manifestations de l'organe de la gaîté n'ont rien de répréhensible; mais il n'en est pas de même dans le cas contraire; et si on voyait des enfans trop enclins à ce défaut, toujours disposés à se moquer des autres; ce à quoi ils sont assez généralement sujets, à cause du grand développement de l'imitation qu'on remarque le plus souvent chez eux, il ne faudrait rien négliger pour les en corriger. Le meilleur sera de faire alors un

appel aux facultés intellectuelles et aux sentimens affectueux.

On rencontre quelquefois des hommes chez
qui l'organe de la gaîté est très-saillant et qui
cependant sont loin d'avoir un caractère jovial,
ou qu'on parvient difficilement à faire rire. Il
est bon alors d'examiner ces hommes de près,
afin de découvrir la cause de cette anomalie. On
a cité dans ce genre J.-J. Rousseau ; mais on sait
que cet habile écrivain avait été fort gai dans sa
jeunesse, et que l'âge et le malheur vinrent arrêter cette heureuse disposition. D'ailleurs Rousseau a fait preuve quelquefois d'un grand talent
pour la plaisanterie : c'est ce qu'on peut voir dans
plusieurs de ses lettres, et notamment dans celle
qu'il adressa à M. de Beaumont, archevêque de
Paris, en réponse au mandement que ce prélat
avait fulminé contre l'*Emile*. Il est des individus
qui, sous l'influence d'une grande circonspection, peuvent dire les choses les plus bouffonnes,
sans rire, et leur sang-froid ne fait que donner
plus de sel à leurs discours. C'est là un grand talent pour un acteur comique : on peut citer
comme des modèles en ce genre, Arnal du Vau-
deville et Debureau des Funambules, qui ont le
pouvoir de demeurer impassibles au milieu des
éclats de rire bruyans de tous les spectateurs.

L'âge, la santé, la position sociale de l'individu ont une grande influence sur l'organe de la gaîté. L'enfant qui, dans son heureuse insouciance, ne s'occupe point de l'avenir, et ne songe qu'à profiter du présent; l'homme qui jouit d'une excellente santé, et dont les affaires sont dans une situation favorable, qui n'a aucun motif de se chagriner, se livreront sans réserve aux douces impulsions de cette faculté, s'ils la possèdent. Tandis que ceux qui souffrent d'une douleur morale ou physique, trouveront dans la triste réalité de leur position un frein souvent très-puissant aux incitations de la gaîté. Cependant, cet organe peut être quelquefois tellement saillant, qu'il l'emporte encore dans ces fâcheuses situations. On sait que Scarron, le grotesque auteur du *Roman comique* et de l'*Énéide travestie*, était cul-de-jatte, et a passé la plus grande partie de sa vie dans les plus horribles souffrances. Tout le monde connaît ce mot plaisant de l'abbé Maury, qui lui sauva la vie, en désarmant tout-à-coup l'émente, au moment le plus terrible de nos discordes civiles. Le peuple le poursuivait en criant *à la lanterne! à la lanterne!* L'abbé Maury se retourne: *et quand vous m'aurez mis à la lanterne*, dit-il, *en verrez-vous plus clair?* Il n'en fallut pas davantage, pour

faire succéder à la rage, le rire et les applaudissemens de la multitude.

Voilà le peuple français, toujours avide de
traits d'esprits, et chez qui les heureuses répar-
ties abondent. Rien ne soutient autant nos soldats dans leurs fatigues que l'organe de la gaîté,
que la nature nous a fort généreusement dépar-
ti. Au milieu des marches les plus pénibles, des
privations les plus cruelles, il suffit d'un bon
mot ou d'un calembourg, pour rendre tout son
courage à une armée. Notre histoire militaire
est pleine de traits de ce genre, que je crois inutile de rappeler ici. Nous retrouvons la même
tendance dans notre histoire politique : lorsque
nous sommes impuissans à nous venger de ceux
qui nous oppriment, nous les chantons. C'est
une consolation qui a son charme pour nous.

M. Broussais pense que l'organe de la gaîté
appartient aussi aux animaux. Ce savant phrénologiste fait observer que les jeunes chiens,
les jeunes chats aiment beaucoup à jouer entre
eux. Ils se poursuivent, se cachent, se guettent,
se surprennent, feignent de la colère, s'attaquent; et il est impossible de ne pas voir dans
toutes ces actions, un jeu, c'est-à-dire une impulsion vers la plaisanterie. Beaucoup d'autres
jeunes animaux semblent présenter un sembla-

ble instinct de la gaîté, quoique peut-être à un moins haut degré; et ces actions paraissent suffire pour leur accorder l'organe.

21. IMITATION.

Gall fut prié un jour, par un de ses amis, d'examiner sa tête, sur laquelle se trouvait une partie très-développée. Le célèbre physiologiste trouva effectivement une élévation considérable, à la région supérieure antérieure, des deux côtés de l'organe de la bienveillance. Cet individu ayant un talent particulier pour l'imitation, Gall soupçona que cette faculté pourrait bien être une conséquence de cet organe. Afin de vérifier cette opinion, il se rendit aussitôt à l'institution des sourds-muets, pour examiner la tête d'un élève appelé Castaigner, qui, six semaines auparavant avait, été reçu dans l'établissement, et avait excité l'attention par son étonnant talent pour la mimique : il trouva sur lui la même configuration. Des observations nombreuses étant venues plus tard corroborer celles-là, Gall admit définitivement un organe de l'imitation ou de la mimique.

Cet organe est ordinairement très-développé chez les enfans, et on sait avec quelle facilité ils copient les gestes, les attitudes, le ton de voix, les expressions des personnes qu'ils voient. Il est pour eux un puissant moyen d'éducation, et c'est pour cela probablement que la nature s'est hâtée de le développer. Mais il est essentiel que l'imitation soit guidée par l'intelligence, autrement l'enfant ne saura pas choisir entre les bons et les mauvais modèles. On sent toute l'importance de l'aider dans ce choix. Cette faculté perd de sa prédominance avec l'âge; cependant quelques hommes la conservent très-saillante toute leur vie. A la facilité de reproduire par la parole, les impressions qu'on veut faire passer dans l'âme de ses auditeurs, se joint alors une gesticulation animée, qui est une seconde manière de dire simultanément la même chose; c'est une traduction du langage en faveur des yeux. Plus l'activité nerveuse est considérable, plus cette faculté d'imitation est prononcée. Elle augmente en général, à mesure qu'on s'avance du Nord dans le Midi. Il est curieux de comparer sous ce rapport le phlegme du Hollandais à la pétulance de l'Italien.

Les auxiliaires de cette faculté sont l'idéalité, la gaîté et la secrétivité. Ces quatre organes réunis sont nécessaires à un bon acteur. La sécrétivité et l'imitation se rencontrent aussi chez les hypocrites, qui ont le talent de cacher leur véritable caractère, pour prendre un rôle qui convient à leurs projets. La combativité et la destructivité peuvent lui donner une impulsion mauvaise, tandis que l'intelligence, la consciencosité et les sentimens affectueux, l'empêchent de dépasser un badinage innocent, et ne lui permettent pas d'être utile autrement que par des moyens honorables.

On accuse les personnes qui manquent de cet organe, d'avoir l'air trop grave, pédantesque, monotone, sans expression. Le Nord présente beaucoup d'organisations de ce genre. Vous avez alors ces figures impassibles, sans mouvement, sans vie : on dirait de véritables statues. Le caractère et le langage se ressentent aussi de cette monotonie, qui est due en même temps à une faible excitation nerveuse, et qui semble l'apanage particulier des tempéramens lymphatiques.

Les exemples de têtes où l'organe de la mimique est bien développé ne sont pas rares. L'observation a montré que tous les acteurs célèbres sont dans ce cas. Voici Debureau, le paillasse des Funambules, qui le possède à un très-haut degré, ainsi que les facultés intellectuelles, la gaîté, la secrétivité, le besoin de l'approbation. En un mot, c'est une belle tête que celle-là.

Ce fut à Vewkolin, en Bohème, que Jean-

Gaspard Debureau naquit, le 31 juillet 1796. Chétif enfant d'un pauvre soldat, la misère entoura son berceau. Il avait huit ans, lorsque son père reçut d'Amiens une lettre qui lui donnait la nouvelle d'un héritage. Pour recueillir cette succession, il fallait faire une longue route : comment l'entreprendre sans ressources, sans le moindre pécule ? Debureau avait communauté de sang avec deux frères et deux sœurs. Pauvres enfans, pour subvenir aux frais du voyage, ils font dans toutes les villes où ils passent, depuis Vewkolin jusqu'à Amiens, *les grands écarts*, *le monde renversé*, et mille tours de force et d'adresse plus surprenans les uns que les autres. Le pauvre Gaspard était d'une maladresse peu commune dans tout ce qu'il essayait de faire ; son père n'en pouvant tirer aucun parti, l'avait constitué le farceur, le paillasse de la troupe, chargé de faire valoir les talens de ses frères et sœurs. Un beau matin, après avoir ainsi cheminé, toute la famille poussa une exclamation de bonheur ; ils venaient de découvrir les clochers d'Amiens. Mais combien les félicités humaines sont de courte durée ! Cet héritage si magnifiquement rêvé se résumait en une misérable bicoque et quelques arpens de terre. Le tout fut bientôt dévoré, grâce à l'appétit des com-

mensaux du logis. Ce fut vers Constantinople
que se dirigea cette fois la famille nomade. Le
chétif patrimoine vendu, il fallut se remettre à
travailler sur nouveaux frais ; et ce furent la
corde raide et le fil-d'archal qui frayèrent à la
pauvre famille, une route jusqu'au-delà des Dar-
danelles.

Quand la famille fut lasse de voyager dans le
Levant, elle retourna en France. Un jour, toute
la troupe débarqua au faubourg du Temple, et
s'installa dans la cour Saint-Maur, où un théâtre des auteurs, danseurs de corde, équilibristes,
etc., fut érigé. Toutes les sommités artistiques
de la corde tendue vinrent unir leurs talens à
ceux de la famille Debureau, qui se trouva à
l'apogée de sa gloire. Mais la mort étant venue
surprendre le chef de la famille, le schisme se
mit entre ses différens membres. Ce fut alors
que Gaspard entra dans la troupe des Funambules. Pauvre Gaspard ! Sous la férule paternelle,
il n'avait jamais osé être lui ; et pourtant il se
sentait capable de créer un genre qui a fait sa
réputation. Au lieu d'imiter ses grotesques prédécesseurs, il se contenta de jeter du blanc sur
sa figure ; mais ce masque et l'apparence de gau-
cherie que lui donnait sa timidité, joints à l'expression muette de sa physionomie et à son air

sérieux, parurent tellement plaisans aux spectateurs, qu'il fut accueilli par un élan spontané d'hilarité. Le cœur de notre artiste se gonfla de joie; il avait été compris. Depuis ce jour, Debureau ne fit qu'ajouter à sa gloire par de nombreux et réels succès. Debureau est un véritable et excellent acteur comique. Dans sa carrière dramatique, il a reçu les encouragemens d'artistes distingués; pour lui, et à cause de lui seulement, le théâtre des Funambules a été visité par nos célébrités dramatiques et littéraires : des artistes, des savants; MM. Picard, Gérard, Redouté, Fontaine, Charles Nodier, Jules Janin, etc., Mmes Mars, Paradol, Dorval, ont applaudi le jeu inimitable de cet excellent mime.

L'organe de la mimique est très-saillant aussi chez Fleury, de la Comédie française, et on va juger, par ce passage de ses mémoires, si le talent de ce célèbre acteur a failli à son organisation cérébrale.

« Un malheur arriva à l'une des plus habiles interprètes de Thalie : Mademoiselle Mars, en faisant une promenade en voiture, versa, et on craignit pour elle un accident grave. L'alarme fut au camp; le médecin le plus distingué et le plus savant fut envoyé par l'empereur à notre

camarade : le célèbre M. Desgenettes se rendit
bientôt auprès de l'actrice renommée.

« Déjà Talma était accouru auprès de la malade ; je m'y trouvais aussi, et nous attendions,
avec toute l'inquiétude de l'amitié, l'arrivée du
dieu sauveur : il parut. Il vit Mademoiselle Mars,
lui parla, la rassura, donna quelques prescrip-
tions de médecine, et après avoir rempli à merveille son rôle de docteur, il reprit celui d'homme aimable, qu'il entend à merveille aussi. Je
remarquai dans sa tenue, dans sa manière de
porter la parole, dans son coup-d'œil si spirituel, et dans son langage si animé et si heureusement original, quelque chose qui me frappa ;
ce contraste subit d'ailleurs, entre le médecin
de tout à l'heure et l'homme de cour d'à présent,
me resta dans la mémoire, de façon que M. le
baron Desgenettes m'appartenait désormais : je
le mis avec mes croquis de choix.

« L'occasion ne tarda pas de montrer mon savoir-faire, et un jour de réunion chez M. le comte Daru, on parla de l'accident de Mlle Mars ;
tout naturellement, Talma en vint aux louanges
de M. Desgenettes ; je ne manquai pas de faire
écho, et je racontai l'aimable conversation du
docteur ; mais, *à mon insu, ma faculté imita-
trice me revint*, et il paraît que je me mis telle-

ment dans mon sujet, que tout le monde s'é-
cria : — Venez donc entendre Fleury !.... C'est
M. Desgenettes ! — J'avoue que je ne songeais
nullement à pousser si avant l'art du narrateur.
Par entraînement sans doute, *j'avais trouvé le
ton, l'allure et pour ainsi dire l'enveloppe du docteur.* Talma m'avertit ; dès-lors, je cessai ; mais
l'attention avait été éveillée, surtout celle des
dames, et il me fallut être grand médecin une
partie de la soirée ; je ne pouvais qu'y gagner...
je me soumis.

« A quelques jours de là, le comte Daru raconta à mon modèle ce qui s'était passé à la soirée,
et il lui fit l'éloge complet de sa copie. — C'est
que je ne sais, lui disait-il, si Fleury n'est pas
plus ressemblant que vous-même ; vous avez une
telle vivacité, un tel impétueux dans le monde ;
une telle gravité, une telle noblesse à votre poste, que vous n'êtes vous que par nuance ; Fleury a fait un ensemble parfait de cela. Venez le
voir, ou plutôt venez vous voir : nous l'aurons
ce soir.

« Je me trouvai donc de nouveau chez M. Daru, et qu'on juge de mon étonnement, lorsque
M. le baron Desgenettes vint lui-même me prier,
en riant, de vouloir bien le remplacer pour un
instant auprès de la compagnie, en me faisant lui.

Il mit une instance si polie à cette invitation ,
que je le priai de vouloir bien s'asseoir pour examiner si je m'acquittais comme il faut de sa pro-
curation.

« Devant mon modèle, j'eus d'abord quelque
timidité; mais bientôt je m'échauffai; j'allai sa-
luant à gauche et à droite comme le docteur,
touchant la garde de mon épée à sa manière; j'a-
vais en mémoire quelques-uns de ces mots heureux qu'on citait de lui , je les enchâssai aussi à
propos que je pus; enfin m'approchant d'une
dame, et me souvenant de ma première entrevue avec le docteur, chez Mlle Mars, je refis une
partie de la scène de consultation; puis, prenant
congé, je dis adieu à Talma et saluai Fleury. Un
applaudissement général partit.

« M. Desgenettes enchanté vint à moi. — Comment avez-vous fait pour m'imiter ainsi? Me dit-
il en souriant; c'est qu'en vérité vous êtes plus
sûr de votre exécution que moi de la mienne.
Comment avez-vous fait? — M. le baron, le
sais-je moi-même ! répondis-je. Demandez plutôt
pourquoi je suis artiste. »

L'organe de l'imitation est aussi nécessaire au
peintre de portraits, et se retrouve chez tous
ceux qui se distinguent en ce genre. Il est très-
développé sur cette tête du jeune Corner, que je

vous ai déjà signalé pour son talent remarquable à découper des silhouettes.

Il est certain que plusieurs animaux possèdent l'organe de l'imitation. Les singes surtout en sont doués à un très-haut degré. Il est fort aussi chez plusieurs oiseaux et chez quelques quadrupèdes. Parmi les oiseaux, on peut citer particulièrement le perroquet, la pie, le corbeau, le merle, le geai, etc.

ONZIÈME LEÇON.

FACULTÉS INTELLECTUELLES.

Individualité. — Configuration. — Étendue. — Pesanteur. — Coloris. — Localité. — Calcul.

Messieurs,

Ce qui distingue surtout l'homme de la brute; ce qui ne permet jamais de le confondre avec elle; ce qui en a fait le roi des animaux, et le chef-d'œuvre de la création, ce sont les admirables facultés de l'intelligence, dont la généreuse Providence l'a seul doué, et dont elle n'a donné que les germes aux classes qui marchent immédiatement après lui. Si on ne veut comparer les êtres vivans que dans ce qui regarde la vie et les facultés purement animales, il faut convenir que l'avantage n'est pas toujours de notre côté. Nous n'avons ni le nez délicat du chien, ni la vue perçante de l'oiseau de proie, ni l'ouïe fine du lièvre. Ce n'est pas l'homme dont les muscles sont les plus forts; les nerfs, les plus robustes; la vie, la plus longue et la plus exempte d'infirmités. Il n'a ni la taille colossale de l'éléphant, ni l'agile vélocité du cerf; il ne peut ni s'élever dans les airs, comme l'oiseau; ni vivre dans deux élémens comme l'amphibie. La nature ne l'a pas armé comme le lion, ni vêtu comme tout le reste de la création animée. En présence des fauves et des élémens, lui seul demeure nud et sans défense.

Et cependant, d'un pôle à l'autre, c'est l'homme qui règne sur la terre, dont tout le reste de la création essaye vainement de lui disputer l'empire. A l'exception des animaux qu'il a su façonner à la passive obéissance des esclaves, et dont il tire sa nourriture, ses vêtemens, et un utile secours dans ses travaux, tous les autres disparaissent peu-à-peu des lieux que l'homme prétend occuper lui-même. A quelques rares exceptions près, ce n'est plus que dans les déserts et les pays les plus sauvages, qu'il faut chercher ces bêtes féroces, qui ont autrefois désolé nos climats, comme nous l'attestent l'histoire et les débris d'ossemens qu'on découvre dans des fouilles. Il n'est pas jusqu'à la nature inanimée qui n'obéisse à l'homme, et qui n'éprouve les modifications les plus profondes, sous l'influence de son travail et de sa volonté. Par suite d'une cul-

ture savamment ménagée, des fruits naturellement rabougris et acerbes deviennent beaux et
savoureux ; les fleurs acquièrent plus de volume
et plus d'éclat ; des contrées stériles se convertissent en champs fertiles ; des marais infects se
changent en terres arables ; et, grâce au nouvel
aspect de la surface de la terre, les hivers sont
moins rigoureux, les étés moins brûlans, l'atmos-
phère plus salubre.

Cette puissance immense de l'homme, qui recule tous les jours les bornes du possible, réside
en entier dans son intelligence. C'est le triomphe
de la pensée sur la force brutale, de l'esprit sur la
matière inerte. Cette tendance se remarque dans
toutes les sociétés : ce n'est pas aux hommes les
plus robustes, ou de plus grande stature, qu'on
désire voir confier les affaires de l'État, mais à
ceux qui se distinguent par les plus hautes facultés intellectuelles. Jusque dans les simples
réunions, ce n'est point la force physique, mais
l'esprit qui classe les individus. Chez les sauvages même, où la vigueur du corps passe avec
juste raison pour une qualité précieuse, le plus
rusé, le plus habile est celui qu'on vénère le plus.
Lorsque, après la mort d'Achille, l'armée grec-
que veut décorer le plus digne, du don glorieux
des armes de ce héros, c'est le prudent Ulysse

qui l'emporte sur l'impétueux Ajax. C'est que l'homme étant créé avant tout pour le noble exercice de la pensée, ceux-là semblent être plus hommes que les autres, dont l'intelligence est supérieure.

Mais de tous les usages qu'on peut faire de sa raison, le plus beau, est de l'employer à vaincre ses propres passions. L'intellect est un frein salutaire donné par la Providence aux grossiers appétits des instincts inférieurs. Sans ce modérateur nécessaire, nous nous abandonnerions, comme la brute, à toute la fougue impétueuse des plus basses passions. Je vous ai déjà montré plusieurs fois, sur des têtes de suppliciés, les déplorables résultats d'une organisation où la partie instinctive prédomine, et n'est pas contrebalancée par des organes intellectuels qui se trouvent trop faibles, et à qui une éducation convenable n'a pas donné le degré d'excitation ou d'énergie nécessaire. Faisons donc tous nos efforts, dans nos soins à donner à un enfant, pour l'habituer à n'agir jamais que sous l'impulsion salutaire de sa raison.

Nous avons vu, dès le commencement de ce cours, que les divers animaux sont loin de présenter tous la même complication dans leur organisme. Les plus bas placés dans l'échelle zoologique sont d'une simplicité extrême, qui disparaît et s'efface davantage, à mesure qu'on s'élève plus haut dans cette série. Avec une organisation plus complexe, les besoins sont plus nombreux; et dans son attentive prévoyance, la nature a donné à chaque être vivant une intelligence en rapport avec ses besoins. Aussi, la voyons-nous se développer, depuis l'animal dont le cerveau est le plus étroit, jusqu'à l'homme qui est l'être intelligent par excellence. Je ne sache pas de naturaliste qui n'admette que le cerveau est l'organe matériel de l'intellect ; seulement ceux qui repoussent les doctrines de Gall, prétendent que la masse entière de l'encéphale est destinée à ce noble emploi.

Mais cette opinion est-elle soutenable? Est-il vrai que les têtes les plus grosses soient toujours les plus intelligentes? L'expérience journalière ne prouve-t-elle pas le contraire? Voyez combien ces crânes de Caraïbe et de Nouveau-Hollandais l'emportent en volume sur celui de cet Indou. Et cependant on connaît toute la féroce stupidité des premiers et les facultés bien plus heureuses de l'habitant des bords du Gange. Pour le phrénologiste la cause de cette différence est saillante et réside dans la déplorable dépression du front sur les deux premières têtes, tandis que l'autre s'élève avec un développement convenable.

Ne pouvant plus attribuer l'intelligence au volume total de l'encéphale, parce que le néant de cette opinion était par trop évident, les anti-phrénologistes ont prétendu qu'elle tenait au nombre plus ou moins grand d'anfractuosités qu'on trouve sur le cerveau. Mais quels faits peuvent-ils citer en faveur de cette hypothèse? A-t-on prouvé qu'un cerveau peut présenter un plus grand nombre de circonvolutions qu'un autre? Cette loi, préconisée par Desmoulins et d'autres anatomistes, n'est-elle pas démentie chez beaucoup d'animaux? Le castor si habile, la taupe si industrieuse, ont le cerveau lisse. On ne saurait trop le répéter, c'est dans les lobes antérieurs de l'encéphale qu'est le siége unique de l'intelligence.

Je dois faire ici une observation importante : un front fuyant n'est pas toujours l'indice d'une absence d'intelligence chez un homme. On peut rencontrer une organisation semblable chez des individus au contraire fort distingués par leur haute raison. Vous en avez un exemple frappant sur la tête de Lamarque. Peut-être que la comparaison et la causalité n'ont pas ici tout le développement qu'on pourrait désirer; mais l'effet que je signale est produit par l'accroîssement extraordinaire des organes placés à la base du front, et qui constituent les facultés perceptives. Si dans cette tête, vous supprimez par la pensée, le groupe des brillantes facultés qui distinguent le buste de Lamarque, vous aurez un front droit et élevé, mais peu large et aplati, qui n'aurait fait de l'illustre général qu'un homme médiocre, sans le remarquable développement des organes du langage, du calcul, des localités, de l'individualité, de l'éventualité et des formes; ceux enfin qui produisent ce coup-d'œil rapide, cette perception vive, prompte et juste des objets.

J'ai fait voir dans une autre leçon, la nécessité de partager les facultés intellectuelles en perceptives et en réflectives; je crois inutile de revenir aujourd'hui sur ce sujet, et je passe immédiatement à l'histoire de chacune de ces facultés en particulier.

22. Individualité.

Le premier des organes de la perception, dont nous allons nous occuper, est celui de l'individualité, dont le rôle est de nous faire distinguer un objet d'un autre; car c'est là une condition nécessaire, pour que nous puissions nous en faire une idée nette. Sans cette faculté, tout serait confondu pour nous dans la nature; elle agit sans le concours de notre volonté; et quelque part que nous jetions les yeux, nous distinguons, sans faire aucun effort pour cela, les différens objets qui nous entourent, et souvent les diverses parties qui les composent, surtout lorsque l'organe est saillant et très-exercé.

C'est aux recherches de Spurzheim, que nous devons la découverte de cette faculté, que Gall n'avait pas même soupçonnée. Vous la voyez située, sur la tête modèle, à la partie moyenne et inférieure des lobes antérieurs. Sur le crâne, ces circonvolutions sont placées immédiatement au-dessus de la base du nez, et rendent cette région saillante en même temps qu'elles l'élargissent, lorsqu'elles sont très-prononcées.

L'individualité est un des organes qui contribuent le plus à l'éducation d'un enfant. Au moment de la naissance, et encore pendant quelques jours, les yeux ne s'arrêtent sur rien, si ce n'est qu'ils semblent se diriger plus volontiers vers la lumière. Il est probable que l'enfant ne distingue pas encore les objets les uns des autres; mais bientôt l'organe de l'individualité acquiert un certain degré d'énergie, et le nouveau-né cesse de confondre les personnes et les objets qui l'environnent. Pendant les premières années de la vie, cet organe est dans une excitation continuelle; de là vient que les enfans aperçoivent ordinairement partout, différens détails qui échappent aux personnes plus âgées.

Cette faculté, qui fait distinguer les objets matériels, s'applique aussi aux abstractions : elle nous fait comprendre le sens des mots vertu, gloire, reconnaissance, paresse, science, etc, qui ne désignent aucune chose palpable, mais dont nous avons cependant une idée fort nette. C'est l'individualité, qui nous permet de ne pas confondre toutes ces dénominations, de les classer, de les diviser, de les employer à propos.

On remarque que celui chez qui cette faculté domine, est très-propre à l'étude de l'histoire naturelle. Il trouve son plaisir à faire des collections de minéraux, de plantes, d'animaux. Il aperçoit facilement la différence qui distingue un échantillon d'un autre; et s'il possède en même tems l'organe de l'ordre, ses collections se feront remarquer sous ce dernier rapport. Toutes les personnes qui se plaisent à réunir des tableaux, des livres, des médailles, etc, possèdent aussi cet organe; c'est l'incitation simultanée d'une autre faculté, qui détermine alors leur choix, relativement au genre de collection qu'elles font. L'individualité est nécessaire au peintre, surtout à celui qui s'occupe de portraits, parce qu'il doit saisir les nuances les plus délicates dans les traits et les physionomies.

Un jeune artiste qui s'était d'abord livré aux occupations du commerce, avait depuis quelques années étudié la peinture des portraits. Il était absent de son pays depuis assez longtemps. Étant allé embrasser sa mère à son retour, celle-ci s'approche de lui, et l'ayant examiné attentivement, lui dit : — « La forme de ton front a bien changé depuis que je ne t'ai vu ; toute sa partie inférieure semble repoussée en dehors. » — Chez ce jeune homme, tous les organes perceptifs ont un développement remarquable, et il assure qu'ils ont augmenté de volume, depuis qu'il a embrassé sa nouvelle profession. Ce fait est cité par M. Silas Jones, dans le *Phrenological Journal and miscellany*.

Le même journal a rapporté, il y a peu d'années, relativement à l'individualité, un autre fait curieux. Un jeune médecin, ayant passé une partie de l'été à voyager, et s'étant abstenu pendant ce temps de tout travail d'esprit, de retour à Édimbourg au commencement de l'hiver, se livra avec ardeur à la dissection, et passa ses soirées à classer des objets d'histoire naturelle recueillis pendant ses voyages ; travail pénible et minutieux. Peu de temps après ce brusque changement de vie, il commença à éprouver le soir, une douleur de tête très-forte, entre les deux sourcils, et au-dessus de l'orbite. Bientôt le sommeil devint agité ; ce jeune homme, réveillé en sursaut, croyait voir autour de lui des objets bizarres, de formes fantastiques, qui disparaissaient, quand il cherchait à les considérer, et laissaient à leur place des objets réels. Ces visions durèrent une dizaine de jours, et se dissipèrent, à mesure que ses occupations devinrent plus variées et moins prolongées : deux mois après, il était parfaitement remis. Il reçoit alors une caisse contenant un grand nombre de plantes ; curieux de les examiner, il y consacre la soirée, jusqu'à une heure avancée. La douleur de tête, l'agitation, les visions reparaissent la même nuit. Cette rechute fut un avertissement de cesser ce travail, aussi elle n'eut pas de suite. Ces accidens furent dus sans doute à la surexcitation de l'organe des formes et de l'individualité, causée par l'examen d'un grand nombre d'objets nouveaux et intéressans.

L'organe de l'individualité est plus saillant en général chez la femme que chez l'homme. On le trouve petit chez les Écossais et les Allemands ; plus grand chez les Anglais ; plus grand encore chez les Français. Il va en augmentant à mesure qu'on s'avance du Nord vers le Midi. Le sinus frontal existe généralement chez les adultes, dans la direction de cet organe; aussi, apporte-t-il quelque difficulté, pour apprécier son volume. On le détermine plus facilement chez les jeunes sujets, parce que le sinus n'est pas encore formé; mais quand il y a dépression en ce point chez un individu, quel que soit son âge, on peut affirmer que l'individualité manque.

Les animaux possèdent cet organe, car à coup sûr, il ne confondent pas un objet avec un autre, soit parmi les êtres vivans, soit parmi les corps bruts. M. Vimont en place le siége, chez eux, à la partie la plus antérieure et interne des hémisphères cérébraux, vers les sinus frontaux.

23. Configuration.

La seule manifestation que Gall eût découverte de cet organe, est la facilité de reconnaître du premier coup-d'œil les personnes qu'on n'a pas vues depuis longtemps; aussi le considérait-il comme la mémoire des physionomies. Spurzheim a étendu cette faculté à toutes les formes; et, selon lui, la configuration nous fait distinguer les formes, comme l'individualité nous fait distinguer les individus. Cet organe est situé aux côtés internes des surfaces orbitaires, un peu au-dessous du précédent. Il écarte les yeux et les pousse vers l'angle externe ; il établit un espace particulier entre le globe de l'œil et l'angle interne de l'orbite, à la racine du nez : et, déviant les yeux de côté vers l'extérieur, il produit ce qu'on appelle des yeux à la chinoise.

Vous sentez que cette faculté n'est pas moins nécessaire à l'observateur que l'individualité. Il ne suffit pas de ne pas confondre un objet avec un autre ; il faut aussi percevoir sa forme et se rappeler en quoi elle ressemble à celle de tout autre corps, et en quoi elle en diffère. Lorsque je vous présente toutes les têtes qui sont ici sur cette table, personne d'entre vous ne les confondra ; vous saurez bien distinguer chacune d'elles des autres ; mais je suis bien persuadé que quelques personnes parmi vous, saisiront plus facilement et retiendront beaucoup mieux les formes particulières à chacun de ces modèles. Celles-là auront la configuration plus prononcée, car c'est là une des manifestations de cette faculté.

Cet organe est absolument nécessaire au dessinateur, au peintre, au statuaire, à l'architecte, au mécanicien ; aussi vous ne trouverez jamais un artiste distingué qui n'ait cette ligne inférieure du front très-prononcée. Cette faculté se développe de bonne heure chez les enfans ; elle est ordinairement plus prononcée chez l'homme que chez la femme : on la dit plus grande chez les Français que chez la plupart des autres peuples ; de là vient peut-être le goût qu'on s'accorde à reconnaître aux artistes de notre pays, et à toute la nation en général. Les Chinois possèdent, dit-on, à un très-haut degré l'organe de la configuration. Voici un exemple d'une organisation de ce genre, sur la tête du jeune Corner, l'habile découpeur de silhouettes, dont j'ai déjà parlé. En voici un autre, plus frappant encore, sur la tête d'un nommé Frazer, bibliothécaire à Édimbourg. Tous les grands observateurs en histoire naturelle, présentent cette configuration : Cuvier, Gall, Spurzheim, etc.

Cet organe est prononcé chez les animaux. Ceux qui vivent dans la domesticité, reconnaissent facilement leur logis, leurs maîtres, les commensaux de la maison. Ceux qui vivent à l'état sauvage distinguent fort bien les individus de leur espèce des autres. Les oiseaux ne confondent pas l'arbre où ils ont déposé leur nid, avec les autres arbres de la forêt. Mettez une poule nouvelle dans une basse-cour, les autres, qui ne l'ont pas encore vue, la battront pendant un certain temps, et ne lui permettront que difficilement d'approcher de la mangeoire : elle n'est pour elles qu'une intruse ; mais bientôt, l'habitude de la voir la fait admettre aux mêmes droits. M. Vimont a remarqué que cet organe est très-prononcé chez les races dont le cerveau se rapproche du nôtre, qui reconnaissent très-bien les hommes ou les animaux au milieu desquels elles vivent ; et qui, dans leurs bandes, dans leurs associations, ne confondent pas un sujet avec un autre.

24. Etendue.

L'individualité nous fait distinguer les objets les uns des autres ; la configuration nous apprend à reconnaître la forme particulière à chacun d'eux ; c'est à l'étendue que nous devons de juger de leurs dimensions. M. Vimont pense que ce dernier organe devra se partager en deux : *sentiment de distance* et *sentiment de l'étendue*, parce que l'étendue ne s'applique qu'à un seul corps, tandis que la distance présente l'idée de l'espace compris entre deux corps distincts. Cette division ne me semble pas nécessaire. Mesurer le volume d'un corps, ou seulement une ou deux de ses dimensions, ou apprécier la distance qui sépare deux objets, n'est-ce pas toujours estimer une étendue? Qu'importe que la longueur qu'on détermine soit occupée par de la matière visible, ou simplement par l'air? D'ailleurs cette opinion n'est qu'une simple hypothèse de M. Vimont, qui ne la fonde sur aucun fait. Nous nous en tiendrons donc à ce qu'admettent généralement les phrénologistes; et nous regarderons l'étendue comme un organe simple.

Vous le voyez situé, sur la tête modèle, à la partie interne et supérieure du grand angle de l'œil, en dehors de l'organe précédent. C'est par lui qu'on apprécie avec justesse la perspective et la distance. Vous savez la différence qu'on remarque parmi les hommes, eu égard à cette faculté. Vous en rencontrez quelquefois qui jugent des distances avec une approximation remarquable, tandis que d'autres commettent en ce sens les plus grossières erreurs. Il en est de même pour les dimensions des corps. Tel homme en entrant dans un appartement, peut vous dire à très-peu de chose près, quelles sont sa longueur, sa largeur, sa hauteur, tandis qu'un autre ne pourra le faire sans se tromper beaucoup.

Cet organe est d'une application constante chez les géomètres, qui ont continuellement des distances à mesurer; chez les arpenteurs, les employés du cadastre, les ingénieurs, les architectes; les dessinateurs, les peintres, les statuaires, qui ont besoin de bien proportionner les espaces; les chasseurs à qui il sert pour viser le gibier qu'ils veulent tirer; les artilleurs qui l'emploient pour pointer leurs pièces. Cet organe est nécessaire aux officiers qui ont besoin de comparer les dimensions du terrain dont ils peuvent disposer, avec la longueur, l'épaisseur, et la hauteur de leurs lignes de soldats. Il est indispensable au général dans une bataille; il lui fait juger avec justesse de la distance qui sépare chacun de ses corps et ceux de l'ennemi, et même, jusqu'à un certain degré d'approximation, du nombre d'hommes que celui-ci compte dans ses rangs. La victoire dépend souvent de la sûreté de ce coup-d'œil.

Il est facile de rencontrer des têtes où cet organe est saillant. Il est grand chez l'ingénieur français Brunel, chez l'astronome Herschell, chez M. Arago, chez Lamarque, Napoléon. Cependant, il ne faut pas vous attendre à ce que cet organe, même lorsqu'il est très-saillant chez un individu, saute aux yeux d'une manière aussi évidente que peuvent le faire ceux qui correspondent aux sentimens ou aux instincts. Vous voyez sur cette tête modèle que toutes les facultés perceptives qui correspondent à l'arc sourcilier, y sont représentées par des organes très-petits et fort rapprochés les uns des autres ; aussi faut-il avoir une bien grande habitude dans ce genre de recherches, pour apprécier ces organes sans erreur. Il est bon pour cela de s'exercer à comparer entr'elles un grand nombre de têtes.

Il est évident que les animaux possèdent l'organe de l'étendue : ils savent fort bien mesurer la distance qui les sépare d'un objet, comme on peut en juger, lorsqu'on les voit fuir un danger, s'élancer sur une proie, franchir un espace en sautant, etc.

25. Pesanteur.

Après avoir distingué les corps, apprécié leur forme, mesuré leurs dimensions, il reste encore à déterminer leur poids, à connaître leur densité, à estimer la résistance qu'ils peuvent présenter, selon leur degré de cohésion. C'est là l'objet complexe de l'organe dont je m'occupe en ce moment, que Gall n'avait pas même soupçonné, et dont la découverte est due aux infatigables recherches de son disciple Spurzheim. Quelques phrénologistes tendent à regarder cette faculté comme double ; ils pensent que ce n'est point par suite d'une même impulsion, que nous estimons le poids d'un corps, et la résistance à l'effort. Mais jusqu'ici, on n'a aucun fait à citer en faveur de cette hypothèse, que je ne puis admettre. Il me semble en effet, que la détermination du poids d'un corps, n'est autre chose que la mesure d'une résistance. Si j'abandonne une pierre à elle-même, après l'avoir soulevée, elle tombe, à cause de l'attraction de la terre; mais si je veux m'opposer à cette chute, il faut que j'offre une certaine résistance à la force qui sollicite la pierre, et c'est précisément cette résistance qu'on appelle le poids du corps. L'organe aurait donc pour objet général, d'estimer l'effort nécessaire pour vaincre une force matérielle quelconque, ou de déterminer l'intensité de celle-ci; aussi, il me semble que le nom de *résistance* que lui a donné M. Vimont, serait beaucoup plus convenable, parce qu'il présente une idée bien plus complète.

Cette faculté est utile à ceux qui s'occupent de mécanique. C'est à elle surtout que les équilibristes, les funambules doivent d'exceller dans leur art; car elle apprend aussi à déterminer la place la plus convenable du centre de gravité d'un corps, pour le mettre dans la position la plus conforme aux lois de l'équilibre. C'est sous ce dernier rapport qu'elle est nécessaire au dessinateur, au peintre, au statuaire. Ceux de ces artistes qui ne la possèdent pas à un assez haut degré, sont exposés à faire des figures, des personnages qui semblent toujours sur le point de tomber, tant leur position est vicieuse, et contre les règles de la statique. L'adresse de ces individus qui manient souvent des objets fragiles, sans jamais rien casser, n'est que le résultat de l'impulsion de cet organe. La circonspection y entre bien aussi pour quelque chose; mais ce qui paraît y contribuer le plus, c'est la juste appréciation que font ces personnes de la valeur du poids et de la fragilité de l'objet qu'elles ont dans les mains; ce qui leur fait proportionner l'effort à la résistance.

C'est encore à l'ampliation de cet organe, qu'il faut attribuer l'habileté dans les jeux d'adresse. Ceux qui tirent de l'arc, qui jouent au palet, au bouchon, aux boules, aux quilles, à la peaume, au ballon, etc., ont toujours besoin de proportionner leur effort au poids du corps à lancer, à la résistance de celui qu'il faut pousser ou abattre, à la distance à parcourir. C'est surtout dans le jeu de billard, que l'action de cet organe est nécessaire. D'après la position respective des billes et des blouses, un joueur exercé voit du premier coup-d'œil quel est, de tous les coups qu'il peut tenter, celui qui lui présente le plus d'avantage, avec la plus grande chance de succès. L'organe de la résistance lui apprend alors avec quelle force il doit frapper sa bille, et quelle direction il doit lui imprimer, pour que, répercutée sur une autre bille ou sur une bande, elle produise l'effet désiré.

Vous prévoyez d'avance que les animaux doivent posséder cette faculté. On l'accorde surtout à l'oiseau de proie, qui fond et se laisse tomber, avec une justesse surprenante, sur l'objet qu'il a visé. M. Vimont le signale chez les quadrupèdes sauteurs, comme le chamois, le chat, le tigre, etc., qui proportionnent les efforts de leurs muscles à la distance qu'ils ont à franchir; chez les oiseaux nageurs, qui apprécient le degré de résistance de l'élément qu'ils ont à vaincre. Lorsqu'une poule commence à s'ennuyer de ses petits, qui n'ont plus besoin de ses soins, elle les chasse à coups de bec; mais elle est loin d'y mettre la violence qu'elle emploierait contre un animal qui l'attaquerait. La philogéniture l'engage à user de ménagemens, et l'organe de la pesanteur lui apprend à mesurer la percussion à la résistance, à la faiblesse du poussin qui reçoit le coup.

26. Coloris.

Enfin, il est encore une perception nécessaire à la distinction des corps ; c'est la couleur avec laquelle ils se présentent à nous. Il peut même arriver que des objets, d'ailleurs semblables pour tout le reste, ne diffèrent entr'eux que sous ce rapport ; de sorte que c'est alors le seul moyen que nous ayons de ne point les confondre. C'est ce qui a lieu par exemple pour les jetons et les fiches de diverses nuances, dont on se sert dans certains jeux. L'organe du coloris est chargé de présider à cette perception, à laquelle est attaché un sentiment de plaisir, comme à toutes nos fonctions. Nous aimons à voir certaines couleurs, surtout quand elles sont groupées ensemble d'une certaine manière, dans un certain ordre ; tandis que d'autres mélanges nous affectent désagréablement et nous déplaisent. Parmi le nombre infini de nuances que la nature ou l'art peuvent produire, il en est que nous préférons aux autres ; et ce goût, qui varie d'une personne à une autre, a une cause encore inconnue.

L'organe du coloris a été découvert par Gall. Il est situé au milieu et à la partie la plus élevée de l'arc sourcilier, entre la résistance et l'ordre. Lorsqu'il est bien développé, il peut modifier cet arc de deux manières; ou il élève en angle sa partie moyenne, ou il la pousse en avant, ce qui rend le sourcil saillant.

Cette faculté s'applique particulièrement à la peinture, à toutes les professions qui ont besoin d'observer et d'assortir des couleurs; aux décorateurs, aux costumiers, aux modistes, aux amateurs de fleurs. Elle n'a aucun rapport avec l'adresse et les divers organes qui constituent le dessinateur. Il existe des peintres très-habiles dans l'heureux emploi des couleurs, qui sont au contraire fort médiocres, pour ce qui concerne le dessin. Voici un nommé Gros Claude, qui s'est fait remarquer en ce genre. Vous voyez que, chez lui, l'organe du coloris est très-saillant. Le contraire se rencontre aussi souvent; c'est-à-dire qu'on peut trouver un artiste beaucoup plus recommandable par la grâce et la correction de son dessin, que par l'emploi qu'il fait des couleurs, tel est Girodet; et vous pouvez voir sur sa tête, que voici, que l'organe du coloris n'est pas très-prononcé.

Quelques personnes ont présenté, à l'égard de la perception des couleurs, des anomalies fort singulières. On cite des individus qui, quoique doués d'une excellente vue, sont plus ou moins incapables de distinguer les couleurs. Le cas le plus anciennement connu est rapporté dans les *Transactions philosophiques*, année 1777. C'est celui d'un homme qui ne distinguait réellement que deux espèces de couleurs : le blanc, qui comprenait toutes les couleurs claires ; et le noir, c'est-à-dire toutes les teintes foncées. Cependant, quand les couleurs de la même nuance étaient placées l'une à côté de l'autre, il remarquait quelques différences entr'elles. De toute sa famille, qui était nombreuse, deux de ses frères seulement offraient la même particularité que lui.

Dans le même recueil, année 1778, on trouve l'observation d'un individu qui n'avait une idée bien nette que du jaune et du bleu ; il confondait le rouge avec le vert. Cette imperfection de la vision existait avec une excellente vue héréditaire dans sa famille.

Le célèbre physicien anglais, M. Dalton, a présenté un exemple du même genre. Il reconnut que les sept couleurs primitives résultant de la décomposition d'un rayon solaire au moyen du prisme, se réduisaient pour lui à deux ou trois. Ainsi, le rouge, l'orangé, le jaune et le vert ne lui semblaient que des nuances différentes du jaune ; le bleu était perçu par lui distinctement ; quant à l'indigo et au violet, ils ne lui paraissaient que comme un bleu foncé. M. Dal-

ton, qui a publié lui-même un mémoire à ce sujet, dit avoir trouvé, soit parmi ses connaissances, soit parmi ses élèves, une vingtaine de personnes qui offraient la même particularité de
vision que lui : dans ce nombre, il n'a pas rencontré une seule femme. Pour expliquer ce singulier phénomène, ce savant physicien suppose
que, chez lui, l'humeur vitrée de l'œil est colorée de manière à absorber certaines couleurs,
au lieu de les laisser passer.

M. Milne d'Edimbourg perçoit clairement,
comme tout le monde, les formes, l'étendue des
objets ; mais parmi les couleurs, il ne reconnaît
avec certitude que le blanc, le noir, le bleu et
le jaune.

M. Tucker, cité dans les *Transactions phrénologiques* de la Société d'Édimbourg, ne distingue parfaitement que le jaune ; il confond ensemble les couleurs de nuances semblables.

M. Sloane, cité dans le même ouvrage, confond le vert avec le brun, et quelques nuances
du rouge avec le bleu.

M. Scott, membre de la Société phrénologique, ne peut distinguer le violet du bleu pâle,
le rouge du vert, le bleu foncé de la couleur
pourpre.

L'explication donnée par M. Dalton est tout-à-fait gratuite et paraît peu admissible. Lorsque nous nous habituons à regarder à travers un verre coloré, nous finissons par juger fort bien de toutes les nuances, ainsi que l'éprouvent toutes les personnes qui portent des lunettes vertes ou bleues; et il est probable que, si cette cause existait dans l'œil même, elle n'aurait pas la moindre influence sur la vision.

D'autres admettent, pour expliquer ce fait, l'absence des fibres de la rétine qui correspondent à telle ou telle couleur; d'autres, que la rétine est colorée, etc. Ces explications purement hypothétiques sont loin de satisfaire. Les recherches phrénologiques tendent à prouver que cette particularité dépend du peu de développement de l'organe des couleurs. Ainsi, M. Tucker présente une dépression dans le point de l'os frontal correspondant à cet organe. MM. Milne, Scott et Sloane offrent une semblable dépression à différens degrés. Cette disposition s'observait également sur le front d'une personne présentée à la Société phrénologique de Londres, en 1826, et chez laquelle la connaissance des couleurs était extrêmement bornée.

On refuse généralement cette faculté aux animaux; mais M. Broussais pense que c'est à tort. « J'avais, dit l'illustre médecin, deux petits chiens d'une race très-intelligente, et qui n'entraient jamais dans la maison; ils étaient relégués dans une cour assez éloignée du logement. D'aventure, ils y pénètrent, et ces animaux sont frappés des dessins, des rosaces et des carreaux de diverses couleurs qu'ils voient sur un tapis. J'en conclus qu'ils sentent les couleurs; comment voulez-vous que je conclue autrement? Ils sont inquiets, ils flairent, ils palpent, ils comparent ces dessins coloriés, dans leur petite intelligence, avec les différentes couleurs qu'ils ont vues dans la cour, où il y en a fort peu. Pourquoi donc refuser aux animaux le sentiment des couleurs? Je suis persuadé qu'ils l'ont. »

Chacun de vous, messieurs, ne peut-il pas se rappeler quelque fait analogue? Ne savez-vous pas par exemple combien la couleur rouge influe sur l'humeur de certains animaux? Combien de fois, dans des combats de taureaux, n'ai-je pas vu l'homme qui attaque cet animal furieux, lui présenter une écharpe d'un rouge éclatant, pour exciter sa rage, et montrer ainsi aux spectateurs plus d'habileté et de courage, en parvenant à l'éviter ou à le vaincre? Chez les herbivores, il serait peut-être difficile de déterminer si c'est le sentiment de la couleur ou de l'odorat, qui leur fait découvrir un pâturage à une assez grande distance, quoique je penche à croire que c'est la vue qui leur sert en ce cas. Mais les insectes, qui ne vivent qu'aux dépens des fleurs, ne peuvent les distinguer de loin qu'à leurs nuances; car ils n'ont pas d'organe olfactif, et les molécules odorantes des fleurs ne parviennent pas à de grandes distances. C'est donc à la couleur que le papillon, l'abeille, reconnaissent la fleur où ils doivent trouver leur nourriture.

27. Localité.

Gall avait une difficulté extrême à reconnaître les lieux par lesquels il avait passé une fois. Étant encore jeune et s'amusant à parcourir les bois qui avoisinaient son village, s'il venait à découvrir un nid dont les œufs n'étaient pas encore éclos, il se promettait de revenir quelques jours plus tard, pour enlever les petits oiseaux; mais alors, il ne lui était plus possible de retrouver l'arbre qui recélait l'objet de ses désirs. Il avait au contraire de jeunes camarades, qui jouissaient de l'heureuse faculté de reconnaître tous les points de la forêt, qui la parcouraient en tout sens, sans s'égarer jamais, et qui pouvaient marcher directement vers un arbre désigné, sans la moindre hésitation, et sans se tromper une seule fois. Lancé plus tard dans le monde

Gall y trouva des individus qui possédaient la même faculté, tandis que d'autres, comme lui, étaient presque complétement privés de la mémoire des lieux. Il n'en fallut pas davantage à un observateur aussi profond, pour lui faire rechercher la cause encéphalique de cette différence, et il fut conduit ainsi à la découverte de l'organe des localités.

Cet organe est situé à la partie antérieure et inférieure du front, de chaque côté de la ligne moyenne. Il est placé immédiatement au-dessous des sinus frontaux. Voici un exemple frappant de développement de cet organe, sur la tête du capitaine Dumont d'Urville. Une semblable configuration se remarque chez tous les grands voyageurs, Cook, Lapeyrouse, Perry, Humbold, Victor Jacquemont, etc.

Gall n'avait peut-être pas reconnu toute l'étendue des manifestations de cet organe. Il ne le regardait que comme la faculté de s'orienter, de se ressouvenir de toutes les particularités des lieux qu'on a parcourus. Mais ce n'est pas à cela que se borne son rôle. Non seulement nous nous rappelons chaque objet que nous avons vu en particulier; mais encore le tableau de leur ensemble, sans même que nous cherchions, par une attention soutenue, à graver ces faits dans notre mémoire. Lorsque cet organe est saillant, on lui doit de trouver du plaisir à voir des sites pittoresques ; alors on cherche à se procurer cette jouissance le plus souvent possible, de là le goût des voyages. Vous concevez que cette faculté est nécessaire à la topographie, à la géographie, à la peinture, surtout des paysages ; à l'astronomie, parce qu'elle fait qu'on se rappelle le tableau du ciel. Elle n'est pas moins utile au général en campagne, pour juger de l'exactitude de ses cartes, et pour deviner d'un seul coup-d'œil tous les accidens de terrain d'un champ de bataille, afin de les faire servir à ses vues.

Il est impossible de ne pas accorder l'organe de la localité aux animaux, dont quelques espèces paraissent la posséder à un plus haut degré que l'homme lui-même. On sait qu'un chien, un cheval, un âne, reconnaissent souvent leur chemin, mieux que leur maître. M. Vimont a remarqué que cet organe est très-prononcé chez tous ; mais surtout chez les oiseaux voyageurs. Il est saillant aussi chez beaucoup de quadrupèdes. M. Vimont l'a vu dans le chat, qui revient si facilement à son premier logis, lorsqu'on veut le retenir dans un autre ; l'écureuil, le lemingue, sorte de rat de Norwège, qui voya-

ge en troupe, qui descend en automne pour dé-
vaster la plaine, qui sait très-bien ou il va, qui
distingue fort bien les localités. L'organe est
très-prononcé chez le chien, le renard, le cheval, l'âne, le mulet. L'aveugle n'a pas d'autre
guide que son chien, et il est admirable de voir
souvent avec quelle sagacité cet animal retrouve
sa route, avec quelle sollicitude il évite les dangers. On voit quelquefois des voituriers s'abandonner à l'ivresse ou au sommeil, et laisser leurs
chevaux conduire la voiture; tant ils comptent
sur leur souvenir des lieux. Personne n'ignore
la facilité avec laquelle les pigeons, les hirondelles et d'autres oiseaux retournent aux lieux
où ils ont leurs nids, même quand on les a
transportés fort loin. La Phrénologie fait voir
que cette faculté s'accorde parfaitement avec
leur organisation cérébrale.

28. Calcul.

Découvert par Gall chez un enfant qui calcu-
·lait avec une facilité surprenante et fort rare à
son âge. Situé à l'extrémité de l'arc sourcilier, à
la fin du sourcil, d'où résulte ou l'abaissement
de l'extrémité extérieure du sourcil, ou la saillie de cette extrémité en avant. C'est cet organe
qui nous fait distinguer les nombres et nous ap-

prend à les combiner entre eux de toutes les manières possibles. Il n'est pas toujours, tant s'en faut, le signe d'une intelligence supérieure. On rencontre souvent des individus qui calculent avec une très-grande facilité, et qui sont d'ailleurs fort médiocres. On se tromperait même beaucoup si on croyait que c'est cet organe qui fait surtout les mathématiciens. Non, Messieurs, quoiqu'il contribue aussi pour quelque chose à ce résultat, celui-ci est dû principalement à la comparaison et à la causalité. J'ai été professeur de mathématiques, et j'ai bien souvent remarqué que les élèves qui calculaient avec le plus de facilité, étaient bien loin d'être ceux qui saisissaient le mieux les théories.

Le gouvernement français ayant décidé qu'on publierait une collection de tables mathématiques, pour faciliter l'extension du système décimal, M. de Prony eut la direction supérieure de cet immense travail. Il fut aisé à ce savant distingué de s'assurer que, même en s'associant trois ou quatre habiles coopérateurs, la plus grande durée présumable de sa vie ne lui suffirait pas, pour remplir ses engagemens. Il était occupé de cette fâcheuse pensée, lorsque le hasard fit tomber entre ses mains le célèbre ouvrage d'économie politique d'Adam Smith, précisément à l'endroit qui traite de la division du travail, et où la fabrication des épingles est citée pour exemple. A peine en avait-il parcouru les premières pages, que, par une espèce d'inspiration, il conçut l'espérance de mettre les calculs en manufacture comme les épingles. Il rassembla des ateliers qui faisaient séparément les mêmes calculs, et se servaient de vérification réciproque. Une chose remarquable, c'est que les neuf dixièmes de ces calculateurs ne savaient en arithmétique que les règles auxquelles ils étaient limités, et que ceux-là furent trouvés plus exacts dans leurs résultats, que ceux qui avaient des connaissances plus étendues sur le sujet général de l'opération. Quand on saura que les tables ainsi calculées embrassent 17 grands volumes in-folio, on pourra se faire une idée de cet immense travail.

Je ne veux pas dire que l'organe du calcul manque chez les mathématiciens. Il est au contraire très-saillant chez Newton, Euler, Gassendi, Laplace, Ampère, Arago, Libri, Franklin, Brunel, etc. Mais, je le répète, ce qui forme les génies en ce genre, ce sont les organes de la comparaison et de la causalité.

Il s'est rencontré quelquefois des enfans qui avaient une aptitude merveilleuse pour le calcul. On présenta un jour à d'Alembert un jeune pâtre qui calculait, disait-on, avec la plus grande facilité. — Voilà mon âge, dit le savant, combien ai-je vécu de minutes? — En même temps, il se mit à faire le calcul de son côté. Il avait à peine commencé, que le jeune homme avait fini le sien. Enfin, son opération terminée, il se trouva que les résultats n'étaient pas les mêmes. Nous nous sommes trompés l'un ou l'autre, dit le savant académicien; voyons, recommençons. — Mais c'est vous, reprit le jeune pâtre, vous voyez bien que vous avez oublié les années bissextiles. — Le fait était vrai.

Voici un autre exemple plus récent. Zérah Colburn, naquit à Cabot, comté de Calédonie, état de Vermont, dans les États-Unis d'Amérique, le 1er septembre 1804. A l'âge de six ans, il commença à montrer ses facultés extraordinaires pour le calcul, qui fixèrent aussitôt l'attention, et qui dès lors firent l'étonnement de toutes les personnes qui étaient à même de juger de son talent. Jusque-là, il n'avait reçu d'instruction que dans une petite école établie dans cette partie isolée du pays, où l'on n'enseignait ni l'écriture, ni l'arithmétique. Un jour, son père l'entendit répéter le produit de plusieurs nombres; dans le dernier étonnement, il

lui présenta différentes questions arithmétiques,
dont l'enfant donna aussitôt la solution. Quelques mathématiciens à qui on le présenta, furent surpris de la promptitude qu'il mettait à
résoudre de tête, les calculs les plus compliqués.

Zérah Colburn étant venu en France, voici
ce que M. Guizot disait de lui dans les Annales
de l'éducation (N° 9, décembre 1815). « Sa physionomie est très-expressive ; il a le front petit,
mais angulaire, *les arcs orbitaux (des sourcils)*
considérablement avancés ; ses yeux sont gris,
spirituels et toujours en mouvement. Son crâne
est arqué et remarquablement large ; il a l'occiput petit, etc. »

Enfin, tout le monde a pu lire dans les journaux de l'année dernière, un exemple extrêmement frappant dans ce genre. Un jeune pâtre
des environs de Syracuse, a été présenté à l'Académie des sciences, qui a vérifié en séance publique l'étonnante facilité de cet enfant à résoudre de tête, et en très-peu d'instants, les questions les plus compliquées de l'arithmétique ;
qui auraient quelquefois exigé plus d'une heure
de travail , de la part du calculateur le plus
exercé (1).

---

(1) MM. Sturm et Coriolis avaient été chargés de rédiger

Vito Mongiamele, c'est le nom de ce jeune calculateur, est né en 1827. Il avait quatre ans lorsqu'il se trouva un jour à un marché où son père venait de vendre des bestiaux. En retournant à la maison, le jeune Vito fit remarquer à son père que ses comptes n'étaient pas exacts ;

---

l'exposé d'un certain nombre de questions d'arithmétique, que le savant secrétaire de l'Académie, M. Arago, transmettait à haute voix au jeune berger. Je transcris ici les questions et les réponses de l'enfant, en faveur des personnes qui s'occupent de ces matières.

1re *Question.* Quelle est la racine cubique de 3,796,416 ? — Deux secondes s'étaient à peine écoulées, que la jeune voix fait entendre distinctement 156, qui est la réponse exacte.

2e *Question.* Un nombre donné est élevé au cube, puis au carré ; on multiplie ce carré par 5, et on additionne les trois produits. De la somme résultante, on retranche 42 fois le nombre donné, et de plus 40 ; le résultat final doit être zéro. Quel est ce nombre ? — En un espace de temps aussi court, l'enfant répond imperturbablement 5. M. Arago n'avait pas eu le temps de lire la solution sur sa note. C'est vrai, dit-il quelques instans après, avec une marque visible d'étonnement.

3e *Question.* Trouver un nombre qui, élevé à la cinquième puissance, soit égal à 4 fois ce nombre, plus 16,779. — L'enfant répond quelques instans après, 7, ce qui est juste.

4e *Question.* Trouver la racine dixième de 282,475,249. — Cette fois, l'enfant met plus de temps à répondre, et s'écrie cependant bientôt, 7. C'était en effet le nombre cherché.

il lui fit sur-le-champ le détail de chacune des parties de bétail qu'il avait vendues, et lui prouva que les diverses erreurs, dans le prix de chacune d'elles, produisaient une somme totale de cinq à six francs. La justesse de cette observation et la précision des détails fixèrent l'attention du père de Vito sur son fils, et dès ce moment celui-ci ne cessa de se livrer à l'exercice d'un talent qui venait de s'annoncer d'une manière si précoce et si inattendue. On s'est bien gardé de lui enseigner les règles, ou de lui faire lire des ouvrages d'arithmétique, afin de ne pas lui faire perdre l'habitude de chercher lui-même les procédés dont il a besoin ; attendu que ses propres méthodes sont infiniment plus simples et plus rapides que celles dont on a toujours fait usage.

Il ne s'agit pas seulement chez Vito d'une très-grande aptitude à retenir des nombres ; mais il peut en outre opérer sur eux et pratiquer les opérations les plus compliquées de l'arithmétique ; il s'élance hardiment dans les spéculations de l'algèbre, pour lesquelles il a aussi trouvé des méthodes à lui. Cependant, son organisation ne laisse apercevoir encore que quelques-unes de ses facultés dans toute leur plénitude. Hors de la spécialité qui le caractérise, Vito n'est encore qu'un enfant. Ses jeux, ses amu-

semens sont ceux qui conviennent à son âge;
l'exercice et le mouvement sont au nombre de
ses plus impérieux besoins.

Considéré pendant qu'il s'occupe de la solution d'un problème, son corps est immobile, sa
physionomie s'anime, ses yeux brillent, son regard se promène vaguement sur tous les objets
qui l'entourent, sa figure conserve l'expression
du calme et de la sécurité; il est tout entier à
ce qui l'occupe, et quelques légers mouvemens
des lèvres donnent lieu de croire qu'il articule,
sans prononcer, les résultats des opérations suc-
cessives qu'il est obligé de faire pour arriver à
une solution.

Les anti-phrénologistes n'ont pas craint de signaler Vito comme une réfutation vivante des
doctrines de Gall. A les entendre, ce jeune et
surprenant calculateur est privé de l'organe que
nous assignons au calcul, ou ne le possède qu'à
un degré médiocre. Il fallait les voir triompher
dans les comptes qu'ils rendirent de la séance
de l'Académie des sciences, dont je vous ai parlé.
L'un d'eux disait : « Nous avons pu, quoique à
distance, nous former une idée approximative
de la forme et des proportions de la tête de
Vito. La partie antérieure et supérieure du front
est sensiblement déprimée, et les parties laté-

rales , correspondantes à l'angle externe de l'œil où Gall place l'organe du calcul , n'ont qu'un développement très-médiocre. » — Il est singulier qu'on se permette de porter des jugemens crânioscopiques , lorsqu'on ne s'est jamais occupé de pareilles études. Les hommes du métier , si je puis parler ainsi , ne se permettent d'apprécier une tête qu'après l'avoir examinée et palpée scrupuleusement, surtout quand il s'agit des organes perceptifs placés sur l'arc sourcilier, et qui sont, comme je l'ai dit , fort difficiles à reconnaître ; mais un feuilletoniste est bien plus sûr de son fait ; il en juge lui *à distance*, et veut ensuite imposer son opinion à ses bénévoles lecteurs.

Pour nous, messieurs, ce n'est point ainsi que nous faisons de la science. Avant de nous faire une opinion ; avant surtout de la formuler avec autant d'assurance, nous avons besoin d'observer avec précaution, de comparer avec soin. Voici le masque du jeune Vito, moulé par M. le docteur Dumoutier. Je tenais à vous le présenter, afin de vous faire juger vous-mêmes de la valeur de l'objection qu'on nous oppose. Considérez, je vous prie, avec toute l'attention convenable, ce masque si remarquable. Voyez l'étendue de ce front, chez un enfant de dix ans ;

remarquez combien il est saillant dans sa partie moyenne; notez la grande prédominance des organes de l'individualité, de l'éventualité, de la comparaison et de la causalité; ce qui donne à ce front une forme spéciale, parfaitement en rapport avec l'extraordinaire puissance d'abstraction et d'induction de cet enfant. Cette configuration se retrouve dans les bustes que nous possédons de Kepler, de Newton, d'Euler. Comme chez ces grands mathématiciens, l'extrémité externe du sourcil est un peu relevée et prolongée en arrière. Telles sont les dispositions les plus remarquables qu'on peut observer sur ce front, qui n'a pas encore acquis tout l'accroissement dont il est susceptible. Ajoutons à cela un fait physiologique bien curieux. Aucune des fonctions animales du jeune Vito ne paraît troublée; son sommeil est parfait, et pourtant cet enfant accuse un léger sentiment de chaleur et des pulsations dans les parties antérieures des tempes, là précisément où siége l'organe des nombres; mais seulement, dit-il, quand il se livre à ses opérations.

En présence de ces faits, dont les pièces principales sont sous vos yeux, que devient, je vous le demande, cette fameuse objection qu'on publiait avec tant d'emphase, et qui était destinée, disait-on, à ruiner les doctrines de Gall? On a ajouté que Vito n'a aucune méthode à lui pour résoudre les questions qu'on lui propose, avec l'étonnante promptitude que vous connaissez : c'est prouver qu'on entend aussi bien les mathématiques que la Phrénologie. M. Comparato, homme savant et modeste, qui a accompagné le jeune Vito en France, déclare au contraire positivement qu'il en a une *fort ingénieuse, raisonnée, plus facile et plus sûre que les méthodes classiques généralement adoptées.* M. Comparato déclare que c'est à l'aide de cette méthode, dont son élève lui a donné le secret, qu'il résout d'avance, plume en main, après avoir fait écarter le jeune homme, les problèmes dont les assistans viennent de fournir les élémens, avant de les soumettre au jeune Vito ; et toujours les résultats de celui-ci se trouvent conformes à ceux qui viennent d'être consignés sur le papier. M. Comparato a promis de publier prochainement cette méthode ; ce serait un immense service rendu au public.

La France s'est hâtée d'adopter le jeune Vito ; il lui appartenait, à elle que tant de savans étrangers choisissent pour leur patrie, de se charger de l'avenir de ce merveilleux petit pâtre. M. de Salvandy, ministre de l'instruction publique, a écrit à ce sujet la lettre suivante à l'Académie des sciences. — « L'Académie des sciences a chargé une commission d'entendre de nouveau et d'interroger le jeune Mangiamele. Je vous prie d'appeler l'attention de la commission sur l'éducation qui serait à donner à cet enfant extraordinaire, pour lui assurer le paisible et régulier développement de ses facultés, qui peut en faire un homme. Je ferai dans ce but tout ce qui est en mon pouvoir. La France est la patrie adoptive de tous les talens. »

Nous devons à M. le docteur C. Place une observation pathologique intéressante, relative à cet organe. Un marchand tailleur, d'une constitution musculaire très-prononcée, et d'un tempérament nerveux très-irritable, chef d'une maison de commerce importante, occupé depuis une année à des travaux de bureau et à des calculs minutieux (une liquidation), auxquels il avait été étranger jusque-là, éprouvait dans la région latérale et inférieure du front, au côté gauche, de la pesanteur et de l'engourdissement, auxquels succédait, de momens en momens, un sentiment de tension accompagnée de douleurs circonscrites dans les parties où se trouvent les organes de l'ordre et du calcul. On employa d'abord des bains de pieds sinapisés, puis

on eut recours à la saignée et aux sangsues, et
à l'emploi d'un extrait gommeux d'opium, pour
rappeler le sommeil et calmer les douleurs. Ce
traitement ne produisit pas de soulagement; la
cause du mal existait toujours. Le malade, malgré son désir de se traiter, ne pouvait s'empêcher, lorsqu'il était seul, de penser à ses travaux, et vous avez vu que l'ordre et le calcul
formaient, depuis une année, les points essen-
tiels de ses occupations. Le repos de ces organes
paraissait donc la partie la plus essentielle du traitement, et M. le docteur Place conseilla au malade de réunir auprès de lui un peu de société,
et de l'appeler surtout dans le but de s'amuser,
en bannissant sévèrement tout objet sérieux de
conversation, et toute discussion méthodique ;
il lui enjoignit en outre, lorsqu'il serait seul, la
lecture d'ouvrages gais et futiles, dont il lui
prescrivit en quelque sorte la dose. Dans le choix
des livres la préférence fut accordée à Paul de
Cock, qui ne s'était pas douté que sa prose spi-
rituelle et hilariante servirait un jour de médication efficace. En indiquant cette lecture au malade, le but évident de l'habile docteur était
d'occuper une série d'organes contenus dans la
région intellectuelle, et qui étaient depuis trop
longtemps inactifs, pour obliger au repos ceux

37

de l'ordre et du calcul, qui avaient été dans une surexcitation trop vive et trop prolongée. A cette médication morale et physique en même temps, comme on voit, fut ajoutée la prescription d'un peu de café à l'eau. Les douleurs furent promptement apaisées, et une guérison complète ne tarda pas à suivre.

M. le docteur Ad. Berigny a publié un autre fait, qui vous paraîtra plus intéressant encore. M. A. L......, âgé de dix-huit ans et demi, d'une taille petite, d'une constitution assez forte, d'un tempérament très-sanguin; ayant la tête conformée d'une manière régulière, et, envisagée sous le rapport phrénologique, présentant, au premier aspect, comme organes les plus saillans, la circonspection d'abord, les facultés réflectives ensuite; puis ceux de la configuration et du calcul, ressentit à l'âge de huit à dix ans, des douleurs sur le sommet de la tête; douleurs qui se renouvelaient à des intervalles irréguliers. A cette époque, il saignait assez souvent par le nez. Il se trouvait soulagé après chaque perte sanguine qui se renouvelait, mais à des distances d'autant plus éloignées, qu'il s'approchait de sa quatorzième année. C'est alors qu'il fut pris d'une congestion cérébrale assez forte, pour que les moyens thérapeutiques n'en arrétassent pas le cours, et qu'il perdît pendant quelques jours l'usage de ses facultés intellectuelles. Il entra en convalescence après trois semaines de traitement environ, et pendant douze à quatorze mois, il ne ressentit plus les douleurs qu'il accusait au sommet de la tête; mais après ce temps, il éprouvait quelquefois de la pesanteur en avant des régions temporales, pesanteur qui du reste se dissipa bientôt pour reparaître deux ans après plus en avant, c'est à dire vers les angles externes des orbites.

Ce jeune homme, d'une vie calme, d'une grande modestie, fils d'une famille de laquelle sont nés trois autres garçons, n'a jamais manifesté le moindre désir d'accomplir aucune vocation. Seulement, on remarquait qu'il se distinguait de ses frères par un jugement précoce, par l'habitude qu'il avait de vouloir tout expliquer, étant enfant. Il fut mis en pension d'assez bonne heure, en parcourut plusieurs, sans rien faire dans aucune, et sans inspirer le moindre intérêt à aucun de ses maîtres. Aussi, jusqu'à l'âge de seize ans environ, il passa inaperçu au milieu de la foule de ses camarades. Les langues anciennes, qu'on avait vainement tenté de lui enseigner jusque-là, n'avaient fait que le dégoûter de l'étude.

Découragés, les parens de ce jeune homme voulurent tenter un dernier effort ; et, en 1833, ils s'adressèrent à M. Hubert, maître de pension à Versailles, qui jouit, pour l'enseignement des mathématiques, ainsi que M. Bouricard, son collaborateur et son gendre, d'une réputation fondée sur les nombreux succès obtenus par leurs élèves aux concours généraux. Dès le moment où M. A. L.......... fut sous la direction de ses nouveaux instituteurs, une autre ère commença pour lui. Il fut poussé d'une manière spéciale vers la science des mathématiques, et on ne tarda pas à s'apercevoir que cette étude était de son goût ; dès lors, il travailla avec beaucoup d'assiduité et de succès. Cette application devint bientôt un besoin, qui se fit sentir si impérieusement, que non-seulement chaque instant de tous les jours ne lui suffisait plus ; mais la nuit, à une heure souvent très-avancée, on le trouvait dans sa chambre, encore au milieu de ses livres, en face de son tableau crayonné de chiffres, de signes algébriques et de figures de géométrie, sur tous les points de sa surface. Vainement sa famille voulut combattre ce travail immodéré ; il promettait toujours de s'y livrer avec moins de passion, mais la solitude lui faisait toujours oublier la promesse qu'il avait faite.

Quelques mois s'étaient écoulés dans cet état d'occupations continuelles, lorsque M. A. L......... ressentit de la pesanteur dans les angles orbitaires externes, et un peu au-dessus. Il ne se ralentit pas cependant; de sorte que plus l'étude se prolongeait, plus la pesanteur devenait forte, et la douleur le contraignait à prendre du repos. Comme ce jeune homme persévérait dans la même voie, malgré ces symptômes, qui étaient des avertissemens secrets de la nature, cette tension ne tarda pas à se convertir en une douleur légère mais persistante, pour revêtir enfin un caractère plus sérieux plusieurs mois après, et elle devint bientôt tellement forte, que M. A. L......... fut obligé de prendre un peu de repos. Plus celui-ci était long, mieux il s'en trouvait; mais comme il eût fallu cesser quelques jours, quelques mois peut-être, et qu'il ne pouvait que très-difficilement se résoudre à sacrifier quelques heures, les symptômes devinrent tellement menaçans, qu'on fut obligé de lui faire une saignée, qu'il fallut répéter l'année suivante.

Interrogé par M. Ad. Bérigny sur la nature et la situation de la douleur qu'il ressentait, il disait qu'il ne pouvait mieux la comparer qu'à l'existence d'une force excentrique, produisant une sensation semblable à celle d'une force qui tendrait à agrandir un diamètre transversal, dont chaque extrémité passerait par le centre et à l'endroit du crâne, où Gall a reconnu l'organe du calcul. Ce travail assidu et opiniâtre eut un honorable résultat. M. A. L......... obtint le premier prix de mathématiques, au grand concours de l'Université, en 1834. Ce jeune homme, qui continue à beaucoup travailler, voit ses douleurs augmenter en raison de l'activité qu'il met à ses études et du temps qu'il y passe ; tandis qu'au contraire, elles diminuent par le repos.

Les animaux ne paraissent pas entièrement privés de l'organe du calcul. Georges Leroi, lieutenant des chasses dans l'ancien régime, a publié, sur l'instinct des animaux, un ouvrage où se trouve consigné ce fait curieux. Les pies sont le fléau des chasseurs, parce qu'elles détruisent les œufs du gibier. Ce sont des oiseaux voleurs et rusés qui, n'étant pas extrèmement braves, s'en prennent aux œufs et aux petits. De là l'empressement de tous les chasseurs de profession, pour la destruction des pies. Un homme se cache dans une baraque, auprès de l'arbre où est le nid de la pie : cet oiseau ne rentre pas jusqu'à ce qu'il soit sorti de sa retraite. On dit alors : « Cachons-en deux ; un seul sortira, et la pie, qui ne sait pas compter, rentrera et sera tuée par le second. » Ce moyen ne réussit pas ; la pie avait compté les chasseurs ; elle ne rentra pas jusqu'à ce que le second eût quitté son poste. Trois, et ensuite quatre se mirent en embuscade, les deux jours suivans, et sortirent successivement, moins celui qui devait la tirer ; même obstination de la part de la pie ; elle ne regagna son gîte qu'après la sortie du dernier chasseur embusqué. Mais lorsque l'expérience se fit avec cinq hommes, le calcul de l'oiseau fut déconcerté : après la sortie du quatrième, l'animal ne pensant pas au cinquième, regagna son nid et fut tué.

Quelques phrénologistes prétendent que certains animaux possèdent une numération encore plus étendue : il serait fort intéressant de faire des observations dans ce sens.

DOUZIÈME LEÇON.

Ordre. — Éventualité. — Temps. — Tons. — Langage. — Comparaison. — Causalité.

29. ORDRE.

MESSIEURS,

C'était chose curieuse que de voir le peu d'arrangement qui régnait dans l'appartement de l'illustre docteur Gall. Si vous aviez ouvert l'un des tiroirs de son bureau, vous y auriez trouvé pêle-mêle de vieux journaux, des quittances, des annonces, des lettres de toutes sortes de personnes, des brochures, des paquets de semences, des noisettes, des tire-bottes, des pièces d'or, d'argent ou de cuivre. Quand il avait besoin de quelque monnaie, il secouait ses papiers, jusqu'à ce qu'il en eût fait tomber la somme qui lui était nécessaire. C'est ainsi qu'il tenait ses registres et sa caisse. Il appelait cela son ordre à lui. Mais comme il voyait d'autres personnes qui étaient au contraire fort rangées, il soupçonna qu'il devait exister un organe, dont le rôle était de présider à l'arrangement, et dont il était privé. Gall mourut avant d'avoir pu assigner le siége de cet organe; nous en devons la découverte à Spurzheim.

L'ordre est placé dans l'arc sourcilier, entre le calcul et le coloris, au-dessous des tons. Lorsqu'il est bien développé, la saillie de cet organe dépasse un peu, vers le haut, le niveau du sourcil.

Les personnes chez qui il est saillant, trouvent un grand plaisir à l'arrangement régulier et méthodique des objets; le moindre désordre les choque, leur blesse la vue; ils ont de la jouissance à contempler des choses placées avec ordre et symétrie, et ils poussent quelquefois ce besoin à un point minutieux, qui a son petit ridicule. Il n'est personne à qui cet organe ne soit utile dans son intérieur, par le temps qu'on gagne à trouver immédiatement à leurs places, les objets que, sans cela, il faut souvent chercher fort longtemps. Cette faculté est nécessaire dans presque toutes les professions et dans les diverses circonstances de la vie. Quand il est très-saillant, et que les hautes facultés intellectuelles ne sont pas assez développées, on devient minutieux, ennuyeux, incapable d'une idée un peu large, parce qu'on n'aperçoit rien au-delà d'un classement de détails.

L'organe de l'ordre, dit-on, ne s'applique pas seulement à l'arrangement des objets physiques; mais encore au raisonnement et à l'art oratoire. On lui doit la distribution régulière et avantageuse des argumens qu'on emploie. Il ne donne pas la faculté de raisonner; mais celle de disposer les preuves, selon le dessein qu'on se propose. Il faut lui attribuer la clarté dans le langage et dans le style. Celui qui le possède, coordonne si bien ses idées, présente ses phrases dans une succession si convenable, que, même en traitant des matières abstraites, il se fait comprendre sans effort, des personnes qui l'écoutent. Celui au contraire qui est privé de cette heureuse faculté, entasse sans discernement des phrases et des mots; tronque à chaque instant sa pensée pour y enchâsser des idées incidentes, sans rapport avec son sujet; fait des périodes à perdre haleine, et ses auditeurs fatigués de chercher continuellement des mots à ces espèces de logogriphes, finissent par ne plus l'écouter et par le laisser se perdre seul dans cette phraséologie surabondante et sans ordre.

On a remarqué en effet que tous les hommes qui se sont distingués par la force du raisonnement possèdent cet organe très-développé. Franklin, Napoléon, Brunel, Manuel, Benjamin Constant. On a fait la même observation relativement aux professeurs qui savent exposer leurs matières avec une grande méthode et une rare lucidité. Tels furent Désormeaux et Dupuytren, de la Faculté de médecine de Paris; tel est surtout M. Arago, à qui on reconnaît un talent admirable pour rendre la science populaire. Cependant, il ne faudrait pas s'attendre à trouver toujours chez les mêmes hommes beaucoup d'ordre dans l'arrangement des objets physiques. Le cabinet d'un orateur ou d'un savant, qui se font distinguer avantageusement par les qualités que je viens d'indiquer, n'est pas toujours un modèle en ce genre; et si lui seul doit y mettre ordre, son intérieur est bien plus souvent l'image du chaos, comme était celui de Gall. Cette espèce d'anomalie tient probablement à ce que, chez eux, l'organe de l'ordre n'agissant que sous l'influence des plus hautes facultés de l'intelligence, c'est-à-dire, la comparaison et la causalité, n'obéit qu'aux manifestations qui lui sont communes avec ces facultés, et fort peu à d'autres impressions.

Toutefois, j'avoue que je ne suis pas bien convaincu que l'organe de l'ordre entre pour quelque chose dans le raisonnement. Il est si commun de rencontrer des hommes d'ailleurs fort rangés, qui sont incapables de lier ensemble deux idées, dont l'esprit est entièrement faux, et qui sont précisément l'inverse de ceux que nous venons de citer, que je suis porté à croire que la comparaison et la causalité agissent seules dans ce cas, et qu'il me semble qu'on a eu tort d'attribuer à une seule faculté, ce qu'on pourrait distinguer en *ordre intellectuel* et en *ordre physique*.

Spurzheim cite comme exemple d'un grand développement de l'organe de l'ordre, le sauvage de l'Aveyron, qu'on voyait à Paris, et qui, quoique idiot à un haut degré, ne pouvait supporter de voir une chaise ou un autre objet hors de sa place : aussitôt qu'une chose était dérangée, il se hâtait de la replacer, sans y être invité. Il parle aussi d'une fille, qu'il vit à Edimbourg, qui, sous beaucoup de rapports, était idiote, mais chez qui l'amour de l'ordre était très-actif. Elle évitait l'appartement de son frère, à cause du désordre qui y régnait.

M. Vimont accorde cet organe aux animaux : il le fait concourir avec la construction, à la confection des nids, des gîtes, etc. Selon ce savant observateur, c'est à cet organe que certaines espèces doivent leur propreté. Il est certain que, chez l'homme, la propreté et l'ordre marchent assez communément de pair. Il semble que, pour ce qui concerne les animaux, les faits ne sont pas encore assez multipliés.

30. Éventualité.

Gall, qui a découvert cette faculté, l'appelait mémoire des choses ou des faits ; parce qu'il avait reconnu que les personnes chez qui elle est saillante, se font remarquer par ce genre de mémoire. L'illustre docteur la regardait en même temps comme l'organe de l'éducabilité et de la perfectibilité, parce qu'il l'avait observée chez les animaux qu'on élève le plus facilement ; et que d'ailleurs, les hommes qui recherchent le plus avidement les faits, et qui les retiennent ensuite avec le plus de facilité, sont aussi ceux dont l'éducation est la plus facile. Gall avait souvent rencontré dans la société différentes personnes qui, sans être toujours profondes, étaient instruites ; avaient une connaissance superficielle de tous les arts et de toutes les sciences, et pouvaient en parler avec facilité. Ces individus étaient regardés comme brillans dans la société. Il trouva que, chez eux, la partie moyenne du front était très-saillante, et la portion antérieure-inférieure du cerveau très-développée. Il remarqua en même temps que ces personnes, douées d'une grande mémoire des choses, jouissent, en général, d'une conception prompte et de beaucoup de facilité à apprendre les détails; qu'elles ont un vif désir de s'instruire. Afin de généraliser ces idées dans un seul mot, Spurzheim a appelé cette faculté éventualité, ou sens des évènemens. Elle est située à la partie moyenne du front, au-dessus de l'individualité, et des localités. Elle est généralement bien développée, et de bonne heure, chez les enfans, dont elle bombe le front; et elle est alors d'une grande importance pour l'éducation.

D'après ce que je viens de dire, l'éventualité est nécessaire à l'étude de l'histoire : elle apprend à rechercher tous les faits qui là composent; mais pour les grouper dans l'ordre le plus convenable, il faut que cette faculté agisse sous l'influence de la comparaison, de la causalité et peut-être de l'ordre. Sans cela, on présente tous les faits sans suite, sans liaison, de sorte qu'on n'aperçoit plus la dépendance qui les unit. Ce défaut se rencontre parfois dans des historiens, et plus souvent encore chez les personnes qui, possédant un puissant organe de l'éventualité, se plaisent à raconter des faits, et chez qui en même temps les plus hautes facultés de l'intelligence sont faibles. Remarquez, je vous prie, que cette faculté ne se rapporte pas seulement à l'histoire proprement dite, c'est-à-dire à la succession d'évènemens politiques qui constituent la vie d'un peuple; mais aussi à la biographie d'un seul individu, à l'historique d'une science, d'un art, d'un métier, d'une invention, etc., et en général, à tous les évènemens.

L'éventualité trouve son application dans la littérature. Elle est nécessaire à celui qui veut écrire un poëme, une pièce de théâtre, une ode, un roman. Chez les auteurs qui possèdent cette faculté, les faits abondent, et on peut citer comme modèles en ce genre *Don Quichotte* et *Gil Blas*. Si au contraire l'éventualité est faible, tandis que l'organe de la parole sera très-prononcé, les faits seront rares, et presque tout l'ouvrage consistera en une verbeuse et fatigante faconde. Les exemples de ce genre ne sont malheureusement pas rares parmi les romans modernes, dont le plus grand nombre se réduiraient bien facilement au dixième de leur vo-

lume, si on voulait en extraire toute cette sté-
rile redondance, qui n'est le plus souvent qu'une
spéculation de librairie.

La faculté dont je parle, ayant pour objet principal l'observation et l'appréciation des faits,
trouve une application continuelle dans la di-
plomatie, la politique, les différentes circonstances de la vie. Elle est indispensable à l'homme d'état, au député, au jurisconsulte, au négociant ; car tous leurs raisonnemens se fondent
sur la connaissance des faits. Elle est nécessaire
au journaliste, dont le rôle est de chercher des
faits partout et de les analyser, afin de les présenter à ses lecteurs d'une certaine façon ; car
vous savez fort bien que chaque feuille, selon
l'opinion qu'elle professe, a sa manière particulière de raconter le même fait, à moins que
celui-ci ne soit d'une insignifiance complète. Les
personnes qui s'occupent de l'étude des sciences
naturelles, ont aussi besoin de cet organe, sans
lequel il serait impossible de retenir et de classer les faits nombreux que présentent la géographie, l'astronomie, la physique, la chimie,
la minéralogie, la botanique, la zoologie, la
médecine, la chirurgie, etc.

Les individus chez qui cet organe est très-
saillant, ont une facilité merveilleuse à faire l'a-

nalyse d'un ouvrage ou d'une pièce de théâtre, surtout lorsqu'ils possèdent en même temps les organes de la comparaison, de la causalité et du langage. Ils n'oublient aucun fait essentiel, et laissent de côté seulement ce qui est de détail. C'est là une faculté précieuse dans un critique. Elle n'est pas d'un avantage moindre pour l'écrivain, ou le professeur qui doivent exposer une science quelconque, dans une étendue limitée. Ayant continuellement présens à la mémoire tous les faits qui constituent cette science, ils peuvent les comparer sans cesse, voir comment ils s'associent entr'eux et choisir seulement ceux qui sont fondamentaux.

C'est aussi l'organe de l'éventualité qui fait les conteurs d'anecdotes, lorsqu'il est secondé par le langage. Retenue dans de justes limites, cette faculté est fort désirable, et très-recherchée avec juste raison dans la société. Mais elle a aussi ses écueils : la répétition, le mauvais choix des historiettes, leur trop de longueur; la manie de prendre trop souvent la parole, et le défaut surtout de dégénerer en *cancans*, lorsque les sentimens affectueux manquent.

Vous venez de voir que plusieurs organes ajoutent leur action à celui de l'éventualité. Ce sont la comparaison, la causalité et le langage.

On peut mettre encore sur cette liste, le temps, qui fait ranger les faits dans leur ordre chronologique ; la localité, qui rappelle les lieux où les événemens se sont passés ; l'individualité, par laquelle on distingue entre eux les faits et les objets ; l'étendue, le coloris et, en général, toutes les facultés perceptives. D'autres organes au contraire, sont antagonistes de l'éventualité. Ce sont la circonspection qui retient la langue, qui porte à réfléchir ; le secrétivité, dont l'action est de ne faire dire que ce qui peut servir à nos desseins ; la vénération, la bienveillance qui nous font taire ce que nous pourrions savoir de défavorable aux personnes que nous respectons, et à tout le monde en général.

Les exemples de têtes où cet organe est saillant, ne sont pas rares. Vous le voyez chez Casimir Périer, Foy, Fox, Cuvier, Dupuytren, Désormeaux, Napoléon, etc.

J'ai déjà dit que Gall avait découvert cette faculté chez les animaux, et qu'il regardait comme étant plus facilement éducables, ceux qui la possèdent au plus haut degré. Les observations plus récentes des phrénologistes, sont tout-à-fait d'accord en ce sens, avec celles de ce savant physiologiste.

31. TEMPS.

Nous devons à Spurzheim la découverte de l'organe du temps, que Gall avait soupçonné, mais dont il n'avait pas déterminé la position. Il est placé au-dessus du coloris et de la pesanteur, en dehors des localités, en dedans de l'organe des tons, au-dessous de la gaîté.

Ceux qui possèdent fortement cet organe, apprécient la durée d'un événement avec la plus grande facilité. Demandez-leur le temps qu'ils ont passé à table, à la promenade, en visite, au théâtre, etc.; ils vous répondront sans hésiter et avec une rare approximation. A quelque moment de la journée que ce soit, ils vous diront exactement l'heure, et on cite même des individus qui jouissent de cette étonnante faculté, lorsqu'on les éveille la nuit. Il faut remarquer à cet égard que certains besoins, revenant périodiquement aux mêmes instans de la journée, chez certaines personnes, peuvent les aider beaucoup dans cette appréciation; ainsi, ceux qui prennent leurs repas, ou qui s'éveillent toujours aux mêmes heures, trouvent dans la marche de leur sommeil ou de leur appétit, un moyen de mesurer le temps, à-peu-près indépendant de l'organe dont je parle. Mais si cet organe n'existe pas bien prononcé, ces personnes sont incapables d'une semblable appréciation, dès qu'elles ne sont plus sous l'influence de leurs besoins.

Cette faculté s'applique à la chronologie, à la chronométrie; à l'astronomie, qui calcule la durée des phénomènes célestes; à la physique, qui a besoin d'évaluer le temps que certaines actions mettent à se produire; à la mécanique, à la chimie, à l'histoire naturelle, à la médecine, à la musique. L'organe des tons ne suffit pas seul en effet, pour former un musicien. Ce n'est pas tout que de chanter juste, il faut aussi chanter en mesure; et il n'est pas rare de rencontrer des personnes chez lesquelles ces deux facultés ne sont pas réunies. On cite même des instrumentistes remarquables, qui offrent cette défectueuse organisation. Il n'y a pas longtemps qu'on a présenté à la Société phrénologique de Paris, le moule en plâtre de la tête d'un jeune pianiste, nommé Quidant, qui présente cette particularité. Ce jeune homme a un rare talent pour la musique; entraîné par son imagination, on l'a vu quelquefois dans un concert changer, par une improvisation soudaine, plusieurs parties du morceau qu'il exécutait, sans que le public soupçonnât cette substitution, dont s'appercevaient seulement les personnes qui connaissaient le morceau. L'organe du temps est très-faible chez Quidant, aussi remarque-t-on que, malgré son grand talent, il joue rarement en mesure.

C'est par suite d'une action du même genre, que cette faculté s'applique à la poësie, au style, à l'éloquence, à la lecture à haute voix, à la conversation même. Elle apprend à couper convenablement les vers ou les phrases; à s'arrêter plus ou moins à certaines parties du discours, afin de combiner ses repos avec la respiration, de donner à la voix plus d'harmonie, et de produire le plus grand effet possible. Il y a des personnes dont la conversation est fatiguante, parce qu'elles ne savent pas choisir leurs momens d'arrêt; vous souffrez pour elles, de voir leur respiration embarrassée; elles ne semblent pas maîtresses du mouvement de leur langue; on dirait qu'elles obéissent à une impulsion étrangère, qui ne tiendrait aucun compte de la puissance de leurs poumons : elles parlent faux.

Parmi les organes qui s'associent à celui du temps, il faut citer d'abord l'étendue, dont nous nous servons habituellement, pour mesurer la durée d'un événement; car rien n'est plus propre à donner cette mesure que l'espace parcouru par un corps qui se meut d'un mouvement régulier. C'est ce qui a lieu, par exemple, dans nos montres, où les aiguilles conservent une vitesse constante et nous font apprécier le temps, par leur marche simultanée sur le cadran. Vous concevez que l'organe des nombres est aussi fort utile aux manifestations de celui du temps. On regarde au contraire comme lui étant opposés, la gaîté et les sentimens affectueux ou de la haine, pourvu qu'ils soient impétueux. Il me semble qu'on peut donner comme agissant en ce sens, toutes les facultés qui peuvent produire sur nous des impressions fortes, et sous l'influence desquelles les mêmes événemens peuvent nous paraître forts courts, lorsqu'ils nous font éprouver un vif sentiment de plaisir; ou très-longs, lorsqu'ils ne produisent sur nous que douleur ou ennui.

Leroy, lieutenant des chasses de Versailles, que j'ai déjà trouvé l'occasion de citer dans la leçon dernière, donne les faisans, les perdrix, les lapins, comme ayant le sentiment du temps. Tous les chasseurs ont fait des observations analogues à ce sujet. Vous pouvez vérifier ce fait sur les animaux domestiques. Ce n'est pas seulement par le retour périodique de la faim, du besoin de repos ou d'exercice, etc., que le chien, le chat, le cheval, qui vivent avec nous, ont le sentiment du temps. Attelez un cheval tous les jours à la même heure ; si, quand l'animal aura pris l'habitude de cette heure, vous voulez la changer, vous remarquez qu'il montre de l'inquiétude et du mécontentement. On a prétendu que, lorsqu'au plus fort de la révolution, il fut ordonné de supprimer le dimanche, pour le remplacer par le décadi ; les bêtes de labour témoignèrent d'abord une grande répugnance à travailler sept jours de suite. La chose n'est pas impossible : l'organe du temps aura rappelé à ces animaux que le septième jour avait toujours jusqu'alors été consacré au repos. Malheureusement, on possède encore trop peu d'observations relatives aux animaux. Il serait à désirer que les agriculteurs, les vétérinaires, les maquignons, les chasseurs, s'occupassent un peu plus d'étudier leurs habitudes ; mais il faut pour ces études, une certaine dose de philosophie, qui n'est pas donnée à tout le monde.

32. Tons.

Cet organe se trouve dans la nomenclature de Gall qui, procédant uniquement d'après les applications, l'avait appelé organe de la musique. Il est situé à la partie latérale externe de l'os frontal, au-dessus de l'ordre, au-dessous de la gaîté, au côté externe du temps, au côté interne de la construction. Il tend à élargir la partie inférieure du front. « Avant d'avoir pris du goût pour la Phrénologie, dit M. le professeur Broussais, j'étais un jour en consultation chez un marchand de musique. J'étais placé dans une salle au milieu de quarante portraits de musiciens ; dans toutes les têtes, l'organe était très-prononcé. Cela me fit une impression si forte, que j'y rêvai toute la journée. Je me dis : Gall n'est pas un fou ! et en effet il y a peu d'organes qui soient aussi prononcés que celui-là. »

La première manifestation de cette faculté est de saisir les tons, les airs ; de les apprendre et de les retenir avec facilité ; de comprendre les mélodies, de les créer même, lorsque l'organe est très-saillant. C'est en effet une opinion généralement reçue chez les phrénologistes, que le plus haut dégré de l'organe a pour manifestation de produire, tandis qu'un développement moyen ne donne que la faculté de saisir et d'imiter, et qu'une dimension moindre peut faire trouver du plaisir à entendre de la musique, mais ne permet ni de la reproduire, ni de l'imiter. On croit assez généralement que c'est à l'oreille qu'il faut attribuer la faculté d'apprécier la musique, de la retenir, de la reproduire. De là les expressions d'*avoir* ou de *n'avoir pas d'o-*

reille, *d'oreille juste*, *d'oreille fausse*, etc. Cependant, les recherches anatomiques les plus minutieuses ne font pas découvrir la moindre différence, soit dans la forme, soit dans les dimensions, entre l'organe auditif d'un excellent musicien et celui d'un homme qui peut à peine distinguer un ton d'un autre. On sait que Beethoven étant devenu complétement sourd, continuait à improviser sur son piano d'admirables symphonies, dont il n'entendait pas une seule note. Qui doute cependant qu'il perçût, jusque dans ses moindres détails, la mélodie qui naissait sous ses doigts? Ne nous surprenons-nous pas souvent nous-mêmes à répéter certains airs, sans les chanter, sans les siffler, sans les produire à l'extérieur par aucun moyen? Nous croyons quelquefois entendre de la musique dans nos rêves, et cependant les sons que nous percevons alors n'ont rien de réel. Ces preuves ne suffisent-elles pas pour faire admettre dans l'encéphale un organe destiné à la perception et à la production des tons, et dont l'oreille n'est qu'un instrument passif? L'oreille reçoit et transmet les sons au cerveau; mais c'est l'organe cérébral seul qui les perçoit, les juge et les associe; qui crée les accords et la mélodie qui constituent la musique.

J'ai déjà fait entrevoir que l'organe du temps est un auxiliaire de celui des tons, car il n'y a pas de bonne exécution possible sans mesure ; et pour un chef d'orchestre, par exemple, le premier semble encore plus nécessaire que le second. Il faut en outre au musicien exécutant, un grand développement des aptitudes manuelles, et une extrême souplesse dans les muscles soumis à l'empire de la volonté. Quant au chanteur, il doit posséder d'autres conditions organiques, dans le larynx et les poumons. Tout cela est de rigueur pour réussir ; autrement, on peut chanter en mesure mais faux, ou chanter juste sans mesure, ou gâter la musique avec un beau timbre de voix, ou bien encore rendre exactement les tons, avec une voix maussade.

M. le docteur Fossati a cité un fait, que je dois vous faire connaître, relatif à une idiote musicienne. Cette femme, âgée de soixante ans, est entrée depuis son jeune âge, dans la division des aliénés de la Salpétrière ; elle est idiote à tel point, qu'elle a toujours été incapable d'apprendre à s'habiller, à travailler, ou même à parler. Quand elle veut exprimer quelque chose, elle fait entendre une sorte de grognement, ou un cri rauque. Cette malheureuse ne possède aucun signe extérieur de l'organe des tons, mais celui du temps est bien prononcé. Lorsqu'on lui fait entendre une musique peu compliquée, elle répète les airs en grognant, et en marquant la mesure avec des mouvemens de la tête et de tout le corps. Son idiotie ne tient pas à un défaut de développement des parties cérébrales, mais à quelque maladie du cerveau, à laquelle n'aura pas participé l'organe du temps.

Je rappellerai un second fait non moins curieux, relatif à une autre idiote. Celle-ci appartenait à la plus basse catégorie de ces êtres infortunés; enfermée depuis longtemps à Bicêtre, on n'avait pas même pu lui apprendre à manger seule. Un jour, un air vient frapper son oreille; sa sensibilité se développe, elle s'agite; ses bras se tendent comme pour saisir la vague sensation qui a remué tout son être. L'expérience se répète plusieurs fois; on voit se développer chez cette malheureuse la mémoire musicale; elle se rappelle les chants qui l'ont frappée; et si, tombée dans une nouvelle apathie, les premières mesures se font entendre, elle achève l'air, dont elle murmure la note sans articuler de paroles. Bientôt enfin l'activité excitée d'un organe bien développé, se propage et donne la vie aux organes qui l'avoisinent, et elle finit par prononcer quelques mots, dont elle comprend le sens.

Exemple remarquable de la réaction que les facultés exercent les unes sur les autres.

M. le professeur Bouillaud, de la Faculté de médecine de Paris, raconte qu'il traitait un malade atteint d'une fièvre violente, suite d'une inflammation viscérale; le crâne de ce jeune homme présentait un développement considérable de l'organe des tons, et, dans ses accès de délire, le malade se livrait à des chants continuels, d'une force et d'une justesse remarquables, alors qu'il ne jouissait d'aucune énergie pour toute autre action. Dans les momens de calme, il ne conservait aucun souvenir de cette mélomanie.

L'organe des tons ou de la mélodie, s'applique aussi à la poësie, de même que celui du temps. C'est sous leur influence simultanée que naissent les cadences les plus agréables à l'oreille; de sorte que ces deux facultés sont aussi nécessaires à l'orateur et à l'écrivain, qui se font distinguer par le charme de leur diction et la coupe mélodieuse de leurs phrases. Dans les langues du Midi, on rencontre des syllabes longues et des syllabes brèves, toujours fortement accentuées et qui font du langage ordinaire, surtout lorsqu'il est animé, une espèce de récitatif, qui contraste agréablement avec le débit monotone des langues du Nord. Tels sont l'arabe, le grec moderne, l'italien, l'espagnol, le languedocien, le provençal ; tels furent probablement le grec ancien et le latin.

Les organes de la mélodie et du temps se rencontrent chez tous les musiciens célèbres. Ils sont saillans chez Parisel et chez Listz, qui avaient une grande célébrité dès leur enfance ; chez New-kom, compositeur religieux, qui présente en même temps très-développés les organes de la vénération et du merveilleux ; chez Kreutzer, Bériot, etc. Il est très-grand chez Rossini et s'al-lie avec le plus heureux développement des hautes facultés intellectuelles chez l'illustre *maestro*, qu'on a surnommé le Jupiter de la musique. Voici le masque de Weber, le célèbre auteur du *Freischütz*, où l'organe des tons est très-grand. Vous voyez que ce même organe est très-saillant aussi sur ce masque du jeune Lefébure, âgé seulement de quatorze ans, et depuis quelques années organiste de Saint-Roch, à Paris.

On remarque la même organisation sur la tête de Choron, le fondateur de l'institution de musique religieuse, homme passionné pour son art, et dont un trait va vous peindre le caractère. Un jeune mendiant chantait dans la rue, il l'écoute ; sa voix lui plait ; il l'emmène chez lui, le présente à sa femme en lui annonçant sa volonté de le recueillir. A de justes représentations qui lui sont faites, il s'écrie pour toute réponse : — Ame vénale ! Je vous parle d'un ténor, et vous me parlez d'argent ! — La bienveillance est aussi très-grande sur la tête de Choron, ainsi que la vénération ; aussi cet artiste dédaignait la musique frivole, pour se consacrer exclusivement à la musique grave et religieuse. Peut-être plusieurs d'entre vous, messieurs, ont-ils eu le plaisir d'entendre ses élèves à l'église de la Sorbonne.

En donnant l'historique de la science, j'ai fait voir que, bien longtemps avant Gall, on avait cherché à multiplier les facultés de l'homme, que les métaphysiciens avaient réduites à un trop petit nombre, et à les rapporter à son organisation. Un jésuite espagnol, du nom d'Eximeno, a publié à Rome, en 1774, avec approbation, un *Traité de l'origine et des règles de la musique*, où on lit quelques passages fort curieux. L'auteur dit d'abord que le *langage* chez l'homme, ainsi que la *musique*, ont lieu par *instinct*, par une *impression innée* et que la réflexion dirige. L'instinct, ajoute-t-il, est une *sensation innée*, que le créateur a donnée originairement. Il fait observer que les souterrains des fourmis, l'architecture des castors, la toile de l'araignée, la ruche de l'abeille, et tant d'autres industries des animaux, proviennent du même principe, conjointement avec l'*organisation particulière de chaque espèce*. Un enfant nouveau-né sait bien faire usage de la bouche, de la langue et des lèvres pour téter, sans qu'il ait pu acquérir par l'expérience l'usage de ces organes. La vie, dit-il encore, consiste dans l'exercice des facultés propres de chaque animal. L'auteur regarde comme inné le sentiment de l'humanité, ou l'amour de l'espèce humaine. Ne croirait-on pas toutes ces phrases extraites d'un ouvrage de Phrénologie?

Tous les animaux ne sont pas privés de l'organe des tons ou de la musique. Il existe beaucoup d'incertitude relativement aux quadrupèdes. On a fait des expériences sur des éléphans et d'autres sujets, et on croit avoir remarqué qu'ils n'étaient pas indifférens à la musique, et que leurs mouvemens devenaient plus tranquilles ou plus brusques, selon les airs doux ou graves qu'on leur faisait entendre. Mais toutes ces expériences auraient besoin d'être multipliées. Quant aux oiseaux chanteurs, il n'est pas douteux qu'ils possèdent l'organe de la musique. En les comparant aux autres, et en comparant dans ces espèces le mâle qui chante seul, à la femelle qui ne jouit pas de cette faculté, M. Vimont s'est assuré que l'angle externe de l'orbite qui correspond à cet organe, est beaucoup plus developpé chez les oiseaux chanteurs, que chez ceux qui ne le sont pas. Dans le rossignol mâle, par exemple, cet angle est tellement saillant, qu'il empêche l'ouverture orbitaire de l'œil, d'être elliptique et régulière.

33. LANGAGE.

Vous avez vu, messieurs, dans l'historique de la science, qui a fait le sujet de ma seconde leçon, que c'est par la découverte de l'organe du langage, que la Phrénologie a pris naissance. Gall l'avait nommé mémoire des mots, parce qu'il avait remarqué que ceux de ses camarades chez qui il était bien développé, apprenaient mieux leurs leçons que les autres ; qu'ils se souvenaient mieux des expressions et des tournures de phrases des auteurs, et que, dans les basses classes des colléges, où la mémoire joue le plus grand rôle, ils montraient sur leurs camarades une supériorité, qu'ils ne conservaient pas toujours dans les hautes classes, où le raisonnement et l'intelligence sont mis beaucoup plus souvent en action. Cet organe est situé à la partie antérieure et inférieure des lobes antérieurs du cerveau. La face inférieure de ces lobes se présente comme une voûte qui repose sur la paroi supérieure de l'orbite; d'où il résulte que, quand l'organe est très-développé, il agit sur les yeux, et leur donne une direction différente de celle qu'ils ont ordinairement. Quelquefois, les yeux sont très-saillans en avant ou, comme on dit, à fleur de tête; d'autrefois, ils sont poussés en bas, quand l'organe est large; ou bien, ils sont déviés un peu à l'extérieur sur le côté. Enfin, il peut arriver que l'organe soit allongé de manière à occasionner un grand espace entre le sourcil et l'os de la pommette. Ainsi, une large étendue transversale de l'ouverture orbitaire, est aussi un signe de grand développement de l'organe du langage.

L'action de cette faculté est double : elle a pour objet d'abord de saisir les mots, de les retenir; puis de les reproduire. Aussi, les individus chez qui elle est bien prononcée, jouissent du double avantage de retenir facilement un texte, et de trouver aisément les mots dont ils ont besoin pour parler; d'où il résulte qu'ils parlent assez volontiers; mais si le reste de leur organisation encéphalique n'est pas très-recommandable, ce sont pour la plupart d'insupportables bavards. Si au contraire l'organisation est belle, cette faculté est très-précieuse, et on doit s'efforcer de la faire acquérir à un enfant, par l'exercice simultané de sa mémoire et de son intelligence.

Nous possédons un grand nombre de faits qui servent à constater l'existence, et à déterminer la position de l'organe du langage : j'en citerai quelques-uns.

Un cocher de fiacre fit une chute, du siége de sa voiture sur le pavé. La partie postérieure latérale droite et un peu supérieure de la tête, supporta seule tout le choc. Il en résulta une plaie de deux pouces environ de longueur. Cette plaie fut lavée et pensée avec de l'eau salée, et, sans aucun autre traitement, le malade put, au bout de quelques jours, reprendre ses occupations habituelles. Quinze jours après, la plaie était cicatrisée ; mais bientôt on remarqua que le malade était devenu paresseux, dormeur ; tous les jours il fallait l'éveiller pour l'envoyer à son travail ; il se plaignait en outre de douleurs continues et fortes à la tête, surtout au-dessus de l'œil gauche. Chaque jour, il voyait diminuer son activité, ses forces et l'appétit. Deux mois et demi environ après l'accident dont je viens de parler, ce cocher s'étant endormi sur son siége en tombe rudement. Ses camarades accourent, le relèvent, le secouent violemment ; mais ne peuvent le réveiller qu'incomplétement. Ils l'interrogent, et ce n'est qu'avec peine qu'ils en obtiennent toujours ce seul mot pour réponse : *oui*. On le met dans une voiture, et on le transporte à sa demeure.

M. le docteur Robouam, à qui j'emprunte ces détails, est aussitôt appelé. Frappé de la singularité de ce cas, le malade continuant à ne pouvoir répondre que *oui* à toutes les questions, ce médecin ne doute pas que la partie affectée ne soit celle que Gall a assignée au langage. Partant de cette idée, et ayant affaire à un sujet vigoureux et jeune, il fait pratiquer une saignée abondante ; et une demi-heure après, il fait appliquer soixante sangsues, dont vingt sur la cicatrice, et quarante derrière les oreilles. Le soir le malade allait mieux ; il était revenu à lui-même et reconnaissait ses amis ; mais continuait à n'employer d'autre mot que *oui*. M. Robouam l'ayant prié de lui désigner les parties qui lui faisaient mal, il porta la main sur la cicatrice et sur l'arcade orbitaire de l'œil gauche. Le docteur mit alors sa main dans la sienne, l'engageant à la serrer chaque fois que son *oui* voudrait dire *non* ; ce qu'il fit exactement, prouvant ainsi qu'il comprenait fort bien les questions qu'on lui adressait. Ayant suivi un traitement qu'il serait superflu de rappeler ici, le malade finit par perdre de sa difficulté à parler ; il n'accusait plus de douleur que vers l'arcade orbitaire gauche ; et interrogé si c'était extérieurement ou profondément en dedans, il répondit en bégayant que c'était profondément. Enfin, grâces aux soins de M. Robouam, ces douleurs se dissipèrent entièrement, et la faculté du langage reparut aussitôt.

Le docteur Wetter, médecin allemand, a consigné dans un recueil médical plusieurs observations relatives à des hydrocéphales. Il a remarqué que les malades, à leur entrée à l'hôpital, présentaient les caractères suivans, communs à presque tous. État d'hébétement, yeux fixes, pupille dilatée, somnolence plus ou moins prononcée, *difficulté* ou, quelquefois même, *impossibilité d'articuler les mots*. Les malades accusent d'abord un malaise qu'ils ne peuvent définir ; un mal de tête violent survient bientôt, ordinairement d'un seul côté, et *comme résidant au fond de l'orbite de l'œil*, qui est spasmodiquement rétréci. Le docteur Wetter a remarqué en outre que la difficulté d'articuler les mots se combinait toujours avec un état douloureux et morbide des yeux, et des parties environnant l'orbite.

Le docteur Will. Gregory d'Edimbourg, a fait sur lui-même une expérience qui mérite d'être connue. Je citerai ses propres paroles.

« Il y a environ deux ans, étant occupé à examiner l'opium et spécialement les sels de morphine (1), j'avais contracté l'habitude de déguster les solutions ; et il arriva plus d'une fois que, par des dégustations réitérées, j'absorbai une quantité suffisante de cette substance, pour produire des effets que j'étais loin d'abord d'attribuer à leur véritable cause. Le premier effet qui me frappa, fut qu'en lisant, les mots que je voyais distinctement portaient à mon esprit une impression que je ne pouvais définir, mais qui était certainement différente de l'impression normale. En observant aussi exactement que je le pouvais ce qui se passait dans mon entendement, je n'avais que la conscience que les mots paraissaient avoir perdu leur véritable signification. L'effet une fois passé, je ne pouvais plus me rappeler les impressions erronées qui avaient eu lieu. Peu de jours après la première fois que cela m'arriva, étant encore occupé aux mêmes expériences, j'éprouvai tout-à-coup un malaise, et je faillis m'évanouir. En revenant à moi, je

____

(1) Matière contenue dans l'opium.

remarquai que mes yeux étaient affectés, comme ils sont sujets à l'être, et comme cela arrive à quelques membres de ma famille, quand l'estomac est légèrement dérangé. Cette affection des yeux consiste en un mouvement de vibration désagréable de lignes en zig-zag devant mes yeux, rendant la vision incomplète et accompagné de nausées. Dans les cas les plus ordinaires, cette affection est bientôt suivie de céphalalgie, bornée à la partie postérieure du globe de l'œil, quand la vue devient claire. Cette fois-ci, l'affection des yeux eut une intensité inaccoutumée ; ce qui me fit prévoir une violente céphalalgie. En quelque minutes, la céphalalgie arriva. Elle était très-forte et bornée à la partie du cerveau située derrière le globe de l'œil. Aussitôt que je pus voir clairement, je fus étonné de trouver que j'étais affecté relativement aux mots, comme je l'avais été précédemment, mais à un bien plus haut degré. Non seulement j'étais incapable de lire correctement les mots écrits ; mais les paroles que l'on m'adressait, avaient une signification différente de la véritable. Je pense aussi, sans être certain du fait, que quelques-uns des mots que je prononçai, avaient de l'incohérence. Mais, pendant tout ce temps, mon esprit continua d'être parfaitement net, et j'eus l'entière conscience que les impressions erronées étaient bornées à la faculté du langage.

« Une question bien intéressante s'élève maintenant. Quel est l'effet d'une dose modérée du même médicament ? Je puis affirmer positivement que sur moi-même, dans ce cas, la faculté du langage est aussi affectée, mais d'une manière bien différente. Si je prends de vingt à trente gouttes de solution d'hydroclorate de morphine, cela produit, pendant l'espace d'une heure, un état de calme très-agréable ; puis quelques heures après, l'organe du langage est fortement stimulé ; de sorte que, loin d'hésiter à trouver les mots, je trouve difficile de m'arrêter, quand j'ai commencé à parler. J'ai répété cette expérience si souvent, sans qu'il en résultât aucun inconvénient, que j'ai pleine confiance dans son résultat. »

M. le docteur Fossati nous a aussi fait connaître un fait bien intéressant, relatif à la faculté que nous étudions en ce moment. « En voyant pour la première fois, dit-il, une petite fille de M. le comte Jouffroi, âgée d'environ trois ans et demi, ayant des yeux très-enfoncés dans leurs orbites, j'en conclus que l'organe du langage n'était pas développé, et je demandai à la mère si sa fille parlait. Cette dame, étonnée de ma demande, me répondit que sa fille ne prononçait que quelques mots, et qu'il était à craindre que jamais elle ne parlât comme les autres enfans, toute intelligente qu'elle était. La surprise de la mère augmenta, quand, en voyant l'organe de la circonspection très-développé, j'ajoutai que sa fille devait être bien prudente et prévoyante, et que difficilement elle se laisserait tomber à terre ou se ferait du mal. La mère me dit que, chaque fois qu'elle approchait d'une table ou d'une cheminée, elle mettait toujours sa petite main aux angles saillans, et que, s'il y avait seulement un pli dans le tapis de l'appartement, elle le défaisait toujours avant de passer. »

L'organe du langage trouve une application importante dans l'étude des langues; mais il faut qu'il soit guidé alors par les plus hautes facultés de l'intelligence, qui apprennent à saisir le sens des mots; car l'organe seul du langage ne ferait retenir que des sons, comme font les idiots et les perroquets. Gall avait été invité à une soirée chez M. Faujas de Saint-Fond, professeur de géologie au cabinet d'histoire naturelle. On lui présenta un jeune homme d'une quinzaine d'années, en lui demandant ce qu'il en pensait. A peine l'illustre docteur eut-il jeté les yeux sur lui, qu'il s'écria : Oh! le génie des langues! Ce jeune homme était Champollion-Figeac. On connaît les services immenses que ce savant orientaliste a rendus depuis à l'étude des langues de l'antiquité. Il serait trop long d'en présenter ici l'énumération. Il me suffira de rappeler qu'il est le premier qui ait trouvé la clef véritable des hiéroglyphes égyptiens; ce qui lui assure à jamais une grande gloire, et la reconnaissance de tous les hommes d'étude.

L'organe du langage peut s'allier avec plusieurs autres. Les individus qui le possèdent sans trouver un équivalent dans les hautes facultés intellectuelles, sont des bavards insupportables, dont l'intarissable caquetage manque souvent de sens. Dans le cas contraire, vous aurez des hommes dont les discours faciles et bien raisonnés font plaisir à entendre. Allié avec les organes du temps et des tons, le langage devient harmonieux; si la mimique s'y joint, il devient animé et pittoresque; avec l'idéalité et le merveilleux, il est chargé d'images. Si la personne qui possède l'organe du langage est orgueilleuse, vous l'entendrez toujours parler d'elle-même; c'est un sujet favori auquel elle revient sans cesse, même sans s'en douter; avec d'autres facultés, elle vous entretiendra des objets de sa vénération, de ses exploits, de ses voyages, de ses enfans, de ses études, etc.

Ceux au contraire chez qui cette faculté est faible, ont beaucoup de peine à s'exprimer; ils hésitent, courent après les mots, se répètent, et mettent dans leurs discours une lenteur fatigante pour ceux qui les écoutent. Si en même temps ils sont retenus par la honte, résultat de l'approbativité, ils se réduisent au rôle de muets, ou s'exposent à dire des sottises. Tel fut J.-J. Rousseau; tel fut aussi l'abbé Sieyès, qui a figuré dans les premières assemblées de la révolution, où il a eu une très-grande influence par ses écrits, et aucune par sa parole.

Voici des exemples de cette faculté. Voltaire, dont les yeux sont saillans, et qui avait une grande facilité d'élocution; Foy, dont les yeux sont moins en avant, mais chez qui le grand développement des hautes facultés intellectuelles contribue à leur donner cette position; vous pouvez remarquer d'ailleurs la grandeur de l'ouverture orbitaire; Benjamin Constant, chez qui l'ouverture orbitaire est aussi très-grande, sans que l'œil soit saillant; Fox, qui a les yeux à fleur de tête.

On s'est demandé si les animaux possèdent l'organe du langage. Ici surtout, il est important

de distinguer les deux manifestations de cette
faculté; l'intelligence des sons et l'aptitude à les
reproduire. Un chien répond au nom qu'on lui
a donné, et obéit, ainsi que d'autres animaux,
à certains mots qui correspondent à quelque action qu'on les a dressés à faire. Ils comprennent
donc ces mots, non pas sans doute comme nous
les comprenons nous-mêmes, mais leur perception coïncide chez eux avec l'idée de certains
gestes, de certains mouvemens. On apprend à
quelques oiseaux à parler : le perroquet, la pie ;
j'ai vu un canari qui prononçait trois mots assez
distinctement. Mais l'animal n'attache pas plus
d'idée aux paroles qu'il prononce, que le merle
à l'air qu'il siffle.

Mais s'il n'est pas donné à la brute de se servir du langage de l'homme, peut-on refuser à
ceux qui sont le mieux organisés, une langue
propre à chaque espèce ? Le cri de chaque animal ne varie-t-il pas selon ce qu'il veut exprimer, et ceux à qui il s'adresse ne le compren-
nent-il pas ? C'est ce qu'on ne saurait nier. La
poule qui appelle ses poussins ne fait pas entendre les mêmes sons que celle qui pond. Le rossignol à qui la frayeur arrache un cri, a d'autres
modulations pour chanter ses amours. Les cam-
pagnards, les chasseurs ont fait les mêmes ob-

servations relativement aux autres oiseaux et aux quadrupèdes, qui savent bien se communiquer leurs besoins. Ainsi, les animaux possèdent en ce sens l'organe du langage. M. Vimont en place le siége, chez eux, dans la même position que dans l'homme.

34 Comparaison.

Gall avait un ami qui parlait toujours par comparaisons, par paraboles. Dès qu'il voulait exprimer une idée nouvelle ou qui pouvait paraître telle à ses auditeurs, dans la crainte de ne pas être compris, il tâchait de rendre ses pensées sensibles par quelque comparaison tirée d'objets familiers aux personnes qui l'écoutaient. Cette méthode peut présenter en effet de grands avantages, lorsqu'on la pratique avec discernement; et avec certains esprits, elle est préférable à de longs raisonnemens. Gall ayant observé la tête de cet ami, et ayant ensuite étudié bon nombre d'individus relativement à cette faculté, en découvrit l'organe à la partie antérieure, supérieure et moyenne du front, en avant et au-dessous de la bienveillance, au-dessus de l'éventualité. Le père de la Phrénologie n'avait reconnu de cet organe que la manifestation que je viens d'indiquer, et l'avait désigné sous les noms de *faculté comparative*, *sagacité comparative*, *esprit comparatif*.

Mais ce n'est point à faire employer souvent des comparaisons dans le langage, que se borne cet organe. Il a aussi pour objet de faire saisir et apprécier les ressemblances, les analogies, les différences qui se trouvent entre plusieurs objets. Il est comme le complément indispensable de tous les organes perceptifs. Si notre œil perçoit plusieurs couleurs, notre oreille divers sons; la comparaison s'empare de ces perceptions, cherche leurs rapports, et concourt à nous en donner une idée nette. Cette faculté ne s'exerce pas seulement sur les choses physiques; mais aussi sur les mots qui ne présentent que des abstractions : c'est par elle que nous établissons des différences entre la vertu et le vice, la gloire et la honte, le bien et le mal, etc.

Cet organe est nécessaire aux poëtes, aux littérateurs, aux orateurs, parce que pour eux l'essentiel est d'émouvoir, et qu'il y a souvent de l'avantage à sacrifier la justesse du raisonnement à l'effet que peut produire une comparaison habilement choisie. Mais on doit s'interdire sévèrement l'usage de ce moyen dans la démonstration des sciences exactes; là tout doit être rigoureux; et, comme dit le proverbe, *com-*

paraison n'est pas toujours raison. Cette faculté est très-commune chez les peuples orientaux, qui font un usage continuel de paraboles dans leurs discours et leurs écrits. La Bible, écrite sous cette influence, en est un exemple connu de tout le monde.

Toutes les phrases sentencieuses prennent naissance par suite de l'action de cet organe. — Le trident de Neptune est le sceptre du monde. —La vie n'est qu'un voyage. — Les mots honneur et patrie ont de l'écho en France. — Toute montée a sa descente. — etc. — ne sont dans le fait que des comparaisons. Napoléon possédait cette faculté au plus haut degré, comme le témoignent beaucoup de ses proclamations, et ce qu'on a conservé de ses conversations. Tout le monde peut se rappeler quelques-uns de ses mots, qui ont eu tant de retentissement. Mais lorsque l'organe est très-prononcé, ainsi que l'idéalité, et que la causalité est proportionnellement faible, il est à craindre qu'on ne s'égare dans ses méthaphores; et alors on devient inintelligible, ce qui est le pire de tous les défauts, pour l'homme qui parle ou qui écrit : ou bien, on sacrifice la raison et la vérité au désir de faire miroiter devant les yeux d'un auditeur surpris, une pensée fausse mais brillante, qui éblouit et scintille comme du strass, qui a l'éclat mais non la solidité du diamant.

Je puis vous montrer plusieurs têtes où l'organe de la comparaison est très-développé. Voici le célèbre ministre anglais Pitt, Gall, Spurzheim, Benjamin Constant, Manuel, Casimir Périer, Cuvier, Dupuytren, Sestini, Napoléon. Vous ne trouverez jamais une belle tête, phrénologiquement parlant, où cette faculté ne soit amplement développée; sans elle, il n'y a pas de jugement, et elle se rencontre chez tous les hommes à haute intelligence; car cet organe est rarement seul. Si vous voulez à présent des exemples négatifs, jetez les yeux sur ces têtes de Victoire, de Boutiller, de Choffron.

Gall a refusé cette faculté aux animaux; mais il me semble qu'il a été un peu injuste à leur égard. Certainement je ne pense pas que, chez un animal, l'organe de la comparaison soit aussi parfait que dans l'homme, et puisse s'exercer sur un aussi grand nombre d'objets, et en apprécier aussi bien les rapports; mais quand un herbivore, par exemple, se dirige sans hésiter du côté d'une verte prairie, n'établit-il pas une comparaison entre sa couleur et celle des champs dépouillés, ou des routes qui l'entourent? Car il est évident qu'il remarque ici une différence, et toute différence est nécessairement le résultat d'une comparaison. M. Vimont accorde cet organe au chien, à l'orang-outang et à l'ours. Quant à moi, je crois qu'à l'exception des plus bas placés dans la série zoologique, tous les animaux le possèdent à un degré plus ou moins grand de développement. Peut-être le chien, l'ours et surtout l'orang-outang sont-ils à cet égard les mieux partagés après l'homme. On sait que les chiens sont très-observateurs, qu'ils sentent la valeur des gestes et de l'intonation des personnes avec qui ils vivent ; et on cite de quelques-uns, des traits qui semblent annoncer une assez forte intelligence, c'est-à-dire une puissance comparative assez développée. L'ours est aussi un animal fort adroit, dont le cerveau est assez développé dans la partie antérieure, et qui fait souvent preuve d'un certain jugement. Au-dessus d'eux se place l'orang-outang qui, d'après l'expression de M. Geoffroi Saint-Hilaire, est moins qu'un homme, mais plus qu'un singe.

35. Causalité.

Cet organe que Gall, à qui nous en devons la découverte, appelait esprit philosophique, est situé au haut du front, des deux côtés de la faculté précédente : il est limité de côté par la

gaîté, en haut par la mimique, et en bas par le
temps. La comparaison se contente de saisir les
rapports qui existent entre divers objets; la causalité recherche leur action les uns sur les autres; elle s'occupe des liaisons de cause à effet,
d'où est venu le nom qu'on lui a donné. Cette
faculté, qui est la plus noble dans l'homme, se
développe de très-bonne heure chez lui. Vous
savez combien les enfans en font usage: *pourquoi* semble être leur mot favori, jusqu'à ce
qu'une éducation vicieuse, venant les habituer
à ne jamais penser par eux-mêmes, mais à répéter servilement ce qu'on leur dit, ait éteint chez
eux cette curiosité naturelle, que le créateur
leur a donnée comme le plus puissant moyen
d'instruction.

C'est la causalité qui préside au raisonnement;
c'est sous son influence que naît la filiation logique des idées. Sans elle, on a l'esprit faux. Faute de voir distinctement les rapports de la cause à l'effet; faute de saisir avec justesse l'ordre
générique des faits, on prend pour une preuve
ce qui n'en est pas, et même ce qui en est
souvent pour l'opinion contraire : on parle pour
et on conclut contre. Ce défaut n'est malheureusement pas rare ; et ceux qui suivent les discussions des Chambres ou du barreau, peuvent

s'en apercevoir souvent. Je crois que c'est encore là une suite de notre vicieux système d'éducation, où généralement on ne s'occupe pas assez d'exercer la raison des jeunes gens. Presque tout se borne pour eux à répéter les paroles du maître, qui leur mâche tellement la matière, qu'il ne leur reste à-peu-près aucune observation ou aucune réflexion à faire par eux-mêmes. De cette manière, l'organe de la causalité devient paresseux, lourd et semble toujours attendre une impulsion étrangère, pour sortir de son apathie. De toutes les méthodes à ma connaissance, je ne sache que celle de M. Jacotot qui soit exempte de ce grave inconvénient ; aussi produit-elle des résultats inconnus à toutes les autres.

Cet organe est nécessaire pour réussir dans toutes les sciences, surtout dans celles dites exactes ou positives, parce que tout y repose sur des inductions, c'est-à-dire sur des rapports de cause à effet. Il est indispensable en politique, en législation, en morale, dans les spéculations commerciales et, en un mot, dans toutes les circonstances de la vie; car il est la source de tout raisonnement. C'est par son moyen que, remontant de cause en cause, on s'élève jusqu'à l'idée d'êtres supérieurs ou d'un Dieu, commune à tous les peuples. Mais pour que la causalité ne soit pas pour nous une source continuelle d'erreurs, il faut qu'elle s'exerce sous l'influence des organes de la perception, surtout de l'éventualité, afin que nos raisonnemens ne soient basés que sur des faits, et non sur des abstractions nées d'une idéalité très-grande. Sans cela, on entasse argumens sur argumens à perte de vue, on s'égare dans les nuages, et on devient inintelligible pour les autres et pour soi. Cette organisation n'est, dit-on, pas rare derrière l'autre rive du Rhin, où on rencontre l'organe de la causalité plus prononcé que de ce côté, et celui de l'éventualité beaucoup moins.

La causalité et l'éventualité sont très-développées sur la tête de Franklin, homme positif, qui a eu une si grande influence sur les destinées de sa nation. Il en est de même de Voltaire et de J.-J. Rousseau, dont les écrits ont si puissamment contribué à réveiller chez les masses ce besoin de liberté et d'égalité, qui domine toutes les révolutions. Cette organisation se remarque aussi chez Gall, Spurzheim, Foy, Benjamin Constant, Fox, Cuvier, Dupuytren, Napoléon, etc.

On accorde cet organe aux animaux, quoique à un faible degré. Cependant quelques-uns, comme l'éléphant, le chien, l'orang-outang, se font distinguer sous ce rapport. M. Vimont attribue surtout à cette faculté la supériorité que le chien montre sur plusieurs animaux. Vivant continuellement avec l'homme, il nous est mieux connu, par suite de la facilité que nous avons à l'étudier, et il doit avoir gagné en intelligence par une éducation qui se continue de génération en génération, depuis un grand nombre de siècles. Aussi, on peut citer de cet animal, une foule de faits qui ne permettent pas de lui refuser une certaine dose de causalité. Il en est de même de l'éléphant, dont l'intelligence est bien connue, et à plus forte raison de l'orang-outang, qui leur est encore supérieur.

TREIZIÈME LEÇON.

MALADIES MENTALES.

Messieurs,

A l'exception d'un petit nombre de cas pathologiques cités dans les leçons précédentes, nous
n'avons encore examiné l'appareil ancéphalique
que dans son état normal. Mais pour étudier
l'homme, et se faire une idée aussi complète que
possible de ses facultés, il ne suffit pas de l'observer dans l'état de santé; il faut encore voir
comment il agit sous l'influence d'une maladie,
et c'est ce que je me propose de rechercher dans
la séance d'aujourd'hui. Je n'aurai point à m'occuper de tous les maux qui peuvent assaillir notre espèce; je dois me borner à vous parler des
maladies qui ont leur siége dans le cerveau, qui
influent sur nos facultés de tout ordre, et qu'on
désigne sous le nom général de maladies men-

tales. Elles sont de diverses espèces, et se présentent avec une durée et une intensité plus ou moins déplorables : on les classe en *idiotie*, *folie*, *monomanie*, *démence*, *délire*, *hallucination*, etc. Je vais vous entretenir successivement de chacun de ces états.

L'idiotie est une maladie dans laquelle les facultés de l'esprit ne se sont jamais manifestées, ou n'ont pu se développer que d'une manière très-imparfaite : c'est une maladie que l'individu apporte en naissant, et elle se manifeste au moment où les facultés morales et intellectuelles devraient commencer à se faire connaître. Elle est toujours accompagnée d'une imperfection plus ou moins grande dans le développement du cerveau, ou d'une altération dans son organisation même. Il en résulte que les individus complétement idiots sont incurables; et quoique les fonctions de la vie animale se fassent ordinairement bien chez eux, on en voit peu dépasser l'âge de vingt-cinq ans.

D'après tout ce que nous avons dit dans nos leçons précédentes, on ne peut plus douter que l'intégrité et la perfection du cerveau soient nécessaires pour les manifestations des qualités de l'esprit. Quand donc un enfant naîtra avec un très-petit cerveau, ou avec un cerveau malade,

comprimé par la présence de plus ou moins de
sérosité dans l'intérieur, il en résultera pour lui
une incapacité à remplir toute espèce de fonction cérébrale; un manque absolu de facultés
morales et intellectuelles : il sera idiot. Un grand
nombre d'observations démontre que le cerveau
ne peut pas remplir ses fonctions, quand le crâne, dans l'âge adulte, n'a que dix-sept pouces
ou au-dessous, de circonférence; mesure prise
sur la partie la plus bombée de l'occiput, en passant par les tempes et la partie la plus élevée du
front. M. le docteur Fossati cite une femme d'environ trente ans, qu'il a vue dans l'hospice des
aliénés de Crémone, complétement idiote de
naissance, dont la tête n'avait que la moitié du
volume de celle d'une femme ordinaire. Le même médecin dit posséder le crâne d'un enfant
mort à l'âge de dix ans, dans un état d'idiotie si
complet, qu'il ne savait pas même prendre les
alimens qu'on lui présentait : ce crâne n'a que
le tiers du volume de celui d'un enfant ordinaire
du même âge, et encore contenait-il trois ou
quatre onces de sérosité, qui comprimaient le petit cerveau. Le médecin anglais Willis a décrit le
cerveau d'un jeune homme, idiot de naissance;
son volume occupait à peine la cinquième partie d'un cerveau humain ordinaire. Voici le crâne

de l'idiote Victoire, il est remarquable par son extrême petitesse.

M. le docteur Félix Voisin ayant été chargé par le conseil général des hôpitaux, d'organiser un service médical en faveur des enfans épileptiques et idiots de l'hospice des incurables, a publié le rapport qu'il adressa à ce sujet au conseil général. Nous y trouvons quelques détails pleins d'intérêt. J'en rapporterai ce qui a trait au volume de la tête.

« J'ai fait sur les idiots par point d'arrêt dans le développement cérébral, l'expérience du docteur Gall : j'ai mesuré leurs têtes, et voici ce que je puis affirmer avec lui en cette occasion.

« En mesurant ces têtes immédiatement au-dessus de l'arc supérieur de l'orbite, et au-dessus de la partie la plus prédominante de l'occipital, on trouve une périphérie de onze à treize pouces.

« En les mesurant de la racine du nez au bord postérieur de l'occipital, on trouve huit à neuf pouces.

« L'exercice entier des facultés intellectuelles est absolument impossible avec un cerveau si petit. Jamais encore on n'a trouvé d'exception à cette règle, et jamais on n'en trouvera.

« Cette loi de la nature, relative aux têtes de onze à quatorze pouces, se trouve de plus en plus confirmée. Lorsqu'on examine les têtes, depuis l'imbécillité complète, jusqu'à l'exercice des facultés intellectuelles exclusivement, cet espace est compris entre les limites suivantes : quatorze à dix-sept pouces, pour la périphérie ci-dessus; et onze à douze pouces pour l'arc compris entre la racine du nez et le grand trou occipital.

« Avec ces dimensions, on trouve plus ou moins de stupidité, une incapacité plus ou moins complète de fixer son attention sur un objet déterminé, des sentimens vagues, des affections, des passions indéterminées et passagères; une marche irrégulière des idées, un parler en phrases hachées, ou même par substantifs et par verbes; des instincts aveugles et déréglés, ou presque nuls.

« Les têtes de dix-huit pouces à dix-huit pouces et demi sont encore de petites têtes, quoiqu'elles permettent un exercice régulier des facultés intellectuelles. »

L'idiotie ne dépend pas toujours d'un défaut de développement convenable du cerveau. Chez les crétins du Valais, par exemple, elle est due généralement à une autre cause. Chez ces malheureux, le cerveau se trouve engourdi par la présence d'une certaine quantité d'eau répandue dans ses différentes parties; et la texture des fibres cérébrales n'a pas la consistance ordinaire. Il faut donc reconnaître cette espèce d'altération organique comme cause de l'incapacité du cerveau à remplir sa destination, dans l'idiotie des crétins. Lorsque des individus sont idiots, ou presque idiots à la manière des crétins, la crânioscopie demeure muette à leur égard; voilà pourquoi on peut rencontrer des hommes qui ont l'air d'être bien organisés, et qui sont cependant de véritables idiots.

On distingue plusieurs degrés dans cette déplorable maladie. Les idiots du plus bas étage sont hideux de forme, dégoûtans de malpropreté, privés même des lumières de l'instinct, ne faisant entendre que des cris rauques, sauvages et inarticulés, exhalant une odeur infecte, réduits en un mot à une condition inférieure à celles des brutes. La respiration et la digestion sont les deux seules fonctions apparentes dans la généralité des cas : il semble qu'il n'y a aucune relation entre les sens et le monde extérieur; rien ne paraît avoir de destination dans l'organisme, tout y est vague et confus, sans harmonie et sans but : l'œil ne se fixe pas; l'oreille n'écoute pas; la main ne s'étend pas; les besoins impérieux de la faim se font vainement sentir; les alimens sont sous les yeux de ces êtres dé-

gradés, à leur disposition; et ils ne savent pas
les porter à leur bouche. A l'exception de la forme, rien chez eux ne rappelle l'homme; le mouvement seul y indique l'animal. Chez un assez grand
nombre de ces idiots, on remarque un mouvement de tout leur corps, d'avant en arrière, ou
de droite à gauche, les deux bras pendants, et ce
manége, qui dure quelquefois pendant plusieurs
heures de suite, est tout-à-fait semblable au ba-
lancement qu'exécutent les singes qu'on montre
dans les ménageries.

Au-dessus de ces idiots, il faut placer ceux
qui le sont d'une manière plus ou moins complète; d'abord ceux qui possèdent les instincts
animaux, et il faut dire qu'on en voit très-peu
chez qui cette partie de l'encéphale ne soit pas
développée; c'est à cette portion du cerveau que
la nature semble tenir le plus, et elle est toujours la plus saillante chez les idiots. En voici un
exemple sur le cerveau de Victoire, dont je vous
ai déjà parlé. Vous voyez combien il est petit,
comparé à un cerveau ordinaire, tel que celui-
ci. Mais ce sont surtout les organes de l'intelligence qui sont atrophiés; ceux des instincts ont,
relativement au volume total, tout l'accroissement convenable. Après le développement des
instincts, apparaît celui des sentimens, et cela

donne des idiots d'un degré moins bas que ceux qui n'ont que des instincts ; enfin viennent ceux chez qui quelques facultés intellectuelles seules manquent, ou dont quelques organes correspondans à cette classe, sont dans un état de maladie. L'idiotisme est rarement complet : lorsqu'on n'a pas l'habitude de ce genre d'observations, on ne le distingue pas toujours de prime-abord chez un individu, et, dans certaines circonstances, on doit se tenir bien sur ses gardes, pour juger les actions d'un homme.

« Je me rappellerai toute ma vie, dit M. le docteur Voisin, dans son rapport au conseil général des hôpitaux, avoir vu à Bicêtre, en 1828, lors du départ de la chaîne des forçats, un jeune homme de vingt-deux ans, *qui en faisait partie*. J'entrais dans la grande cour de la prison au moment où l'on faisait exécuter un mouvement général parmi ces malheureux, pour en opérer le ferrement. Habitué que je suis à saisir les caractères extérieurs de ces êtres infirmes et dégradés, du plus loin que j'aperçois ce jeune homme ; à sa configuration cérébrale, à sa démarche, à ses poses mal assurées, à son sourire niais et stupide, à la manière dont ses camarades le plaçaient et le déplaçaient, à son indifférence, il me vient en idée que j'ai un idiot sous les yeux : je veux éclaircir mes doutes, je vais à lui, je l'examine, je l'interroge, je fais à ses compagnons d'infortune une foule de questions sur l'ordre et le genre de ses manifestations habituelles ; ils me regardent tous avec étonnement, ils ne savent rien de tout ce qui se passe dans ma tête, des émotions que j'éprouve, des idées qui m'assiègent ; et comme ils ne se doutent pas de l'importance que j'attache à ne pas avoir le moindre doute sur la situation mentale de ce jeune homme, ils ne peuvent concevoir comment un homme qui leur paraît avoir d'ailleurs quelque instruction, peut rester si longtemps à constater une imbécillité si patente pour eux, et d'ailleurs, disent-ils, si manifeste à tous les yeux. Je ne m'étais point trompé, j'étais en présence d'un pauvre enfant à qui la nature avait été bien loin d'accorder tous ses dons, et que l'on sacrifiait en pure perte aux intérêts sociaux. L'infortuné n'avait point, il est vrai, la conscience de son état ; mais sa famille avait à subir les conséquences d'une condamnation infâmante. »

M. Voisin cite trois jeunes idiotes de l'hospice des incurables, que leurs violences rendent très-dangereuses. On a souvent de la peine à soustraire les autres enfans à leurs fureurs homicides. Elles sont presque toujours sombres, taciturnes, et aiment à vivre à l'écart; puis quelquefois, sans cause apparente, elles ont de terribles mouvemens de fureur, et si elles ne trouvent pas à les assouvir sur les autres, elles tournent contre les objets inanimés ou sur elles-mêmes, leur aveugle férocité. D'autres volent sans besoin, sans nécessité, sans mauvais exemple, sans utilité, simplement pour voler. Elles s'emparent de toutes sortes d'objets, même sans la moindre valeur, et se hâtent de les aller cacher là où, dans la faiblesse de leur intelligence, elles supposent qu'on ne viendra pas les chercher.

On rencontre quelquefois des idiots nés avec un talent particulier pour copier un dessin, pour trouver des rimes, pour la musique, etc. M. Fodéré, professeur à la Faculté de médecine de Strasbourg, dit en avoir connus qui ont appris d'eux-mêmes à jouer passablement de l'orgue et du piano; d'autres qui s'entendent, sans avoir eu de maîtres, à raccommoder des horloges et à faire quelques pièces de mécanique. Cela tient au développement plus parfait de l'organe sous la dépendance duquel se trouve tel ou tel art, et non à l'entendement; car ces individus étaient déroutés dès qu'on leur parlait de leur art, et ne se perfectionnaient jamais. Ce sont donc là des cas d'idiotie incomplète.

Au-dessus des idiots apparaît la classe plus
nombreuse des imbéciles, qui sont privés de
certaines facultés intellectuelles : non pas que
ces facultés manquent toujours totalement chez
eux ; mais souvent elles n'y sont que très-peu développées, et elles sont alors susceptibles d'une
certaine éducation. Cependant il ne faut pas
s'attendre à tirer un grand parti de ces individus sous le rapport de ces mêmes facultés,
quoiqu'ils puissent fort bien réussir en autre
chose. C'est ce qu'il ne faut point perdre de vue
dans l'éducation : on perd souvent son temps à
vouloir forcer la nature d'un enfant ; on attaque
vainement un organe qui ne peut rien produire,
au lieu de s'adresser à ceux qui pourraient donner de bons résultats.

Vous venez de voir que l'idiotie a lieu par défaut de développement ou par suite de maladie
de tous les organes, lorsqu'elle est complète ;
ou de certains d'entre eux seulement, lorsqu'elle
n'est que partielle. La folie, autrement appelée
aliénation mentale, provient précisément d'une
cause contraire, c'est-à-dire de la croissance
trop grande d'un ou de plusieurs organes, relativement au reste de l'encéphale ; ou de la
surexcitation de certaines facultés, par suite
d'un état morbide. Ainsi, dans l'idiotie, les fa-

cultés par rapport auxquelles on est idiot, n'apparaissent pas ; tandis que dans la folie, celles relativement auxquelles on est fou, se montrent avec une trop grande énergie. Lors donc qu'un individu sera devenu fou par suite d'un trop grand développement de certains organes, la crânioscopie permettra de déterminer le genre de folie, à l'inspection de la tête du malade ; mais si le mal provient d'une surexcitation cérébrale en certains points, aucune cause n'apparaîtra à l'extérieur.

En 1829, le docteur Combe visita la maison de fous de Richemont à Dublin ; il était accompagné de M. Crawford, médecin suppléant, du ministre M. Grace, du major Edgeworth, directeur de l'école de commerce, du docteur Cumming, et du docteur Mollan (1).

Le docteur Crawford, après avoir tracé à l'avance les symptômes caractéristiques de plusieurs cas de folie, proposa au docteur Combe d'examiner la tête des malades dont il avait caractérisé l'aliénation, et de diagnostiquer, d'après l'examen phrénologique, la nature de l'affection. Le rapprochement des observations faites par M. Combe, et des notes tracées par le

---

(1) *Phrenological Journal and Miscellany*, N° XXI.

médecin adjoint de l'établissement, devait avoir lieu ensuite. M. le docteur Combe, sans faire d'objection au genre d'expérience qu'on lui proposait, observa que l'excès de développement d'un organe, et par suite l'exagération de sa faculté, n'est pas la seule cause déterminante de la folie; qu'un organe faible peut devenir malade comme un organe fort, et que, dans ce cas, la forme de la tête n'indique pas le caractère; que cependant elle doit conduire le plus souvent au genre d'aliénation.

Je vous présenterai quelques-unes des observations de M. Combe, comparées aux notes du docteur Crawford; vous jugerez vous-mêmes de leur degré de coïncidence. Dans chaque cas, M. Combe indiquait le développement à toutes les personnes présentes. Il le leur faisait toucher; il le comparait au même organe de la tête des autres individus qui étaient dans la salle, et engageait les assistans à juger par eux-mêmes. M. Combe avait souligné dans ses notes, les organes dont il pensait que la folie dépendait; ils sont ici en caractères italiques.

1er Malade. — Patrick Lynch.

Appréciation phrénologique de M. Combe. Organes très-grands : estime de soi, merveillosité, causalité, langage, combativité. Organes grands : amativité, philogéniture, concentrativité, acquisivité, approbativité, fermeté. Fort : vénération. Faible : conscienciosité.

M. Combe dit qu'il considère la *merveillosité*, qui, lorsqu'elle est dérangée, inspire des idées surnaturelles, ainsi que l'*estime de soi*, comme les sources de l'aliénation dans ce cas ; il ajoute que la *causalité* et le *langage* doivent être remarquablement en jeu dans les manifestations.

Note du docteur Crawford. Patrick Lynch, âgé de 42 ans, tonnelier, malade depuis deux ans, marié et père de famille. Monomanie. *Orgueil religieux* avec imagination ardente ; excitation portée au plus haut degré ; il a besoin d'être contenu ; il se croit inspiré et doué de la toute-puissance ; hallucinations fréquentes ; visites du ciel, etc. Grande abondance de discours en style supérieur à son rang dans la société ; des excès de boisson ont été la cause de cette folie.

2ᵉ Malade. — Dowling.

Appréciation phrénologique de M. Combe. Organes énormes : *estime de soi, fermeté.* Organes assez grands : amativité, combativité, destructivité, adhésivité, bienveillance. Organe fort : acquisivité. Très-bon : intellect. Faible : circonspection. M. le docteur Combe fait observer que les organes excessifs, dans ce cas, sont l'*estime de soi* et la *fermeté*, et que c'est à ces organes qu'il faut attribuer la folie.

Note du docteur Crawford. Joseph Dowling, ouvrier en soie, âgé de 29 ans, malade depuis deux ans. Monomanie; haut orgueil, il se croit empereur; fatiguant, querelleur, dangereux, mais facile à calmer.

3e Malade. — Fogharty.

Appréciation phrénologique de M. Combe. Organes grands : *destructivité*, approbativité, circonspection, *merveillosité*, imitation. Faibles : espérance, vénération. Bien développé : intelligence.

Les organes qui dominent dans ce cas, sont la *merveillosité* et la *destructivité*.

Note du docteur Crawford. Thomas Fogharty, marin et tailleur, âgé de 39 ans, malade depuis dix ans. Monomanie avec la singulière idée qu'il est le Tout-Puissant. Il dit qu'il n'a pas eu de commencement, et qu'il ne mourra pas; qu'il peut rendre immortel qui il lui plaît. Il est très-irascible, et menace ceux qui l'offensent, du feu et du soufre de l'enfer.

4ᶜ Malade. — Jeanne Hall.

Appréciation phrénologique de M. Combe. Organes très-grands : *estime de soi*, combativité, destructivité, espérance, vénération. Fort : merveillosité. Bien développé : intellect.

L'organe de l'*estime de soi* est ici de beaucoup le plus développé.

Note du docteur Crawford. Jeanne Hall, âgée de 48 ans, malade depuis huit ans. Monomanie; orgueil : se croit reine de France. Hallucinations relatives à des rebelles qui environnent la maison. Elle s'imagine qu'elle a des rats dans le front. Généralement gaie et calme.

5ᵉ Malade. — Anne Kelly.

Appréciation phrénologique de M. Combe. Organe très-grand : *Approbativité*. Grands : secrétivité, *estime de soi*, destructivité, *idéalité, imitation, constructivité*, fermeté. Forts : bienveillance, vénération.

Note du docteur Crawford. Anne Kelly, âgée de 37 ans, malade depuis deux ans. Monomanie. Orgueil; elle s'imagine qu'elle est Napoléon. Elle est très-irritable, mais elle est aisément calmée par quelques éloges. Elle s'habille en partie comme un homme; elle parle d'elle-même comme d'un homme, et à la troisième personne. Elle s'est fait des pantalons et un manteau richement orné de simples fils. Elle ne veut jamais porter de chapeau.

Sur vingt-trois malades qui ont été soumis à son examen, M. Combe en a rencontré seize chez lesquels la coïncidence entre le développement du cerveau, et la nature de la folie s'est trouvée assez exacte, pour que l'inspection du crâne ait permis de découvrir les symptômes caractéristiques. Pour les sept autres cas, la même relation n'existait pas, et c'est ce que M. Combe avait inséré dans ses appréciations, disant que les sujets examinés ne présentant pas d'organe très-saillant, la folie devait tenir à l'état morbide de l'un deux, et que la crânioscopie ne permettait pas de dire lequel était affecté. Je pense que ces expériences achèveront de porter la conviction dans vos esprits, s'il pouvait y demeurer encore quelques doutes.

Un grand nombre de causes peuvent conduire à la folie. M. Desportes, membre depuis trente ans de la commission administrative chargée des hospices, a adressé, à ce sujet, en 1835, au conseil-général des hospices et hôpitaux civils de Paris, un compte-rendu plein d'intérêt, dont j'extrairai quelques données statistiques.

De 1830 à 1833, le nombre annuel des aliénés reçus dans les hospices de Bicêtre et de la Salpétrière, a été beaucoup plus considérable que pendant les années précédentes. Les agitations politiques, qui ébranlent si profondément les cerveaux faibles, le choléra, les souffrances des classes pauvres pendant la crise industrielle qui suivit la révolution, paraissent avoir déterminé cette disproportion accidentelle.

La saison des chaleurs, ce qui s'explique facilement, et surtout les mois de Juin et Juillet, fournissent la plus forte proportion dans le contingent annuel des admissions. L'époque de la vie la plus exposée à la perte de la raison, paraît être de 30 à 39 ans. Le nombre des fous furieux s'abaisse graduellement, ce qu'il faut attribuer à la suppression de la plus grande partie des loges, qui retenaient les malades dans un isolement bien propre à favoriser la violence. Le nombre des loges est réduit, à-présent, au quart de ce qu'il était autrefois.

Le nombre des femmes folles dépasse à-peu-près d'un quart celui des hommes, ce qui est dû à ce que leur système nerveux est plus irritable et plus disposé à l'exaltation. La proportion des célibataires est plus grande que celle des gens mariés, dans le rapport de 47 à 35. Les professions qui fournissent le plus d'aliénés sont, parmi les hommes : 1° les journaliers, qui forment environ 1/16 du total, et qui en ont donné 1/5, de 1830 à 1833; 2° les cordonniers, 1/20; les tailleurs, 1/25, les menuisiers, 1/30, etc. Dans le total général de onze années consécutives, de 1825 à 1833 inclusivement, figurent 4 agens d'affaires, 2 banquiers, 2 chirurgiens, 4 médecins, 16 littérateurs, dont 5 dramatiques, 11 ecclésiastiques, 2 chimistes, 3 avocats, 16 étudians, 23 commis-voyageurs, 18 musiciens, etc.

Parmi les femmes, la profession la plus maltraitée est celle des couturières : elles entrent pour 1/7 dans le total. Leur position sans fixité, l'insuffisance de leurs gains, leur existence mal assurée et livrée à toutes les séductions, les exposent à des déceptions et à des chagrins qui amènent trop souvent le dérangement du cerveau. Les journalières viennent ensuite pour 1/11; les domestiques pour 1/12. Les lingères, les brodeuses et en général toute cette classe dont la position sociale se rapproche de celle des couturières, fournissent beaucoup d'aliénés, à proportion de leur nombre.

La cause la plus puissante est sans contredit l'hérédité. Elle entre pour un quart dans le résultat général, d'après les observations de M. le docteur Esquirol. Les congestions cérébrales , l'infériorité de développement intellectuel, et l'abus des liqueurs alcooliques suivent immédiatement ; cette dernière cause paraît compter pour 1/20. Les chagrins domestiques et les revers de fortune dominent parmi les causes morales.

Dans un mémoire lu récemment à l'Académie des sciences, M. Brière de Boismont passe en revue les différentes nations, en commençant par les plus éclairées, et descendant jusqu'aux plus barbares, estimant pour chacun d'elles, soit d'après des documens de statistique précis, soit d'après le témoignage des voyageurs, le plus ou moins de fréquence des maladies mentales. Cet examen le conduit à conclure que la folie, plus commune chez les peuples civilisés que chez les peuples barbares, est due principalement chez les premiers à l'action des causes morales; chez les seconds, à l'action des causes physiques. Dans ses cours professés à Bicêtre sur le traitement de la folie, M. le docteur Ferrus a émis une opinion analogue. Il est constant, dit-il, que la folie est plus commune dans les pays les plus civilisés. L'Angleterre, la France et l'Allemagne ont bien plus de fous que les autres nations. Quant à la Russie, à la Turquie, à la Chine, les voyageurs s'accordent sur ce fait, que les aliénés y sont en moins grand nombre. En Suède au contraire, il se trouve beaucoup d'aliénés, relativement à la population.

Les causes dont l'influence se constate le plus facilement sont celles dues aux changemens brusques des constitutions atmosphériques. Dans les armées, lorsqu'elles sont soumises à des fatigues, à des changemens de température sans nombre, il survient beaucoup d'aliénés. Mais dans ce cas, il existe plusieurs autres causes, dont il faut aussi tenir compte; telles sont par exemple les causes morales. A la suite des guerres qui ont eu lieu de 1814 à 1815, on a trouvé moins de fous, il est vrai, mais on sait qu'alors nos armés n'émigraient pas, qu'elles n'allaient pas, comme avant, dans des pays lointains ou dans des déserts, dont l'impression est si forte, surtout sur les cerveaux faibles. Après la campagne de Moscou, le nombre des aliénés était très-considérable; mais aussi que de souffrances, que de privations physiques et morales, nos malheureux soldats n'ont-ils pas endurées !

Quoique le nombre des aliénés ait réellement augmenté chez les nations les plus civilisées, cet accroissement ne paraît pas si manifeste au premier abord, parce que le nombre des guérisons est plus grand qu'autrefois. A cet égard, la science médicale a fait de notables progrès. La nouvelle loi sur les aliénés, qui fixe leur position, qui s'occupe de les faire soigner dans les départemens, assure encore la marche rapide de ces progrès. Les médecins des départemens vont être forcés de dresser une statistique de ces malheureux, comme on en fait pour la vaccine. Il n'est pas douteux que la centralisation n'ait quelques inconvéniens, surtout par l'abus qu'on en peut faire; mais elle offre en retour d'immenses avantages, et fait la force de notre pays. C'est même un point important pour la science, qu'une administration centrale bien réglée. Voyez ce qui arrive, lorsque le contraire a lieu : en Angleterre par exemple, où on ne sait pas, même au ministère de l'intérieur, combien il existe de maisons d'aliénés.

Il est remarquable que chaque époque voit prédominer certains genres de folie. Au dire de M. Ferrus, le caractère dominant de cette maladie, sous l'empire, était la passion qu'avaient les aliénés de se croire empereurs; sous la restauration, ils étaient marquis, dévots, fanatiques; en 1830, l'ambition les minait. M. Ferrus a soigné des individus qui sont allés avec le plus grand courage sur les barricades, où ils sont devenus fous. Après la révolution de juillet, il est entré à Bicêtre une quinzaine d'aliénés qui s'étaient distingués par leur intrépidité. Les renseignemens ont appris qu'ils avaient tous des prédispositions à la folie. Avec une organisation aussi malheureuse, il suffit d'une forte excitation, pour produire les plus fâcheux effets. A l'époque où les missionnaires couvraient toute la France, on eut l'imprudence de les laisser pénétrer dans l'hospice de la Salpétrière. Ils y plantèrent une croix au milieu de la cour. Aussitôt que les aliénées l'aperçurent, il se manifesta chez elles une telle agitation, qu'elles se mirent à danser autour de cette croix avec la passion la plus effrénée. Une grande partie de ces femmes, dont le moral marchait vers un grand état d'amélioration, devinrent si gravement malades, qu'à présent on ne peut plus espérer de guérison.

J'ai déjà dit que le nombre des fous furieux est aujourd'hui considérablement réduit, grâce au traitement plus humain et plus logique auquel on les soumet. Cet heureux changement est dû au célèbre docteur Pinel. En 1792, Pinel, médecin en chef de Bicêtre, avait sollicité plusieurs fois l'autorisation d'enlever les fers dont étaient chargés les malheureux atteints de folie furieuse. Essuyant de continuels refus de l'autorité, il prend un jour le parti de se rendre lui-même à la commune de Paris, et là, reproduisant sa demande et ses plaintes, il exige la réforme d'un traitement si féroce. — Citoyen, lui dit Couthon, membre de la commune, j'irai demain à Bicêtre, te faire une visite; mais malheur à toi si tu nous trompes, et si tu recèles des ennemis du peuple parmi tes insensés. — Le lendemain, Couthon arrive à Bicêtre; il veut voir et interroger lui-même les fous, les uns après les autres; on le conduit dans leur quartier, où il ne recueille que des injures, et n'entend, au milieu de cris et de hurlemens, que le bruit des chaînes qui retentissent sur des dalles humides et dégouttantes.

A ce spectacle, Couthon frémissant recule devant l'idée de rendre à la liberté ces aliénés qui l'épouvantent, et se retire en disant à Pinel: — Fais-en ce que tu voudras, je te les abandonne; mais j'ai peur que tu ne deviennes leur victime.

Qu'on se figure la position de Pinel, sur le point de mettre à exécution l'idée philantropique qui le dominait depuis si longtemps. Son espérance allait-elle être couronnée, et l'aliénation mentale devait-elle devenir, par l'exécution de sa résolution, du domaine de la science? Les découragemens qu'il éprouvait de toutes parts étaient-ils fondés? Serait-il la proie de ces malheureux? Telles devaient être ses réflexions et ses inquiétudes. Si encore il eût trouvé un entourage qui pût l'aider! Mais il n'en était pas ainsi, car les personnes de la maison, les gardiens surtout, ne pouvaient ni comprendre ni partager sa ferme conviction.

Pinel commence donc son entreprise, et au milieu de cinquante furieux, il s'adresse au plus ancien de ce lieu de supplice. C'est un capitaine anglais, dont personne ne connaît l'histoire, et qui est enchaîné depuis quarante ans. Sa fureur est des plus exaltées; ses gardiens ne l'approchent jamais, et ne lui passent sa nourriture qu'au bout d'un long bâton, depuis qu'il a tué un de leurs camarades d'un coup de ses menottes. Il est plus garotté que les autres; aussi son exaltation est-elle continuelle et au plus haut dégré. Le savant médecin de Bicêtre lui montre un nouveau moyen de le contenir sans le blesser: c'est simplement une camisole de force en toile, qu'il a fait confectionner dans le but de l'en vêtir.

« Capitaine, lui dit-il, me répondez-vous d'être sage, si je fais dériver vos chaînes? » — Ces paroles frappent d'étonnement, de stupéfaction magique, tous ces pauvres aliénés, et le silence le plus complet succède instantanément aux vo-

ciférations. — « Oui, répond le malheureux ;
mais tu as trop peur ; tu n'oserais pas, et tu te
moques de moi. — Écoutez, reprend Pinel, j'ai
là six hommes pour me faire respecter s'il le
faut ; croyez donc à ma parole, elle est sacrée.
Je vous rends la liberté instantanément, si vous
voulez vous laisser mettre ce gilet de toile. »

Le malade promet de se soumettre ; aussitôt
ses fers sont enlevés. Plusieurs fois il essaie de se
lever sur son séant, mais il retombe, il a perdu
l'usage de ses jambes. Enfin, au bout d'un quart-
d'heure, il parvient à se mettre en équilibre, et
arrive en chancelant jusqu'à la porte. Son premier mouvement est de regarder le ciel ; il reste
en extase et s'écrie : — Que c'est beau ! — Le
soir, il revient lui-même dans sa loge, se cou-
che, dort pour la première fois toute la nuit, et
devient par la suite un des plus paisibles malades de l'établissement.

Le succès fut aussi complet avec les autres aliénés ; seulement, ils furent par la suite plus ou
moins calmes. Mais, chose remarquable, un fou
sentait-il un accès s'approcher, presque toujours
il venait lui-même prier qu'on lui mît la camisole de force. Parmi ces malheureux, et un des
plus redoutables, était un ancien soldat aux
gardes françaises, devenu fou par suite d'ivro-

gnerie. Depuis dix ans il était enchaîné ; comme les autres, il fut rendu à la liberté, et, à partir de ce moment, sa tranquillité permit de voir que le fond de son caractère était excellent. Il devint tellement bon, prévenant et attentif, que Pinel, au bout de quelque temps, le prit à son service ; les gardiens lui obéirent, et il fit souvent entendre aux aliénés des paroles de bonté et de raison.

Les symptômes les plus ordinaires de la folie sont : insomnie ou sommeil léthargique troublé par des rêves effrayans ; agitation extraordinaire ; trouble immédiat des facultés intellectuelles ou affectives ; délire gai, saillies plaisantes, rires immodérés, chants joyeux ; taciturnité, tristesse ; emportemens de colère, menaces, rage, voies de fait ; rêves de fortune, de grandeurs, d'ambition ; audace insensée ; craintes pusillanimes ; visions fantastiques ; association des idées les plus bizarres, les plus incohérentes ; oubli ou perversion des plus doux penchans de la nature ; enfin, la perte des sens, du jugement, de la mémoire ; l'insensibilité, les convulsions et la mort. On trouve ordinairement, à l'ouverture des cadavres, les méninges épaissies, rouges, gorgées de sang ; sous la dure-mère, des matières purulentes ; et, tapissant l'arachnoïde, un enduit séreux, jaune, visqueux. L'altération de la substance cérébrale n'est pas toujours aussi caractérisée; mais on y découvre au moins une rougeur plus ou moins vive, et un ramollissement porté quelquefois à un haut degré. Il est vrai qu'on a cité dans le temps quelques fous dont le cerveau n'a présenté aucun de ces caractères; mais on ne connaît point d'exemple de ce genre, depuis qu'on se livre aux ouvertures cadavériques avec un soin et une précision qui étaient inconnus aux anciens.

Ainsi, les maladies de l'appareil encéphalique sont constamment suivies du trouble des facultés intellectuelles et affectives. On a objecté que le délire se montre assez fréquemment soit au début, soit au déclin de maladies graves, autres que celles du cerveau. On oublie que l'encéphale est en relation directe avec toutes les parties du corps, et qu'il est le siége de toute sensation. C'est par la même raison que les vomissemens surviennent fréquemment, lorsque le cerveau est enflammé, et que la faim occasionne des maux de tête. Au reste, dans les cas cités plus haut, le délire n'est jamais constant ni grave, et il faut noter que, dans toute maladie d'un peu de longueur, pendant laquelle on observe un délire de quelque importance, on trouve toujours la cause de ce fâcheux symptôme dans une lésion primitive ou consécutive de l'encéphale.

M. le docteur Esquirol établit les quatre formes suivantes de maladies mentales :

1° Monomanie ou mélancolie, dans laquelle le délire est borné à un seul objet, ou à un petit nombre d'objets : elle tient primitivement au désordre des facultés affectives, entraînant le trouble et le désordre de l'intelligence.

2° Manie, dans laquelle le délire s'étend sur toutes sortes d'objets, et s'accompagne d'excitations : elle consiste dans le désordre des facultés intellectuelles, entraînant le délire des passions et des déterminations du maniaque.

3° Démence, dans laquelle les malades déraisonnent, parce que les *organes de la pensée*, ont perdu de leur énergie et la force nécessaire pour remplir leurs fonctions.

4° Imbécillité ou idiotisme, dans lequel les organes n'ont jamais été assez bien conformés, pour que les malades puissent raisonner juste.

M. Esquirol résume ensuite les résultats de nombreuses autopsies, qui sont le fruit de ses propres observations, et de celles de ses devanciers. 1° Les altérations des parties du corps autres que le cerveau, sont indépendantes de la folie ; elles ne peuvent jamais en être le principe immédiat. 2° Toutes les lésions organiques, en dehors du cerveau, observées chez les aliénés, se retrouvent dans d'autres sujets qui n'ont jamais déliré. 3° Les vices de conformation du crâne ne se rencontrent que chez les imbéciles, les idiots et les crétins : d'où il faut conclure qu'une quantité suffisante de cerveau est la condition obligée d'une intelligence commune, etc.

Morgagni a presque toujours vu, dans ses nombreuses dissections de cerveaux de fous, augmentation, diminution, inégalité de consistance de cet organe, des vices de conformation de la boîte osseuse, de fréquentes altérations des méninges, des épanchemens, des corps étrangers, enfin la dégénération de la substance cérébrale. Georget a fait observer que l'organisation peu connue du cerveau n'avait pas permis autrefois d'apprécier tous les changemens qui peuvent y naître, et que souvent on avait pris pour l'état sain, un véritable état pathologique : ainsi, qu'il avait presque toujours remarqué sur les cerveaux prétendus sains, une foule de nuances de coloration de la substance grise extérieure et intérieure, depuis le rose pâle tirant sur le jaune, jusqu'au rose très-foncé ; que tantôt cette coloration était générále, et tantôt bornée à quelques circonvolutions.

On cite quelques cas fort rares où une partie de l'organe encéphalique est altérée, suppurée, détruite même, sans lésion de l'entendement. Ce fait s'explique aisément, lorsqu'on se rappelle que les organes sont doubles, et que si l'un d'eux est malade ou détruit, l'autre agit encore; comme on y voit quoiqu'on soit borgne, comme on entend quoiqu'on soit sourd d'une oreille. L'observation de l'apoplexie nous a familiarisés avec ce phénomène. Si le malade ne succombe pas à la violence du mal, il arrive souvent que l'un des côtés du corps est paralysé, et que l'autre conserve la plénitude de ses mouvemens, et toute la sensibilité normale.

M. le docteur Bottex, médecin d'un hospice d'aliénés à Lyon, a publié récemment une brochure *sur le siége et la nature des maladies mentales*. Versé dans la Phrénologie, il en fait l'application au lit des malades, de même que M. Ferrus, médecin de Bicêtre. Dans cette brochure, M. Bottez démontre : 1° que la folie est une affection de l'organisme; 2° qu'elle a son siége essentiel dans le cerveau; 3° que le mode de lésion de ce viscère varie suivant le genre d'aliénation mentale. Ce n'est qu'à l'aide de la doctrine de la pluralité des organes du cerveau, dit-il, qu'on peut se rendre compte de cet état singulier auquel le célèbre Pinel, guidé par une constante observation de la nature, a donné le nom de *manie raisonnante*, ou *manie sans délire*. Les organes cérébraux étant destinés, les uns à des penchans, les autres à des facultés intellectuelles, si la monomanie porte sur les premiers seulement, il pourra en résulter l'excès d'action de ces organes; et quelquefois même entraînement irrésistible de certains penchans, sans que l'intelligence en soit troublée. On conçoit aussi l'existence de certaines manies partielles généralement admises. Telles sont les manies homicide, suicide, etc., lesquelles peuvent être continues ou intermittentes. Les exemples de ces penchans irrésistibles à tuer ne sont malheureusement pas rares; il est de ces monomanes qui ont assassiné plusieurs personnes, sans aucun motif de haine ou d'intérêt. Il en est dont la manie est intermittente, qui dans l'intervalle des accès, déplorent ce fatal penchant, et qui se font garrotter au moment où ils sentent l'accès approcher, afin de se mettre dans l'impossibilité de nuire. Pinel a signalé cette monomanie, que la Phrénologie seule pouvait expliquer. A cet égard la science et l'humanité doivent une égale reconnaissance à l'illustre docteur Gall.

Dans un mémoire présenté depuis peu à la

Société phrénologique de Paris, M. le docteur
Belhomme est venu apporter de nouvelles preuves à l'appui de cette vérité. Il cite plusieurs observations d'aliénés qui avaient une forme particulière du crâne, correspondant exactement au genre de leur délire; ainsi, un homme qui a été pusillanime toute sa vie, est devenu poltron à l'excès, et, dans sa monomanie, il croit qu'on veut attenter à ses jours, et prouve par ses actes combien il est déraisonnable. M. Belhomme a pris des mesures nombreuses de crânes, et il a remarqué que, dans l'état normal, la circonférence est de vingt pouces; le diamètre antéropostérieur, de six pouces et demi à sept pouces; le diamètre transverse, de cinq pouces et demi et plus chez l'homme. Il y a quatre à cinq lignes de moins chez la femme. Il a remarqué que, chez les aliénés, il y avait souvent une différence dans le rapport de ces diamètres, ce qui pouvait expliquer la désharmonie intellectuelle; ainsi, le diamètre antéro-postérieur est souvent très-allongé, tandis que le transverse est moindre que dans l'état normal; ou réciproquement. M. Belhomme regarde cette organisation comme une cause de folie, ou de prédisposition à la folie.

Ce médecin a cherché à tirer parti de l'atrophie cérébrale, pour l'explication de l'aliénation mentale chronique. Un ou plusieurs organes de la périphérie du cerveau peuvent s'atrophier, et donner lieu en même temps à un épaississement de la partie de l'os qui correspond à ces organes; au contraire, d'autres organes peuvent s'élargir, prendre de l'accroissement, et déterminer une sorte de retrait de la substance diploïque, et le rapprochement de la table interne de l'externe, ce qui donne lieu à un amincissement. A l'appui de cette opinion, M. Belhomme a présenté à la Société phrénologique plusieurs crânes épaissis et d'autres amincis, et de ces nombreux et incontestables faits, ce médecin conclut que les organes superficiels du cerveau ont, dans certaines conditions d'ensemble, un développement inégal, et que les os du crâne ont une excessive facilité à s'épaissir et à s'amincir, suivant les développemens et les affaissemens organiques. « Je crois donc, dit M. Belhomme, que certaines aliénations mentales dépendent du développement anormal d'un ou de plusieurs organes particuliers de la surface du cerveau, au préjudice de ceux qui président à l'intelligence; ou bien il se fait d'abord un affaissement des organes intellectuels, ce qui donne aux entraînemens naturels, une force plus grande qui se manifeste dans les actions et les paroles des aliénés. »

Enfin, je signalerai une autre cause d'idiotie et de folie, dont l'examen du crâne ne peut pas rendre compte; mais dont la cause se trouve cependant dans l'encéphale. En faisant l'analyse chimique du cerveau, on le trouve composé de diverses substances élémentaires, parmi lesquelles figure le phosphore. C'est un fait aujourd'hui avéré que la cervelle des aliénés en contient souvent une proportion trop grande ou trop petite. Ainsi, la quantité pour laquelle ce corps simple entre dans la composition du cerveau, est une cause puissante de maladie mentale, et cette cause échappe nécessairement au scalpel de l'anatomiste. Il ne faut pas perdre de vue cette circonstance, dans les objections qu'on a opposées à la doctrine de Gall.

La manie est un délire sans fièvre et sans fureur, roulant sur une multitude d'objets; et dans le cas où l'objet du délire est unique et constant, on dit qu'il y a monomanie. On donne ce nom à toute action insolite et bizarre, attestant l'incohérence des pensées ou une perte maladive de la volonté, sans aliénation totale de l'esprit. Afin de me faire mieux comprendre, je citerai en exemple, comme type de ce genre de folie, l'ingénieux Don Quichotte, en même temps le plus sage et le plus fou des hommes. Politique, religion, morale, littérature, philosophie; il n'y a pas de sujet si relevé sur lequel il ne raisonne à merveille ; mais si, par malheur, quelque idée de chevalerie vient se jeter à la traverse, le voilà qui bat la campagne, et se laisse entraîner à tous les écarts de son imagination malade. Il n'y a rien dans cet admirable portrait, qui sorte de la nature et de cette légère exagération que comporte une composition littéraire. On connaît en effet un grand nombre de cas malheureusement trop réels, de maniaques qui raisonnent fort sensément, dès qu'il n'est plus question de l'objet unique de leur folie.

Il existe à Bicêtre un homme qui était préposé, depuis une vingtaine d'années, à l'enregistrement et à l'examen des aliénés et des maniaques, à la préfecture de police. S'il aperçoit un visiteur, il se hâte de lui expliquer sa présence dans ce lieu. « C'est une pure erreur, dit-il ; je suis victime d'une inconcevable méprise. Je venais d'enregistrer deux furieux pour Bicêtre ; et déjà même on les faisait monter dans un fiacre, quand on s'imagina qu'ils étaient trois : on me fit monter de force, pour compléter le nombre. J'eus beau crier, on m'y laissa.... C'est malheureux, ajoute-t-il, car je venais d'être nommé préfet de police.... Mais le préfet qui me remplace va me faire sortir et, sans doute, il me fera nommer directeur de Charenton. » Sur tout le reste, cet homme raisonne à merveille: il a tout uniment la monomanie de l'ambition.

« Nous avons tous connu, dit M. Isidore Bourdon, un littérateur inventif, un romancier spirituel et fécond qui, après avoir rempli plusieurs volumes d'apparitions et de revenans, a fini par perdre l'esprit dans ce monde de fictions, et par se croire le personnage mystérieux décrit par lui dans un de ses ouvrages. Devenu fou, il ne cessa pas pour cela d'écrire, et même son dernier ouvrage fit du bruit, fut beaucoup lu et très-prisé; éditeur et lecteurs ne s'aperçurent que l'auteur était maniaque, que lorsque les journaux le leur apprirent. Ils n'avaient pas pris garde que le romancier, dans ce dernier livre, parlait toujours à la première personne, et qu'il y paraissait animé, d'un bout à l'autre, de cette chaleureuse conviction qu'un esprit sain ne saurait feindre jusqu'au point de faire sans cesse illusion. »

La monomanie la plus fréquente, et ordinairement la plus heureuse, est celle où l'insensé se croit autre que lui-même, et démesurément au-dessus de son rang réel et de sa fortune. — On me nomme Folières, disait une folle de la Salpétrière ; mais mon véritable nom est Caroline d'Artois : je suis la fille de Charles X ; surtout ne le répétez à personne. On m'enfermerait à Blaye ! — C'était au moment qu'on venait de conduire la duchesse de Berry dans cette forteresse.

On voit maintenant à Bicêtre un ancien élève de l'école polytechnique qui, devenu fou depuis le sac du cloître Saint-Mery (6 juin 1832), se croit Bonaparte en personne. — Il faut travailler, lui disait le médecin, l'oisiveté n'est pas faite pour les hommes comme vous. — Que voulez-vous que je fasse ? répond ce jeune homme. — Je travaille bien, moi, reprend le docteur. — Oui, vous travaillez de votre art. Mais moi, Bonaparte, capitaine d'artillerie, et *boulanger de prolonges*, à quoi puis-je m'occuper ici ? Je ne puis que *cuire* ou *combattre*.

Les personnes qui soignent les fous ont remarqué que la plupart de ceux qui ont perdu le sentiment de leur individualité, font intervenir fort souvent des boulangers dans leur histoire ; peut-être, parce que le sentiment de la faim est le dernier à s'éteindre. Il existe à Bicêtre un vieux soldat, à face ridée et flétrie, qui se croit véritablement la plus jolie femme du monde. Si vous lui demandez son histoire, il vous dira : — J'ai été tué depuis bien longtemps par un boulet de canon. Un boulanger me ramassa sur le champ de bataille ; il rajusta mon corps, y mit une barbe ; et voilà, ajoute-t-il avec une voix flutée, ce qui me fait prendre de loin pour un homme ; mais je suis vraiment femme.

A côté de ce soldat, est un ancien colonel de l'empire. — Veuillez remarquer, dit-il à ceux qui le visitent, que je n'ai pas des jambes de chameau, comme tous les êtres ridicules qui vivent ici : je suis homme de toute pièce, des pieds à la tête, sans emprunter rien à aucun animal. Je suis Napoléon, mais Napoléon moins Moscou. Toute l'Europe sait que je suis ici incognito... Metternich, ajoute-il avec fierté, sollicite de moi une audience..... Nous verrons... mais qu'il attende.

La monomanie n'est pas toujours incurable, et on cite des exemples de guérison qui font le plus grand honneur à l'habileté de quelques médecins. En voici un du célèbre docteur Willis, qui vivait dans le siècle dernier, et dont l'Angleterre est si fière avec juste raison. Un jour Willis conduisit au plus haut d'une tour un de ses maniaques les plus calmes, un insensé presque guéri. Apparemment, ce médecin espérait rencontrer dans un horizon plus vaste, dans le spec-

tacle varié de la nature, quelque motif de redresser en son malade une des dernières illusions
offusquant sa raison. L'expérience trompa son
attente. L'insensé, dès qu'il eut respiré le grand
air, s'approche de Willis, l'entoure de ses bras
nerveux, et lui dit : — Vous qui êtes leste et
adroit, vous me ferez le plaisir de sauter en bas
à pieds joints : c'est tâche facile ; il y a à peine
deux cents pieds ! — La chose serait trop vulgaire, répliqua Willis, sans se déconcerter ; voyez
comme mon chapeau descend tout seul ! Tenez,
plutôt redescendons, descendons au pied de la
tour : vous verrez comme je saute de bas en
haut ! ce sera plus divertissant. — Vous avez raison, dit le fou.... Une fois à terre, Willis n'adressa que quelques mots à son extravagant compagnon ; mais celui-ci fut si vivement frappé de la
ruse de Willis et de sa propre folie, que son esprit enfin se désilla : il fut guéri.

On cite même des exemples de maniaques guéris par la force du raisonnement, ou par la pré-
sentation de quelque fait évident. Un fou croyait
fermement être Louis XVI ; mais il était d'une
ignorance absolue. On lui dit : — Votre alléga-
tion est fausse et incroyable ; comment voulez-
vous qu'on salue roi de France un homme qui
ne sait ni lire ni écrire ? Vous voulez nous abu-

ser. — L'insensé sentit la justesse de l'objection. Dès ce jour, il se livra à l'étude avec zèle et persévérance, et cette occupation salutaire le délivra de tous ses rêves.

Les monomanies apparaissent comme une preuve irrécusable de la doctrine de Gall. Si, comme le prétendent quelques personnes, l'intelligence est une; si le cerveau tout entier est le siége de cette intelligence, comment se fait-il que le malade raisonne bien sur tous les points, hors un seul? Comment nier la Phrénologie, quand on voit un délire tellement borné, quand on voit l'intelligence tellement intacte sous presque tous les rapports, que le malade paraît sain d'esprit, tant qu'il ne porte pas son attention sur l'objet de sa folie! Les idées exclusives des monomaniaques sont le plus souvent, ainsi que l'a observé Esquirol, relatives aux passions et aux affections; rarement aux perceptions, aux talens, en un mot aux opérations intellectuelles. On a cependant des exemples de ce dernier genre de cas. Tous ces faits me semblent démontrer jusqu'à l'évidence que le cerveau est complexe et composé de divers organes, qui peuvent agir les uns indépendamment des autres.

Il y a une différence entre la folie et la démence. La démence est une perte plus ou moins complète des facultés cérébrales, tandis que la folie est due à l'exaltation, ou à l'activité exclusive d'une ou de plusieurs de ces facultés. Sous ce rapport, elle se rapproche davantage de l'idiotie; la cause actuelle est la même; mais chez l'individu en démence, les facultés ont existé, tandis qu'elles ne se sont jamais développées chez l'idiot. Cette déplorable altération se manifeste par suite de maladie, ou par les progrès de l'âge. Plus la vieillesse ou la décrépitude se prolonge, moins il y a de possibilité à la manifestation des différentes facultés cérébrales. Ainsi arrive la démence sénile, l'enfance du dernier âge. L'origine et les progrès de la démence, particulièrement de celle qui naît d'un âge très-avancé, nous prouvent qu'elle suit pas à pas la détérioration matérielle du cerveau. Elle commence par la diminution des opérations intellectuelles les plus compliquées; on perd ensuite une faculté après l'autre; c'est la mémoire, c'est le goût des voyages, ce sont les sentimens de l'amour et de l'amitié qui s'en vont; puis les sens se détériorent ou leur exercice cesse. Les animaux, pas plus que l'homme, ne sont exempts, dans un âge très-avancé, de subir la même loi de dégradation intellectuelle et instinctive, par suite de l'affaissement de leur cerveau. L'expérience

prouve que, dans la vieillesse, le cerveau diminue de volume, et que les circonvolutions cérébrales s'affaissent. Or s'il est vrai, comme il n'y
a pas de doute, que le cerveau est l'organe ex-
clusif des facultés morales et intellectuelles, il
est évident que cet instrument ainsi amoindri
et changé dans la disposition de ses parties cons-
tituantes, ne sera plus capable d'exercer ses
propres fonctions, comme il l'était dans son
état d'intégrité.

Le délire est le désordre des facultés intellectuelles et des qualités morales; c'est l'égarement
de l'esprit, par suite d'une irritation ou d'une
altération morbide du cerveau. Cette irritation
peut avoir plusieurs causes, ce qui donne lieu
aux différentes espèces de délire. L'ingestion
d'une certaine dose de substances spiritueuses
ou narcotiques produit le *délire de l'ivresse* et
le *narcotisme* ; certaines fièvres font naître le
délire fébrile. Le premier effet des boissons spiritueuses est de réveiller l'activité des forces vitales, et du cerveau en particulier; la physionomie s'anime, les mouvemens sont plus faciles,
l'imagination plus vive, la parole plus prompte.
Jusque-là, il n'y a pas de désordre dans les fonctions du cerveau : mais si on continue à boire,
les sensations commencent à se troubler, les

yeux ne distinguent plus clairement les objets ; les oreilles n'entendent qu'imparfaitement ; la langue ne se prête plus à la parole. Successivement l'ivresse gagne ; le sang monte à la tête, les traits de la figure se décomposent, les mouvemens du corps cessent d'être dirigés par la volonté : ils sont incertains ou s'arrêtent entièrement.

Le délire fébrile est toujours un symptôme grave de la maladie qui le fait naître. Il prend quelquefois tout le caractère d'une véritable aliénation mentale ; mais il en diffère cependant. Dans le premier cas, les fonctions digestives sont suspendues ou altérées ; dans le second, elles se conservent intactes. Les fous mangent ordinairement de bon appétit et digèrent très-bien. Dans le délire fébrile, les sens extérieurs ne fonctionnent pas régulièrement, et chez les aliénés, les sens, en général, ne sont pas dérangés. N'oublions pas cependant que toutes ces différences ne tiennent qu'à la différence des causes productrices, et à leur manière d'agir, car l'organe lésé est toujours le même, le cerveau.

Dans l'hallucination, le malade croit apercevoir des objets qui ne sont pas réellement sous ses yeux, ou il croit les percevoir par un autre sens, comme l'ouie, l'odorat, etc. L'hallucination est donc une affection morbide des nerfs, des sens, ou, pour parler plus précisément encore, de la seule partie cérébrale destinée à percevoir les impressions des divers sens extérieurs. On aperçoit dans ce phénomène un jeu de réminiscence, et c'est pour cela que les malades ne perçoivent que des choses déjà connues d'eux. Les hallucinations peuvent être regardées en quelque sorte comme des monomanies des sens extérieurs. Si l'hallucination se prolonge, elle dégénère en monomanie, ou folie.

Enfin, je terminerai cette leçon par quelques mots sur les rêves, qui ne sont qu'un délire passager. Tous les organes ne s'assoupissent pas toujours entièrement pendant le sommeil : quelques-uns peuvent demeurer en action, et fournir alors les mêmes manifestations que dans l'état de veille. Mais n'étant plus soumis à l'empire de l'intelligence et de la volonté, ils agissent sans règle et donnent lieu aux conceptions les plus bizarres, aux idées les plus incohérentes, au délire le plus extravagant. Souvent ce sont les organes qui ont été le plus fortement excités dans la journée, qui conservent encore une certaine vitalité pendant le sommeil. D'autres fois c'est une sensation qu'on éprouve réellement, comme la faim, la soif, le froid, des sons qu'on entend, qui occassionnent la nature du rêve, en agissant sur les organes correspondants du cerveau. D'autres fois enfin, il est impossible d'expliquer pourquoi tel organe cérébral s'est mis en jeu plutôt qu'un autre.

QUATORZIEME LEÇON.

UTILITÉ DE LA PHRÉNOLOGIE. — OBJECTIONS.

Messieurs,

Tout ce que j'ai dit dans les leçons précédentes
aura suffi, je pense, pour porter la conviction
dans votre esprit, et pour vous faire admettre
la doctrine si philosophique de l'illustre docteur
Gall. Dans celle-ci, qui sera la dernière de ce
cours, je me propose de vous montrer de quelle
utilité la Phrénologie peut être dans la médecine,
dans l'éducation et, en général, dans la pratique de la vie. Je terminerai par l'exposition de
quelques objections faites à la science, afin que
vous connaissiez aussi les attaques et la force de
nos adversaires.

Mes paroles s'adressant uniquement dans cette
enceinte à des gens du monde, ce serait abuser
étrangement de leur patience que de m'arrêter

longtemps sur les grands avantages que la médecine peut retirer de la Phrénologie. J'en ai déjà dit assez à ce sujet, lorsque j'ai trouvé l'occasion de citer des cas pathologiques, dans lesquels les malades avaient été guéris par suite de traitemens fondés sur les principes phrénologiques; et lorsque j'ai montré, dans notre dernière leçon, l'heureux parti qu'en ont tiré, dans le traitement de la folie, plusieurs praticiens, et entre autres, ceux qui dirigent les principaux hospices d'aliénés, en France. Je ne reviendrai pas sur ces idées, et je passe immédiatement aux avantages plus généraux, que chacun peut retirer de la science.

Remarquez d'abord, messieurs, que la doctrine de Gall, fut-elle erronée dans ce sens, qu'il ne serait pas vrai que l'encéphale est le siége de nos facultés, et que le cerveau se compose de différens organes, dont chacun correspond à un penchant particulier; elle resterait encore comme le système de philosophie le plus raisonnable donné jusqu'ici, comme le seul qui rende compte d'une manière satisfaisante du jeu et de la pondération de nos facultés de divers ordres. Cela seul ne serait-il pas déjà un immense service rendu à la science de l'homme, et ne mérite-t-il pas qu'on s'occupe avec ardeur de l'étude de la

Phrénologie? Mais, vous le savez à présent, l'action de l'encéphale dans la vie, ne peut être révoquée en doute, et la localisation des divers organes qui composent ce viscère, est démontrée par une multitude de faits, dont je vous ai cité un assez grand nombre, pour vous convaincre de cette vérité. Ainsi, la Phrénologie n'est pas seulement le système de philosophie le plus raisonnable; c'est encore le plus vrai, ou pour mieux dire, c'est le seul raisonnable et le seul vrai.

Par elle, l'homme physique et l'homme moral deviennent explicables. Nous pouvons toucher au doigt la cause matérielle de ses actions, apprécier le motif déterminant de sa conduite dans telle circonstance donnée. Nous pouvons en juger le mérite moral, et mesurer la culpabilité d'une faute, en tenant compte de l'organisation cérébrale de l'individu, et de l'éducation qu'il a reçue. Cette philosophie nous porte à une grande indulgence envers nos semblables, sans cependant la faire dégénérer en faiblesse. Espérons qu'elle fera apporter un jour dans notre code pénal, un adoucissement devenu nécessaire. Certainement une cour d'assises ne doit pas devenir un jury médical, et il y aurait du danger à s'y arrêter trop à l'organisation physique d'un accusé ; la société doit se garantir d'abord contre tout individu qui peut lui nuire. Mais une réforme n'est-elle pas nécessaire, en ce qui regarde les condamnés ? Ne se plaint-on pas avec juste raison de ce mélange immoral et dangereux de coupables de tous les degrés, de condamnés de tous les âges, de simples accusés même ? La philantropie demande depuis long-temps une réforme à cet égard. Elle prêche la nécessité d'une séparation par catégorie ; elle sollicite une éducation morale pour les êtres dégradés que la société a rejetés de son sein. Dans diverses contrées, des essais faits dans ce sens ont donné quelques résultats heureux, et la Phrénologie me semble appelée à perfectionner ce louable système. C'est par elle qu'on apprendra à connaître les passions dominantes, les penchans les plus saillans de chaque condamné. Ainsi, on saura quelles inclinations perverses il faut surtout combattre chez chacun d'eux, et à quel organe meilleur il faudra faire appel, pour augmenter les chances de succès.

C'est surtout dans l'éducation, que la Phrénologie devient utile. Nous avons posé, comme un fait incontestable désormais, qu'il existe trois ordres de facultés dans la tête humaine : 1° les instincts, qui se développent les premiers, com-

me nécessaires à la conservation de l'individu;
2° les sentimens, sortes d'instincts d'un ordre
plus élevé, particulièrement destinés aux rapports de l'homme avec ses semblables; 3° les
facultés de l'intelligence, dont le rôle est double, puisqu'il consiste d'abord à faire connaître
à l'homme tout ce qu'il lui est permis de saisir
dans l'univers; à lui donner ensuite le pouvoir
de réfléchir et de raisonner sur tout ce qu'il a
perçu.

A partir du moment où il vient de voir le jour,
l'homme agit par instinct, et sans savoir ce qu'il
fait. Bientôt commencent à apparaître les facultés intellectuelles, et en même temps se développent les sentimens dont il est doué. Ces sentimens joignent leurs impulsions à celles des instincts, et l'intellect n'a pas, dans le premier
âge, d'autre fonction que de montrer aux uns
et aux autres les objets extérieurs sur lesquels
ils doivent agir. Les instincts et les sentimens
sont les seuls premiers besoins; mais, lorsque
l'intelligence a pris un certain développement,
les différens actes, ou les différens phénomènes
dont ils se composent, deviennent à leur tour des
besoins. Alors, l'intelligence exerce sur les actions, c'est-à-dire, sur la conduite de l'homme,
une influence qu'elle était loin d'avoir, lors-

qu'elle ne remplissait que le rôle de serviteur, pour ainsi dire, des instincts et des sentimens. Le problème de l'éducation doit donc se réduire à hâter le moment où les plus hautes facultés intellectuelles deviendront, s'il est possible, les besoins prédominans et les directeurs suprêmes de la conduite de l'homme social.

Pour arriver à la solution de cet important problème, il faut d'abord tenir compte de la mesure des facultés intellectuelles, comparées au reste de l'encéphale. Examinons avant tout le volume absolu de la région frontale : car si elle est déprimée, ou bien dominée par les masses instinctives, vous n'obtiendrez jamais de beau résultat, car vous aurez affaire à un idiot. Si on n'a pas le malheur de rencontrer un enfant ainsi disgracié, il faut s'assurer si la région inférieure du front l'emporte sur la supérieure : car, en donnant la faculté générale de tout apprendre, ou la facilité d'acquérir un genre de connaissances aux dépens des autres, cette conformation ne laisse pas assez d'indépendance à la réflexion. Avec une semblable organisation, l'homme travaille sans cesse à se procurer de nouvelles idées, à étendre celles qu'il a; mais il ne sent pas assez le besoin de réfléchir à ce qu'il a appris, c'est-à-dire à ce qu'il sait. Vous le voyez

obéir au besoin toujours renaissant d'apprendre
et de raconter; mais il réfléchit peu, surtout si
la circonspection lui manque en même temps.
On conçoit que lorsqu'on a affaire à un enfant
ainsi organisé, il ne faut pas se hâter de lui présenter des idées nouvelles; il les acquerra très-
facilement, quand il sera temps de les lui montrer; l'essentiel est de l'obliger à s'appesantir
longtemps sur ce qu'on lui a déjà appris, de le
faire raisonner sur les faits déjà à sa connaissance; d'exercer en un mot les organes de la
comparaison et de la causalité, qui sont faibles
chez lui, afin de leur faire acquérir par l'exercice
le degré de développement et d'énergie que la
nature ne leur a pas donné.

Si au contraire la partie supérieure du front
est hors de proportion avec la partie inférieure,
l'individu réfléchit trop, et n'observe pas assez.
Vous le verrez faire de longs commentaires sur
un petit nombre de faits, et s'égarer à la suite
de conclusions chimériques, qui ne portent sur
rien. Il ne sera pas assez positif. Chez lui, la réflexion agit pour ainsi dire à vide, et ne peut
conduire qu'à des conséquences sans fondement.
Cette conformation est moins commune que la
précédente; mais si on la rencontre chez un sujet, il faudra y porter remède, en s'efforçant

d'exercer les organes de la perception. On habituera un enfant à bien examiner les objets qu'il a sous les yeux, à les décrire, à les distinguer entr'eux par leurs diverses propriétés. L'étude de la géographie, de l'histoire, de l'histoire naturelle et surtout des sciences exactes, sera le plus sûr moyen de réussir.

Enfin, si les deux ordres de facultés intellectuelles ont entr'elles le rapport convenable, l'intelligence peut acquérir la prépondérance; mais il faut s'attendre à la lui voir disputer par les instincts et les sentimens. Déjà dans plusieurs leçons précédentes, en parlant des organes de ces deux ordres, j'ai fait sentir la nécessité de faire l'éducation de chacun d'eux, en lui apprenant à n'agir que sous l'influence de l'intellect, sans quoi l'homme se laisserait aller à ses appétits les plus grossiers, ou deviendrait la dupe de ses sentimens, agissant sans guide et sans frein. Je ne reviendrai pas sur ce que j'ai dit alors; je me contenterai de répéter d'une manière générale, que le but le plus noble de l'éducation est de faire dominer l'intelligence sur tout le reste des facultés; et que c'est par la réaction réciproque des organes de tout ordre, les uns sur les autres, qu'on parviendra à corriger ce que quelques-uns peuvent avoir de défectueux.

La Phrénologie peut rendre un autre service immense à l'éducation, en permettant de juger de l'aptitude d'un enfant pour telle partie des sciences ou des arts. Combien d'hommes médiocres, qui seraient devenus des sujets distingués, si on eût porté leur application sur telle branche des connaissances humaines, pour laquelle la nature les avait prédisposés, au lieu d'user leur temps à vouloir leur enseigner forcément ce qu'ils ne peuvent que mal apprendre ; exercice qui ne fait que les dégoûter de l'étude. Combien n'avons-nous pas d'exemples semblables dans nos colléges? Pendant plusieurs années tout se borne à-peu-près à l'enseignement des langues mortes, et il se rencontre souvent tel élève qui ne se sent pas né pour ce genre de travail, qui ne s'en occupe qu'à regret, et que dès lors ses maîtres se hâtent un peu trop de regarder comme incapable. Mais lorsque cet élève arrive au temps où on commence à lui enseigner les sciences exactes, tout change pour lui. Il trouve dans la rigueur des raisonnemens, dans l'observation des faits qui leur servent de base, un aliment qui convient à son esprit, et qui est en rapport avec son organisation cérébrale. Alors, le travail qui jusque-là n'avait été pour lui qu'une corvée fatigante, devient un véritable besoin, et cet élève dont on désespérait, finit quelquefois par être l'honneur de son collége. Je l'ai déjà dit, et je ne saurais trop le répéter, il ne faut jamais désespérer d'un enfant dont son organisation n'a pas fait un idiot : c'est à la prudence d'un instituteur de savoir tirer tout le parti possible des facultés actuelles de son élève; et de leur faire acquérir un degré d'activité convenable, par des exercices sagement dirigés.

C'est faute de connaissances phrénologiques, que les méthodes employées jusqu'ici pour élever l'homme, ont été vicieuses. Les uns ont cru qu'il fallait soumettre l'enfant à une obéissance aveugle pour en obtenir le degré de perfectionnement qu'on désirait; d'autres ont pensé qu'il suffisait de raisonnemens constans ou de l'exemple, pour atteindre le même but, sans avoir égard à l'organisation individuelle. On a considéré l'homme naissant comme une table rase sur laquelle on peut imprimer la direction qu'on veut lui donner pendant sa vie; tandis que l'éducation ne crée aucune faculté, et ne peut qu'augmenter l'énergie de celles qui existent naturellement. Il faut donc s'attacher avant tout à connaître ces dispositions innées; puis à les développer et à les diriger, ou à prévenir l'abus de leur emploi, par l'exercice d'autres facultés qui peuvent les contrebalancer ; car nous savons que les organes ont une grande action les uns sur les autres.

Quelques philosophes ont assuré qu'on ne peut cultiver que les facultés intellectuelles, et prétendent que les sentimens et les affections ne se perfectionnent pas. C'est là une erreur dangereuse en éducation ; il est probable au contraire que ces dernières facultés sont plus faciles à cultiver que l'intelligence, parce qu'elles sont plus actives ; de sorte qu'il serait généralement plus facile de faire un homme bon et honnête qu'un homme remarquable par ses connaissances ; ce qui vaut infiniment mieux. Aussi, est-ce de ce côté surtout que doivent tendre tous les efforts d'un sage instituteur.

Ici se présente une question fort délicate. Est-il possible d'agir mécaniquement sur la tête d'un enfant, de manière à la mouler pour ainsi dire à volonté et à déprimer certains organes dont l'excès de développement pourrait être dangereux ? Nous n'avons, à ma connaissance du moins, aucune expérience dans ce sens faite par des phrénologistes ; mais je vous ai montré déjà des têtes de Péruviens et de Caraïbes où une semblable dépression avait eu lieu et avait influé d'une manière remarquable sur le caractère et l'intelligence des individus. Cette dépression s'opérant

sur le front et sans précaution aucune, il paraît
que beaucoup d'enfans en meurent, et les autres y perdent une partie de leur intelligence,
de sorte que l'instinct devient la partie dominante. Mais si la pression se faisait graduellement;
si cette opération délicate était dirigée par un
médecin habile, lorsque le crâne n'a pas encore
acquis toute sa dureté, le résultat serait-il avantageux? Je n'oserai ni l'affirmer ni le nier, et je
pense que la prudence commande de n'avoir recours, dans l'éducation, qu'aux moyens précédemment exposés; jusqu'à ce que des expériences précises et nombreuses aient permis d'agir
autrement.

La Phrénologie trouve une application importante dans l'étude de l'histoire, et je regrette
que le temps ne me permette pas de développer
devant vous quelques-unes des idées neuves et
remarquables émises sur ce sujet par M. Broussais père, dans son *Cours de Phrénologie;* par
M. Imbert, dans son *Cours de médecine légale,*
et par M. J. Florens, avocat à la cour royale de
Paris, dans le journal *La Phrénologie.* J'engage
les personnes qui s'occupent d'études sérieuses
à lire ce que ces auteurs ont écrit à cet égard, et
elles verront qu'il en est des peuples comme des
individus; que leur conduite, dans telle cir-

constance donnée, s'explique aisément par l'organisation qui domine dans la race qui les compose. La même vérité devient frappante dans la marche de l'humanité et les progrès de la civilisation, où on voit prédominer d'abord les instincts, puis les sentimens, et enfin les facultés intellectuelles; ordre de développement qui est le même pour l'individu.

J'ai hâte d'arriver aux objections opposées à la doctrine de Gall. Quelques-unes sont présentées par des hommes qui ne se sont jamais occupés de Phrénologie, et prouvent si bien leur ignorance à cet égard, que tout ce qu'on peut faire de mieux, c'est de leur conseiller d'étudier d'abord la science qu'ils attaquent. D'autres sont beaucoup mieux fondées, et présentées par des hommes qui raisonnent en connaissance de cause: celles-ci méritent une réponse, et ce sont les seules que je vous ferai connaître. Il faut même avouer qu'il y a telle objection à laquelle la Phrénologie ne peut pas répondre encore d'une manière bien satisfaisante. Faut-il en conclure que la science est vaine? Eh quoi! depuis plusieurs siècles qu'on s'occupe de sciences naturelles et de médecine, on n'a pas pu mettre ces branches de nos connaissances à l'abri de toute objection, et on voudrait que la Phrénologie, qui ne compte que quelques années d'existence, fût arrivée de prime-abord à ce haut point qu'aucune science n'atteindra probablement jamais? Soyons plus justes, laissons au temps le soin d'expliquer ce qui est encore aujourd'hui inexplicable; car il arrive souvent qu'un phénomène mal examiné d'abord semble contraire à quelque loi générale de la nature, et en devient plus tard une confirmation pour nous, lorsque nous le connaissons mieux. La fumée et l'aérostat qui s'élèvent dans l'air; le liquide qui s'élance avec impétuosité d'un jet-d'eau, peuvent être de fortes preuves contre la loi générale de la pesanteur, aux yeux de l'homme ignorant, tandis que le physicien y trouve la confirmation de cette même loi.

I. *Il est absurde de supposer à l'homme trente-sept facultés : pourquoi n'en aurait-il pas aussi bien cinquante, ou seulement vingt-cinq ?* Pourquoi ne dit-on pas aussi qu'il est ridicule d'accorder à l'homme cinq sens, au lieu de dix, ou de trois seulement? On ne *crée* pas plus les facultés que les sens ; on constate seulement ce que l'observation fait connaître, et c'est cette observation qui a indiqué jusqu'ici trente-sept facultés.

II. *En ouvrant le crâne, et en examinant le cerveau à sa surface, où on prétend que les organes sont situés, il faut avoir une grande dose d'ima-*

gination pour voir autre chose qu'un nombre de circonvolutions presque semblables, toutes composées d'une substance grise et médullaire, à-peu-près dans les mêmes proportions, et montrant tout aussi peu de différence dans leur forme et leur structure, que les circonvolutions des intestins. Aucun phrénologiste n'a encore observé les prétendues lignes de distinction entre elles, et nul d'entre eux ne s'est avisé, dans le cours de ses dissections, de diviser soigneusement un hémisphère cérébral, dans un pareil nombre d'organes spécifiques bien marqués. C'est un principe admis en physiologie, et d'ailleurs évident, que la forme et la structure d'un organe ne suffisent pas pour donner une idée de ses fonctions. Celui qui verrait pour la première fois un œil ou une oreille, si on veut admettre cette supposition, ne serait pas en état de conclure leurs fonctions, d'après cette seule inspection. Les anatomistes les plus distingués ont longtemps examiné un faisceau fibreux contenu dans une gaîne commune, sans découvrir qu'une portion des nerfs était destinée au mouvement, et une autre au sentiment. D'après la similitude de leur aspect, ces nerfs avaient toujours été considérés comme possédant des fonctions semblables. En second lieu, il n'est pas vrai qu'on ne puisse découvrir la différence

44

de l'aspect. Les hommes exercés distinguent facilement l'un de l'autre, les lobes antérieurs,
moyens et postérieurs du cerveau humain. Le
lobe antérieur présente uniformément des circonvolutions différentes d'aspect, de direction
et de volume, de celles du lobe moyen; tandis
que celui-ci, vers la surface concave, présente
partout des circonvolutions différentes d'aspect
et de direction de celles du lobe postérieur; en
outre, le cervelet diffère non seulement de structure, mais il est séparé de tous les autres organes par une forte membrane, et ne peut jamais
être confondu avec aucun d'eux. Enfin, on dit
qu'on n'aperçoit pas que les organes soient sépa-
rés dans le cerveau par de fortes lignes de démarcation; mais les personnes qui ont disséqué
ou vu disséquer un cerveau à la manière de Spurzheim, savent fort bien que les formes des organes peuvent être distinguées, et que leur configuration extérieure est reconnaissable.

III. *Comment se fait-il que des fibres de même
nature, qui naissent du même point, qui se touchent et sont même unies entièrement ensemble,
possèdent des facultés différentes?* Qu'on nous
dise aussi pourquoi des nerfs, dont la structure
est semblable, président à des actions complètement opposées; pourquoi le même nerf, en se

divisant, est doué de divers modes de sensibilité. La nature a ses secrets; l'art de l'homme est fondé sur l'expérience, et se borne à constater les phénomènes. D'ailleurs, Spurzheim a démontré que les circonvolutions circonscrites des hémisphères du cerveau, forment en général des facultés distinctes, et que les circonvolutions voisines et réunies entre elles, produisent un accord de besoins analogues, qui se soutiennent et se prêtent une force mutuelle. Il a montré que les formes du cerveau, que l'existence et la direction des circonvolutions étaient constantes, qu'on pouvait toujours les reconnaître dans un cerveau intact, et lors même qu'elles en étaient séparées sans mutilation.

IV. *Il est de bien grandes difficultés*, dit Georget, *touchant le mécanisme des facultés cérébrales, que Gall n'a ni résolues, ni abordées : comment toutes les facultés communiquent-elles entre elles, de manière que plusieurs soient mises en action, comme cela arrive dans les moindres opérations intellectuelles ? Comment reçoivent-elles les impressions des sens ? Comment se fait-il qu'il n'y ait qu'un moi, qu'un sentiment de l'existence, qu'une seule conscience de l'homme pensant ?*

Toutes ces objections ressemblent à la précédente; elles s'appliquent en général à tous les phénomènes de l'organisation; aussi les phrénologistes conviennent volontiers qu'ils ne savent qu'y répondre. Qu'on nous explique comment il se fait qu'il y ait dans le corps de l'animal, respiration, circulation, digestion, absorption, nutrition, sécrétions, et qu'il n'y ait cependant qu'une organisation complète, une seule vie, un seul individu, un seul moi. Ce sont là des mystères, qu'il ne nous a pas été donné de connaître; et ce serait singulièrement raisonner que que de nier ce fait, parce qu'on n'en voit pas la cause première.

V. *On rencontre quelquefois des personnes dont les yeux sont saillants, et qui cependant ne possèdent la mémoire des mots qu'à un faible degré.*

La chose est fort possible, et n'a rien qui doive surprendre. L'existence d'un organe indique seulement la disposition à la faculté correspondante; et s'il n'a pas été exercé, il ne jouira que d'un médiocre degré d'énergie.

VI. *Le défaut d'un organe devrait toujours entraîner celui de la faculté correspondante; cependant, on cite des cas où un individu a perdu une partie notable de substance cérébrale, par suite de quelque lésion, sans que les manifesta-*

tions de l'organe correspondant à cette partie lésée, aient cessé.

Je vous ai déjà fait observer que tous les organes sont doubles, ce qui répond à cette objection.

VII. *L'activité d'un organe chez un individu, n'est pas toujours en rapport avec ses dimensions.*

Vous avez vu qu'il faut aussi tenir compte de l'exercice de cet organe et du tempérament, de l'état de santé, de la position sociale, de l'éducation, etc., de la personne.

VIII. *Une augmentation de volume dans les parties organiques, dans le cœur, par exemple, est un état morbide qui diminue plutôt qu'il n'augmente la force vitale de cet organe. Comment admettre que le contraire a lieu pour l'encéphale, et qu'un développement excessif d'un de ses points en accroisse l'énergie, au lieu de la diminuer?*

Les phrénologistes sont d'accord à cet égard avec leurs adversaires. Ils admettent que l'intensité augmente avec le développement d'un organe cérébral, jusqu'à une certaine limite : au-delà est l'état morbide, auquel correspond une diminution d'énergie.

IX. *Il peut arriver divers changemens morbides dans la structure d'un organe, comme par*

*la paralysie, qui lui font perdre de son activité,
sans que son volume diminue, et sans que la partie correspondante du crâne s'affaisse.*

Remarquons d'abord que cette objection ne
s'adresse pas à la Phrénologie; mais uniquement
à la crânioscopie. D'ailleurs, elle n'est pas bien
puissante, car il résulte de l'observation fournie
par de nombreuses autopsies, que les organes
privés de leur activité finissent par disparaître,
et que la partie intérieure du crâne correspondante, s'assimile peu-à-peu une plus grande
quantité de matière osseuse. Il faut seulement
donner le temps au phénomène de se produire.

X. *En supposant que le crâne se moule, dès
sa première formation, sur la cervelle qu'il recouvre* (ce qui s'explique comme nous l'avons vu,
par la loi de la régénération des substances animales), *il semble que cela ne suffit pas pour nous
faire regarder les protubérances de la surface
externe du crâne, comme produites par le développement de la matière cérébrale, attendu que
les deux surfaces des os crâniens ne sont pas
entièrement parallèles. S'il en était ainsi, les
moules en plâtre, pris de la partie intérieure,
devraient toujours présenter exactement la mé-
me forme que la partie extérieure du crâne lui-
même, et l'expérience, faite sur un grand nombre*

de sujets a fait voir qu'il en est quelquefois au-
trement. En outre, il peut arriver que la sub-
stance osseuse du diploë s'accumule plus en un
point qu'en un autre, et que parconséquent la
lame extérieure s'éloigne plus ou moins de l'in-
térieure, de manière à former des éminences qui
n'auraient point de correspondantes dans la la-
me inférieure.

Le docteur Hufeland, qui a émis cette objection, et qui depuis est devenu un zélé partisan
de la Phrénologie, ne dit pas si les sujets qui lui
ont paru sortir de la règle générale étaient sains
ou malades. Gall a rempli cette lacune et démontré que des cas pareils ne se rencontrent
qu'à la suite de quelque affection morbide, qui
apporte quelque changement notable dans l'encéphale. Quant à l'accumulation du diploë, on
sait qu'elle répond toujours aussi à un état morbide, ainsi que je l'ai déjà fait voir plusieurs
fois, et notamment en parlant de la démence.

XI. *Vous avez bien pu*, a-t-on dit, *reconnaître*
les organes qui se trouvent sur la partie palpa-
ble du crâne, mais jamais vous n'arriverez à dé-
couvrir ceux qui se trouvent à sa base ; et il doit
y en avoir, car pourquoi cette partie n'en posséde-
rait-elle pas comme les autres ? Ainsi, la Phréno-
logie ne pourra pas devenir une science complète :

on y remarquera toujours une lacune impossible à remplir.

Observons d'abord que, quand bien même il serait démontré qu'on ne connaîtra jamais les organes qui reposent sur la base du crâne, si toutefois il y en a, ce qui me paraît très-probable; l'étude de ceux qu'on a déjà découverts serait bien assez importante, pour mériter qu'on s'y adonnât sérieusement. Je n'en veux pas d'autres preuves que l'intérêt que vous avez paru prendre à ces leçons, et l'attention que vous avez prêtée à mes paroles. Il faut bien que, toute imparfaite qu'est encore la science, elle vous ait paru digne de vous occuper. C'est que vous avez prévu sa portée; et que, la voyant expliquer et montrer aux yeux les causes matérielles de nos penchans, vous avez deviné son avenir, et vous avez senti quelle sera un jour son influence sur l'éducation, sur la morale, sur la législation, sur la philosophie.

Mais qui donc est assez hardi pour oser poser des bornes aux découvertes qui sont du ressort de l'intelligence humaine? Assurément, s'il existe des organes à la base du crâne, ils sont plus difficiles à découvrir que ceux qui se trouvent sur les autres parties; mais est-ce une raison pour qu'ils soient à jamais inconnus? Non, messieurs,

ne désespérons pas du temps et de l'observation. Que de grandes découvertes faites de nos
jours, parmi lesquelles il ne faut pas oublier la
Phrénologie elle-même, qui eussent paru fabu-
leuses à nos pères !

XII. M. le docteur Leuret a publié en 1835,
un *Mémoire sur la configuration du cerveau chez
l'homme et chez les mammifères*, dans lequel il
adresse plusieurs objections à la Phrénologie. Je
vous les ferai connaître, avec les réponses qu'on
y a faites. M. Leuret prétend d'abord que « Gall,
qui du reste a fait dessiner plus de crânes que de
cerveaux, tout en assignant aux circonvolutions
des fonctions très-distinctes, en a singulièrement négligé l'étude anatomique. » Voilà une
accusation inconcevable, en présence des ouvrages et des admirables dessins laissés par Gall.
Mais n'est-ils pas reconnu aujourd'hui qu'avant
ce célèbre physiologiste, on n'avait pas la plus
légère idée de la structure des circonvolutions?
Ce point de fait a été avoué par Cuvier lui-même,
qu'on n'accusera pas de trop de partialité en faveur des travaux de Gall.

« La Phrénologie, ajoute M. Leuret, place à
la partie antérieure du cerveau les organes qui
font les philosophes, les savans, les artistes; et
ces mêmes parties se retrouvent chez le mouton,

le bœuf, la chèvre, le cheval et l'âne. » Pourquoi ne pas aller plus loin? Tous les organes que nous plaçons dans l'encéphale y résident, soit dessus, soit devant, soit derrière, soit de côté; et comme le cerveau de tout animal a nécessairement un dessus, un devant, un derrière et des côtés, pourquoi ne pas en conclure que les phrénologistes accordent à tous les animaux exactement les mêmes facultés qu'à l'homme? Cette objection prouve seulement que M. Leuret, qui attaque la Phrénologie, n'en connaît pas les principes les plus élémentaires. L'inspection seule du cerveau n'apprend jamais rien sur la nature de ses fonctions; c'est par l'observation unique des actes d'un animal, qu'on peut déterminer quelles sont les facultés cérébrales qui lui appartiennent. Quand l'observation des mœurs d'un animal a démontré chez lui l'existence de tel ou tel instinct, de telle ou telle faculté, il faut ensuite comparer entre eux les cerveaux de la même espèce, pour déterminer avec précision la partie de l'encéphale qui est le siége de cette faculté. La Phrénologie est une science de faits: on ne peut pas conclure de l'homme aux animaux, ou réciproquement. Il faut observer séparément chaque espèce. Deux animaux de classe, de genre différens pourraient avoir deux cerveaux égaux en poids, en volume, en forme; et être le siége d'instincts très-différens, quoique l'organisation visible fût exactement la même.

« Les phrénologistes, ajoute M. Leuret, n'ont guère étudié que des crânes; encore s'ils les avaient complètement étudiés! Le crâne du lapin, très-développé latéralement, les eût empêchés d'attribuer à ce même développement latéral chez les carnivores, l'instinct carnassier. Le crâne du dauphin, élevé en pointe, et offrant un diamètre transverse de 148 millimètres, sur un diamètre antéro-postérieur de 93 millimètres, indiquant d'après la Phrénologie le fanatisme et la cruauté, devrait être le crâne d'un inquisiteur, et non le crâne d'un animal que Pline a surnommé l'ami des hommes. » Si M. Leuret s'était donné la peine de lire les ouvrages de Gall, il y aurait trouvé cette réponse faite d'avance à son objection.

« Pour étendre aux animaux les observations qui, chez l'homme, nous permettent d'interpréter la forme du crâne, il faut faire une étude particulière de la structure des différentes espèces. On ne peut donner de règles générales ni pour les mammifères, ni pour les oiseaux, ni pour les amphibies, ni pour les frugivores, ni pour les carnassiers. Chez certaines espèces, l'âge apporte un changement essentiel. Chez les poissons, les tortues, etc., on ne peut absolument pas déterminer la forme du cerveau par la configuration extérieure du crâne.

« Chez certains animaux, la tête n'est guère plus revêtue de muscles que dans l'homme ; d'autres, à certaines régions près, ont toute la tête garnie de muscles très-forts. Quelques espèces manquent de sinus frontaux ; chez d'autres, les cellules entre les deux lames osseuses se continuent, non seulement dans les sinus frontaux, mais se répartissent même dans tout le crâne, et jusque dans les cornes ; dans d'autres espèces encore, il n'y a de cellules que dans une partie à la vérité considérable du crâne ; chez les oiseaux, le cervelet n'occupe que la ligne médiane de l'occipital. Ses parties latérales sont entièrement occupées par l'appareil de l'ouïe. Dans certains animaux, le cervelet est recouvert par les lobes postérieurs du cerveau ; chez d'autres, il est placé à découvert derrière ces lobes. Chez les oiseaux de nuit, les deux lames du crâne se trouvent à une assez grande distance l'une de l'autre, et l'intervalle est rempli par une matière celluleuse très-légère. Dans certaines espèces, les lames osseuses sont parallèles quoique assez distantes ; chez d'autres encore, leur direction est toute différente. Chez les chiens, on observe, quant à la masse musculaire, les sinus frontaux et les crêtes, une grande différence, non seulement d'une variéte à l'autre; mais encore d'un individu à l'autre. Quelques chiens n'ont pas de sinus frontaux du tout, d'autres en ont d'aussi grands que le loup et l'hyène.

« Le chat, la martre, l'écureuil, le cheval, le singe, manquent de sinus frontaux; le bœuf, le cochon, l'ours, l'éléphant, etc., en sont pourvus.

« En un mot, les crânes des animaux exigent une étude particulière, dans laquelle il ne faut jamais perdre de vue ce principe, *qu'il n'y a que cette partie du crâne de l'animal, dont la forme est déterminée par le cerveau, qui a un sens pour la Phrénologie.* »

« Si j'ai démontré, dit M. Leuret, l'analogie de conformation qui existe entre le cerveau des animaux les plus différens par leurs instincts et leurs facultés, si j'ai fait voir que les mêmes parties existent presque chez tous, il demeurera établi que chacune de ces parties n'a pas de fonctions spéciales et distinctes, et que la doctrine phrénologique est dépourvue de tout fondement. »

M. Leuret dit avoir démontré l'analogie de

conformation qui existe entre le cerveau des animaux les plus différens par leurs instincts ; et cette démonstration, selon lui, renverse la Phrénologie. Mais M. Leuret ignore donc que Gall et ses disciples ne professent pas à cet égard un autre principe, et que cette découverte qu'il vient de faire, leur est familière depuis plus de trente ans ? C'est Gall lui-même qui a le premier démontré cette doctrine, et c'est à lui qu'on doit la première anatomie rationelle du cerveau et du système nerveux en général. M. Leuret perd toujours de vue qu'en fait de Phrénologie, il faut étudier chaque espèce en particulier et ne pas conclure d'un animal à un autre. C'est sur cette erreur qu'est fondé tout son mémoire.

XIII. Dans le courant du mois de juillet dernier, M. Lelut a présenté à l'Académie des sciences un *Mémoire sur le développement du crâne considéré dans ses rapports avec le développement de l'intelligence.* M. Lelut a fait ses observations sur cent crânes d'idiots et imbéciles vivans, qu'il a distribués en quatre classes, suivant le degré de l'idiotie, en partant du cas où la vie est à-peu-près toute végétative ; où jugement, mémoire, parole, sensation même, toutes les facultés sont obtuses ou nulles, ce qui constitue le premier ou le plus bas degré ; et s'élevant progressivement jusqu'au cas où les facultés sont seulement un peu moins développées que dans les intelligences ordinaires, et où ce qui déprime l'individu est surtout le manque d'énergie, d'esprit de suite et de volonté.

Pris d'une manière absolue, et sans avoir égard à la stature, le développement général du crâne des hommes compris dans la catégorie des idiots et des imbéciles, est un peu moindre que celui des hommes d'une intelligence ordinaire. La différence est de 21 millimètres environ.

Ce moindre développement de la capacité générale du crâne s'efface sensiblement à mesure qu'on s'élève des idiots qui le sont le plus, à ceux qui le sont le moins. Mais l'auteur avance qu'il y a de grandes différences individuelles, et qu'on voit fréquemment se briser et disparaître ce parallélisme entre l'organe cérébral et les facultés intellectuelles, soit chez les idiots de divers degrés, soit chez les hommes d'une intelligence ordinaire ou supérieure.

Les hommes compris dans la catégorie des idiots ou des imbéciles n'ont pas la moitié antérieure ou frontale du crâne moins développée, proportionnellement à la capacité générale de cette cavité, que les hommes d'une intelligence commune. Bien au contraire, chez les idiots pris en général, la moitié frontale du crâne est plus grande absolument de 3 à 4 millimètres que chez ces derniers, et chez les idiots des degrés les plus inférieurs, la différence du développement en plus, chose surprenante, est plus grande encore, car elle est de 12 à 15 millimètres. Mais si le développement du cerveau, dit M. Lelut, est généralement proportionnel à la taille, les idiots ayant, terme moyen, une stature plus petite que celle des hommes d'une intelligence ordinaire, on trouve que le développement total du crâne chez les idiots, est en réalité plus grand que chez ces derniers.

Ces différentes objections présentées par M. Lelut sont sérieuses et partent d'un homme consciencieux, que sa position de médecin d'un grand hospice de la capitale a mis à même de faire les expériences remarquables qu'il cite. On ne saurait révoquer en doute ses résultats ; mais n'oublions pas qu'il termine son mémoire par dire *qu'il n'attache pas à tous ces calculs, à tous ces résultats prétendus mathématiques, dont plusieurs sont contradictoires, plus de valeur qu'ils n'en ont en réalité.* Nous avons déjà fait remarquer que la crânioscopie ne peut pas toujours faire reconnaître un idiot ou un imbécile, parce que la maladie peut provenir : 1° de l'épaisseur des parois du crâne, qui s'est trouvée souvent énorme dans ce cas; 2° d'une quantité plus ou moins grande de sérosité ou d'eau, comprimant le cerveau; c'est ce qu'on voit par exemple chez les hydrocéphales, dont quelques-uns ont des têtes monstrueuses; 3° d'un défaut dans la texture des fibres cérébrales. M. Lelut reconnaît lui-même, dans un travail sur le poids du cerveau, que l'encéphale est en général moins lourd chez les idiots, que chez les hommes d'une intelligence ordinaire; 4° de la quantité plus ou moins grande de phosphore qui entre dans la composition du cerveau. L'auteur du mémoire n'a opéré que sur des individus vivants et par conséquent il n'a pas pu tenir compte de ces diverses circonstances.

D'ailleurs, M. Lelut part de ce principe, que le développement du cerveau est proportionnel à celui de la taille : ce qui est évidemment contraire à l'observation; car il est fort loin d'être vrai que les hommes les plus grands aient toujours les plus grosses têtes. En outre, les mesures prises par ce médecin ne sont pas complètes; il laisse en dehors les points les plus importants du crâne; ceux précisément qui manquent le plus ordinairement chez les idiots. M. le docteur Parchappe, qui a fait de son côté un travail analogue à celui de M. Lelut; mais qui a pris ses mesures d'une manière plus complète, est arrivé à des résultats précisément inverses.

XIV. La meilleure objection à faire à la Phrénologie eût été de présenter des têtes ayant appartenu à des hommes remarquables par quelques qualités ou quelques défauts, et sur lesquelles les organes correspondans ne se trouveraient pas. On l'a bien senti, et on l'a essayé. On nous a opposé surtout celle de Lacenaire, de Mangiamele et de Napoléon. Vous avez déjà vu les deux premières de ces têtes, et vous avez pu juger vous-mêmes combien au contraire elles sont venues prêter d'appui à la doctrine de Gall. Vous allez voir qu'il en est de même de celle de Napoléon. Voici le masque de ce grand homme, moulé après sa mort par son médecin M. Antomarchi; il est fâcheux que M. Antomarchi n'ait pas pris en même temps l'empreinte du reste de la tête; cet ensemble formerait une des pièces les plus curieuses des collections phrénologiques. Toutefois, tel qu'il est, ce masque suffira encore pour vous montrer que loin d'être une objection à la science, il ne vient au contraire qu'en confirmer les doctrines. Je prendrai pour guide dans cet examen un excellent mémoire de M. le docteur David Richard, publié dans le *Journal de la Société phrénologique*, tome III, page 42.

Napoléon se montra toujours hostile à la science de Gall. Vainement le célèbre Corvisart, son médecin, essaya-t-il de lui montrer tout ce qu'il y a de réel dans la Phrénologie ; il demeura inflexible, et se déclara ouvertement l'ennemi de cette science, qu'il n'a cessé de combattre jusqu'à sa mort, comme l'attestent le *Mémorial de Saint-Hélène*, et les écrits de M. Antomarchi. Aujourd'hui même que sa voix puissante ne peut plus se faire entendre, voilà que nos adversaires s'emparent de son crâne et nous l'opposent comme une réfutation de nos doctrines; de sorte que la tête de l'empereur viendrait achever après sa mort, l'ouvrage qu'il avait commencé durant sa vie. Il est fâcheux pour nos antagonistes que ce crâne soit au contraire une confirmation de la science, ainsi que vous allez en juger. Remarquez d'abord que l'opinion contraire est fondée sur une appréciation phrénologique faite de cette tête, par le docteur Antomarchi. Mais M. Antomarchi n'est pas phrénologiste; s'il l'eût été, aurait-il oublié de prendre l'empreinte entière de la tête de Napoléon ? D'ailleurs, son appréciation même montre qu'elle est faite par un homme étranger à la science. Quelques-uns de ceux qui s'en sont emparés, l'ont bien senti ; et, pour se mettre à l'abri de toute observation à cet égard, ils ont dit que M. Antomarchi, il est vrai, ne s'occupait que depuis peu de Phrénologie ; mais que quinze jours suffisaient pour être parfaitement au courant de ce genre d'études. Je n'ai pas besoin, je pense, de vous faire sentir tout ce que cette proposition a de ridicule.

« Le crâne véritable de Napoléon, a-t-on dit, tel que nous le donne le moule de M. Antomarchi, diffère beaucoup de tous les portraits, bustes et médailles qui ont été faits de son vivant ; ce moule étant la seule image authentique de Napoléon, toutes les déterminations phrénologiques faites précédemment sont nulles. » Ainsi, on commence par admettre une immutabilité absolue dans l'organisation, tandis que nous savons qu'à différentes époques de la vie, chaque individu présente dans certaines fonctions, plus ou moins d'activité, et dans certains organes, plus ou moins développement. Puis, ne voulant admettre que le moule de M. Antomarchi, on se garde bien d'examiner l'ensemble de l'organisation, et on s'attache au contraire à isoler chaque organe, comme s'il devait fonctionner seul et indépendamment de tous les autres. Enfin que penser des connaissances phrénologiques de celui qui ignore même quelles sont les facultés primitives admises par Gall et ses successeurs, et qui en fait entrer dans son appréciation, que ceux-ci n'ont jamais connues? Ce n'est point ainsi qu'il eût fallu opérer, et avant de faire tant de bruit de l'opinion du docteur Antomarchi, on aurait dû juger de sa valeur.

On nous dit d'abord que Napoléon avait une petite tête. Examinons. M. Antomarchi a trouvé 20 pouces 10 lignes de circonférence après la mort, c'est-à-dire après une longue maladie pendant laquelle l'Empereur s'était beaucoup amaigri. Les têtes ordinaires ont de 19 à 20 pouces. La circonférence intérieure d'un de ses chapeaux, en la possession de M. Marchand, mesurée par MM. de Las-Cases et le docteur Foissac, a donné 22 pouces et 1 ligne. Ainsi, il est vrai de dire que la tête de Napoléon était très-grosse. Je ne suivrai point ici l'appréciation qu'on nous oppose, dans tout ce qu'elle a de défectueux; je préfère employer le peu de temps qui me reste à vous faire connaître le travail plus complet de M. le docteur Richard, sur les organes de l'Empereur. Ce travail a été fait sur le masque de M. Antomarchi, que vous avez sous les yeux, et sur les bustes exécutés par différens artistes distingués, à diverses époques de la vie de l'Empereur. Tout ce qui a été pris en dehors du moule de M. Antomarchi, est en caractères italiques.

Organes très-grands : Destructivité, secrétivité, *combativité*, *affectionivité*, espérance, *fermeté*, *estime de soi*, *circonspection*, individualité, configuration, étenduc, éventualité, comparaison, causalité.

Organes grands : acquisivité, *philogéniture*, *concentrativité*, *amativité*, merveillosité, idéalité, vénération, bienveillance, *approbativité*, *sciensciosité*, localité, pesanteur, ordre, temps.

Organes moyens : constructivité, gaîté, imitation, calcul, langage.

Organes petits : amour de la vie, alimentivité, tons, coloris.

La vie de Napoléon, ses goûts, ses habitudes, sont tellement connus de tout le monde, jusque dans les moindres détails, que je laisse à chacun de vous le soin de les comparer à cette appréciation du docteur Richard. Vous verrez alors si la tête de ce grand homme est en opposition avec nos doctrines, ou si plutôt elle n'en est pas une confirmation complète. N'admirez-vous pas ici ce juste retour des choses d'ici-bas? Voilà un des plus grands ennemis de la Phrénologie, qui vient après sa mort témoigner en faveur de cette science, après avoir vainement lutté contre elle, de toute la puissance de son génie et de sa position suprême. Il est consolant de voir que rien n'est aussi fort que la vérité.

Ce n'était pas seulement en public, que Napoléon attaquait la Phrénologie; il ne lui était pas moins contraire dans sa famille. M. Geoffroy Saint-Hilaire raconte que l'impératrice Joséphine, curieuse de voir et d'entendre le docteur Gall, dut se cacher de son redoutable mari. Elle posait alors, pour son portrait, dans l'atelier du grand peintre Gérard, et ce fut là qu'eut lieu l'entrevue. L'aimable Majesté condescendit à saisir la main du savant phrénologiste, et, la portant sur sa propre tête, à le prier avec instances *de lui dire ses bosses* (vieux style). Heureusement, Napoléon ne sut jamais rien de cette *consultation*.

A coup sûr, nous ne regardons pas comme des objections attendant une réponse, les plaisanteries dont la Phrénologie peut être le sujet; pas plus que la plupart de ceux qui les font. A l'exemple de notre illustre maître, nous sommes les premiers à en rire, quand elles sont spirituelles; et quand elles ne le sont pas, nous n'y faisons pas attention.

Messieurs, nous voici arrivés à la fin de nos leçons de cette année. Dans l'exposition que je vous ai faite d'une science nouvelle et si digne d'intérêt, qui a rencontré des défenseurs et des adversaires chez des hommes qui occupent à juste titre les premiers rangs dans le monde savant, j'ai dû vous la montrer telle qu'elle apparaît à mon esprit. Je vous ai fait voir quels sont les résultats qu'elle a obtenus jusqu'ici ; je vous ai fait connaître une partie des faits nombreux sur lesquels elle fonde ses doctrines ; je vous ai fait apprécier la juste confiance qu'elle doit avoir en l'avenir ; mais aussi je ne vous ai point caché ses parties faibles, et j'ai soumis à vos réflexions, sans partialité, et dans toute leur énergie, les objections les plus fortes de nos adversaires. Ainsi que je vous l'avais annoncé dès l'ouverture de ce cours, j'ai voulu que chacun de vous devînt lui-même juge de cet important débat et pût se former une opinion raisonnée sur les découvertes de l'illustre docteur Gall, et de ses successeurs. Toutes les pièces du procès sont à présent à votre disposition, et vous pourrez vous décider en pleine connaissance de cause, sans imiter la légèreté de ces hommes qui admettent ou rejettent une doctrine scientifique, avant de s'être donné la peine de l'étudier.

FIN.

TABLE DES MATIÈRES.

	Pages
Préface	5
Tableau des organes	7
Première leçon. Considérations générales	9
Deuxième leçon. Historique	55
Troisième leçon. Appareil ancéphalique	118
Quatrième leçon. Organes	179
Cinquième leçon. Instincts	228
Alimentivité	231
Biophilie	244
Amativité	273
Sixième leçon. Suite des instincts	283
Philogéniture	Id.
Habitativité	303
Affectionivité	311
Combativité	319
Septième leçon. Suite des instincts	333
Destructivité	Id.
Secrétivité	353
Acquisivité	363
Constructivité	378
Huitième leçon. Sentimens	385
Estime de soi	387

▥ 706 ▦

		Pages.
Approbativité		401
Circonspection		409
Bienveillance		417
Neuvième leçon. Suite des sentimens		433
Vénération		Id.
Fermeté		449
Conscienciosité		468
Espérance		476
Dixième leçon. Suite des sentimens		482
Merveillosité		Id.
Idéalité		496
Gaité		510
Imitation		517
Onzième leçon. Facultés intellectuelles		527
Individualité		533
Configuration		538
Etendue		541
Pesanteur		544
Coloris		548
Localité		554
Calcul		557
Douzième leçon. Suite des facultés intellectuelles		576
Ordre		Id.
Eventualité		581
Temps		587
Tons		591
Langage		600
Comparaison		612
Causalité		616
Treizième leçon. Maladies mentales		621
Idiotie		622

	Pages.
Folie.	631
Manie.	655
Démence.	661
Délire.	663
Hallucinations	664
Rêves.	665
Quatorzième leçon. Utilité de la Phrénologie. — Objections.	667

FIN DE LA TABLE.

ERRATA.

page 15, ligne 22, *au lieu de* exotose, *lisez:* exostose.

» 40 » 17, *au lieu de* 1776, *lisez:* 1676.

» 353 » 14, *au lieu de* des organes extrêmement développés, *lisez:* cet organe extrêmement développé.

» 479 » 16, *après ces mots:* En voici un exemple, *ajoutez:* (Le professeur montre la tête du poëte Rolland.)

» 482 » dernière, *au lieu de* musique, *lisez:* mimique.

» 521 » 12, *au lieu de* des auteurs, *lisez:* de sauteurs.